普通高等教育"十三五"规划教材——化工环境系列

环境化学

张庆芳　贾小宁　谢　刚　主编

孔秀琴　主审

中国石化出版社

内 容 提 要

本书是普通高等教育"十三五"规划教材——化工环境系列之一,介绍了环境中的污染物在不同介质中存在、迁移、转化、归趋的现象,并从化学的角度给予解释。内容主要包括水环境化学、大气环境化学、土壤环境化学、环境生物化学。

本书可作为环境科学/环境工程专业本科生、研究生的教材,也可作为科研人员的重要参考书。

图书在版编目(CIP)数据

环境化学 / 张庆芳,贾小宁,谢刚主编 .—北京:
中国石化出版社,2017.5
普通高等教育"十三五"规划教材 . 化工环境系列
ISBN 978-7-5114-4329-8

Ⅰ.①环… Ⅱ.①张… ②贾… ③谢… Ⅲ.①环境化
学-高等学校-教材 Ⅳ.①X13

中国版本图书馆 CIP 数据核字(2017)第 109242 号

中国石化出版社出版发行
地址:北京市朝阳区吉市口路 9 号
邮编:100020 电话:(010)59964500
发行部电话:(010)59964526
http://www.sinopec-press.com
E-mail:press@ sinopec.com
北京柏力行彩印有限公司印刷
全国各地新华书店经销
*
787×1092 毫米 16 开本 16.5 印张 411 千字
2017 年 6 月第 1 版 2017 年 6 月第 1 次印刷
定价:45.00 元

前　　言

随着生活水平的提高，人们对生活及工作环境的关注度越来越高，而且要求也越来越高。国家也越来越重视环境保护及生态平衡，近几年很多政策的相继出台，体现了国家对环境治理的决心。

当代的环境污染及其防治几乎都与化学学科密切相关，环境化学成为环境科学中的一门基础学科。它的主要内容是研究环境中的污染物在环境中的存在形式、迁移转化以及最后的归趋，研究对环境及生态、人体健康的影响。

本书共分五章：第一章回顾了历史上发生的环境污染事件，引起人们对自身行为的反思；阐明了环境化学的定义、任务及其研究领域。第二章介绍了水环境化学，从水分子的结构及其特征，再一次认识水对整个生物界的特殊性和重要性，并对水中无机、有机污染物的迁移转化行为进行分析。第三章为大气环境化学，介绍了大气的组成、结构、性质，大气中气态污染物及颗粒物的形成转化机制及控制方法，并对几种代表性的大气环境污染问题做了详细论述。第四章为土壤环境化学，从土壤的结构、土壤中农药及重金属污染物存在形态、迁移转化展开介绍，对土壤污染难处理、难恢复的问题进行了较深入的探讨。第五章介绍了环境生物化学，从污染物在生物体内的迁移方式及转化过程入手，介绍了生物膜的基本理论，介绍了环境中难降解污染物在微生物作用下降解转化的机理。

本书第一章、第二章由张庆芳编写，第三章由贾小宁编写，第四章、第五章由谢刚编写。全书由张庆芳负责统稿，孔秀琴主审。

本书在编写过程中得到赵霞、陈吉祥教授，王国英副教授以及周智芳老师的关心和指导，在此表示衷心感谢。另外，在编写过程中杨旭立、刘晶洁对大量图表进行编辑，在此一并表示感谢。

本书受兰州理工大学校级规划教材立项项目资助，受兰州理工大学研究生重点学位课程建设计划资助，受甘肃省科技支撑计划项目（144FKCA085）资助，对此表示感谢。

由于水平有限，存在许多缺点和不足，恳请读者给予批评指正。

目　录

第一章 绪 论

第一节 环境问题概述

自从工业革命开始，人类经济发展的步伐开始加快，与此同时向环境排放的污染物也日益增多。造成的环境污染范围从一个城市扩大到一个区域，甚而发展到全球。污染涉及水环境、大气环境、土壤环境、生物环境，污染物的种类越来越多，污染的涉及面越来越广。随着人们环保意识的日益增强、对健康关注度的提高，环境问题已得到各界人士的高度关注。

环境问题追根究底无不与化学科学密切相关，要解决环境问题，首先，要利用化学知识阐明其产生的原因，形成的机制以及造成的后果。其次，采取措施遏制其产生，通过不使用或少使用有毒有害的原料，使用先进的工艺，从源头上实现零排放或少排放。最后，对目前的污染问题找到解决办法。解决环境问题、共饮一泉清水、共享一片蓝天也是化学科学工作者的一个重要职责。环境科学与化学科学交叉形成的环境化学学科在这方面负有特殊的使命。

一、历史上出现的环境问题

1. 八大公害事件

1) 马斯河谷大气污染事件

地点：比利时马斯河谷工业区。

马斯河谷工业区处于狭窄的河谷中，两侧山高约90m。许多重型工厂聚集在那里，包括炼焦、炼钢、电力、玻璃、炼锌、硫酸、化肥、石灰窑炉等。1930年12月1~5日隆冬，大雾笼罩了整个比利时大地，马斯河谷地带恰逢逆温，空气温度自下而上递增，导致工厂排出的有害气体在近地层积累，无法扩散。有害物质的浓度越积越高，特别是二氧化硫浓度高得惊人($25 \sim 100 mg/m^3$)。整个河谷地区的居民中几千人生病，症状表现为胸痛、咳嗽、呼吸困难。一星期内，有60多人死亡，为同期正常死亡人数的10.5倍，并以心脏病和肺病致死率最高。与此同时，许多家畜也出现类似病症。尸体解剖结果证实：刺激性化学物质损害呼吸道内壁是致死的原因，其他组织与器官没有毒物效应。

事件发生以后，有关部门对当地排入大气的各种气体和烟雾进行了研究分析，排除了氟化物致毒的可能性，认为硫的氧化物——二氧化硫气体和三氧化硫烟雾的混合物是主要致害的物质。空气中存在的氧化氮和金属氧化物微粒等污染物会加速二氧化硫向三氧化硫转化，同时把刺激性气体带进肺部深处，加剧对人体的刺激作用和伤害程度。

追究马斯河谷烟雾事件产生的原因，一是地形条件，马斯河谷是比利时境内马斯河旁一段长24km的狭长山谷。河谷地形不利于污染的扩散。二是气候反常。通常，气流上升高度越高，温度越低。但当气候反常时，低层空气温度就会比高层空气温度还低，发生"气温的逆转"现象，这种逆转的大气层叫做"逆转层"。逆转层会抑制烟雾的上升，使大气中烟尘积

1

存不散，在逆转层下积蓄起来，无法对流交换，造成大气污染。由于特殊的地理位置，马斯河谷上空出现了很强的逆温层。在这种逆温和大雾的作用下，马斯河谷工业区内13个工厂排放的大量烟雾弥漫在河谷上空无法扩散。

2）多诺拉烟雾事件

地点：美国宾夕法尼亚州多诺拉镇

美国宾夕法尼亚州多诺拉镇处于河谷，1948年10月大部分地区受反气旋和逆温控制，26~30日持续有雾，使大气污染物在近地层积累无法扩散，二氧化硫及其氧化产物、大气中的尘粒以及两者相互结合形成的二次污染物致使5911多人发病，占全镇人口43%。症状是眼痛、喉痛、流鼻涕、干咳、头痛、肢体酸乏、呕吐、腹泻，死亡17人。

3）光化学烟雾事件

地点：美国洛杉矶

20世纪40年代初发生在美国洛杉矶的光化学烟雾事件是世界有名的八大公害事件之一。该市临海依山，处于50km长的盆地中。光化学烟雾是大量碳氢化合物、氮氧化物在光照作用下，与空气中其他成分发生化学作用而产生的二次污染物与一次污染物的混合物。主要成分为臭氧、氧化氮、乙醛和其他氧化剂。碳氢化合物及氮氧化物来自汽车排放的尾气。这种淡蓝色烟雾滞留市区久久不散。在1952年12月的一次光化学烟雾事件中，洛杉矶市65岁以上的老人死亡400多人。1955年9月再一次光化学烟雾事件中，65岁以上的老人又死亡400余人，同时许多人出现眼睛痛、头痛、呼吸困难等症状。

4）伦敦烟雾事件

地点：英国伦敦市

1952年12月5~8日英国全境几乎为浓雾覆盖，4天中死亡人数较常年同期多4000多人，45岁以上的死亡人数约为平时的3倍；1岁以下死亡人数约为平时2倍。事件发生的一周内因支气管炎死亡人数是其他原因死亡人数的93倍。

伦敦烟雾事件发生的原因主要是燃煤产成的大量二氧化硫以及其氧化产物三氧化硫形成的酸性烟雾造成。大雾的外界环境加剧了污染的危害程度。

5）四日市大气污染事件

地点：日本四日市

1955年以来，日本四日市石油治炼和工业燃油生产过程中产生的废气，严重污染着城市空气。废气中的重金属微粒与二氧化硫形成硫酸烟雾导致很多人患呼吸道疾病，哮喘病病人居多。据调查，1967年一些患者不堪忍受痛苦而自杀，至1972年该市共确认哮喘病患者达817人，死亡10多人。

6）米糠油污染事件

地点：日本北九州市、爱知县一带

多氯联苯被用来作为生产米糠油脱臭工艺中的热载体，但由于管理不善，1968年3月期间日本九州市、爱知县一带部分多氯联苯混入米糠油中，致使人食用后而中毒，患病者超过1400人，至7、8月份患病者超过5000人，其中16人死亡，实际受害者13000多人。

7）水俣病-甲基汞污染事件

地点：日本熊本县水俣市

1954年，日本熊本县水俣市水俣湾一带开始出现一种病因不明的怪病，患病的是猫和人，症状是步态不稳、抽搐、手足变形、神经失常、身体弯弓高叫，直至死亡。经过近十年

2

的分析，科学家才确认：汞是"水俣病"的起因。从 1949 年起，位于日本熊本县水俣镇的日本氮肥公司开始制造氯乙烯和醋酸乙烯。由于制造过程要使用含汞(Hg)的催化剂，大量的汞便随着工厂未经处理的废水被排放到了水俣湾和不知火海。汞被水生生物食用后在体内被转化成甲基汞，甲基汞又通过鱼虾等食物链进入人体和其他动物体内，它的制毒部位主要为脑部，会引起脑萎缩、小脑平衡系统破坏等多种危害，毒性极大。据调查，在日本，食用了水俣湾中被甲基汞污染的鱼虾人数达十万之多。1972 年日本环境厅公布：水俣湾和新县阿贺野川下游汞中毒者 283 人，其中 60 人死亡。

8) 骨痛病——镉污染事件

地点：日本富山县神通川流域

1955~1972 年日本富山县神通川锌、铅冶炼厂等排放的含镉废水污染了神通川流域水体，两岸居民利用河水灌溉农田，使稻米和饮用水含镉而中毒，1963 年至 1979 年 3 月共有患者 130 人，其中死亡 81 人。

19 世纪 80 年代，日本富山县平原神通川上游的神冈矿山开始铅、锌矿的开采、精炼及硫酸生产。在采矿过程产生的矿渣和废水中含有镉等重金属，矿渣中的镉随雨水淋溶进入地表水中。含镉废水直接排入周围的水体中，造成当地水田土壤、河流底泥中镉的沉淀堆积。土壤中的镉进入稻米，随后进入人体。镉首先会引起肾脏功能障碍，其次导致软骨症。特别对妊娠、哺乳期的妇女会引起内分泌失调，在营养性钙不足等诱发原因存在时，导致妇女患一种浑身剧烈疼痛的病，叫痛痛病，也叫骨痛病。重者全身多处骨折，许多病人在痛苦中死亡。从 1931 年到 1968 年，神通川平原地区被确诊患此病的人数为 258 人，其中死亡 128 人，至 1977 年 12 月又死亡 79 人。

2. 九大事件

1) 北美死湖事件——酸雨

地点：北美

美国东北部和加拿大东南部是西半球工业最发达的地区，每年向大气中排放二氧化硫超过 $2500×10^4$ t，其中约有 $380×10^4$ t 由美国飘到加拿大，超 $100×10^4$ t 由加拿大飘到美国。20 世纪 70 年代开始，这些地区出现了大面积酸雨区，酸雨比番茄汁还要酸，多个湖泊池塘漂浮死鱼，湖滨树木枯萎。

2) 卡迪兹号油轮事件

地点：法国布列塔尼海岸

1978 年 3 月 16 日，美国 $22×10^4$ t 的超级油轮"卡迪兹号"，满载伊朗原油向荷兰鹿特丹驶去，航行至法国布列塔尼海岸触礁沉没，漏出原油 $22.4×10^4$ t，污染了 350km 长的海岸带。仅牡蛎就死掉超 9000t，海鸟死亡超 20000 只。海事本身损失 1 亿多美元，污染的损失及治理费用却达 5 亿多美元，而给被污染区域的海洋生态环境造成的损失更是难以估量。

3) 墨西哥湾井喷事件

地点：墨西哥湾南坎佩切湾尤卡坦半岛附近海域

1979 年 6 月 3 日，墨西哥石油公司在墨西哥湾南坎佩切湾尤卡坦半岛附近海域的伊斯托克 1 号平台，当钻机打入水下 3625m 深的海底油层时，突然发生严重井喷致使原油泄漏，造成这一带的海洋环境受到严重污染。

4) 巴唐"死亡谷"事件

地点：巴西圣保罗以南 60km 的库巴唐市

巴西圣保罗以南60km的库巴唐市，20世纪80年代以"死亡之谷"知名于世。该市位于山谷之中，60年代引进炼油、石化、炼铁等外资企业300多家，人口剧增至15万，成为圣保罗的工业卫星城。企业主只顾赚钱，随意排放废气废水，致使谷地浓烟弥漫、臭水横流，有20%的人患呼吸道过敏症，医院挤满了接受吸氧治疗的儿童和老人。

5）西德森林枯死病事件

地点：原西德

原西德共有森林740万公顷（1公顷=10000m²），截至1983年为止，大约有34%染上枯死病，每年枯死的树木蓄积量占同年森林生长量的21%多，先后有80多万公顷森林被毁。这种枯死病来自酸雨之害。在巴伐利亚国家公园，由于酸雨的影响，几乎每棵树都得了病，景色全非。黑森州海拔500m以上的枞树相继枯死，全州57%的松树病入膏肓。符腾堡州的"黑森林"，是因枞、松树的发黑而得名，是欧洲著名的度假圣地，也有一半树染上枯死病，树叶黄褐脱落，其中46万亩（1亩=666.7m²）完全死亡。汉堡也有3/4的树木面临死亡。当时鲁尔工业区的森林里，到处可见秃树、死鸟、死蜂，该区儿童每年有数万人感染特殊的喉炎症。

6）印度博帕尔公害事件

地点：印度博帕尔

1984年12月3日凌晨，震惊世界的印度博帕尔公害事件发生。联合碳化杀虫剂厂坐落在博帕尔市郊，午夜其一座贮槽（存贮45t异氰酸甲酯）的保安阀出现泄漏。1h后异氰酸甲酯毒雾袭向这个城市，形成了一个方圆40km的毒雾笼罩区。毒雾导致2500人死于这场污染事故，另有1000多人危在旦夕，3000多人病入膏肓，共有15万人因受该污染进入医院就诊。事故发生4天后，受害的病人还以每分钟1人的速度增加。这次事故还导致20多万人双目失明。博帕尔的公害事件是有史以来最严重的因事故性污染造成的惨案。

7）切尔诺贝利核泄漏事件

地点：乌克兰切尔诺贝利核电站

1986年4月27日早晨，前苏联（现乌克兰）切尔诺贝利核电站一组反应堆突然发生核泄漏事故，带有放射性物质的云团随风飘到丹麦、挪威、瑞典和芬兰等国，瑞典东部沿海地区的辐射剂量超过正常情况时的100倍。核事故使乌克兰地区10%的小麦受到影响，此外由于水源污染，使前苏联和欧洲国家的畜牧业大受其害。当时预测，这场核灾难还可能导致日后十年中10万居民患癌症而死亡。

8）莱茵河污染事件

地点：瑞士

1986年11月1日，瑞士巴富尔市桑多斯化学公司仓库起火，装有1250t剧毒农药的钢罐爆炸，硫、磷、汞等毒物随着百余吨灭火剂进入下水道，排入莱茵河。警报传向下游瑞士、德国、法国、荷兰四国835km沿岸城市。剧毒物质构成70km长的微红色飘带，以每小时4km速度向下游流去，流经地区鱼类死亡，沿河自来水厂全部关闭，与莱茵河相通的河闸全部关闭。这次污染使莱茵河的生态受到了严重破坏。

9）雅典"紧急状态事件"

地点：雅典

1989年11月2日上午9时，希腊首都雅典市中心大气质量监测站显示空气中二氧化碳浓度 318mg/m³，超过国家标准（200mg/m³）59%，相关部门发出红色危险讯号。上午 11 时浓度升至 604mg/m³，超过 500mg/m³ 紧急危险线。中央政府当即宣布雅典进入"紧急状态"，禁止所有私人汽车在市中心行驶，限制出租汽车和摩托车行驶，并令熄灭所有燃料锅炉，主要工厂削减燃料消耗量的 50%，学校一律停课。中午，二氧化碳浓度增至 631mg/m³，超过历史最高纪录。一氧化碳浓度也突破危险线。许多市民出现头疼、乏力、呕吐、呼吸困难等中毒症状。市区到处响起救护车的呼啸声。16 时 30 分，戴着防毒面具的自行车队在大街上示威游行，高喊"要污染，还是要我们！"、"请为排气管安上过滤嘴！"等口号。

3. 中国近几年来的污染事件

1）矿产开发过程中产生的污染环境与生态破坏事件

2008 年 9 月 8 日山西省某矿业有限公司尾矿库发生重大溃坝事故，造成 277 人死亡、4 人失踪、33 人受伤，直接经济损失 9619 万元；2010 年 7 月 3 日下午福建省某矿业集团有限公司铜酸水渗漏，9100m³ 铜酸水顺着排洪涵洞流入附近河段，导致大量网箱养鱼死亡。汉阴县某金矿尾矿库坍塌致水源地水遭受污染，致几万人无饮用水饮用；2002 年 9 月，贵州某铅锌矿尾渣大坝崩塌，致上千立方米矿渣流入附近河道，十余里河岸被尾渣浸泡、树木枯死、沿岸良田被掩埋、下游 20 多公里处的老百姓不敢饮用江水。2009 年 12 月，某石油公司管道渭南支线华县赤水段石油泄漏，近 20m² 良田被污染，泄漏事故发生了 15h 后才发现并得到处理。

2）有关化学品污染事件

2009 年 8 月，湖南省某化工厂随意排放含镉废水，造成半径 500m 范围内田野庄稼渐次呈现出深黄色、黄绿色现象；同年，陕西凤翔某冶炼公司排放的大气中含有铅，致当地百姓 651 人血铅含量超标，其中 166 人属于中度、重度铅中毒，需要住院治疗。接二连三的铅中毒事件均发生在相对落后的中西部地区，以此敲响中国中西部污染的警钟；2010 年 7 月，吉林省某生物化工有限公司和吉林某集团 7138 只原料桶被冲入附近河流，随后进入松花江。桶装原料主要为三甲基一氯硅烷、六甲基二硅氮烷等，导致城市供水管道被切断，其危害几乎是 5 年前吉林某石化爆炸的翻版；河南省约有 6 处总计超 50×10⁴t 废料铬渣堆，大多没有防雨、防渗措施，被称为"城市毒瘤"，其中的污染物慢慢渗透，进入土壤、地下水中，后果不堪设想；河北某味精生产基地周边 10 余个村庄的居民饮用水不同程度受到污染，千亩农田至今荒废。

4. 中国的主要环境问题——雾霾

2013 年，"雾霾"成为年度关键词。这一年的 1 月发生 4 次雾霾笼罩 30 个省（区、市）的现象，在北京，仅有 5 天不是雾霾天。有报告显示，中国最大的 500 个城市中，只有不到 1% 的城市达到世界卫生组织推荐的空气质量标准，与此同时，世界上污染最严重的 10 个城市有 7 个在中国（图 1-1）。2013 年中国遭遇史上最严重空气污染。

持续的雾霾天气笼罩着全国 10 余个省份，雾霾天气，空中浮游大量的颗粒、粉尘、污染物病毒等，一旦被人体吸入，就会刺激并破坏呼吸道黏膜，使鼻腔变得干燥，破坏呼吸道黏膜防御能力。而细菌进入呼吸道，容易造成上呼吸道感染。2013 年年底，上海、南京等华中地区遭遇最严重雾霾，上海多地多次出现 PM2.5 超过 500。广东甚至海南地区同样遭遇雾霾侵袭。雾霾已经成为中国环境污染第一词。

雾霾，也称灰霾（烟霞）。空气中的灰尘、硫酸、硝酸、有机碳氢化合物等粒子也能使

5

图 1-1　雾霾居首

大气混浊，视野模糊并导致能见度降低，如果水平能见度小于 10000m 时，将这种非水成物组成的气溶胶系统造成的视程障碍称为霾（Haze）或灰霾（Dust-haze），香港天文台称烟霞（Haze）。

雾是由大量悬浮在近地面空气中的微小水滴或冰晶组成的气溶胶系统，是近地面层空气中水汽凝结（或凝华）的产物。雾的存在会降低空气透明度，使能见度降低，如果目标物的水平能见度降低到 1000m 以内，就将悬浮在近地面空气中的水汽凝结（或凝华）物称为雾（Fog）；而将目标物的水平能见度在 1000～10000m 的这种现象称为轻雾或霭（Mist）。

霾与雾的区别在于发生霾时相对湿度不大，而雾中的相对湿度是饱和的（如有大量凝结核存在时，相对湿度不一定达到 100% 就可能出现饱和）。一般相对湿度小于 80% 时的大气混浊、视野模糊导致的能见度降低是霾造成的，相对湿度大于 90% 时的大气混浊、视野模糊导致的能见度降低是雾造成的，相对湿度介于 80%～90% 之间，大气混浊、视野模糊导致的能见度降低是霾和雾的混合物共同造成的，但其主要成分是霾。

霾的厚度比较厚，可达 1～3km。霾与雾、云不一样，与晴空区之间没有明显的边界，霾粒子的分布比较均匀，而且灰霾粒子的尺度比较小，约为 0.001～10μm，平均直径大约在

$1\sim2\mu m$,肉眼看不到空中飘浮的颗粒物。由于灰尘、硫酸、硝酸等粒子组成的霾,其散射波长较长的光比较多,因而霾看起来呈黄色或橙灰色。

雾与云的区别与联系在于形成雾时大气湿度应该是饱和的(如有大量凝结核存在时,相对湿度不一定达到100%就可能出现饱和)。就其物理本质而言,雾与云都是空气中水汽凝结(或凝华)的产物,所以雾升高离开地面就成为云,而云降低到地面或云移动到高山时就称其为雾。一般雾的厚度比较小,常见的辐射雾的厚度大约从几十米到一至两百米。雾和云一样,与晴空区之间有明显的边界,雾滴浓度分布不均匀,而且雾滴的尺度比较大,从几微米到$100\mu m$,平均直径大约在$10\sim20\mu m$,肉眼可以看到空中飘浮的雾滴。由于液态水或冰晶组成的雾散射的光与波长关系不大,因而雾看起来呈乳白色或青白色。

随着空气质量的恶化,阴霾天气现象出现的频率增多,危害加重。近期我国不少地区把阴霾天气现象并入雾一起作为灾害性天气预警预报。统称为"雾霾天气"。

对于雾霾形成的原因,之前也有过许多考证,但有一个科学界的发现却一直被人们所忽视——"中国式雾霾"与我国东部地区水土环境面源污染、大量滋生微生物种群有直接关联。

中国能源学会副会长、国家"973"计划风能项目首席科学家顾为东公布的最新研究成果显示,与英美等国家工业化过程中的"雾霾"相比较,中国"雾霾"形成机理既具有普遍性,又具有特殊性。

欧美国家雾霾发生的强度与大气污染物,如土壤尘、燃煤、生物质燃烧、汽车尾气与垃圾焚烧、工业污染和二次无机气溶胶等产生和排放强度呈正相关,易于掌握雾霾的产生规律和强度变化。而中国雾霾大范围的产生在宏观上却并不与大气污染物排放强度呈正相关。如在夜间,运行中的汽车大幅减少、工厂停产、工地停工、职工下班、商业打烊、发电厂负荷下降,向大气中排放污染物的强度大幅降低,但"雾霾"的强度却显著增强;早上,生产生活恢复正常,向大气中排放污染物的强度提高,但"雾霾"强度却稳定或呈下降趋势。这种变化趋势并不是偶尔发生的现象,而是形成一般性的规律。

此外,我国"雾霾"在节能减排的趋势中逆势增长,与欧美不一样。20世纪,伦敦发生严重雾霾后,英国先后颁布了《净化空气条例》《清洁空气法案》《空气污染控制法案》,规定工业燃料里的含硫上限;通过征收气候变化税、设立碳基金、建立碳排放交易制度等激励和惩罚机制,促使企业进行节能减排。多管齐下,逐渐摘掉了"雾都"的帽子。

近年来,中国加大节能减排力度,推广燃煤机组烟气超低排放技术,严格控制二氧化硫、氮氧化合物、烟气等达标排放;提高天然气使用比例,2013年天然气消费量突破$1600\times10^8m^3$。2013年全国能源消耗强度下降3.7%,即减少了2.2×10^8t煤炭消耗。例如,北京还通过政府补贴,取消家庭燃煤取暖,全部使用电取暖器。北京、天津和河北的粉尘量也大幅度下降。但雾霾问题却在近两年有所加剧。特别是北京区域"雾霾"并没有随着上述节能减排和粉尘增长速度下降而减少,反而频率越来越高、重"雾霾"越来越多,同样呈逆势增长。研究还发现,中国"雾霾"与新能源应用比例正相关,与欧美不一样。

顾为东认为,中国的工业污染和广大郊区及农村的土壤、水源污染的叠加效应是中国严重雾霾形成的特殊机理。也就是说,中国的雾霾与土壤、水等面源污染密切相关。一般情况下,小风、高湿、逆温等稳定的气象条件易导致"雾霾"。这也是"雾霾"的普遍性特征。解决"雾霾"问题,不能停留在对其普遍性特征的研究上,要对其特殊性进行深入剖析。

对中国的雾霾研究揭示了一个并不被常人注意的现象:如北京已经被2000多座垃圾场包围,目前每天垃圾处理缺口高达8000t,且仍以每年8%~10%的速度增长。而严重雾霾的快速形成与扩散，就与微生物的繁殖能力有关。

通过对微生物的研究发现，微生物都是以惊人的速度"生儿育女"的。当微生物飘移到大气中，吸附在气溶胶凝结核表面，就进入生命周期的迟缓期；当土壤中水分蒸发，并且携带氨氮营养物，与气溶胶凝结核结合，就为微生物生长提供了水分、养料和氧气，使微生物进入对数生长期。如大肠杆菌在合适的生长条件下进入对数生长期时，$12.5 \sim 20\text{min}$ 就可繁殖一代，每小时可分裂 3 次，由 1 个变成 8 个。这种繁殖速度仍比高等生物高出千万倍。

附着在气溶胶颗粒上的微生物在适宜条件下迅速繁殖，从而使气溶胶体积迅速增大，最终形成"雾霾"。如常温常压下，气溶胶颗粒只有 $0.1\mu\text{m}$，但随着微生物迅速繁殖，气溶胶体积可以迅速增长到 $2.5\mu\text{m}$、$5\mu\text{m}$，甚至 $10\mu\text{m}$，达到"霾"的标准。

微生物繁殖的必要条件是温度、水分、氧气和养分。只要这些条件得以满足，微生物就能够快速繁殖，并且达到一定规模，形成微生物群。研究发现，"雾霾"以冬春最为严重，这时中国中东部地区的温度恰好普遍在 $5 \sim 20℃$ 温度区间。早春季节，几乎每一次北方干旱冷空气南下，均会引发土壤水分携氨氮营养物蒸发的水汽迅速凝结出来，为产生重雾霾创造条件。

微生物生长最重要的养分就是氨和氮。研究发现，氨和氮产生的根源是水源的富营养化污染。中国水体中的营养物污染或水体富营养化问题，在过去 50 年里呈指数增长。同理，污染和富营养化也为土壤中微生物的大量繁衍提供了条件，造成微生物在土壤大量富集，冬春旱季可随着气流运动被携带到空气中。

针对中国雾霾的特点，可以从两方面着手加大治理"雾霾"力度：

对于中国的治霾问题，顾为东认为，一是从普遍性角度入手，减少传统的土壤尘、燃煤、生物质燃烧、汽车尾气与垃圾焚烧、工业污染和二次无机气溶胶等凝结核的产生；二是从特殊性角度入手，继续深入研究"雾霾"中的微生物种群和分类。从长远看，必须加强水土保持力度，加大水体富营养化污染的治理和生态修复；减少化肥使用量，减少农村面源污染，抑制微生物种群的形成和蔓延。消除"雾霾"，可以从打破大气中微生物群的生存环境入手，有效抑制和消减重度"雾霾"的形成。

具体的研究方向是：筛选起主要作用的微生物，分析在冬春季节最适宜的繁衍条件(温度、湿度、养分等)，确定这些微生物种群区域性集聚地，针对性制定治理举措；减少和阻断蒸发水分中的氨氮等营养物，切断微生物群的营养；寻找和探索区域性与雾霾相关联的微生物群体发生规律和治理办法。

最后建议，大力推进城市公共环境卫生，消灭城市卫生死角，减少城市中凝结核的产生和微生物的繁衍集聚。雾霾的产生是综合各种环境问题的产物，而不仅仅是一个大气污染的问题。

二、环境化学的定义及特点

通过很多环境污染案例，我们能得到一个怎样结论呢？在解决这些问题之前，首要的是要弄清楚环境问题是怎么产生的？对人体及其他生物的危害是什么？危害机理是什么？其次，如何减排或零排放？如何处理？

日本的水俣病，当时对海湾底泥的成分分析，汞的最高含量可达 2.1g/kg，但大多数以金属汞的形态存在。相对来讲，金属汞是低毒的。是什么原因，或汞以什么形态造成生命的损失？这个问题引起科学界的关注。$1967 \sim 1968$ 年间，瑞典科学家对湖泊"死鸟事件"进行调查，发现是由于死鸟吃了含有烷基汞的鱼而引起死亡的，但自然界并不存在烷基汞，促使人们深入探讨汞的迁移、转化、存在形态及环境影响，这就是环境化学的意义。

日本的痛痛病事件就是用含镉的矿山废水灌溉农田的结果，农药稻瘟醇进入稻秆，在堆肥中分解为四氯苯甲酸，含有这种物质的肥料可引起秧苗畸形。化学肥料和农药的施用，造成农药、重金属和其他化学物质在土壤中积累，并在作物中残留。

因此，土壤的化学研究也从土壤化学物质的分析、积累、迁移和转化等方面逐渐深入到细胞水平。

1. 环境化学的定义

定义：环境化学是一门研究潜在有害化学物质在环境介质中的存在、行为、效应(生态效应、人体健康效应及其他环境效应)以及减少或消除其产生的科学。它是环境科学中的重要分支学科之一。

美国对于环境化学的定义：Environmental chemistry is that branch of chemistry that deals with the origins, transport, reactions, effects, and fates of chemical species in the water, air, earth, and living environments and the influence of human activities theory.

德国对于环境化学的定义：环境化学即生态化学，是一门用化学方法研究化学物质在环境中的行为及其对生态体系影响的科学。

比较公认的环境化学定义：环境化学(environmental chemistry)，主要研究有害化学物质在环境介质中的存在、化学特性、行为和效应及其控制的化学原理和方法。

环境化学是环境科学中的重要分支学科之一。造成环境污染的因素可分为物理的、化学的及生物学的三方面，而其中化学物质引起的污染约占 80% ~ 90%。环境化学即是从化学的角度出发，探讨由于人类活动而引起的环境质量的变化规律及其保护和治理环境的方法原理。就其主要内容而言，环境化学除了研究环境污染物的检测方法和原理(属于环境分析化学的范围)及探讨环境污染和治理技术中的化学、化工原理和化学过程等问题外，需进一步在原子及分子水平上，用物理化学等方法研究环境中化学污染物的发生起源、迁移分布、相互反应、转化机制、状态结构的变化、污染效应和最终归宿。随着环境化学研究的深化，为环境科学的发展奠定了坚实的基础，为治理环境污染提供了重要的科学依据。

主要应用环境化学的基本原理和方法，研究大气、水、土壤等环境介质中化学物质的特性、存在状态、化学转化过程及其变化规律、化学行为与化学效应的科学。研究的内容主要有：(1)运用现代科学技术对化学物质在环境中的发生、分布、理化性质、存在状态(或形态)及其滞留与迁移过程中的变化等进行化学表征，阐明化学物质的化学拓性与环境效应的关系；(2)运用化学动态学(chemical dynamics)、化学动力学(chemical kinetics)和化学热力学(chemical thermodynamics)等原理研究化学物质在环境中(包括界面上)的化学反应、转化过程以及消除的途径，阐明化学物质的反应机制及源与汇的关系；(3)研究用化学的原理与技术控制污染源，减少污染排放，进行污染预防；"三废"综合利用，合理使用资源，实现清洁生产；促进经济建设与环境保护持续地协调发展。从环境介质的不同，可划分为大气、水和土壤的环境化学等，现分别称之为大气环境化学、水环境化学和土壤环境化学。从研究内容可分为环境分析化学、环境污染化学和污染控制化学等。

2. 环境化学的特点

环境化学是在化学科学的传统理论和方法基础上发展起来的，以化学物质在环境中出现而引起的环境问题为研究对象，以解决环境问题为目标的一门新兴学科。综合起来有以下 3 个方面的特点：

1）环境复杂

环境中的化学污染物质，大多数来源于人为排放的废弃物质，也有一小部分是天然物质；另一方面，各种污染物质在环境体系中可以同时发生多种机制的化学和物理变化过程，即使是一种化学污染物质，其所含的特定元素也会有不同的化合价和化学形态，这就决定了环境化学研究对象是一个组成繁杂、形态多变，机制复杂的体系。

2）低浓度

化学污染物质在环境中的浓度水平很低，一般仅为 10^{-6} 级（百万分率）或 10^{-9}（十亿分率）级，有时甚至可达 10^{-12} 级（万亿分率）。与之共存的其他化学成分却大部分处于常量水平。为了对这些处于微量和痕量浓度水平的污染物质作出可靠的定性、定量检测和行为判断，不仅需要有一系列灵敏、准确和精细的现代分析测试技术，而且同时要求建立对低浓度下污染物质的物理化学和生物化学性质和行为进行探索的特殊研究技术和方法。

3）综合性

环境化学研究还具有综合性的特点。研究化学污染物质在环境生态系统中的分布、迁移、转化和归宿，尤其是它们在环境介质中的积累、相互作用和生物效应等问题，包括化学污染等物质致癌、致畸，致突变的生化机制、物质的结构、形态与生物毒性之间的相关性，多种污染物毒性的协同作用和拮抗作用的机制以及化学污染物质在食物链转移过程中的生化机制等，对这些问题的研究和解决需要利用生物学、地学、物理学、气象学、数学等多种学科知识，化学无疑是解决这些问题的理论基础和技术基础。对一个具体的环境问题只有进行综合的、多方面的考察与分析，才能获得反映客观实际的规律和结论，企图用单一的方法去研究环境化学问题是不可取的。

从学科研究任务来说，环境化学的特点是要从微观的原子、分子水平上来研究宏观的环境现象和变化的化学机制及其防治途径，其核心是研究化学污染物在环境中的化学转化和效应。与基础化学研究的方式方法不同，环境化学所研究的环境本身是一个多因素的开放性体系，变量多、条件较复杂，许多化学原理和方法则不易直接运用。化学污染物在环境中的含量很低，一般只有毫克每千克或微克每千克级水平，甚至更低。环境样品一般组成较复杂，化学污染物在环境介质中还会发生存在形态的变化。它们分布广泛，迁移转化速率较快，在不同的时空条件下有明显的动态变化。

3. 环境化学的研究内容

（1）有害物质在环境介质中存在的浓度水平和形态；

（2）潜在有害物质的来源，以及它们在个别环境介质中和不同介质间的环境化学行为；

（3）有害物质对环境和生态系统以及人体健康产生效应的机制和风险性；

（4）有害物质已造成影响的缓解和消除，防止产生危害的方法和途径。

4. 环境化学的分支学科

根据我国多年环境化学教学和科研的经验，通过专家论证并征求多方意见，认为环境化学覆盖的研究领域和分支学科如表 1-1 所示。

表 1-1　环境化学研究领域与分支学科

研究领域	分支学科
环境分析化学	环境有机分析化学
	环境无机分析化学

研究领域	分支学科
各圈层的环境化学	大气环境化学
	水环境化学
	土壤环境化学
	环境生态化学
环境工程化学	大气污染控制化学
	水污染控制化学
	固体废物污染控制化学
环境生态学	

第二节　环境化学的发展趋势

一、优先发展领域

根据国家环境保护的重大需求及国际学科发展前沿，环境化学学科将优先发展环境分析化学、大气污染与控制、水体污染与控制、土壤污染与控制、污染生态化学、生态毒理与健康、理论环境化学等领域。

1. 环境分析化学

1）背景与意义

环境分析化学运用现代科学理论和实验技术分离、识别与定量测定环境中相关物质的种类、成分、形态、含量和毒性。环境分析化学是环境化学的一个重要组成部分，是开展环境科学研究的前提和基础。环境科学的发展不断为环境分析化学研究提出新课题和挑战，而环境分析技术的进步又为环境科学的发展提供新的技术手段。

2）关键科学问题

（1）代表性样品采集技术。采集有时间和空间代表性的样品，并选择最合适特征污染物的种类和形态为检测对象，是正确把握污染状况和科学评价污染物风险的前提。

（2）复杂基体中超痕量污染物/生物标志物分离和富集方法。环境样品基体复杂且目标污染物含量低，在进行仪器分析测定前选择性地分离富集目标物，是提高分析方法选择性和灵敏度的有效途径。

（3）快速高效的污染物/生物标志物分析测定方法。应用新原理、新方法和新技术发展新仪器和装置，建立目标污染物的高选择性和快速灵敏的定性定量检测方法，是实现环境样品高效快速分析的关键。

（4）海量数据的分析与有效信息提取。分析处理样品测定获得的海量数据，找出与环境效应关联的主要因子，构建环境预测模型，是深入认识污染物环境过程和效应的重要手段。

3）发展目标

应用新原理、新方法和新技术，发展高效分析测定复杂基体中超痕量污染物及生物标志物形态、含量和毒性的方法与装置，构建一个较完整的学科体系，培养一支在国际上有一定影响的高水平研究队伍，为环境科学研究提供技术支撑。

4）重要研究方向

（1）被动采样技术。被动采样技术适合野外采样，可以获得污染物时间加权平均浓度和具有生物有效性的污染物浓度，科学地评价污染物的环境风险。

（2）环境污染物分离和测定的新方法和新装置。新原理、新方法和新技术的应用是环境分析技术进步的主要推动力。要特别重视纳米技术，采样/分离/测定在线联用技术，以及高通量快速筛查技术在环境分析化学中的应用。

（3）原位和现场分析技术。为应对恐怖活动等灾害与紧急污染事件，要重视发展危险化学品、生物和化学战剂的原位和现场快速分析技术。

（4）新型污染物的分析方法。分析测定低含量并长期广泛存在的环境污染物是环境分析工作者的新挑战，要重视发展 POPs、PPCPs 和农药及其代谢与降解产物，以及人工纳米材料等新型污染物的分析测定技术。

（5）新型污染物的分析方法。分析测定低含量并长期广泛存在的环境污染物是环境分析工作者的新挑战，要重视发展 POPs、PPCPs 和农药及其代谢与降解产物，以及人工纳米材料等新型污染物的分析测定技术。

（6）环境计量学。建立从海量数据中分析提取有效信息并与环境效应关联的方法，是环境分析化学的重要研究内容。

（7）标准参考物质研制和应用环境标准参考物质，是提高分析结果可靠性的重要保障。

2. 大气污染控制

1）背景与意义

随着经济的高速发展和城市化进程的加速，我国大气环境面临着前所未有的压力。当前，我国大气污染具有总悬浮颗粒物和细粒子浓度、地面臭氧浓度和空气中细菌含量高，生物质燃烧（黑碳）煤烟型（SO_2）和机动车型（NO_x）污染共存，室内空气污染严重等基本特点。虽然我国在固定源脱硫方面取得了很大进步，但全国范围内 SO_2 和酸雨污染仍未得到有效遏制，又出现了光化学烟雾和灰霾等新的大气污染问题；多种气态污染物的二次转化以及颗粒态污染物之间的复合作用加剧了我国区域性大气污染问题。大气污染不仅制约经济社会的可持续发展，严重危害人体健康，还因污染物跨国界传输引起环境外交争端。因此，加强大气污染演变趋势和污染物迁移转化过程的研究，识别优先控制污染物，并研发具有自主知识产权的关键污染物控制技术，是我国大气环境保护的当务之急。

2）关键科学问题

完善新经济形势下我国主要大气污染物的排放清单，发展主要大气污染物的在线监测方法。揭示典型大气污染物的环境微界面过程和区域性复合大气污染的形成机制，提出控制政策。提出优先控制大气污染物，并发展关键污染物控制的新原理、新方法。

3）发展目标

建立我国主要大气污染物的排放清单，提出优先控制污染物清单；在区域性大气污染的基础理论方面有重要创新，注重新原理、新机制的探索，提出有效的大气污染控制策略；在污染控制原理和方法上有重大突破，在氮氧化物、温室气体和室内空气污染控制等方面取得具有国际领先水平的创新成果；为我国实施清洁大气战略计划提供理论基础和技术储备。

4）重要研究方向

（1）灰霾污染、成因与控制。对区域性灰霾污染进行系统观测，调查灰霾污染的前体物；开展灰霾成因的外场和实验室研究；研究一次气溶胶（如黑碳）排放与转化、二次气溶胶生成与转化的微观机制及其环境效应和健康效应；提出灰霾污染的控制策略。

（2）大气中持久性有机污染物的迁移、转化机制。研究大气中POPs的分布、源解析及其光化学界面过程；研究POPs降解产物的环境归趋。

（3）氮氧化物控制。分析和掌握我国NO_x排放现状和发展趋势，大力发展具有自主知识产权、适合我国国情、在技术经济上具有较强优势的NO_x控制新原理、新方法，特别是新型NO_x选择性催化还原及低温NO_x净化技术原理。

（4）温室气体控制。针对CO_2、CH_4、N_2O等温室气体，发展多种有效的减排新原理和新方法；发展基于环境催化的资源化和无害化技术。

（5）室内空气净化和消毒。针对室内空气中典型挥发性有机污染物（甲醛、乙醛、环己酮、苯系物、多环芳烃等）、氨和致病微生物等，研制新型室温条件下的高效、节能、环保的净化和消毒材料，发展室内空气污染控制新方法；发展生物气溶胶在线监测方法和系统。

3. 水体污染与控制

1）背景与意义

我国水资源短缺，分布不均匀，水体污染严重。2008年全国废水排放总量达$572.0×10^8t$，比上年增加2.7%，化学需氧量（COD）排放量$1320.7×10^4t$，氨氮排放量$127.0×10^4t$；七大水系水质总体为中度污染，重点湖（库）中Ⅴ类和劣Ⅴ类水质占57.2%，湖泊富营养化趋势尚未有效遏制；此外，我国典型水体频繁检出持久性有机污染物（POPs）、内分泌干扰物（ECDs）、药品与个人护理品（PPCPs）等高风险环境污染物，影响饮用水安全，对人类健康和生态安全造成严重威胁。同时，国家提高污染物排放标准，使常规水处理技术面临极大的挑战。

近20年来，我国水污染控制技术领域取得了显著进步，传统水污染指标的控制技术水平有较大的提高，已形成了多样化废/污水处理成套技术。但由于相关基础理论研究尚显不足，导致我国在难降解有毒有机废水处理、污染水体修复、新型有毒污染物控制以及应对污染物排放新标准等方面的技术储备不足，缺乏经济实用的水污染控制与修复技术，亟待开展相关基础研究，以满足水污染控制领域的技术需求。因此，应根据水中这些特殊污染物的性质、组成、状态及对水质的安全要求，研究其在现有常规水处理工作的转化规律，研发新型经济高效的水处理方法和技术，并建立水中特殊污染物控制与转化过程安全性评价的新方法，对解决我国日益严重的水污染问题具有非常重要的科学价值和实用意义。

2）关键科学问题

受污染地表水、地下水的治理及污染水体修复过程中典型污染物的化学性质、迁移转化和归趋；新型高风险环境污染物的高效新技术处理、生态安全性废水中污染物资源化利用过程中的转化原理剖析。

3）发展目标

围绕水质转化的化学过程及水污染控制领域的关键科学问题开展基础理论研究，明确水体优先控制污染物及其结构和形态，在源头、过程和末端三个控制阶段形成具有实际应用前景的水污染控制技术原理和方法，为满足我国水污染控制的重大技术需求和应对新的水污染控制标准提供理论基础。

4）重要研究方向

（1）水质转化的化学过程。水化学研究是水污染控制的重要理论基础，也是技术发展的源头，研究地表水、地下水和水处理过程中赋存物质的化学物质、转移、反应与交互作用，研究污染物多介质和多界面过程的化学反应及其环境效应。

（2）废/污水中传统污染物消减新技术及其原理。研究应对国家新的污水排放标准的污水处理新技术原理和新方法。

（3）难降解有毒有机污水的处理原理、排放标准与生态安全性。研究以毒性消减为目的对难降解有毒废水处理的新技术原理和新方法，探讨典型污染物的转化过程及处理水的生态风险表征方法。

（4）污染水体的修复原理与方法。研究污染水体修复的物理化学和生物技术原理和方法及修复过程中污染物的结构和形态以及与生态要素的相互作用机制。

（5）给水处理工艺中新型环境污染物的风险控制原理。研究饮用水安全消毒与微量毒性污染物净化方法，探讨给水处理过程风险控制与表征方法。

（6）废水资源化利用的安全风险评价。针对污水再生利用，研究水处理与资源化利用的技术原理，探讨与资源化利用目标相适应的风险评价方法。

4. 土壤污染与控制

1）背景与意义

土壤是人类赖以生存的重要自然资源之一。大气干湿沉降、污水灌溉、化肥农药使用等造成我国及全球许多地方土壤污染日趋严重，主要污染物包括多环芳烃（PAHs）、有机农药、多氯聚苯（PCBs）、重金属等。我国土壤污染范围大、涉及面广，目前约有1/5耕地受到不同程度的污染，其中农药污染土壤约1.4亿亩，重金属污染土壤超过3亿亩、土壤污染已从局部蔓延到区域，从城市延伸到郊区、乡村，从单一污染扩展到复合污染。污染物可通过土壤-植物系统迁移积累，影响农产品安全。根据农业部抽样调查，蔬菜重金属超标率为23.5%，粮食重金属超标率为10%。土壤多环芳烃（PAHs）浓度已从μg/kg上升到mg/kg量级，主要农产品PAHs超标率达20%左右，对人群健康的影响已经或正在显露出来。我国人多地少，即使土壤被污染，仍需生产安全的农产品，同时需要修复严重污染的土壤，以确保土壤资源的可持续利用和粮食安全。此外，在我国城市化进程中，许多污染企业搬迁至城外，留下的污染场址亟待整治修复。因此，缓解和控制污染土壤/场址已成为国内外土壤和环境科学界共同关注的前沿研究热点之一。急需研究土壤污染过程及生物有效性，制定科学合理的土壤环境质量标准/修复基准，探明土壤污染控制与缓解的技术原理，为研发经济、快速、安全的土壤污染控制、削减与缓解的实用技术，改善区域土壤环境质量，确保在污染区域生产安全农产品提供理论依据。

2）关键科学问题

探明土壤污染过程、污染物的界面反应、生物有效性和环境效应；土壤-植物系统中污染物迁移积累过程及调控机制，土壤污染控制、削减与缓解的新技术原理。

3）发展目标

围绕土壤污染与控制领域的关键科学问题开展基础理论研究，探明土壤/场地污染控制、消减与修复的新技术原理，为拟订经济、高效、安全的土壤污染控制新技术和新方法、制定科学合理的我国土壤环境质量标准提供理论依据和技术支撑。

14

4）重要研究方向

土壤复合污染过程及调控原理；污染物的界面反应及生物有效性；土壤-植物间污染物迁移转化过程及调控原理；植物-微生物联合修复污染土壤的新技术及化学调控机理；化学强化修复重金属-有机物复合污染土壤的新技术原理；污染场址的绿色修复技术原理。

5. 污染生态化学

1）背景与意义

污染生态化学主要研究化学污染物与活生命体之间相互作用的生态过程、反应模式以及所导致的生态效应及其分子机理，涉及化学污染物与生态系统相互作用的微观机制、生态毒理效应和污染生态风险评价等内容。

近年来，随着工农业生产的迅速发展，我国环境污染呈压缩型、复合型、结构型特点，对生命系统的影响正在显露出来。生物栖息环境、生物资源与多样性、生态安全和人体健康，正受到环境污染的挑战。污染生态化学在面对/解决这些实际问题时，发挥了它应有的作用，成为环境科学中不可替代的年轻分支学科，特别在确定土壤、大气、水体的环境基准，制定有毒化学品的生态毒理诊断与评价方法等方面，更起到了不可替代的作用。

2）关键科学问题

复合污染条件下环境系统中化学污染物的生态行为、反应模式及生物作用过程；生物体对化学污染物的反馈机制、耐受机理及降解脱毒过程；污染生态系统诊断及生态风险评价；生态系统化学污染阻控的新方法与新技术等。

3）发展目标

从生态系统水平上认识化学污染物的生态行为与毒理效应，并结合生物标志物方法阐明污染环境生态毒理诊断以及生态风险评价的基本原理，揭示引起生态系统与人体健康损害的本质；通过深入了解生物体对化学污染物的反馈机制、耐受机理以及降解脱毒过程，为污染环境治理与修复提供理论依据。与此同时，系统开展环境质量基准研究，为我国制定与修订环境质量标准提供基础数据。

4）重要研究方向

（1）化学污染的生态毒理过程。复合污染条件下化学污染物的生物有效性与生态行为；土-生、水-生和气-生界面化学污染物的迁移动力学与反应模式；化学污染物对生态系统的急/慢性暴露过程与微观反应机理；典型污染物的生物转运、生物转化和生物致毒过程。

（2）化学污染对生态系统的影响及其机理。化学污染物对动植物和微生物的生态影响及其机理，特别是对森林和农作物体系的生态影响及其机理，以及对农产品安全的化学胁迫与质量响应；低剂量、长时间化学暴露的生态毒理效应及其分子机制；种群、群落、生态系统水平上的复合污染生态毒理效应；污染胁迫下新型疾病的发生与分子毒理。

（3）化学污染胁迫下生物的抗性与生态适应性。动植物和微生物对化学污染的生态响应过程、适应性反应与耐受机理；复合污染生态效应的"危害延时"现象；化学污染胁迫下根及其他分泌物形成机制与生态化学调控；特殊生物对化学污染物的超常抗性以及降解脱毒过程与生态修复；化学污染胁迫下区域环境质量演变过程与机制，以及全球变化的污染生态化学。

（4）污染生态诊断、风险评价与相关应用研究。生物标记物的系统筛选与验证；污染生态系统生态毒理诊断与其方法；环境污染以及化学品的生态风险评价与风险预测；以生态毒理学为基础的环境质量基准和污染环境修复基准研究。

6. 生态毒理与健康

1）背景与意义

随着环境污染问题的日益严重，人们对环境污染的关注程度不断提升，不仅要了解环境污染的程度，更要关注污染物的毒理学效应及其可能产生的生态环境风险与人体健康效应。当前生态毒理与健康效应的研究，主要围绕环境污染物，特别是化学污染物，探讨其对生态系统乃至人类的毒性影响及作用机制。其研究内容涵盖污染物吸收、分布、转化与排泄的动力学；污染物的毒性作用效应与机制；毒性作用与健康效应评价方法体系；以及污染物的生态安全性与健康危险度风险评价。虽然目前针对不同环境污染物如 POPs 的生态毒理与健康效应研究已有较多文献报道，然而现有毒理学数据因研究体系众多不统一、研究目标不一致，研究结果不相吻合等问题，在开展污染物生态毒理与健康风险评价应用中具有很大的局限性。因此，针对典型环境污染物，开展全面系统深入的生态毒理与健康效应研究具有重要的意义。

2）关键科学问题

目前的环境污染物毒性与健康效应研究主要是在化学物质单独暴露模式下开展的，测试剂量通常高于环境水平，研究周期一般控制在几周到几个月内，毒性终点通常用典型的线形或 S 形剂量-效应曲线进行评价。虽然这些研究提供了部分环境污染物的基础毒性数据，然而这些信息却很难应用到评价多种污染物在复杂环境体系中低剂量长周期并存下对生物体乃至人体可能产生的生态风险与健康效应，因此，环境污染物及其降解或代谢产物的复合暴露及低剂量长周期暴露效应是当前制约生态毒理学与健康效应研究的重要科学问题。

3）发展目标

采用分子生物学、细胞技术及基因干扰等技术深入研究环境污染物对生物体系与人体的毒害作用及其机制。构建典型环境污染物包括致突变、致癌、致畸、神经毒性、内分泌干扰与生殖效应等在内的毒性评价体系。发展超灵敏的生物分析技术、复杂环境生物样品分析技术、大规模的快速筛查技术。构建系统全面的生态毒理与健康效应研究平台，并培养高水平的环境与健康研究专业人才与队伍。

4）重要发展方向

针对环境污染物的生态毒理与健康效应，主要研究环境污染物及其在环境中的降解和转化产物对生物与人体造成的损害和作用机理；探索环境污染物对生态系统与人体健康损害的早期观察指标；定量评价有毒环境污染物对生态系统和人体健康的影响，确定其剂量-效应关系，为制定卫生标准、环境质量标准以及预防环境污染物对生态系统与人体的损害提供毒理学依据。

（1）污染物的体内过程。阐释污染物在生物体与人体内的吸收、分布、生物转化与排泄行为，为生物毒性与健康效应评价提供科学依据。

（2）低剂量长周期效应。探讨生物体及人体低剂量长期暴露下的毒性作用与健康危害，以正确评价环境污染的生态风险与健康效应。

（3）复合毒性效应。研究复杂环境体系中多种污染物并存下产生的协同、拮抗等行为与机理。

（4）非典型剂量-效应关系。分析不同暴露剂量的环境污染物对生物体及人体产生的毒性效应与作用机制。

16

7. 理论环境化学

1）背景与意义

理论环境化学早期研究主要集中在有机污染物二维构效关系和稳态系统多介质模型方面。近年来，随着计算化学、材料物理、生物信息学乃至非线性系统数值模拟等的发展，不仅使从分子水平上揭示污染物环境过程化学机制成为可能，而且从区域尺度进行污染物非稳态体系时空分布宏观预测亦不遥远。目前，我国理论环境化学在污染物环境过程机制的理论模拟和多介质模型等研究方面极具活力，并在污染物的环境与健康风险评价方面展现其独特魅力，一旦突破瓶颈问题，有望成为环境化学学科攻坚的利器。

2）关键科学问题

经过几十年不懈的努力，我国理论环境化学研究取得了很大的进步。然而，目前关于环境污染物转化、致毒和归趋机制的理论研究，从方法学建立到有效性验证都还不成熟，其环境过程机制的理论研究仍存在一些关键问题亟待回答，如污染物界面行为的微观机理，包括气溶胶和土壤颗粒的表面吸附和催化转化；环境污染物生物转化与毒性效应的分子机制与靶点选择性的结构基础；混合物联合毒性的化学机制；环境理论计算模型的应用域与机理解释。

3）发展目标

环境问题的复杂性使得单纯跨学科方法移植无法满足实际需求，理论环境化学的发展核心仍是瞄准关键科学问题开展理论与方法学研究。应重点进行污染物环境界面反应与生物代谢等复杂环境转化机制的理论模拟、污染物与生物大分子作用过程的动力学模拟及结合后效应的毒性机制研究、混合物毒性预测等新方法的提出与建立；应在环境界面过程、生物转化与毒性及联合毒性的理论研究方法上达到国际先进水平。同时，面向国家需求，开展理论方法与模型在污染物风险评价中的应用研究，为其环境实践提供方法储备与技术支持。

4）重要研究方向

（1）复杂环境过程的理论模拟方法。在形态研究中，开展污染物与典型环境组分表面作用的高水平量化计算和分子动力学/蒙特卡罗模拟研究。在转化机制方面，研究污染物光解、历程的多组态自洽场模拟等；采用量子力学与分子力学相结合的方法理论模拟污染物生物降解代谢。

（2）生物毒性分子机制理论研究方法。包括生物富集的蒙特卡罗模拟，污染物与生物大分子作用的量子力学/分子力学模拟与三维构效关系方法，结合后效应的模拟与评测方法等。

（3）混合物毒性预测方法学。提出适用于典型化学品混合物的毒性评价新思路和新方法，建立基于机理的混合物毒性构效关系预测方法，发展反应性混合化学品的环境暴露与联合毒性的理论模拟技术。

（4）环境污染物非线性非均匀相多介质模型。发展非均匀相、非稳态、非线性环境系统的多介质模型，为区域尺度污染物的时空分布和归趋预测提供理论模型与方法。

（5）环境理论计算化学方法与模型在污染物风险评价中的应用。发展特定毒性污染物高通量筛选方法，进行模型应用域描述方法与机理解释研究，建立模型不确定性表征方法，为相关应用软件与数据预测管理系统的开发提供技术储备。

二、重大交叉领域

由于环境问题的严重性和复杂性,需要应用化学、生物学、地学等多学科综合交叉予以解决,事实上环境化学学科也是在与其他学科交叉融合中发展起来的,因此,环境化学应进一步加强与其他学科的交叉研究,在解决国家重大环境问题中发挥更大的作用。应加强的重大交叉研究领域如下:

1. 污染物多介质界面行为、区域环境过程与调控

1)背景与意义

我国目前正面临非常复杂的环境问题。一方面,随着经济的快速发展,污染物排放压力不断加大。另一方面,随着工业集聚、产业集群,许多地区形成了优势或特色产业,显著促进了区域经济的快速增长;同时造成区域环境污染,制约经济社会可持续发展,并影响人类健康。因此,需深入研究污染物的多介质界面行为、区域环境过程与调控原理,为全面制订科学合理的污染物环境质量标准、区域典型污染物减排与削减、国家环境保护决策提供理论依据和技术支持。

2)关键科学问题

污染物的多介质界面行为与区域环境过程、迁移转化过程的调控原理、污染物的削减与修复技术原理。

3)发展目标

发展污染物微界面环境行为的表征方法与技术;探明环境中典型污染物的"老化"、"锁定"与"活化"机制,发展典型污染物生物有效性的调控技术原理;探明区域环境介质中典型污染物的浓度水平、源汇机制、多介质界面行为与区域环境过程及调控机制,提出预测污染物区域环境容量的方法;发展污染削减与修复的新材料、新方法和新技术。

4)重要研究方向

区域环境介质中典型污染物的浓度水平、源汇机制及复合污染过程;污染物的多介质界面行为、生物有效性、影响因素及机制;典型污染物的区域环境过程及调控机制;环境污染缓解与修复的技术原理。

2. 纳米颗粒物的环境行为与生物效应

1)背景与意义

由于纳米材料具有小尺寸效应、表面效应、量子尺寸效应、高反应活性等独特的理化性质,与其相关的制备与应用研究日益增多。然而,纳米技术的产业化将可能导致各种纳米物质通过不同途径进入环境,进而对生态环境乃至人类健康产生影响。因此,开展包括纳米颗粒物环境行为与生物学效应在内的纳米安全性研究,对于指导纳米材料的生产、使用与处置具有重要意义,同时为评价纳米材料潜在的生态风险提供科学依据。

2)关键科学问题

纳米颗粒物的源汇机制、迁移、转化和归宿;纳米颗粒物的环境行为与生物效应评价方法体系;纳米材料的生物学效应、作用机制及影响因素。

3)发展目标

采用现代仪器分析技术与分子生物学研究手段,揭示纳米材料环境行为,生物学效应与作用机制,建立简单可靠的安全性预测模型,建立标准化纳米毒理学实验方案与一流的研究平台,培养纳米材料环境行为与生物效应研究专业团队。

4）重要研究方向

纳米材料本身性质、在不同环境介质中的存在形态、时空分布等环境行为；纳米材料在生物体内的迁移、转化、代谢的表征方法体系；纳米尺度相关性生物学效应与作用机制；复杂环境介质中纳米颗粒物与其他污染物的相互作用行为；纳米颗粒物毒性作用的标准评价方法体系。

3. 环境友好和功能材料在污染控制中的应用

1）背景与意义

传统环境材料与技术已无法满足新形势下日趋严格的环保法规及有效去除各类新型污染物等重大现实需求，迫切需要研究新型环境材料，及环境友好的、高效处理的技术体系，以保证我国可持续发展战略的顺利实施。

2）关键科学问题

环境材料复杂界面微观过程及调控机制，环境材料的构效关系及污染控制新技术原理。

3）发展目标

发展新一代高效去除大气污染物、颗粒物及二次污染物的环境功能材料，建立工业废气、机动车尾气等大气污染源的集成控制和处理体系，研发大气污染物去除或定向转化的新材料。研发新型高效去除水中污染物的吸附剂、絮凝剂，揭示各类吸附或絮凝材料与污染物的相互作用机制及构效关系，构建新型环境友好的污染物转移去除体系。发展高效活化绿色氧化剂的新材料和新技术原理，阐明污染物在功能材料表界面的作用机制及反应原理，为有效控制与消减污染物提供理论依据与技术支撑。发展选择性消除目标污染物的纳米材料与技术。

4）重要研究方向

高效消除大气污染物及颗粒物的环境功能材料；新型高效去除水中污染物的吸附剂、絮凝剂，天然吸附材料的微观结构及特殊效应；着力发展氧化还原新材料，研究其催化氧化、电化学等高级氧化还原的化学过程，开发多功能和多目标的新型复合净水材料等；高效去除新型高毒性低浓度难降解有机污染物的新方法；高效活化绿色氧化剂的新材料和新技术原理；选择性消除目标污染物的纳米材料与新技术原理；研究污染控制对象与材料间的作用机制及原理。

4. 化学污染物暴露与食品安全

1）背景与意义

食品安全是关系百姓切身利益的重要民生问题。我国食品安全法的制定与实施对保障人民群众身体健康和生命安全、维护社会安定和谐、促进经济健康发展，具有十分重要的意义。食品安全并不伴随着国民经济的发展、技术水平的提高以及人民生活水平的改善而"自然"得到解决。相反，食物生产的工业化和新技术的采用以及食物链中新污染物的出现，使得新的食品安全问题仍在不断发生。新实施的食品安全法将食品安全风险监测与评估作为一项国家实施的制度予以保证，重点针对食品污染、食源性疾病和食品中有害物质开展风险监测与评估。

环境污染物通常通过长期低剂量摄入造成健康危害，有一定的隐蔽性。化学污染物可通过生物链的富集、浓缩最后达到食物链的顶端，直接或间接转入人体，危害健康。食品加工过程中由于热加工会形成一系列遗传毒性物质。膳食暴露是主要的摄入途径之一，明确化学污染物的膳食暴露途径和水平及健康危害对保障食品安全具有重要意义。

2）关键科学问题

表征食品中典型化学污染物的健康风险，发展食品中代表性重要化学污染物危害识别的分析技术和暴露评估技术，揭示健康效应机制，发展相关的暴露、评价和效应标志物。

3）发展目标

针对食品中新出现的化学污染物，如持久性有机污染物、药物与个人护理（PPCPs）、热加工污染物（丙烯酰胺、呋喃、氯丙醇脂肪酯）、重金属等，建立健康风险与获益分析，建立我国人群膳食暴露模型和暴露标志物，并结合健康效应标志物和易感性标志物，建立健康风险与获益评估模型，从而揭示食品中重要化学污染物的健康效应机制，为化学污染物的健康风险评估、预警提供科学依据。

4）重要研究方向

食品中新出现的化学污染物健康危害识别技术；化学污染人体负荷表征方法与健康危害的生物标志物；膳食因素对甲状腺疾病的健康风险与获益分析技术；食品中热加工污染物（丙烯酰胺、氯丙醇脂肪酯）的形成机制；食品中化学污染物的膳食摄入途径和控制方法。

5. 化学品风险评估与管理的理论与方法

1）背景与意义

对常规化学物质进行筛选控制，对新型化学品进行环境风险评估已经成为化学品管理的重要基础，也是国际贸易上经常使用的科学武器。

2）关键科学问题

典型化学物质如高富集性、高持久性物质，致癌性/生殖毒性/致突变性物质，是国际化学品管理的重要对象，如何建立适用广谱、精确及高效的预测方法是急需解决的关键问题之一。由于暴露途径多样，且具有相同或不同终点的物质种类繁多，如何建立反映多途径和多物质累积暴露的风险评价方法是另一个需要解决的关键问题；此外，需开展成本-效益分析，以更好用于化学品管理。

3）发展目标

发展化学品风险评价所必需的单元技术，建立不确定性化学品风险评价方法，并形成成本和效益分析基础上的风险管理原则。

4）重要研究方向

化学品高持久性、高生物蓄积性的机理研究和筛选方法；低剂量长期暴露下化学品的生态毒理学；以种群保护和生态系统保护为目标的生态风险评价方法；环境内分泌干扰物的快速筛选技术；致癌性/生殖毒性激突变性物质的测试评价方法；医药品和农药等化学品的成本效益分析评估方法。

第二章 水环境化学

水环境化学主要研究物质在天然水体中的存在形态、反应机制、迁移转化途径、归趋的规律、化学行为、对生态环境的影响，是环境化学的重要组成部分。

1977 年，联合国世界水会议上，有人对全球水资源打了个比方"如用一个半加仑 (2.25L) 的瓶子装下地球上的所有水，则可以直接利用的淡水只有半茶匙，其中河水湖泊水只有 1 滴，其余为地下水"。

海洋、湖泊、河流、沼泽的水体和地下水构成地壳的水圈。水圈是不连续的壳层，分水圈上部和下部。上部指海洋、湖泊、河流、沼泽以及冰川、雪山等地表水体，下部包括海洋、湖泊、河流、沼泽的底部及底部沉积物。岩石层中的地下水在地下水体中只有上部很小的一薄层是冷水，下部多为热水。

水圈中水的总量约为 1.4×10^{18} t，占地壳总量的 7%，为地球总量的 0.2%。海水约占水圈总量的 97.2%，大陆水仅占水圈的 3%，大部分储存在南北两极和山峰的冰雪中，流动的淡水仅为 0.009%。

我国水资源比较丰富，约为 27210×10^8 m³，居世界第六位。目前用水量仅次于美国。对我国 44 个城市水质调查的结果显示地下水 93.2% 被污染，地表水 100% 污染。

第一节 水分子的结构及其特异性

一、水分子的结构

水是地球上常见的物质之一，是氧的氢化物，具有 V 形结构的极性分子，结构式是 H_2O。氧原子的电子构型是 $1s^2 2s^2 2p^4$，氢原子的电子构型是 $1s^1$。在水分子中，三个原子核的周围共有十个电子，氧的两个 1s 电子位于氧原子核的周围，另外八个电子处于四条近似于 sp^8 的杂化轨道上，这四条轨道指向一不规则四面体的四角。其中两条轨道是成键轨道（包含有共享电子），方向同 O—H 键轴是一致的；另外两条轨道是非成键轨道（包含有未共享电子），其方向在 H—O—H 分子平面的上下。单个水分子的平面 H—O—H 的键角是 104.5°，而规则四面体的键角是 109.5°；单个水分子 O—H 键长是 0.096nm。因此，两个氢原子和两个未共享电子对组成一不规则四面体的顶角，四面体的中心是氧。

水分子中的 H 与 O 以共价键结合，由于 O 的电负性较大 (3.5)，电子对被强烈地吸向 O 的一边，使负电性小的 H (2.1) 带正电荷，这时，H 原子提供电子形成共价键后，自身成为没有电子而带正电荷的"裸核"，裸核的 H 原子能够被另一水分子的 O 上的孤对电子吸引，构成"氢键"。缔合水分子即以 H—O⋯H 的形式缔合在一起。根据 H. M. Poewll 提出的价层电子对互斥理论：孤对电子对之间的斥力>孤对电子对与成键电子对的斥力>成键电子对之间的斥力。由于电子对之间的斥力不同，造成了水分子的 V 形结构。这种 V 形结构使水分子正负电荷向两端集中，一端为两个 H 离子带正电荷，一端为 O 带负电荷，水分子的结构是不对称的，所以水是极性分子。水分子之间的氢键使多个水分子缔合 $nH_2O = (H_2O)_n$，常称"水分子团"。

什么叫缔合？用蒸气法测得水分子的相对分子质量是 18.64，而水分子中原子质量之和是 18。表明水中除单分子 H_2O 外，还有大约 3.5% 的双分子水 $(H_2O)_2$ 存在。液态水的相对分子质量测得数值更大，说明水中含有较复杂的 $(H_2O)_n$ 分子（n 值为 2、3、4…）。总之，实验结果证实，水是由简单水分子结合成为复杂的水分子 $(H_2O)_n$。这里水分子仍然保留单个水分子的性质。通常把这种由简单分子结合成复杂的分子集合体，而不改变单个分子化学性质的作用，称为分子的缔合。一般液态水中，除简单水分子 H_2O 以外，还有 $(H_2O)_2$、$(H_2O)_3$、$(H_2O)_n$……。液态水中缔合分子和简单分子处于平衡中，缔合是放热效应，离解是吸热效应。温度升高，水的缔合度降低；温度降低，水的缔合度增大。0℃时水凝结为冰。

正是氢键的存在使水分子和同族分子相比具有特异性。见图 2-1。

图 2-1　水分子的结构

二、水的特异性

水的分子结构决定水在物理化学性质方面不符合常有规律，表现在水的比热、水的密度、水的蒸气压、水的沸点、水的化学性质、水的溶解性。这些特点使水在自然界发挥着巨大的生态作用。

1. 水的特殊的物理性质

水的比热容为 $4.187J/(g \cdot ℃)$，在所有液态和固态物质中，水的比热容最大。由于水中存在缔和分子的缘故。当水受热时，需消耗更多的热量以使缔和水分子离解，才能使水温升高。水的高比热对调节环境气温有重大作用。一般滨海地区，白天太阳辐照，由于水的比热大，海水升温需吸收大量的热量，所以气温不致太高。夜间，海水降温时释放所吸收的大量热量，避免气温急剧下降。生产上使用水作为传热介质，主要是利用水的比热容大的特征。

水的密度。一般物具有热胀冷缩的作用，即温度低，体积小，密度大。水却在 4℃ 时密度最大，其值为 $1g/cm^3$。这是水分子的缔合作用的缘故。一般近沸点的水缔合度小，主要是由简单分子所构成。温度降低，分子热运动减少，分子间的距离缩小同时增大水的缔合度。$(H_2O)_2$ 缔合分子增多，分子间的排列较为紧密，使得水的密度因温度降低而增大。当温度降低至 4℃（准确地讲是 3.98℃）时，水的密度最大。温度进一步降低，出现高缔合度的水分子 $(H_2O)_3$，直至具有冰的结构的较大的缔合分子。这时结构变为疏松，所以在 4℃以下，水的密度随温度降低反而减小。到冰点时，全部水分子缔合成巨大的、有着大量孔隙的缔合分子。严冬，江、河、湖、海冰封，由于冰比水轻（0℃时，冰的密度为 $0.9168g/cm^3$；0℃时，水的密度为 $0.9999g/cm^3$），漂浮于水面，保护底部水体不致进一步降低温度而冰冻，为水生生物的生存创造良好的生活环境。

水的蒸气压。水分子处于不断的运动状态。常温下，少数水分子因动能较大，克服水的表面引力，逸散而进入空气成为水蒸气分子。相反，水面上蒸气分子也能被水面分子吸引而返回到水中。水的蒸发和凝聚处于平衡之中，因此，在一定温度下，水的饱和蒸气压为常数，温度升高，水的饱和蒸气压增大。

水的沸点。随着温度升高，水的蒸气压增大。当水的蒸气压等于外界压力（通常为 1 大气压）时的温度称为水的沸点。通常 100℃时水的蒸气压等于外界大气压（1 大气压），100℃称为水的沸点。外界压力增大，沸点升高；压力降低，沸点下降。

沸点时，水的汽化热为 2257kJ/g，水的高汽化热也是由于水的缔合分子汽化时需要破坏缔合能的缘故。

在冰的结构中，每个 O 原子和 4 个 H 原子联结成四面体，每个 H 原子与两个 O 原子相连结。在和 O 原子结合的四个 H 原子中，两个是以共价键结合的，另两个是通过氢键结合，这样造成一个敞开结构，即在冰的结构内存在较大的空隙，使冰具有较低的密度。冰的融化，引起氢键的破坏，敞开结构也被破坏，水分子较紧密地堆积，这就是水的密度比冰的密度大的原因。

2. 水的特殊的化学性质

水是一种化学活泼性良好的物质。一般条件下，水能和许多金属和非金属反应。水和金属氧化物作用形成相应的碱，和非金属氧化物作用形成相应的酸。水本身在反应中表现对应的"酸"和"碱"的性质。由于水的氧原子中存在未共用的孤对电子，因此水可作为配位体与一系列金属离子形成水化物。这一性质，对于重金属在自然界中的存在形式具有重要的作用。水能够和许多盐类进行"水解作用"，它对重金属在自然界中的迁移、转化、沉积具有重要的意义。

水是一种良好的溶剂，它对生物的生命活动和自然界的变化具有极为重要的作用。

气体在水中的溶解性因气体性质而不同；自然界所见的气体大多为混合气体，它的溶解度与该气体在混合气体中的分压有关

$$g = K \cdot p$$

式中 g——单位体积中所溶解的气体质量，mg/L；

K——溶解度系数；

p——气体的分压，Pa。

溶解度随温度升高而降低。

$$\ln \frac{N_2}{N_1} = -\frac{\lambda}{R}\left(\frac{1}{T_1} - \frac{1}{T_2}\right)$$

式中 N_1，N_2——相应温度 T_2，T_1时气体的溶解度，mol/L；

λ——摩尔溶解热；

T_2，T_1——溶解时的温度，K；

R——气体常数，8.314 4J/(mol·K)。

当水中存在有机溶质时，气体的溶解度就减少。

$$\lg \frac{N_0}{N} = K \cdot c$$

式中 N_0，N——气体在纯水和相应浓度为 c(mol/L) 盐溶液中的溶解度，mol/L；

K——溶解度系数；

c——盐溶液浓度，mol/L。

液体在水中的溶解度相差很大，液体溶解度随温度变化关系的大小因液体性质而不同，它们可以随温度升高而增加，也可以随温度降低而减少。水中盐类的存在大大降低液体在水中的溶解度。

固体在水中溶解度的变化很大，大多数情况下固体溶解度随温度升高而增大。但 CaO、Li_2CO_3 等随温度升高，溶解度反而降低。而 $CaSO_4$ 在水中溶解度的变化与它们水合物的性质有关。

$$\ln N = \frac{\Delta H_溶}{R}\left(\frac{1}{T_溶} - \frac{1}{T}\right)$$

式中 $\Delta H_溶$——溶质摩尔溶解热，kJ/g；

  N——温度 T 时物质的溶解度，mol/L；

  $T_溶$——物质的溶解温度，K；

  R——气体常数，8.314J/(mol·K)。

 ## 知识链接：水的特异性

如图 2-2 所示，如果按照 O 在主族中的位置推测，水呈现液态的温度应是 $-100 \sim -80$℃，换句话说，在目前的地球温度下水应该呈现气态。而事实上水为液态，因此在自然生态环境中具有不可估量的作用。例如保证了饮用、水生生物的生存、生命的进化等。

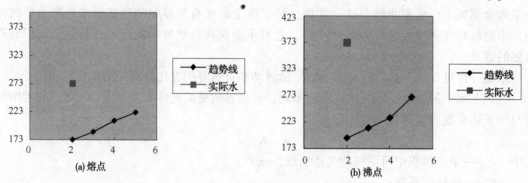

图 2-2　第 VI 主族元素熔点沸点比较

（横轴为主族周期数，纵轴温度单位为 K）

水提供了有机物和生命物质中 H 的来源。一些有机化合物都是以碳、氢、氧、氮等元素为基础形成的。这些元素的主要来源物质就是 CO_2 和 H_2O。

水分子的结构式是 H_2O，实际上 H 有三种同位素 ^{1}H(氕 H)、^{2}H(氘 D)、^{3}H(氚 T)、氧有三种同位素 ^{16}O、^{17}O、^{18}O，所以水实际上是 18 种水分子的混合物 $C_3^2 C_3^1 = 18$。

当然 H_2O 是最普通的水分子 [包括 $H_2^{16}O$ (99.73%)、$H_2^{17}O$ (0.18%)、$H_2^{18}O$ (0.037%)]，总量占 99.937%。其余的水是重水(包括 $D_2^{16}O$、$D_2^{17}O$、$D_2^{18}O$)和超重水(包括 $T_2^{16}O$、$T_2^{17}O$、$T_2^{18}O$)。

重水在自然界含量非常少，而且它是核反应堆的中子慢化剂，在大功率的原子反应堆中需要它，同时又是生产氢弹的原料，但是从普通水中提取重水要耗费非常多的能量，估计为 13×10^4 kW·h/kg 重水。

超重水中的氚 T 是一种放射性同位素，能够放射出 β 射线。一般超重水用于医学、生物、物理、化学上的示踪剂。

第二节　天然水的组成及化学特性

一、天然水的组成

天然水是含有可溶性物质(气体、可溶性盐类)和悬浮物及有机物的一种天然溶液。天然水的化学组成表现出自然界中物质的复杂性，所含物质的种类及其性质不同，水质也差别很大。此外，水质也取决于影响水的化学性质的硬度、碱度、氧化性及腐蚀性等。所以，天然水的化学组成是一系列直接因素的函数。直接影响水质的因素包括：土壤及岩石的化学组成及性质，生物体的存在及人类的活动。间接因素包括影响物质和水相互作用的条件，如气候、地形、植物等。

可溶性物质非常复杂，主要是在岩石风化过程中，经过水文地球化学和生物地球化学作用下迁移、搬运到水中的地壳矿物质。包括：胶体物质、溶解物质(气体、离子)、水生生物、腐殖质等。

1. 天然水中的主要离子组成

按照含量多少分为常见的八大离子和少量离子。

(1) 常见的八大离子是 K^+、Na^+、Ca^{2+}、Mg^{2+}、HCO_3^-、NO_3^-、Cl^-、SO_4^{2-}。占天然水中离子总量的 95%~99%。

Cl^- 几乎为所有天然水存在的成分，含量在 0.1~150mg/L(北极雪~盐湖)，少数高达 1000mg/L 以上。Cl^- 的主要来源是：①水流经地区土壤及矿石溶解浸出；②海风及大气沉积物所带来的；③大气灰尘所含的可溶盐的浸出；由于氯化物的易溶性，很难从水中通过离子交换、吸附、沉积、生物吸收作用析出。

SO_4^{2-} 和 Cl^- 一样，广泛分布在天然水体。含量 0.2~100mg/L 之间。主要来源是大气粉尘、矿物以及气体。在还原介质中 SO_4^{2-} 被还原为 H_2S。

HCO_3^- 与 CO_3^{2-} 主要来自大气中的 CO_2、土壤中的 CO_2 和碳酸盐矿物的溶解。HCO_3^- 与 CO_3^{2-} 的比值决定于介质的 pH 值(碳酸盐体系中有详细讲解)。

Ca^{2+} 是天然水中分布最广的阳离子之一，主要是由土壤和岩石淋沥而进入天然水。水中 Ca^{2+} 的含量因 CO_2 浓度而变。水中 CO_2 与大气中 CO_2 达到平衡时的地表水饱和时平均含有 20~30mg/L 的 Ca^{2+}，有时可以达到 40~50mg/L。在硫酸盐型水中，由于 $CaSO_4$ 的溶解度较大，Ca^{2+} 的含量高达 600mg/L。土壤水中，由于 CO_2 含量的增加，Ca^{2+} 的含量可达 100mg/L。

Mg^{2+} 的性质与 Ca^{2+} 相似。镁的碳酸盐溶解度也取决于 CO_2 的存在与否。水中 CO_2 与大气中 CO_2 达到平衡时的地表水中 Mg^{2+} 含量约 190mg/L。随着 CO_2 含量的增加，土壤水中可溶性 Mg^{2+} 含量大大增加。一般水中 Mg^{2+} 的浓度约 1~40mg/L。在富含镁的岩石接触的水中，可以达到 100mg/L。除海水和盐湖水以外，高浓度 Mg^{2+} 的水体很少见到。

K^+、Na^+ 是在水与岩石、土壤沥取时转入水中。所以天然水中均含有 K^+ 与 Na^+，其浓度约为 1~20mg/L 的 Na^+，10mg/L 的 K^+。随着水体矿化度的增加，K^+、Na^+ 的含量也随之增大。

(2) 少量离子有 H^+、OH^-、NH_4^+、HS^-、S^{2-}、NO_2^-、NO_3^-、HPO_4^-、PO_4^{3-}、Fe^{2+}、Fe^{3+} 等。

NH_4^+、NO_2^-、NO_3^- 是水体中的无机氮，它的浓度取决于氮化物的消耗强度和生物要素再生作用的速度。天然条件下 NH_4^+ 的平均浓度不超过 0.5mg/L，地表水中 NO_2^- 含量很不稳定，因此它在水中浓度常低于几个 μg/L（以氮计）。在秋天，可以看到高浓度的无机态氮（温度的原因）。

HPO_4^-、PO_4^{3-} 是天然水体中的无机磷，天然水体中磷以无机磷和有机磷共同存在，决定磷浓度的主要因素是磷的无机态、有机态以及生物体之间的转换。

不同的水体，离子浓度有差异。可以通过离子浓度的差异来区分不同的水体。比如，海水中一般 Na^+、Cl^- 占优势；湖水中 Na^+、Cl^-、SO_4^{2-} 占优势；一般说地下水硬度高，就是其中 Ca^{2+}、Mg^{2+} 含量高，对于一些苦咸水地区，地下水中 Na^+、HCO_3^- 含量较高；环境要素对水中离子的浓度分布具有决定性作用。

2. 天然水中溶解的金属离子

除上述元素，其他元素在天然水中的分布很广泛，但含量很小，常常低于 μg/L。这类元素包括重金属（Zn、Cu、Pb、Ni、Cr 等），稀有金属（Li、Rb、Cs、Be 等），卤素（Br、I、F）及放射性元素。虽然浓度很低，但起很大作用。微量元素的组分可用来表示水的地质年代。许多金属元素的反常高含量可以作为找矿的指示物，而许多元素的浓度低时也影响到动植物体的生命活动。

水中的金属离子可以通过酸碱、沉淀、配合、氧化还原等过程达到最稳定的状态。因此，可以通过化学平衡计算其浓度。

水溶液中金属离子的表示式常写成 M^{n+}，预示着简单的水合金属阳离子 $M(H_2O)_x^{n+}$，它可通过化学反应达到最稳定的状态。水中可溶性金属离子可以多种形态存在。例如，铁可以 $Fe(OH)^{2+}$、$Fe(OH)_2^+$、$Fe_2(OH)_2^{4+}$、Fe^{3+} 等形态存在。这些形态在中性（pH=7）水体中的浓度可以通过平衡常数加以计算：

$$Fe(H_2O)_6^{3+}+H_2O \Longleftrightarrow Fe(H_2O)_5OH^{2+}+H_3O^+$$

$$Fe(H_2O)_5OH^{2+}+H_2O \Longleftrightarrow Fe(H_2O)_4(OH)_2^++H_3O^+$$

$$Fe(H_2O)_4(OH)_2^++H_2O \Longleftrightarrow Fe(H_2O)_3(OH)_3(s)+H_3O^+$$

$$Fe(H_2O)_3(OH)_3(s)+H_2O \Longleftrightarrow Fe(H_2O)_3(OH)_4^-+H_3O^+$$

以上反应可以简写成：

$$Fe^{3+}+H_2O \Longleftrightarrow FeOH^{2+}+H^+ \tag{2-1}$$

$$FeOH^{2+}+H_2O \Longleftrightarrow Fe(OH)_2^++H^+ \tag{2-2}$$

$$Fe(OH)_2^++H_2O \Longleftrightarrow Fe(OH)_3(s)+H^+ \tag{2-3}$$

$$Fe(OH)_3(s)+H_2O \Longleftrightarrow Fe(OH)_4^-+H^+ \tag{2-4}$$

由式（2-1）~式（2-4）写出平衡常数表达式为：

$$[Fe(OH)^{2+}][H^+]/[Fe^{3+}]\ c^\ominus = 8.9×10^{-4}$$

$$[Fe(OH)_2^+][H^+]^2/[Fe^{3+}]\ (c^\ominus)^2 = 4.9×10^{-7}$$

$$[Fe_2(OH)_2^{4+}][H^+]^2/[Fe^{3+}]^2\ c^\ominus = 1.23×10^{-3}$$

假如存在固体 $Fe(OH)_3(s)$，则 $Fe(OH)_3(s)+3H^+ \Longleftrightarrow Fe^{3+}+3H_2O$

$$[Fe^{3+}](c^\ominus)^2/[H^+]^3 = 9.1×10^3$$

在 pH=7 时，$[Fe^{3+}] = 9.1×10^3×(1.0×10^{-7})^3 = 9.1×10^{-18}\,mol/L$

将这个数值代入上面的方程式中，即可得出其他各形态的浓度：

$$[Fe(OH)^{2+}] = 8.1 \times 10^{-14} \text{ mol/L}$$

$$[Fe(OH)_2^+] = 4.5 \times 10^{-10} \text{ mol/L}$$

$$[Fe_2(OH)_2^{4+}] = 1.02 \times 10^{-23} \text{ mol/L}$$

虽然这种处理是简单化了，但很明显，在近于中性的天然水溶液中，水合铁离子的浓度可以忽略不计。

3. 天然水中溶解的重要气体

天然水中溶解的气体有氧气、二氧化碳、氮气、甲烷等。海水表面以 CO_2、N_2、O_2 为特征，不流通的深海中 CO_2 过饱和、有时还有硫化氢。

大气中的气体分子与溶液中同种气体分子间的平衡服从亨利定律，即一种气体在液体中的溶解度正比于液体所接触的该种气体的分压。

但必须注意，亨利定律并不能说明气体在溶液中进一步的化学反应，如：

$$CO_2 + H_2O \Longrightarrow H^+ + HCO_3^-$$

$$SO_2 + H_2O \Longrightarrow H^+ + HSO_3^-$$

因此，溶解于水中的实际气体的量，可以大大高于亨利定律表示的量。气体在水中的溶解度可用以下平衡式表示：

$$[G(aq)] = K_H \cdot p_G$$

式中　K_H——各种气体在一定温度下的亨利定律常数，mol/(L·Pa)；

　　　p_G——各种气体的分压，Pa。

在计算气体的溶解度时，需要对水蒸气的分压加以校正（在温度较低时，这个数值很小）。根据水在不同温度下的分压，就可按亨利定律计算出气体在水中的溶解度。

1）以 CO_2 为例来解释气体在水中的浓度及其溶解

25℃时水中 $[CO_2]$ 的值可以用亨利定律来计算。已知干空气中 CO_2 的含量为 0.0314%（体积），水在 25℃ 时蒸气压为 $0.03167 \times 10^5 Pa$，CO_2 的亨利定律常数是 $3.34 \times 10^{-7} mol/(L \cdot Pa)$（25℃），则 CO_2 在水中的溶解度为：

$$p_{CO_2} = (1.0130 - 0.03167) \times 10^5 \times 3.14 \times 10^{-4} = 30.8 Pa$$

所以　　　　　　$[CO_2] = 3.34 \times 10^{-7} \times 30.8 = 1.028 \times 10^{-5} mol/L$

CO_2 在水中离解部分可产生等浓度的 H^+ 和 HCO_3^-。H^+ 及 HCO_3^- 的浓度可从 CO_2 的酸离解常数 (K_1) 计算出：

$$CO_2 + H_2O \Longrightarrow CO_2 \cdot H_2O \quad \text{亨利常数} \quad K_H = \frac{[CO_2 \cdot H_2O]}{p_{CO_2}} = 3.34 \times 10^{-7} mol/(L \cdot Pa)$$

$$CO_2 \cdot H_2O \Longrightarrow HCO_3^- + H^+ \quad \text{一级电离} \quad K_1 = \frac{[H^+][HCO_3^-]}{[CO_2 \cdot H_2O]} = 4.45 \times 10^{-7} mol/L$$

$$HCO_3^- \Longrightarrow CO_3^{2-} + H^+ \quad \text{二级电离} \quad K_2 = \frac{[H^+][CO_3^{2-}]}{[HCO_3^-]} = 4.68 \times 10^{-11} mol/L$$

由于 K_2 特别小，所以只考虑前面两个方程，可得：

$$[H^+] = [HCO_3^-]$$
$$[H^+]^2/[CO_2] = K_1 = 4.45 \times 10^{-7}$$
$$[H^+] = (1.028 \times 10^{-5} \times 4.45 \times 10^{-7})^{1/2} = 2.14 \times 10^{-6} \, \text{mol/L}$$
$$pH = 5.67(酸雨判别标准的由来)$$

故 CO_2 在水中的溶解度为 $[CO_2] + [HCO_3^-] = 1.24 \times 10^{-5} \, \text{mol/L}$。

 # 知识链接：矿化过程和矿化度

矿化过程：天然水中主要离子成分的形成过程，称为矿化过程；

矿化度：矿化过程中进入天然水体中的离子成分的总量，以溶解总固体(TDS-Total dissolved Solid)表示

一般天然水中的 TDS 可以表示为：

$$TDS = [Ca^{2+} + Mg^{2+} + Na^+ + K^+ + Fe^{2+} + Al^{3+}] + [HCO_3^- + SO_4^{2-} + Cl^- + CO_3^{2-} + NO_3^- + PO_4^{3-}]$$

经常，近似地天然水中常见主要离子总量可以粗略地作为水的总含盐量(TDS)：

$$TDS \approx [Ca^{2+} + Mg^{2+} + Na^+ + K^+] + [HCO_3^- + SO_4^{2-} + Cl^-]$$

2) 溶解氧及氧在水中的溶解

水中溶解氧的主要来源有两个：水中藻类的光合作用释放氧气(仅限于白天)和大气复氧作用。

氧在水中的溶解度与水的温度、氧在水中的分压及水中含盐量有关。

氧在 $1.0130 \times 10^5 \text{Pa}$、$25\text{℃}$(标准状态)饱和水中的溶解度，按照亨利定律计算如下：水在 25℃ 时的蒸气压为 $0.03167 \times 10^5 \text{Pa}$，干空气中氧的含量为 20.95%，所以氧的分压为：$p_{O_2} = (1.0130 - 0.03167) \times 10^5 \times 0.2095 = 0.2056 \times 10^5 \text{Pa}$。

代入亨利定律即可求出氧在水中的摩尔浓度为：

$$[O_2(aq)] = K_H \cdot p_{O_2} = 1.26 \times 10^{-8} \times 0.2056 \times 10^5 = 2.6 \times 10^{-4} \, \text{mol/L}$$

氧的相对分子质量为 32，因此其溶解度为 8.32mg/L。

气体溶解度随温度升高而降低，这种影响可由 Clausius-Clapeyron(克拉帕龙)方程式显示出：

$$\lg \frac{c_2}{c_1} = \frac{\Delta H}{2.303R} \cdot \left(\frac{1}{T_1} - \frac{1}{T_2} \right)$$

式中 c_1, c_2——用绝对温度 T_1 和 T_2 时气体在水中的浓度；

         ΔH——溶解热，J/mol；

         R——气体常数 8.314J/(mol·K)。

因此，若温度从 0℃ 上升到 35℃ 时，氧在水中的溶解度将从 14.74mg/L 降低到 7.03mg/L，常压下，饱和溶解氧是温度的函数：

$$c_s = \frac{468}{31.6 + t}$$

式中 c_s——温度为 t 时的饱和溶解氧浓度，mg/L；

         t——温度，℃。

3) 水生生物

水生生物可直接影响许多物质的浓度，其作用有代谢、摄取、转化、存储和释放等。

水生生态系统生存的生物体，可以分为自养生物和异养生物。自养生物利用太阳能或化学能量，把简单、无生命的无机物元素引进至复杂的生命分子中即组成生命体。异养生物利用自养生物产生的有机物作为能源及合成它自身生命的原始物质。

二、天然水的化学特征

天然水体包括地表水和地下水。地表水又分为河水、海水、湖泊、水库等。由于地质、气候等各种原因，不同的水体呈现不同的特征。

1. 大气降水

溶解的氧气、氮气、二氧化碳是饱和或过饱和的；含盐量很小，一般小于 50mg/L，近海以 Na^+、Cl^- 为主，内陆以 Ca^{2+}、HCO_3^-、SO_4^{2-}；一般含有氮的化合物，如二氧化氮、氨、硝酸、亚硝酸等（闪电、生物释放）；降水 pH = 5~7。

2. 海水

矿化度很高，达到 35g/L，海洋蒸发浓缩，大陆带来盐分；化学组成比较恒定，海水太多，离子变化影响不大；海水 pH = 8~8.3。

3. 河水

矿化度低，一般 100~200mg/L，不超过 500mg/L；一般 Ca^{2+} > Na^+，HCO_3^- > SO_4^{2-} > Cl^-；河水化学成分易变，随着时间和空间变化，例如汛期和非汛期，流经不同的地区等河水溶解氧一般夏季 6~8mg/L，冬季 8~10mg/L；河水二氧化碳夏季 1~5mg/L，冬季 20~30mg/L（光合作用减弱，补给源地下水含二氧化碳多）。河水的特征主要受当地地质及环境因素影响。

4. 湖泊水

矿化度比河水高，其中内流湖又高于外流湖；不同区域湖水成分差别极大。钾盐、钠盐、铝盐、芒硝（$NaNO_3$）、石膏（$CaSO_4$）等；矿化度也差别极大，淡水湖（<1g/L）、咸水湖（1~35g/L）、盐湖（>35g/L）。湖泊水质受人为影响也较大。

5. 地下水

化学成分复杂，矿化度高；化学类型多样（与不同的岩石、土壤长时间接触）；深层地下水化学成分比较稳定；生物作用对地下水作用影响不大；地下水一般溶解氧含量低；水温不受大气影响。地下水水质的变化和环境是相互影响的。

三、天然水体化学

1. 动力学和化学平衡

天然水体的化学包括无数的矿物、溶解物质和气体的反应以及生物圈有关的各种反应。除了这些发生在体系内部的各种反应以外，还有进出该体系的物质的迁移和能量的输入和输出，因此，不但体系内物质的形态，而且物质的数量总是在不断地发生变化。这种复杂程度在实验室中很少遇见。

为了认识具有这种反应和迁移速率的复杂体系中占主导地位的过程，有必要对某些限定情况加以研究。

化学反应原则上可根据其速率分为两类：比迁移速率快得多的化学反应和比迁移速率慢得多的化学反应。快速反应可用热力学平衡的概念加以说明；慢速反应可以看作完全没有发生一样。

一物质在天然体系中典型的迁移速率可用其滞留时间 τ（稳定状态时有效）来表示：

29

$$\tau = \frac{\text{体系中物质的总质量}}{\text{物质输入和输出的速率}}$$

一物质的滞留时间可能同水力滞留时间相等，也可能长得多或短得多，这要取决于所发生的反应。

在一个多组分体系中，相比之下，可能有一个化学反应速率或迁移速率是很缓慢的，其余的都是快速的；当速率限定的组分的量随时间而发生变化时，这一个体系可用多组分之间的化学平衡来说明。因此，平衡的概念被用来作为讨论天然水体的化学规律的基本工具。对天然水体系的平衡计算同现场数据之间的矛盾出现在下列几种情况中：对某些化学反应还没有充分认识；非平衡状况占主导地位或者分析数据不够精确。

包括液相、气相、固相的多组分体系的化学平衡形态的测定问题，可简单地用线性代数式表示，并用迭代法（牛顿-拉菲逊）求解。

1）化学平衡（Chemical Equilibrium）

热力学第一定律，即能量守恒和转化定律告诉我们，能量有各种不同的形式，如辐射能、热能、电能、机械能或化学能，能量能够从一种形式转化为另一种形式，但总能量保持不变。

热力学第二定律告诉我们，能量只沿有利的势能梯度传递，例如，水沿着斜坡向下流动，热能从热的物体传递给冷的物体，电流从高势能点流向低势能点。

化学反应也遵循上述热力学规律，向一定的方向进行，并逐渐达到平衡。

水环境中存在着各种化学平衡，包括酸碱平衡、沉淀平衡、络合平衡、氧化还原平衡和吸附平衡等。根据化学热力学的基本原理，可判别反应方向和计算反应达到平衡时水中组分的浓度。

（1）判别反应方向（Determine reaction direction）

判断一个反应是否能自发进行的原则是：反应总是向体系总自由能减小的方向进行。平衡时，体系总自由能为最小。即：

当 $\Delta G < 0$，GT（G 为吉布斯函数，T 为温度）下降，反应自发进行。

当 $\Delta G > 0$，GT 上升，反应不能自发进行。

当 $\Delta G = 0$，GT 最低，处于平衡状态。

对于反应

$$a\text{A} + b\text{B} \rightleftharpoons c\text{C} + d\text{D}$$

由公式

$$\Delta G = \Delta G^{\ominus} + RT\ln \frac{[\text{C}]^{c}\,[\text{D}]^{d}}{[\text{A}]^{a}\,[\text{B}]^{b}}$$

$$\Delta G = \left(\sum_i v_i\,\bar{G}_i\right)_{\text{产物}} - \left(\sum_i v_i\,\bar{G}_i\right)_{\text{反应物}}$$

$$\Delta G = \left(\sum_i v_i\,\bar{G}_i^{\ominus}\right)_{\text{产物}} - \left(\sum_i v_i\,\bar{G}_i^{\ominus}\right)_{\text{反应物}}$$

式中　　v_i——各组分的化学计量系数，即指 a，b，c，d；

　　　$\bar{G}_i^{\ominus}$——标准生成自由能，即 25℃，1atm 下组分 i 的摩尔自由能；

　　　R——理想气体常数；

　　　T——热力学温度；

$[i]$ ——某组分浓度，严格讲应为活度，在稀溶液时可以浓度代替。如无特殊说明，本书均以浓度表示。

各物种的 $\bar{G}_i^{\ominus}$ 值可以从手册上查得，表 2-1 列举了水中常见组分的标准生成自由能值和标准生成焓值两组热力学常数。

表 2-1　水环境化学中重要物种的热力学常数　　　　　　　　　　kcal/mol

物种	$\Delta \bar{H}_f^{\ominus}$	$\Delta \bar{G}_f^{\ominus}$	物种	$\Delta \bar{H}_f^{\ominus}$	$\Delta \bar{G}_f^{\ominus}$
$Ca^{2+}(aq)$	−129.77	−132.18	$Mg^{2+}(aq)$	−110.41	−108.99
$CaCO_3(s)$（方解石）	−288.45	−269.78	$Mg(OH)_2(s)$	−221.00	−199.27
$CaO(s)$	−151.9	−144.4	$NO_3^-(aq)$	−49.372	−26.43
$C(s)$（石墨）	0	0	$NH_3(g)$	−11.04	−3.976
$CO_2(g)$	−94.05	−94.26	$NH_3(g)$	−19.32	−6.37
$CO_2(aq)$	−98.69	−92.31	$NH_4^+(aq)$	−31.74	−19.00
$CH_4(g)$	−17.889	−12.140	$HNO_3^-(aq)$	−49.372	−26.41
$H_2CO_3^*(aq)$	−167.0	−149.00	$O_2(aq)$	−3.9	−3.93
$HCO_3^-(aq)$	−165.18	−140.31	$O_2(g)$	0	0
$CO_3^{2-}(aq)$	−161.63	−126.22	$OH^-(aq)$	−54.957	−37.595
CH_3COO^-	−116.84	−89.0	$H_2O(g)$	−57.7979	−54.6357
$H^+(aq)$	0	0	$H_2O(l)$	−68.3174	−56.690
$H_2(g)$	0	0	$SO_4^{2-}(aq)$	−216.90	−177.34
$Fe^{2+}(aq)$	−21.0	−20.30	$HS^-(aq)$	−4.22	−3.01
$Fe^{3+}(aq)$	−11.4	−2.52	$H_2S(g)$	−4.815	−7.892
$Fe(OH)_3(s)$	−197.0	−166.0	$H_2S(aq)$	−9.4	−6.54
$Mn^{2+}(aq)$	−53.3	−54.4			

注：1. $H_2CO_3^*$ 是碳酸盐系统中一种假想的物种，它包括 $CO_2(aq)$ 和 H_2CO_3，全书余同。

2. 1cal=4.1840J。

3. f 指标准状态下不同物质的热力学常数。

下面举一个例子说明如何计算 ΔG 值以判别反应进行的方向。

对于水中是否有 $CaCO_3$ 沉淀产生的水质是许多部门都关心的问题，如锅炉用水和给排水等。

【例 2-1】已知水中 $CaCO_3(s)$ 的形成和溶解有如下可逆反应

$$Ca^{2+} + HCO_3^- \Longleftrightarrow CaCO_3(s) + H^+$$

假定 $[Ca^{2+}] = [HCO_3^-] = 1×10^{-3}mol/L$，pH=7，水温为 25℃，问此时是否有 $CaCO_3$ 沉淀产生？

解：

根据公式 $\Delta G = \Delta G^{\ominus} + RT\ln\dfrac{[H^+][CaCO_3(s)]}{[Ca^{2+}][HCO_3^-]}$

计算 ΔG 值，先求 $\Delta G^{\ominus}$，根据公式：

$$\Delta G^{\ominus} = \left(\sum_i v_i \Delta \bar{G}_i^{\ominus}\right)_{产物} - \left(\sum_i v_i \Delta \bar{G}_i^{\ominus}\right)_{反应物}$$

$\Delta G^{\ominus}$ 值从表 2-1 查得，则

$$\Delta G^{\ominus} = (-269.78+0) - (-132.18-140.31) = 2.71\text{kcal}$$

然后将各组分活度代入，在稀溶液中可直接将浓度代替活度，固体的活度为1，水溶液的活度也为1。

则有 $\Delta G = 2.71+2.303\times1.987\times10^{-3}\times298\lg\left(\dfrac{10^{-7}}{10^{-3}\times10^{-3}}\right) = 1.35\text{kcal}$

$\Delta G>0$，故正反应不能自发进行，即不会有沉淀产生。

对于化学反应：$a\text{A}+b\text{B} \Longleftrightarrow c\text{C}+d\text{D}$

当体系处于平衡状态时，有如下平衡关系：

$$\frac{[\text{C}]^c\,[\text{D}]^d}{[\text{A}]^a\,[\text{B}]^b} = K$$

式中，K 为化学平衡常数。

标准自由能与化学平衡常数可以互相换算，有时标准自由能不易测得，可由平衡常数求得。

设 $\dfrac{[\text{C}]^c\,[\text{D}]^d}{[\text{A}]^a\,[\text{B}]^b} = Q$，则变为 $\Delta G = \Delta G^{\ominus} + RT\ln Q$

当 $\Delta G = 0$ 时，体系处于平衡状态，故：

$$\Delta G^{\ominus} = -RT\ln K$$

除了用 ΔG 判别反应方向外，还可利用组分活度关系与平衡常数之比进行判别。

将 $\Delta G^{\ominus} = -RT\ln K$ 代入 $\Delta G = -RT\ln K + RT\ln Q$ 则有：

$$\Delta G = RT\ln\frac{Q}{K}$$

因此当 $\dfrac{Q}{K} < 1$，即 $\Delta G < 0$，反应自发进行；

当 $\dfrac{Q}{K} = 1$，即 $\Delta G = 0$，反应处于平衡状态；

当 $\dfrac{Q}{K} > 1$，即 $\Delta G > 0$，反应不能自发进行。

如果知道反应平衡常数 K 值，利用 Q/K 值判断反应方向就要方便得多。

（2）范特荷夫公式（Van't Hoff equation）

范特荷夫公式表达了温度与化学平衡常数的关系

$$\frac{\text{d}\ln K}{\text{d}T} = \frac{\Delta H^{\ominus}}{RT^2}$$

假定 $\Delta H^{\ominus}$ 在有限温度范围内不随温度变化，将上式积分得

$$\ln K = -\frac{\Delta H^{\ominus}}{RT} + 常数$$

或

$$\ln\frac{K_1}{K_2} = \frac{\Delta H^{\ominus}}{R}\left(\frac{1}{T_2} - \frac{1}{T_1}\right)$$

式中　K——平衡常数；

　　　　T——热力学温度；

　　　　$\Delta H^{\ominus}$——标准生成焓。

因此，可以用手册上查到的 25℃时的平衡常数 K 求算非 25℃时的 K 值。

与 $\Delta G^{\ominus}$ 一样有：

$$\Delta H^{\ominus} = \left(\sum_i v_i \Delta \bar{H}_i^{\ominus} \right)_{产物} - \left(\sum_i v_i \Delta \bar{H}_i^{\ominus} \right)_{反应物}$$

$\Delta \bar{H}_i^{\ominus}$ 值可从手册上查到，水中常见成分的 $\Delta \bar{H}_i^{\ominus}$ 值见表 2-1。

2）化学平衡计算（Chemical equilibrium calculation）

水中的成分及其浓度，通常可利用分析化学的方法逐一分析检出，但也可以利用计算的方法求得。一般来说，要计算水中多少种组分的浓度，就需要列出多少个方程，通过解联立方程组可求出各组分浓度。除了化学平衡关系外，以下两种平衡关系也常可利用。

（1）质量平衡（mass balance）

对于一个均匀的封闭体系，包含 A 的各物种的浓度之和不变，即总浓度不变，有

$$c_{T, A} = c_{1, A} + c_{2, A} + \cdots + c_{n, A}$$

式中　　　$c_{T, A}$——包含 A 物种的总浓度；

$c_{1, A}$, $c_{2, A}$, $\cdots$, $c_{n, A}$——包含 A 的各物种浓度。

【例 2-2】将醋酸溶入水中，醋酸有一部分会电离成醋酸根，根据 pH 值的不同，它的电离程度不同，但不管它如何电离，总有如下关系式：

$$c_{T, Ac} = [HAc] + [Ac^-]$$

【例 2-3】将 Cl_2 通入水中，可能形成 $Cl_2(aq)$、$HClO$、ClO^- 和 Cl^-，则有：

$$Cl_2 + H_2O \Longrightarrow HCl + HClO$$

$$HClO \Longrightarrow H^+ + ClO^-$$

得到　　$c_{T,Cl} = 2[Cl_2(aq)] + [HClO] + [ClO^-] + [Cl^-]$

注意：这里 $Cl_2(aq)$ 包含两个氯原子，因此它对含氯物种总浓度的贡献要乘以系数 2。

（2）电荷平衡（charge balance）

电荷平衡式也称电中性方程（electroneutrality　equation）。

电荷平衡的基础是所有的溶液都必须是电中性的，一种溶液不可能只有带正电荷的物种或只有带负电荷的物种，溶液中正电荷的总数必须等于负电荷的总数。

【例 2-4】醋酸溶液中有 HAc、Ac^-、H^+ 和 OH^-，有电荷平衡式：

$$[H^+] = [Ac^-] + [OH^-]$$

【例 2-5】磷酸溶液中有 H_3PO_4、$H_2PO_4^-$、HPO_4^{2-}、PO_4^{3-}、H^+ 和 OH^-，有电荷平衡式：

$$[H^+] = [H_2PO_4^-] + 2[HPO_4^{2-}] + 3[PO_4^{3-}] + [OH^-]$$

注意：HPO_4^{2-} 带 2 个负电荷，它对总电荷数的贡献要将它的浓度乘以系数 2，同样 PO_4^{3-} 要将它的浓度乘以系数 3。因此，在某离子的浓度前乘以的系数即为该离子所带的电荷数。

下面举两个化学平衡计算的实例。

【例 2-6】加 0.01molHAc 于 1L 水中，求 H^+、OH^-、HAc 和 Ac^- 的浓度。假定水温为 25℃，忽略离子强度的影响。

解：有 4 个未知数，常列出 4 个方程式

化学平衡：

$$HAc \Longrightarrow H^+ + Ac^-$$

化学平衡常数为：

$$K_a = \frac{[H^+][Ac^-]}{[HAc]} = 10^{-4.7}$$

$$H_2O \Longrightarrow H^+ + OH^-$$

化学平衡常数：

$$K_W = [H^+][OH^-] = 10^{-14}$$

质量平衡：

$$c_{T,Ac} = [HAc] + [Ac^-] = 10^{-2} \text{mol/L}$$

电荷平衡：

$$[H^+] = [Ac^-] + [OH^-]$$

解上述方程组，得：

$$[H^+] = [Ac^-] = 4.47 \times 10^{-4} \text{mol/L}(\text{pH} = 3.35)$$

$$[OH^-] = 2.24 \times 10^{-11} \text{mol/L}$$

$$[HAc] = 9.55 \times 10^{-3} \text{mol/L}$$

【例 2-7】为什么 pH<5.6 的雨水才能称为酸雨？

解：因为空气中 CO_2 溶于去离子水中，达到汽-液平衡时，水的 pH 值约为 5.6。计算方法如下：水中有物种 $CO_2(aq)$、HCO_3^-、CO_3^{2-}、H^+ 和 OH^-。找出平衡关系，列出如下方程式（有 5 个未知数，需要 5 个方程）。

汽-液平衡(亨利定律)：

$$CO_2(g) \Longrightarrow CO_2(aq)$$

$$CO_2(aq) \Longrightarrow K_H p_{CO_2}$$

化学平衡：

$$CO_2(aq) + H_2O \Longrightarrow H^+ + HCO_3^-$$

$$\frac{[H^+][HCO_3^-]}{CO_2(aq)} = K_{a_1}$$

$$HCO_3^- \Longrightarrow H^+ + CO_3^{2-}$$

$$\frac{[H^+][CO_3^{2-}]}{[HCO_3^-]} = K_{a_2}$$

$$H_2O \Longrightarrow H^+ + OH^-$$

$$[H^+][OH^-] = K_W$$

电荷平衡：

$$[H^+] \Longrightarrow [HCO_3^-] + 2[CO_3^{2-}] + [OH^-]$$

解方程，得：$[H^+]^3 - (K_W + K_H K_{a_1} p_{CO_2})[H^+] - 2K_H K_{a_1} K_{a_2} p_{CO_2} = 0$

已知在 25℃时，$K_W = 10^{-14}$

$$K_H = 3.36 \times 10^{-7} \text{mol/(L·Pa)}$$

$$K_{a_1} = 10^{-6.3}$$

$$K_{a_2} = 10^{-10.3}$$

CO_2 占空气的体积分数以 0.0330%，在 1atm 下有 $p_{CO_2} = 101.3 \text{kPa} \times 0.0330\% = 33.4 \text{Pa}$
将这些数据代入上式，解得

$[H^+] = 2.49 \times 10^{-6} \text{mol/L}$，即 pH = 5.6

因此在 25℃、1atm 下，仅仅由于空气中 CO_2 的溶入，而没有其他酸性气体的溶解导致雨水 pH 为 5.6，因此把 pH<5.6 的雨水称为酸雨。温度对化学平衡常数有一些影响，气压的波动对 CO_2 的分压也略有影响，但这些影响是不大的。

对于天然水和较复杂的水体，可列出一系列方程式，可利用计算机进行求解，解这样的方程组当然也绝非难事。

除了利用各种平衡方程，还可以通过图解进行求解。

2. 碳酸盐系统

碳酸盐系统(The Carbonate system)是天然水中的优良缓冲系统，它可以避免天然水的 pH 发生剧烈变化；碳酸盐系统和水中的酸度以及碱度关系密切；碳酸盐系统与生物的活动也有密切关系，例如光合作用和呼吸作用；碳酸盐系统也与水处理有关，例如水质的软化。

1) 碳酸平衡的一般方程

在水和生物体之间的生物化学交换中，CO_2 占有独特地位，它对于调节天然水的 pH 和组成起着重要作用。CO_2 在水中形成酸，可同岩石中的碱性物质发生反应，并可通过沉淀反应变为沉积物而从水中除去。

对于 CO_2-H_2O 系统，水体中存在着 $CO_2(aq)$、H_2CO_3、HCO_3^- 和 CO_3^{2-} 四种化合态，常把 $CO_2(aq)$ 和 H_2CO_3 合并为 $H_2CO_3^*$，实际上 H_2CO_3 含量极低，主要是溶解性气体 $CO_2(aq)$。因此，水中 $H_2CO_3^*$-HCO_3^--CO_3^{2-} 体系可用下面的反应和平衡常数表示：

$$CO_2(g) + H_2O \rightleftharpoons H_2CO_3^* \qquad pK_0 = 1.47$$

包括：
$$CO_2(g) \rightleftharpoons CO_2(aq) \qquad 亨利常数\ K_H$$
$$CO_2(aq) + H_2O \rightleftharpoons H_2CO_3 \qquad 平衡常数$$

即：
$$[CO_2(aq)] + [H_2CO_3] \rightleftharpoons [H_2CO_3^*]$$
$$H_2CO_3^* \rightleftharpoons HCO_3^- + H^+ \qquad pK_1 = 6.35$$
$$HCO_3^- \rightleftharpoons CO_3^{2-} + H^+ \qquad pK_2 = 10.33$$

其中 $K_H = \dfrac{[CO_2(aq)]}{p_{CO_2}}$，$K_0 = \dfrac{[H_2CO_3^*]}{p_{CO_2}}$，$K_1 = \dfrac{[HCO_3^-][H^+]}{[H_2CO_3^*]}$，$K_2 = \dfrac{[CO_3^{2-}][H^+]}{[HCO_3^-]}$

$$[H_2CO_3^*] = K_0 p_{CO_2} \tag{2-5}$$

$$[HCO_3^-] = \frac{K_1[H_2CO_3^*]}{[H^+]} = \frac{K_1 K_0 p_{CO_2}}{[H^+]} \tag{2-6}$$

$$[CO_3^{2-}] = \frac{K_0 K_1 K_2 p_{CO_2}}{[H^+]^2} \tag{2-7}$$

根据 K_1 及 K_2 值，由式(2-5)~式(2-7)就可以制作以 pH 为主要变量的 $H_2CO_3^*$-HCO_3^--CO_3^{2-} 体系的形态分布图。

(1) 封闭体系的碳酸平衡

根据上述的碳酸平衡的一般反应方程，假如将水中溶解的 $[H_2CO_3^*]$ 作为不挥发酸，由此构成了封闭的体系，在海底深处，地下水(一些封闭的岩溶洞)、锅炉水和实验室水样中可能遇见这样的体系。

在封闭体系中，用 α_0、α_1 和 α_2 分别代表上述三种化合态在总量中所占比例，可以给出下面三个表示式：

$$\alpha_0 = [H_2CO_3^*]/\{[H_2CO_3^*] + [HCO_3^-] + [CO_3^{2-}]\}$$
$$\alpha_1 = [HCO_3^-]/\{[H_2CO_3^*] + [HCO_3^-] + [CO_3^{2-}]\}$$
$$\alpha_2 = [CO_3^{2-}]/\{[H_2CO_3^*] + [HCO_3^-] + [CO_3^{2-}]\}$$

若用 c_T 表示各种碳酸化合态的总量，即 $c_T = [H_2CO_3^*] + [HCO_3^-] + [CO_3^{2-}]$

则有：

$$[H_2CO_3^*] = c_T\alpha_0$$

$$[HCO_3^-] = c_T\alpha_1$$

$$[CO_3^{2-}] = c_T\alpha_2$$

把 K_1、K_2 的表达式代入上面的三个式子中，就可得到作为酸离解常数和氢离子浓度的函数的形态分数

$$\alpha_0 = \left(1 + \frac{K_1}{K_2} + \frac{K_1 K_2}{[H^+]^2}\right)^{-1}$$

$$\alpha_1 = \left(1 + \frac{[H^+]}{K_1} + \frac{K_2}{[H^+]}\right)^{-1}$$

$$\alpha_2 = \left(1 + \frac{[H^+]^2}{K_1 K_2} + \frac{[H^+]}{K_2}\right)^{-1}$$

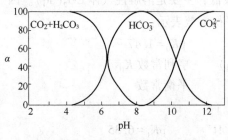

图 2-3　封闭体系的碳酸平衡

根据其形态分数作图，见图 2-3。(知道溶液 pH 可以估计其中各种形态碳酸的含量)。

对于图 2-3 有以下特性，并特别注意几个临界点。

① 封闭体系的 pH 范围为 4.5~10.8。水样中含有强酸时，pH 将小于 4.5，此时水样中一般仅有 $[H_2CO_3^*]$；或水样中含有强碱时，pH 将大于 10.8，此时水样中一般仅有 $[CO_3^{2-}]$；

② pH=8.3 可以作为一个分界点。

pH<8.3，α_2 很小，$[CO_3^{2-}]$ 可以忽略不计，水中只有 $[CO_2(aq)]$、$[H_2CO_3]$、$[HCO_3^-]$，可以只考虑一级电离平衡。

此时：$[H^+] = K_1 \dfrac{[H_2CO_3^*]}{[HCO_3^-]}$，则 pH=$pK_1$-lg$[H_2CO_3^*]$+lg$[HCO_3^-]$。

当溶液的 pH>8.3 时，$[H_2CO_3^*]$ 可以忽略不计，水中只存在 $[HCO_3^-]$ 和 $[CO_3^{2-}]$，应该考虑二级电离平衡。

即：$[H^+] = K_2 \dfrac{[HCO_3^-]}{[CO_3^{2-}]}$，则 pH=$pK_2$-lg$[HCO_3^-]$+lg$[CO_3^{2-}]$

③ 几个特征点 a，b，c，d，e，f 的 pH 值

对于一个 c_T 浓度为 2×10^{-3} mol/L 的封闭碳酸盐体系，则有：

$$c_T = [H_2CO_3^*] + [HCO_3^-] + [CO_3^{2-}] = 2\times10^{-3} \text{ mol/L}$$

a 点：此时只有一级电离，$H_2CO_3^* \rightleftharpoons HCO_3^- + H^+$（$pK_1$=6.35），$CO_3^{2-}$ 不存在，HCO_3^- 刚刚出现，且$[H^+] = [HCO_3^-]$，$c_T \approx [H_2CO_3^*]$，由 $K_1 = \dfrac{[HCO_3^-][H^+]}{[H_2CO_3^*]}$ 代入，则有：

$$K_1 = \frac{[H^+]^2}{c_T}$$

$$[H^+] = (c_T K_1)^{0.5} = (2\times10^{-3}\times10^{-6.35}) = 10^{-4.5} \text{mol/L}$$

$$pH = -\lg[H^+] = 4.5$$

b 点：只有一级电离，$H_2CO_3^* \rightleftharpoons H^+ + HCO_3^-$，但此时$[HCO_3^-] = [H_2CO_3^*]$，则有：

$$K_1 = \frac{[H^+][HCO_3^-]}{[H_2CO_3^*]}$$

$$K_1 = [H^+] = 10^{-6.3}$$

$$pH = -lg[H^+] = 6.3$$

c 点：一级、二级电离同时存在，$H_2CO_3^* \rightleftharpoons H^+ + HCO_3^-$、$HCO_3^- \rightleftharpoons H^+ + CO_3^{2-}$

$$K_1 = \frac{[H^+][HCO_3^-]}{[H_2CO_3^*]} \qquad K_2 = \frac{[H^+][CO_3^{2-}]}{[HCO_3^-]}$$

$$K_1 K_2 = \frac{[H^+]^2[HCO_3^-]}{[H_2CO_3^*]} = [H^+]^2$$

$$[H^+] = (K_1 K_2)^{1/2} = (10^{-6.35} \times 10^{-10.33}) = 10^{-8.3}$$

$$pH = -lg[H^+] = 8.3$$

d 点：只有二级电离，$HCO_3^- \rightleftharpoons H^+ + CO_3^{2-}$，$H_2CO_3^*$ 不存在，$[HCO_3^-] = [CO_3^{2-}]$

$$K_2 = \frac{[H^+][CO_3^{2-}]}{[HCO_3^-]}$$

$$[H^+] = K_2 = 10^{-10.33}$$

$$pH = -lg[H^+] = 10.33$$

e 点：只有二级电离，$HCO_3^- \rightleftharpoons H^+ + CO_3^{2-}$，此时系统呈碱性，水中大量存在 OH^-，考虑 CO_3^{2-} 的水解，即 $CO_3^{2-} + H_2O \rightleftharpoons HCO_3^- + OH^-$，则有 $[OH^-] = [HCO_3^-]$，$c_T \approx [CO_3^{2-}] = 2 \times 10^{-3}$ mol/L

$$K_2 = \frac{[H^+][CO_3^{2-}]}{[HCO_3^-]} = \frac{[H^+]^2 c_T}{K_W}$$

$$[H^+] = (K_W K_2 / c_T)^{1/2} = 10^{-10.8}$$

$$pH = -lg[H^+] = 10.8$$

f 点：根据对称的原则，f 点关于 c 点和 a 点对称，则 pH 为 8.3−4.5+8.3=12.1
实际由于 CO_3^{2-} 的水解，此点是不存在的。

（2）开放体系的碳酸平衡

若考虑 CO_2 与大气交换过程，则属于开放的碳酸体系。相反，不考虑溶解性 CO_2 与大气交换过程，则属于封闭的水溶液体系。实际上，根据气体交换动力学，CO_2 在气液界面的平衡时间需数日。但如果考虑的溶液反应在数小时之内完成，就可视为封闭体系的模式加以计算。反之，如果所研究的过程是长时期的，例如一年期间的水质组成，则 CO_2 与水之间是处于动态平衡状态，应该以开放体系来考虑，这种情况更近似于真实情形。

开放体系的显著特点是空气中的 $CO_2(g)$ 和液相中的 $CO_2(aq)$ 处于动态平衡状态，在一定温度条件下，当外界 p_{CO_2} 恒定时，$[H_2CO_3^*]$ 恒定，总的无机碳浓度 c_T 随着外界 p_{CO_2} 变化而变化，这点区别与封闭的碳酸体系。当达到平衡时，液相中的 $CO_2(aq)$ 浓度可以根据亨利定律近似计算：

$$[H_2CO_3^*] \approx [CO_2(aq)] = K_H p_{CO_2}$$

则有，$lg[H_2CO_3^*] \approx lg[CO_2(aq)] = lgK_H + lg p_{CO_2}$

当 $T = 25℃$，$p_{CO_2} = 0.21 \times 1.013 \times 10^5$ pa，$K_H = 3.34 \times 10^{-7}$ mol/(L·Pa)，$K_1 = 10^{-6.35}$，

$K_2 = 10^{-10.33}$

则

$$\lg[H_2CO_3^*] = -4.9 \text{mol/L}$$

由溶解平衡常数 $K_s = \dfrac{[H_2CO_3]}{[CO_2(aq)]} = 10^{-2.8}$

则

$$\lg K_s = \lg[H_2CO_3] - \lg[CO_2(aq)]$$

$$\lg[H_2CO_3] = -2.8 - 4.9 = -7.7$$

由

$$[HCO_3^-] = \frac{K_1}{[H^+]} K_H p_{CO_2}$$

则

$$\lg[HCO_3^-] = \lg\left\{\frac{K_1}{[H^+]} K_H p_{CO_2}\right\} = \lg K_1 + \lg K_H + \lg p_{CO_2} - \lg[H^+]$$

$$= -6.35 - 4.9 + pH$$

$$= -11.25 + pH$$

由

$$[CO_3^{2-}] = \frac{K_1 K_2}{[H^+]^2} K_H p_{CO_2}$$

则

$$\lg[CO_3^{2-}] = \lg\left\{\frac{K_1 K_2}{[H^+]^2} K_H p_{CO_2}\right\}$$

$$= \lg K_1 + \lg K_2 + \lg K_H + \lg p_{CO_2} - 2\lg[H^+]$$

$$= -6.35 - 10.33 - 4.9 + 2pH$$

$$= -21.6 + 2pH$$

$$\lg[H^+] = -pH$$

$$\lg[OH^-] = pH - 14$$

在 $\lg c$-pH 图上，$\lg[H_2CO_3^*]$、$\lg[HCO_3^-]$、$\lg[CO_3^{2-}]$、$\lg[H^+]$、$\lg[OH^-]$、c_T 随 pH 变化的情况见图 2-4。此时 c_T 为 $\lg[H_2CO_3^*]$、$\lg[HCO_3^-]$、$\lg[CO_3^{2-}]$ 三者之和，并且是以三条线为渐近线的一条曲线。

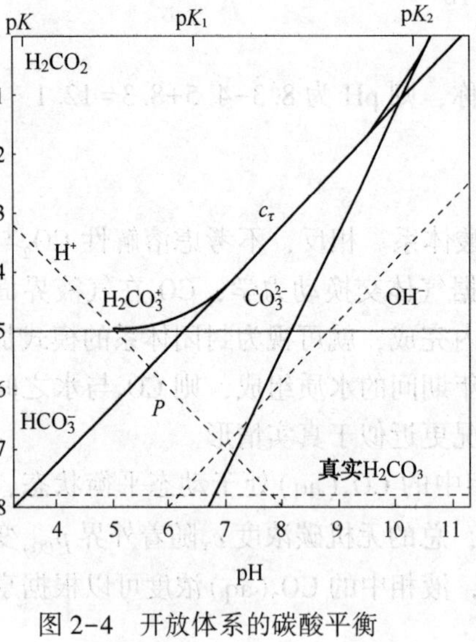

根据 $\lg c$-pH 图(知道溶液 pH 可以估计其中各种形态碳酸的含量)。

三个临界点：pH<6，溶液中主要是 $[H_2CO_3^*]$；

pH=6~10.3，溶液中主要是 $[HCO_3^-]$；

pH>10.3，溶液中主要是 $[CO_3^{2-}]$；

在封闭体系中 c_T 始终不变，但是在开放体系中，c_T 则是可以变化的，随着溶液 pH 的升高而升高。

利用以上知识可以通过自然水体实际的 pH 值来测算 $[CO_2(aq)]$、$[H_2CO_3]$、$[HCO_3^-]$ 值。

图 2-4　开放体系的碳酸平衡

【例 2-8】某条河流的 pH = 8.3，总碳酸盐的含量 $c_{TC} = 3 \times 10^{-3}$ mol·L^{-1}。现在有浓度为 1×10^{-2} mol·L^{-1} 的硫酸废水排入该河流中。按照有关标准，河流 pH 不能低于 6.7 以下，问每升河水中最多能够排入这种废水多少毫升？

解：由于酸碱反应十分迅速，因此可以用封闭体系的方法进行计算：

38

pH = 8.3 时，河水中主要的碳酸盐为 HCO_3^-，因此可以假设此时 $[HCO_3^-] = c_{TC} = 3 \times 10^{-3}$ mol·L^{-1}。

如果排入酸性废水，则将会使河水中的一部分 HCO_3^- 转化为 $H_2CO_3^*$，即有反应：$HCO_3^- + H^+ \longrightarrow H_2CO_3^*$。

当河水的 pH = 6.7 时，河水中主要的碳酸盐类为 HCO_3^- 和 $H_2CO_3^*$。

$$K_1 = \frac{[HCO_3^-][H^+]}{[H_2CO_3^*]} = 10^{-6.35}，则有：\frac{[HCO_3^-]}{[H_2CO_3^*]} = \frac{K_1}{[H^+]} = \frac{10^{-6.35}}{10^{-6.7}} = 10^{0.35} = 2.24$$

所以：

$$\alpha_0 = \frac{[H_2CO_3^*]}{[H_2CO_3^*] + [HCO_3^-]} = \frac{1}{2.24 + 1} = 0.3086$$

$$\alpha_1 = \frac{[HCO_3^-]}{[H_2CO_3^*] + [HCO_3^-]} = \frac{2.24}{2.24 + 1} = 0.6914$$

$$[H_2CO_3^*] = \alpha_0 c_{TC} = 0.3086 \times 3 \times 10^{-3} mol·L^{-1} = 0.9258 \times 10^{-3} mol·L^{-1}$$

$$[HCO_3^-] = \alpha_1 c_{TC} = 0.6914 \times 3 \times 10^{-3} mol·L^{-1} = 2.0742 \times 10^{-3} mol·L^{-1}$$

讨论：若加酸性废水使 pH = 6.7，就有 0.9258×10^{-3} mol·L^{-1} 的 $H_2CO_3^*$ 生成，由反应式 $HCO_3^- + H^+ \longrightarrow H_2CO_3^*$ 可知，每升河水中要加入 0.9258×10^{-3} mol 的 H^+ 才能满足上述要求，这相当于每升河水中加入浓度为 1×10^{-2} mol·L^{-1} 的硫酸废水量 V 为：

$$V = 0.9258 \times 10^{-3} mol/(2 \times 1 \times 10^{-2} mol·L^{-1}) = 0.0463L = 46.3mL。$$

即每升河水中最多加入酸性废水为 46.3mL。

2）天然水中的碱度和酸度

水中能与强酸发生中和作用的全部物质，即能接受质子 H^+ 的物质总量称为水的碱度（Alkalinity）。碱度的主要形态为：OH^-、CO_3^{2-}、HCO_3^-。碱度又分为显性碱度和潜性碱度。强碱全部电离生成 OH^-，称为显性碱度或直接碱度。弱碱和强碱弱酸盐在中和过程中不断产生 OH^-，直到全部中和完毕，称为潜性碱度。

pH 反映的是水中氢离子的活泼程度，而碱度是能够与强酸发生中和作用的全部物质，亦即能接受质子 H^+ 的物质总量。从数量上来讲，碱度包含 pH 值。

例如，摩尔浓度相同的 NaOH 和 $NaHCO_3$ 与同一浓度的 HCl 溶液反应：

$$NaHCO_3 + HCl \Longrightarrow NaCl + H_2O + CO_2$$
$$NaOH + HCl \Longrightarrow NaCl + H_2O$$

二者消耗的 HCl 溶液的量是相同的，接受质子的能力相同，即二者的碱度是相同的。但是它们一个是强碱，一个是弱碱，pH 肯定不相同，即氢离子的活度也不相同。

水中能与强碱发生中和作用的全部物质，亦即放出 H^+ 或经过水解能产生 H^+ 的物质的总量称为酸度。而 pH 是水中氢离子的活度表示，不同于酸度。

3）酸碱度的计算与 pH 的关系

（1）利用总酸度、无机酸度、CO_2 酸度、总碱度、酚酞碱度、苛性碱度来计算不同形式无机碳浓度。假如以 $[H^+]$ mol/L 为单位，则总碱度 AlK 为：

$$AlK = [HCO_3^-] + 2[CO_3^{2-}] + [OH^-] - [H^+]$$

$$K_1 = \frac{[HCO_3^-][H^+]}{[H_2CO_3^*]}$$

$$K_2 = = \frac{[CO_3^{2-}][H^+]}{[HCO_3^-]}$$

已知水体 pH，总碱度（假定其他各种形态对碱度的贡献可以忽略），某一温度下的平衡常数，联立求解，即可求得 $[H_2CO_3^*]$、$[HCO_3^-]$、$[CO_3^{2-}]$、$[OH^-]$。

【例 2-9】某水体的 pH 为 8.00，碱度为 1.00×10^{-3} mol/L 时，请计算 $H_2CO_3^*$、HCO_3^-、CO_3^{2-}、OH^- 各种形态物质的浓度。

解：当 pH = 8.00 时，CO_3^{2-} 的浓度与 HCO_3^- 浓度相比可以忽略，此时碱度全部由 HCO_3^- 贡献。$[HCO_3^-] = [碱度] = 1.00 \times 10^{-3}$ mol/L，$[OH^-] = 1.00 \times 10^{-6}$ mol/L。

根据酸的离解常数 K_1，可以计算出 $H_2CO_3^*$ 的浓度：

$$[H_2CO_3^*] = [H^+][HCO_3^-]/K_1$$
$$= 1.00 \times 10^{-8} \times 10^{-3}/(4.45 \times 10^{-7})$$
$$= 2.25 \times 10^{-5} \text{ mol/L}$$

由 K_2 的表示式可以计算 $[CO_3^{2-}]$：

$$[CO_3^{2-}] = K_2[HCO_3^-]/[H^+]$$
$$= 4.69 \times 10^{-11} \times 1.00 \times 10^{-3}/1.00 \times 10^{-8}$$
$$= 4.69 \times 10^{-6} \text{ mol/L}$$

【例 2-10】若水体的 pH 为 10.0，碱度仍为 1.00×10^{-3} mol/L 时，求 $H_2CO_3^*$、HCO_3^-、CO_3^{2-}、OH^- 各形态物质的浓度？

解：pH = 10.0 条件下，对碱度的贡献是由 CO_3^{2-} 及 OH^- 同时提供，总碱度可表示如下：

$$[碱度] = [HCO_3^-] + 2[CO_3^{2-}] + [OH^-] = 1.00 \times 10^{-3} \text{ mol/L}$$
$$[CO_3^{2-}] = K_2[HCO_3^-]/[H^+] \qquad K_2 = 10^{-10.33}$$
$$[OH^-] = 1.00 \times 10^{-4} \text{ mol/L}$$

计算得：
$$[HCO_3^-] = 4.46 \times 10^{-4} \text{ mol/L}$$
$$[CO_3^{2-}] = 2.18 \times 10^{-4} \text{ mol/L}。$$

总碱度 $= [OH^-] + [HCO_3^-] + [CO_3^{2-}]$
$$= 1.00 \times 10^{-4} + 4.46 \times 10^{-4} + 2 \times 2.18 \times 10^{-4} = 1.00 \times 10^{-3} \text{ mol/L}。$$

（2）利用总碳酸量（c_T）和相应的分布系数（α）来计算，则有：

$$\alpha_0 = [H_2CO_3^*]/\{[H_2CO_3^*] + [HCO_3^-] + [CO_3^{2-}]\} = [H_2CO_3^*]/c_T$$
$$\alpha_1 = [HCO_3^-]/\{[H_2CO_3^*] + [HCO_3^-] + [CO_3^{2-}]\} = [HCO_3^-]/c_T$$
$$\alpha_2 = [CO_3^{2-}]/\{[H_2CO_3^*] + [HCO_3^-] + [CO_3^{2-}]\} = [CO_3^{2-}]/c_T$$
$$c_T = [H_2CO_3^*] + [HCO_3^-] + [CO_3^{2-}]$$
$$K_W = [H^+][OH^-]$$

总碱度 $= [HCO_3^-] + 2[CO_3^{2-}] + [OH^-] - [H^+]$（甲基橙碱度）

酚酞碱度 $= [CO_3^{2-}] + [OH^-] - [H_2CO_3^*] - [H^+]$（碳酸盐碱度）

苛性碱度 $= [OH^-] - [HCO_3^-] - 2[H_2CO_3^*] - [H^+]$（强碱碱度）

总酸度 $= [H^+] + [HCO_3^-] + 2[H_2CO_3^*] - [OH^-]$

无机酸度 $= [H^+] - [HCO_3^-] - 2[CO_3^{2-}] - [OH^-]$（甲基橙酸度）

CO_2 酸度 $= [H^+] + [H_2CO_3^*] - [CO_3^{2-}] - [OH^-]$（酚酞酸度）

$$总碱度 = c_T(\alpha_1 + 2\alpha_2) + K_W/[H^+] - [H^+]$$

$$酚酞碱度 = c_T(\alpha_2 - \alpha_0) + K_W/[H^+] - [H^+]$$

$$苛性碱度 = -c_T(\alpha_1 + 2\alpha_2) + K_W/[H^+] - [H^+]$$

$$总酸度 = c_T(\alpha_1 + 2\alpha_0) + [H^+] - K_W/[H^+]$$

$$CO_2酸度 = c_T(\alpha_0 - \alpha_2) + [H^+] - K_W/[H^+]$$

$$无机酸度 = -c_T(\alpha_1 + 2\alpha_2) + [H^+] - K_W/[H^+]$$

【例 2-11】已知某碳酸盐系统的水样的 pH = 7.8，测定总碱度时，对于 100mL 水样用 0.02mol/L 的 HCl 滴定，到甲基橙指示剂变色时消耗盐酸 13.7mL。求水中总无机碳的浓度 c_T。

解：总碱度 = $c_T(\alpha_1 + 2\alpha_2) + K_W/[H^+] - [H^+]$（甲基橙碱度）

其中，对于总碱度可以计算：

总碱度 = $(13.7 \times 10^{-3}L \times 0.02mol/L)/(100 \times 10^{-3}L) = 2.74 \times 10^{-3}$ mol/L

当 pH = 7.8 时，水中主要的碳酸盐类为 HCO_3^- 和 $H_2CO_3^*$

因为 $K_1 = \dfrac{[HCO_3^-][H^+]}{[H_2CO_3^*]} = 10^{-6.35}$，

则有：$\dfrac{[HCO_3^-]}{[H_2CO_3^*]} = \dfrac{K_1}{[H^+]} = \dfrac{10^{-6.35}}{10^{-7.8}} = 28.18$

所以 $\alpha_0 = \dfrac{[H_2CO_3^*]}{[H_2CO_3^*] + [HCO_3^-]} = \dfrac{1}{28.18 + 1} = 0.0342$

$\alpha_1 = \dfrac{[HCO_3^-]}{[H_2CO_3^*] + [HCO_3^-]} = \dfrac{28.18}{28.18 + 1} = 0.9657$

$\alpha_2 \approx 0.00$

所以，可以得到：

总碱度 = $c_T(\alpha_1 + 2\alpha_2) + K_W/[H^+] - [H^+]$（甲基橙碱度）

即：$2.74 \times 10^{-3} = c_T \times \alpha_1 + \dfrac{10^{-14}}{10^{-7.8}} - 10^{-7.8} = c_T \times 0.9657 + \dfrac{10^{-14}}{10^{-7.8}} - 10^{-7.8}$

$c_T = 2.84 \times 10^{-3}$ mol/L

$[HCO_3^-] = \alpha_1 c_T = 0.9657 \times 2.84 \times 10^{-3}$ mol/L $= 2.7426 \times 10^{-3}$ mol/L

$[H_2CO_3^*] = \alpha_0 c_T = 0.0342 \times 2.84 \times 10^{-3}$ mol/L $= 0.09713 \times 10^{-3}$ mol/L

$[CO_3^{2-}] = \alpha_2 c_T = 0.0342 \times 2.84 \times 10^{-3}$ mol/L $= 0$ mol/L

（3）向碳酸体系加入酸或碱而调整原有的 pH 值的问题。例如水的酸化和碱化问题，那么水体的 pH 值怎么变化呢？

【例 2-12】若一个天然水的 pH 为 7.0，碱度为 1.4mmol/L，求需加多少酸才能把水体的 pH 降低到 6.0？

解：$\alpha_0 = [H_2CO_3^*]/\{[H_2CO_3^*] + [HCO_3^-] + [CO_3^{2-}]\} = [H_2CO_3^*]/c_T$

$\alpha_1 = [HCO_3^-]/\{[H_2CO_3^*] + [HCO_3^-] + [CO_3^{2-}]\} = [HCO_3^-]/c_T$

$\alpha_2 = [CO_3^{2-}]/\{[H_2CO_3^*] + [HCO_3^-] + [CO_3^{2-}]\} = [CO_3^{2-}]/c_T$

$c_T = [H_2CO_3^*] + [HCO_3^-] + [CO_3^{2-}]$

$$[H_2CO_3^*] = \alpha_0 c_T$$

$$[HCO_3^-] = \alpha_1 c_T$$

$$[CO_3^{2-}] = \alpha_2 c_T$$

总碱度 $= [HCO_3^-] + 2[CO_3^{2-}] + [OH^-] - [H^+]$（甲基橙碱度）

总碱度 $= c_T(\alpha_1 + 2\alpha_2) + K_W/[H^+] - [H^+]$

$$c_T = \frac{1}{\alpha_1 + 2\alpha_2}\{[总碱度] + [H^+] - [OH^-]\}$$

令　　　$\alpha = \dfrac{1}{\alpha_1 + 2\alpha_2}$

当 pH 在 5~9 范围内、[碱度] $\geq 10^{-3}$ mol/L，或者 pH 在 6~8 范围内、[碱度] $\geq 10^{-4}$ mol/L 时，[H^+]、[OH^-]项可忽略不计，得到简化式：

$$c_T = \alpha[总碱度]$$

当 pH = 7.0 时，查表 2-1（或者计算）得：

$$\alpha_1 = 0.816,\ \alpha_2 = 3.83 \times 10^{-4}$$

则代入 $\alpha = \dfrac{1}{\alpha_1 + 2\alpha_2}$

得到　$\alpha = 1.22$，

则　　$c_T = \alpha[碱度] = 1.22 \times 1.4 = 1.71$ mmol/L，

若加强酸将水的 pH 降低到 6.0。

当 pH = 6.0 时，查附表（见全书后附表，或计算）得：

$$\alpha_1 = 0.308,\ \alpha_2 = 1.444 \times 10^{-5}$$

则代入 $\alpha = \dfrac{1}{\alpha_1 + 2\alpha_2}$

得到　$\alpha = 3.247$

其 c_T 值并不变化，而 α 为 3.25，可得：

$$[碱度] = c_T/\alpha = 1.71/3.25 = 0.526 \text{ mmol/L}$$

碱度降低值就是应加入酸量：

$$\Delta A = 1.4 - 0.526 = 0.874 \text{ mmol/L}$$

碱化时的计算与此类似。

4）天然水的缓冲能力

水体的缓冲溶液即水体能够抵御外界的影响，一定程度上保持 pH 不变化，从而使其组分保持一定的稳定性的特性。

植被作为陆地生态系统的主体，是酸沉降的主要受体，它可通过多种方式影响酸沉降，显示出植被对酸沉降的缓冲作用。

天然水体的 pH 值一般在 6~9 之间，而且对于某特定一水体，其 pH 几乎保持不变，这表明天然水体具有一定的缓冲能力，是一个缓冲体系。一般认为各种碳酸盐化合物是控制水体 pH 值的主要因素，并使水体具有缓冲作用。但最近研究表明，水体与周围环境之间发生的多种物理、化学和生物化学反应，对水体的 pH 值也有着重要作用。

但无论如何，碳酸化合物仍是水体缓冲作用的重要因素。因而，人们时常根据它的存在情况来估算水体的缓冲能力。

对于碳酸水体系，当 pH<8.3 时，可以只考虑一级碳酸平衡，故其 pH 值可由下式确定：

$$pH = pK_1 - \lg\frac{[H_2CO_3^*]}{[HCO_3^-]}$$

如果向水体投入 ΔB 量的碱性废水时，相应由 ΔB 量 $H_2CO_3^*$ 转化为 HCO_3^-，水体 pH 升高为 pH′，则：

$$pH' = pK_1 - \lg\frac{[H_2CO_3^*] - \Delta B}{[HCO_3^-] + \Delta B}$$

水体中 pH 变化为 $\Delta pH = pH' - pH$，即：

$$\Delta pH = -\lg\frac{[H_2CO_3^*] - \Delta B}{[HCO_3^-] + \Delta B} + \lg\frac{[H_2CO_3^*]}{[HCO_3^-]} \tag{2-8}$$

由于通常情况下，在天然水体中，pH=7 左右，对碱度贡献的主要物质就是 $[HCO_3^-]$，可以把 $[HCO_3^-]$ 作为碱度。若把 $[HCO_3^-]$ 作为水的碱度，$[H_2CO_3^*]$ 作为水中游离碳酸 $[CO_2]$，即 $K_1 = \dfrac{[H^+][HCO_3^{2-}]}{[H_2CO_2^*]}$，$[HCO_3^-] = [碱度]$，代入式(2-8)，则

$$\Delta pH = -\lg\frac{\dfrac{[H^+][碱度]}{K_1} - \Delta B}{[碱度] + \Delta B} + \lg\frac{[H^+]}{K_1}$$

$$= \lg\frac{[H^+]\{[碱度] + \Delta B\}}{K_1\left\{\dfrac{[H^+][碱度]}{K_1} - \Delta B\right\}}$$

$$= -pH + \lg\frac{[碱度] + \Delta B}{[H^+][碱度] - K_1\Delta B}$$

$$10^{\Delta pH + pH} = \frac{[碱度] + \Delta B}{[H^+][碱度] - K_1\Delta B}$$

$$\Delta B = [碱度][10^{\Delta pH} - 1]/(1 + K_1 \times 10^{pH + \Delta pH})$$

ΔpH 即为相应改变的 pH 值。

在投入酸量 ΔA 时，只要把 ΔpH 作为负值，$\Delta A = -\Delta B$，也可以进行类似计算。

【例 2-13】在一个 pH 为 6.5、碱度为 1.6mmol/L 的水体中，用 NaOH 进行碱化，需多少碱能使 pH 上升至 8.0?

解：$\Delta pH = 8 - 6.5 = 1.5$，pH = 6.5，碱度 = 1.6mmol/L

所以 $\Delta B = [碱度][10^{\Delta pH} - 1]/(1 + K_1 \times 10^{pH + \Delta pH})$

$= 1.6 \times (10^{1.5} - 1)/(1 + 10^{-6.35} \times 10^{6.5+1.5})$

$= 1.6 \times (10^{1.5} - 1)/45.668$

$= 1.08$ mmol/L

知识链接：天然水的酸碱平衡

（1）酸碱化学理论

在酸碱化学理论发展过程中存在着如下的几种理论：质子理论、酸碱电离理论、酸碱溶剂理论。

① 酸碱电离理论

瑞典科学家阿伦尼乌斯（Arrhenius）总结大量事实，于1887年提出了关于酸碱的本质观点酸碱电离理论（Arrhenius酸碱理论）。

在酸碱电离理论中，酸碱的定义是：凡在水溶液中电离出的阳离子全部都是 H^+ 的物质叫酸；电离出的阴离子全部都是 OH^- 的物质叫碱，酸碱反应的本质是 H^+ 与 OH^- 结合生成水的反应。

酸碱电离理论更深刻地揭示了酸碱反应的实质。由于水溶液中 H^+ 和 OH^- 的浓度是可以测量的，所以这一理论第一次从定量的角度来描写酸碱的性质和它们在化学反应中的行为，酸碱电离理论适用于 pH 值计算、电离度计算、缓冲溶液计算、溶解度计算等，而且计算的精确度相对较高，所以至今仍然是一个非常实用的理论。

阿伦尼乌斯还指出，多元酸和多元碱在水溶液中分步离解，能电离出多个氢离子的酸是多元酸，能电离出多个氢氧根离子的碱是多元碱，它们在电离时都是分几步进行。

酸碱电离理论的局限性，在于在没有水存在时，也能发生酸碱反应，例如氯化氢气体和氨气发生反应生成氯化铵，但这些物质都未电离，电离理论不能讨论这类反应。将氯化铵溶于液氨中，溶液即具有酸的特性，能与金属发生反应产生氢气，能使指示剂变色，但氯化铵在液氨这种非水溶剂中并未电离出 H^+，电离理论对此无法解释。

碳酸钠在水溶液中并不电离出 OH^-，但它却显碱性，电离理论认为这是碳酸根离子在水中发生了水解所至。

解离方程式如下：$CO_3^{2-} + H_2O \Longrightarrow HCO_3^- + OH^-$

在解释 NH_3 水溶液的碱性的成因时，人们一度错误地认为，是先生成了 NH_4OH，而后电离出 OH^-。要解决这些问题，必须使酸碱概念脱离溶剂（包括水和其他非水溶剂）而独立存在。同时，酸碱概念不能脱离化学反应而孤立存在，酸和碱是相互依存的，而且都具有相对性。

② 酸碱质子理论

布朗斯特（J. N. Bronsted）和劳里（Lowry）于1923年提出了酸碱质子理论（Bronsted酸碱理论），对应的酸碱定义是：凡是能够给出质子（H^+）的物质都是酸，凡是能够接受质子的物质都是碱。由此看出，酸的范围不再局限于电中性的分子或离子化合物，带电的离子也可称为"酸"或"碱"。若某物质既能给出质子，也能接受质子，那么它既是酸，又是碱，通常被称为"酸碱两性物质"。为了区别出酸碱质子理论，有时会将该理论中的"酸"称为"质子酸"，该理论中的"碱"称为"质子碱"。

例如，在下列反应中

$$HF + H_2O \Longrightarrow H_3O^+ + F^-$$

当反应自左向右进行时，HF 起酸的作用（是质子的给予体），H_2O 起碱的作用（质子的受体）。如果上述反应逆向进行，则应将 H_3O^+ 视为酸，F^- 则为碱。$HF—F^-$ 和 $H_2O—H_3O^+$ 实质上是两对共轭酸碱体。

下列酸碱反应中

$$H_2O+NH_3 \Longrightarrow OH^- + NH_4^+$$

当反应自左向右进行时，H_2O 起了酸的作用(是质子的给予体)，NH_3 起碱的作用(是质子的受体)。如果上述反应逆向进行，则应将 NH_4^+ 视为酸，OH^- 则为碱。NH_3—NH_4^+ 实质上是一对共轭酸碱体。上面两反应写成一般形式，可以表达为

$$酸_1 + 碱_2 \Longrightarrow 碱_1 + 酸_2$$

从酸碱质子理论看来，任何酸碱反应，如中和、电离、水解等都是两个共轭酸碱对之间的质子传递反应。

酸碱质子理论的局限性：

$$CaO + SO_3 \Longrightarrow CaSO_4$$

在这个反应中 SO_3 显然具有酸的性质，但它并未释放质子；CaO 显然具有碱的性质，但它并未接受质子。又如实验证明了许多不含氢的化合物(它们不能释放质子) 如 $AlCl_3$、BCl_3、$SnCl_4$ 都可以与碱发生反应，但酸碱质子理论不认为它们是酸。

再如，液态 N_2O_4 存在如下平衡：$N_2O_4 \Longrightarrow NO^+ + NO_3^-$

有如下反应：$AgNO_3 + NOCl \Longrightarrow N_2O_4 + AgCl$

这个反应非常类似于酸碱反应，但因为无质子转移，酸碱质子理论无法处理。

因此，酸碱理论需要进一步的改进。

电离理论至今仍普遍应用于水环境化学的领域中，但由于电离理论把酸和碱只限于水溶液，又把碱限制为氢氧化物等，使得该理论对于一些现象不能够很好的解释。

③ 酸碱溶剂理论

富兰克林(Franklin) 于 1905 年提出酸碱溶剂理论，其内容是：凡是在溶剂中产生该溶剂的特征阳离子的溶质叫酸，产生该溶剂的特征阴离子的溶质叫碱。酸碱溶剂理论中，酸和碱并不是绝对的，在一种溶剂中的酸，在另一种溶剂中可能是一种碱。

酸碱溶剂理论的进步性在于扩大了酸碱的范围，在不同的溶剂中，有对应的不同的酸和碱；适用于非水溶剂体系和超酸体系；能很好地说明以下反应：

$$NH_4Cl + KNH_2 \Longrightarrow KCl + 2NH_3 \text{ 溶剂为液态 } NH_3;$$

$$SOCl_2 + Cs_2SO_3 \Longrightarrow 2CsCl + 2SO_2 \text{ 溶剂为液态 } SO_2;$$

$$SbF_5 + KF = KSbF_6 \text{ 溶剂为液态 } BrF_5;$$

酸碱溶剂理论的局限性是只能用于自偶电离溶剂体系；不能说明形如 $CaO + SO_3 \Longrightarrow CaSO_4$ 的不在溶剂中进行的反应。

(2) 酸和碱的强度

醋酸 CH_3COOH(简称 HAc)是典型的一元酸，HAc 水溶液体系中存在着如下的离解反应平衡，其电离平衡反应为：

$$HAc + H_2O \Longrightarrow H_3O^+ + Ac^-, \quad K_a = \frac{[H_3O^+][Ac^-]}{[HAc]}, \quad K_a 称为酸平衡常数。$$

已经离解的 HAc 的百分数，称为弱酸的电离度，常以 α 表示。如果以 [HAc] 表示 HAc 的原始浓度，以 [Ac⁻] 表示已离解 HAc 的浓度，则 α 定义为：$\alpha = \frac{[Ac^-]}{[HAc]} \times 100\%$。

以氨的水溶液作为一元弱碱的例子进行简要介绍，氨的水溶液中存在着如下的电离平衡

反应，其电离平衡反应为：

$$NH_3 + H_2O \rightleftharpoons NH_4^+ + OH^-, \quad K_b = \frac{[NH_4^+][OH^-]}{[NH_3]}, \quad K_b 称为碱平衡常数。$$

需要说明的是，准确的酸碱平衡常数要靠活度计算，但是在一般的稀溶液中，基本上可以用浓度来代替。

碱的强弱分别采用酸电离常数 K_a 和碱电离常数 K_b 来表达。用通式表示为：

$$HA + H_2O \rightleftharpoons H_3O^+ + A^- \qquad K_a = \frac{[H_3O^+][A^-]}{[HA]}$$

$$A^- + H_2O \rightleftharpoons HA + OH^- \qquad K_b = \frac{[HA][OH^-]}{[A^-]}$$

为应用方便，一般采用 pK_a，pK_b 来表示酸碱电离常数：$pK_a = \lg K_a$，$pK_b = \lg K_b$。

K_a 数值越大或 pK_a 数值越小，表明 HA 的酸性越强。K_b 数值越大或 pK_b 数值越小表明 A^- 的碱性越强。

一般规定 $pK_a < 0.8$ 者为强酸，$pK_b < 1.4$ 者为强碱。

（3）平衡计算

确定了弱酸离解常数，就可以计算已知浓度的弱酸溶液的平衡组成。

例 1：在环境温度为 25℃ 条件下，含氨废水浓度为 0.200mg/L，求该废水的 OH^- 浓度、pH 值和氨水的电离度。（已知氨在 25℃ 的离解常数是 1.8×10^{-5}）

解：假定平衡时 NH_4^+ 的浓度为 x mol/L

$$NH_3 + H_2O \rightleftharpoons NH_4^+ + OH^-,$$

平衡时浓度：　　　　　　　　0.200−x　　　x　　　x

所以 $K_b = \dfrac{[NH_4^+][OH^-]}{[NH_3]} = \dfrac{x \cdot x}{0.2 - x} = 1.8 \times 10^{-5}$

$\qquad x = 1.90 \times 10^{-3}$ mol/L

即，$[OH^-] = 1.90 \times 10^{-3}$ mol/L

由于 pH 值为氢离子活度的负对数度，求得：

$$pH = 14 - pOH = 14 + \lg[OH^-] = 11.28$$

电离度为 $\alpha = \dfrac{x}{0.2} \times 100\% = 0.95\%$

例 2：计算 0.2mol/L 的 H_2S 溶液中的 H^+、OH^-、S^{2-} 的浓度和溶液的 pH 值。（已知 H_2S 的一级电离常数 $K_1 = 1.32 \times 10^{-7}$，二级电离常数 $K_2 = 7.1 \times 10^{-15}$）

解：设由第一步离解产生的 $[H^+]$ 为 x mol/L，第二步离解产生 $[H^+]$ 为 y mol/L，由水离解产生的 $[H^+]$ 为 z mol/L。

H_2S 的离解平衡分两步：$H_2S + H_2O \rightleftharpoons H_3O^+ + HS^- \qquad K_1$

平衡时浓度（mol/L）：　　　0.2−x　　　x+y+z　　　x−y

由平衡常数的定义有：

$$K_1 = \frac{[H_3O^+][HS^-]}{[H_2S]} = \frac{(x-y)(x+y+z)}{0.2-x} = 1.32 \times 10^{-7} \tag{2-9}$$

46

H_2S 的离解第二步平衡：$HS^- + H_2O \Longrightarrow H_3O^+ + S^{2-}$ K_2

平衡时浓度（mol/L）： $x-y$ $x+y+z$ y

由平衡常数的定义有：

$$K_2 = \frac{[H_3O^+][S^{2-}]}{[HS^-]} = \frac{y(x+y+z)}{x-y} = 7.1 \times 10^{-15}$$

另外，根据水的电离平衡：

$K_W = [H_3O^+][OH^-] = (x+y+z)z = 1.0 \times 10^{-14}$

由于 $K_1 \gg K_2$，HS^- 电离程度要比 H_2S 小的多，水的电离也很小，所以可以近似得出：
$x \gg y, x-y \approx x, \ x \gg z, \ x+y+z \approx x$，所以由（2-9）可以得到

$x^2/(0.2-x) = 1.32 \times 10^{-7}$，所以 $x = [H_3O^+] = 1.6 \times 10^{-4}$ mol/L，pH = 3.8

由 K_2 的求解式可以得到 $xy/x = 7.1 \times 10^{-15}$ 所以 $y = [S^{2-}] = 7.1 \times 10^{-15}$ mol/L；

由 K_W 的求解式可以得到 $xz = 1.0 \times 10^{-14}$ 所以 $z = [OH^-] = 6.3 \times 10^{-11}$ mol/L。

5）酸碱化学理论在水处理中的应用

工业废水带有很多酸碱性物质，这些废水如果直接排放，就会腐蚀管道，损害农作物、鱼类等水生生物、危害人体健康，因此处理至符合排放标准后才能排放。

酸性废水主要来自钢铁厂、电镀厂、化工厂和矿山等，碱性废水主要来自造纸厂、印染厂和化工厂等，在处理过程中除了将废水中和至中性 pH 值外，还同时考虑回收利用或将水中重金属形成氢氧化物沉淀去除。

对于酸性废水，中和的药剂有石灰、苛性钠、碳酸钠、石灰石、电石渣、锅炉灰和水软化站废渣等。

 **延伸阅读**

例如，德国对含有 1% 硫酸和 1%～2% 硫酸亚铁的钢铁酸洗废液，先经石灰浆处理到 pH = 9～10，然后进行曝气以帮助氢氧化亚铁氧化成氢氧化铁沉淀，经过沉降，上层清液再加酸调 pH 值至 7～8，使水可以重复使用。

对于碱性废水，可采用酸碱废水相互中和、加酸中和或烟道气中和的方法处理，因为烟道气中含有 CO_2、SO_2、H_2S 等酸性气体，故利用烟道气中和碱性废水是一种经济有效的方法。

例如，燃煤锅炉烟气中含有大量 SO_2、CO_2、H_2S、NO_x 等酸性气体，当燃煤锅炉烟气与含有大量 NaOH、Na_2CO_3 的工业碱性废水（印染废水、造纸黑液、制革废水等）充分接触时，废水与烟气发生酸碱中和反应，废水中过量碱度被中和，烟气中 SO_2 被去除，化学反应式为：

$2NaOH + SO_2 \Longrightarrow Na_2SO_3 + H_2O$

$Na_2CO_3 + SO_2 \Longrightarrow Na_2SO_3 + CO_2$

$2Na_2SO_3 + O_2 \Longrightarrow 2Na_2SO_4$

$2NaOH + SO_3 \Longrightarrow Na_2SO_4 + H_2O$

印染废水（一般碱性）常采用加酸的方法处理。常用的酸有硫酸和盐酸，其中工业硫酸价格较低，应用较多。在用强酸中和碱性废水时，当水的缓冲强度较小时，pH 难于控制。英国采用 CO_2 取代工业硫酸，取得很好的效果。使用二氧化碳调节废水的 pH 值，目前尚未被人们广泛认识。二氧化碳的费用较无机酸更为低廉，还有许多优点：安全、灵活、可靠、易操作和便于工艺管理。

第三节　水中无机物的迁移转化

环境水体中的物质按照其粒径大小分为可溶态、胶体和悬浮态。它们在水体中以这样或那样的形式进行迁移转化。对影响迁移转化的因素和机制是广大环境工作者极为关注的问题，尽管目前已提出了不少有关水体环境化学迁移转化的解释，对物质的结构、作用机理、反应速度和平衡状态的假设，由于环境的复杂性，往往难于正确地作出完满的回答，因而这些假设表现出一定的经验性。

影响物质迁移转化的因素有：pH 值，溶解氧（DO），氧化还原电位（Eh），物质的含量、种类以及存在形态，水体的矿化度，水体的物理性质（色、臭、温度、固体物的沉积速度、水体密度、径流特征、水体混合作用及扩散能力等）。

作为化学反应的介质——水体是一个巨大的反应体系，但是环境中的水体，不同深度层次，反应能力不同。一个水体大致可分为：（1）气-液界面上的表层水膜（厚度约 $50 \times 10^{-3} \sim 500 \times 10^{-3} \mu m$）。这是水和空气质量交换活跃的地区。研究气-液界面的质量平衡，对于环境化学和地球化学都具有重要的作用。研究结果证明，在界面 $10^{-3} m$ 厚度的地方，海洋中几乎有一半的反应在这里进行。表层厚 $200 \mu m$ 范围内几乎能找到大多数污染物。这里有 O_2、CO_2 的溶解，相应的氧化作用，pH 值的改变，光化学反应和扩散吸附等物理化学作用的存在。这一界面极为微薄，并且不断运动、变化，使得该层化学反应的研究难度很大。（2）基本水体。虽然整个水体组成一个均匀体系，但由于深度、水温不同，化学反应也就有很大不同。上层水体是阳光辐照的地方，光合作用及生物获取营养物的地区。中间层或深层水体，阳光很难到达，水体混合情况不同造成水质及其反应介质不同。底部水体，由于和沉积物接触，底层水的性质由水的深度及沉积物的性质所决定。（3）沉积物。它是由水体中的不溶性悬浮物以及许多可溶性盐类在迁移过程中，由于水体 pH、Eh 变化和水动力条件的改变而沉降析出。大多数金属元素及放射性污染物容易在沉积物中积累。同时，底栖生物活动也能吸附及聚集污染物。相反水体性质（pH、Eh、矿化度）的改变，可使沉积物中积累的污染物释放而返回水体。总之，每一层水体具有各自特点、不同的化学和生物性质，在其间发生的反应也不同，物质的存在形态也将不同。

无机污染物，特别是重金属和准金属等污染物，一旦进入水环境，不能被生物降解，主要通过沉淀-溶解、吸附-解吸、胶体形成、氧化-还原、配合等一系列物理化学作用进行迁移转化，参与和干扰各种环境化学过程和物质循环过程；最终以一种或多种形式长期存留在环境中，造成永久性的潜在危害。

一、沉淀溶解

酸碱平衡反应属于均相反应，是可溶电解质之间的离子反应。另一类重要的离子反应是难溶电解质在水中的溶解，即在含有固体难溶电解质的饱和溶液中，存在着电解质与由它解离产生的离子之间的平衡，叫做沉淀-溶解平衡。这是一种多相离子平衡。沉淀的生成和溶解现象在我们的周围经常发生。例如，结石通常是生成的难溶盐草酸钙和磷酸钙；自然界中石笋、钟乳石的形成与碳酸钙沉淀、生成和溶解反应有关；工业上可用碳酸钠与消石灰制取烧碱等。这些实例说明了沉淀-溶解平衡对生物化学、医学、工业生产以及生态学有着深远影响。

1. 溶解度和溶度积

溶解性是物质的重要性质之一。定义如下：在一定温度下，达到溶解平衡时，一定量的溶剂中含有溶质的质量，常以溶解度来定量标明物质的溶解性。

许多无机化合物在水中溶解时，能形成水合阳离子和阴离子，称其为电解质。按照溶解度的大小可将电解质分为可溶、微溶和难溶等不同等级。

常见无机化合物的溶解性如下：

常见的无机酸是可溶的；硅酸是难溶的。

氨、ⅠA族氢氧化物，$Ba(OH)_2$是可溶的；$Sr(OH)_2$、$Ca(OH)_2$是微溶的。其余元素的氢氧化物多是难溶的。

几乎所有的硝酸盐是可溶的；$Ba(NO_3)_2$是微溶的。

大多数氯化物是可溶的；$PbCl_2$微溶；$AgCl$、Hg_2Cl_2是难溶的。

大多数溴化物、碘化物是可溶的；$PbBr_2$、$HgBr_2$是微溶的；$AgBr$、Hg_2Br_2、AgI、Hg_2I_2、PbI_2、HgI_2是难溶的。

大多数硫酸盐是可溶的；$CaSO_4$、$AgSO_4$、$HgSO_4$是微溶的；$SrSO_4$、$BaSO_4$、$PbSO_4$是难溶的。

大多数硫化物是难溶的；ⅠA、ⅡA是金属硫化物和$(NH_4)_2S$是可溶的。

多数氟化物是难溶的；ⅠA族（除Li外）金属氟化物，NH_4F、AgF、BeF_2是可溶的；SrF_2、BaF_2、PbF_2是微溶的。

几乎所有的氯酸盐、高氯酸盐都是可溶的；$KClO_4$是微溶的。

几乎所有的钠盐、钾盐均是可溶的；$Na[Sb(OH)_3]$、$NaAc \cdot Zn(Ac)_2 \cdot 3UO_2(Ac)_2 \cdot 9H_2O$和$K_2Na[Co(NO_2)_6]$是难溶的。

利用物质的不同溶解度可以达到分离和提纯物质的目的。在水处理行业，利用此性质可以去除掉超标的污染物质。

溶度积指一定温度下，难溶强电解质在水中，当溶解-沉淀达到平衡时离子浓度幂的乘积，每种离子浓度的幂与化学计量式中的计量数相等。特别指出，在多相离子平衡系统中，必须有未溶解的固相存在，否则就不能保证系统处于平衡状态。这种平衡状态需要足够的时间，有时候需要几天或更长时间。

对一般的反应： $A_nB_m(s) \Longrightarrow nA^{m+}(aq) + mB^{n-}(aq)$

溶度积的通式：

$$K_{sp}^{\ominus}(A_nB_m) = \{c(A^{m+})/c^{\ominus}\}^n \{c(B^{n-})/c^{\ominus}\}^m$$

简写为： $$K_{sp}^{\ominus}(A_nB_m) = \{c(A^{m+})\}^n \{c(B^{n-})\}^m$$

难溶电解质的溶度积常数在稀溶液中不受其他离子的影响，只取决于温度。温度升高，多数难溶化合物的溶度积增大。与固体的晶型也有关。

溶解度和溶度积既有联系又有区别，两者之间还可以互相换算。联系是两者都可以作为评价难溶电解质的溶解性，区别是溶解度不仅与温度有关，还与系统的组成、pH、配合物的生成等因素有关，溶度积只与温度有关。

溶解度和溶度积之间的换算要注意单位的换算，一般溶解度单位为$g \cdot (100gH_2O)^{-1}$、$g \cdot L^{-1}$或者$mol \cdot L^{-1}$，而溶度积的单位一般为$mol \cdot L^{-1}$；另外，难溶电解质溶液，饱和溶液是极稀的，可将溶剂水的质量看作是与溶液的质量相等。

2. 影响沉淀与溶解的因素

难溶盐的沉淀与溶解完全遵循 Le Chantelier 原理。

对一般的反应：$A_nB_m(s) \rightleftharpoons nA^{m+}(aq) + mB^{n-}(aq)$

根据其反应商(难溶电解质的离子积)J 与溶度积 $K_{sp}^{\ominus}$ 的大小来判断：

$$J = \{c(A^{m+})\}^n \{c(B^{n-})\}^m$$

当 $J > K_{sp}^{\ominus}$ 时，平衡向左移动，沉淀析出；

当 $J < K_{sp}^{\ominus}$ 时，平衡向右移动，沉淀溶解；

当 $J > K_{sp}^{\ominus}$ 时，溶液为饱和溶液，溶液中的离子和沉淀之间保持平衡；

反应商判据，也称为溶度积规则，常用来判断沉淀溶解的发生。

1) 同离子效应和盐效应

如果在难溶电解质的饱和溶液中，加入易溶的强电解质，则难溶电解质的溶解度与其在纯水中的溶解度有可能不相同。易溶电解质的存在对难溶电解质溶解度的影响是多方面的。这里主要讨论影响溶解度的两种不同效应——同离子效应和盐效应。

在难溶电解质的饱和溶液中，加入含有相同离子的强电解质时，难溶电解质的多相离子平衡将发生移动。如同弱酸或弱碱溶液中的同离子效应那样，在难溶电解质溶液中的同离子效应将使其溶解度降低。

【例 2-14】计算 25℃ 下 $CaF_2(s)$（1）在水中；（2）在 $0.010 mol \cdot L^{-1} Ca(NO_3)_2$ 溶液中；（3）在 $0.010 mol \cdot L^{-1} NaF$ 溶液中的溶解度$(mol \cdot L^{-1})$。比较 3 种情况下溶解度的相对大小。

解：查得 25℃ 下 $CaF_2(s)$ 溶解平衡常数 $K_{sp}^{\ominus}$ 是 1.4×10^{-9}。

（1）纯水中的溶解度为 s_1，设 $s_1 = x mol \cdot L^{-1}$

$$K_{sp}^{\ominus}(CaF_2) = \{c(Ca^{2+})\}\{c(F^-)\}^2$$

$$1.4 \times 10^{-9} = x(2x)^2 = 4x^3 \quad x = 7.0 \times 10^{-4}$$

$$s_1 = c(Ca^{2+}) = 7.0 \times 10^{-4} mol \cdot L^{-1}$$

（2）$CaF_2(s)$ 在 $0.010 mol \cdot L^{-1} Ca(NO_3)_2$ 溶液中的溶解度为 s_2，设 $s_2 = y mol \cdot L^{-1}$。特别注意，此时，$s_2 \neq c(Ca^{2+}) \neq c(F^-)$

$$CaF_2(s) = Ca^{2+}(aq) + 2F^-(aq)$$

平衡浓度$/(mol \cdot L^{-1})$：　　　　　　$0.01+y$　　$2y$

$$1.4 \times 10^{-9} = (0.010+y)(2y)^2$$

$$0.010+y \approx 0.010y = 1.9 \times 10^{-4}$$

$$s_2 = 1/2 c(F^-) = 1.9 \times 10^{-4} mol \cdot L^{-1}$$

（3）$CaF_2(s)$ 在 $0.010 mol \cdot L^{-1} NaF$ 溶液中的溶解度为 s_3，设 $s_3 = z mol \cdot L^{-1}$。此时，$s_3 = c(Ca^{2+})$。

$$CaF_2(s) = Ca^{2+}(aq) + 2F^-(aq)$$

平衡浓度$/(mol \cdot L^{-1})$：　　z　　　　　0.010　$2z$

$$1.4 \times 10^{-9} = x(0.010+2z)^2$$

$$z = 1.4 \times 10^{-5}$$

$$s_3 = 1.4 \times 10^5 mol \cdot L^{-1}$$

比较 s_2 和 s_1 的计算结果，在纯水中 CaF_2 的溶解度最大。在 $Ca(NO_3)$ 与 CaF_2 中均含有

Ca^{2+}；NaF 与 CaF_2 中都含有相同离子 F^-。$Ca(NO_3)$ 和 NaF 是强电解质。CaF_2 在含有相同离子(Ca^{2+}或 F^-)的强电解质溶液中溶解度均有所降低。这种难溶电解质在含有相同离子的强电解质溶液中溶解度降低的现象，称为难溶电解质的同离子效应。

同离子效应在一定的浓度范围内如，$c(NaF) < 0.03mol/L$，溶解度的减小比较显著，在另一浓度范围内如，$c(NaF) > 0.07mol/L$，溶解度变化不大。

在实际应用中，依据同离子效应，加入过量的沉淀试剂(如生成 CaF_2 沉淀时所加的 NaF 溶液)使沉淀反应趋于完全，当然，只要溶液中被沉淀的离子浓度不超过某一限度，即认为这种离子沉淀完全了；在洗涤沉淀时，也常用同离子效应。从溶液中析出的沉淀常含有杂质，要想得到纯净的沉淀，就必须洗涤。为了减少洗涤过程中沉淀的损失，常用与沉淀含有相同离子的溶液来洗涤，不用纯水洗涤，

试验证明，将易溶性强电解质加入难溶电解质的溶液中，难溶电解质的溶解度比纯水中溶解度大。例如，AgCl 在 KNO_3 溶液中的溶解度比其在纯水中的溶解度大，并且 KNO_3 的浓度越大，AgCl 溶解度越大。此现象不能用 KNO_3 与 AgCl 沉淀发生化学反应来解释的。因为 K^+、NO_3^- 与沉淀中所含的离子 Ag^+、Cl^- 不能生成弱电解质和另一种沉淀，也不能生成配离子。那么，为什么难溶电解质 AgCl 的溶解度有所增大呢？这是由于加入易溶强电解质后，溶液中各种离子总浓度增大了，增强了离子间的静电作用，在 Ag^+ 的周围有更多的阴离子，形成了所谓的离子氛；在 Cl^- 的周围有更多的阳离子，也形成了离子氛，使 Ag^+ 和 Cl^- 受到较强的牵制作用，降低了它们的有效浓度，因而在单位时间内与沉淀表面碰撞次数减少，沉淀过程变慢，难溶电解质的溶解过程暂时超过了沉淀过程，平衡向溶解的方向移动；当建立起新的平衡时，难溶电解质的溶解度增大了。

这种因加入易溶强电解质而使难溶电解质溶解度增大的效应，叫盐效应。产生盐效应的并不只限于加入盐类，如果加入的强电解质是强酸或强碱，在不发生化学反应的前提下，所加入的强碱或强酸同样能使溶液中各种离子浓度增大，有利于离子氛形成，也能使难溶电解质的溶解度增大，这也叫盐效应。

不但加入不具有相同离子的电解质能产生盐效应，加入具有相同离子的电解质，致其产生同离子效应同时，也能生产盐效应。所以在利用同离子效应降低沉淀溶解度时，沉淀试剂不能过量，否则将会引起盐效应，使沉淀的溶解度增大。

如表 2-2 所示，$PbSO_4$ 在 Na_2SO_4 溶液中的溶解度的变化。当 Na_2SO_4 的浓度从 0 增加到 $0.04mol \cdot L^{-1}$ 时 $PbSO_4$ 在 Na_2SO_4 溶解度逐渐变小。同离子效应起到主导作用；当 Na_2SO_4 的浓度为 $0.04mol \cdot L^{-1}$ 时，$PbSO_4$ 的溶解度最小；当 Na_2SO_4 的浓度大于 $0.04mol \cdot L^{-1}$ 时，$PbSO_4$ 溶解度增大，盐效应起主导作用。

表 2-2　$PbSO_4$ 在 Na_2SO_4 溶液中的溶解度(25℃)

$c(Na_2SO_4)/(10mol \cdot L^{-1})$	0.00	0.001	0.01	0.02	0.04	0.100	0.200
$c(PbSO_4)/(10mol \cdot L^{-1})$	0.16	0.024	0.016	0.014	0.013	0.016	0.023

一般来说，若难溶电解质的溶解度积很小时，盐效应的影响很小，可以忽略不计；若难溶电解质的溶度积较大，溶液中各种离子的总浓度也较大时，就应该考虑盐效应的影响。

2) pH 对沉淀-溶解平衡的影响

如果难溶电解质 MA 的阴离子是某弱酸(HAn)的共轭碱(An^-)，由于 An^- 对质子 H^+ 具有较强的亲和能力，则它们的溶解度将随溶液的 pH 减小而增大，这类难溶电解质就是通常所

说的难溶弱酸盐和难溶金属氢氧化物。氢氧根离子 OH⁻ 是水中能够存在的最强碱，它是弱酸水的共轭碱，从这个意义上讲，金属氢氧化物也是弱酸盐。利用弱酸盐在酸中溶解度的差异，控制溶液的 pH，可以达到分离金属离子的目的。

难溶金属氢氧化物 $M(OH)_n$ 的溶解度与 pH 的定量关系讨论如下：

$$M(OH)_n(s) \rightleftharpoons M^{n+}(aq) + n\,OH^-(aq)$$

$$K_{sp}^{\ominus}[M(OH)_n] = \{c(M^{n+})\}\{c(OH^-)\}^n$$

金属氢氧化物 $M(OH)_n$ 的溶解度等于溶液中金属离子的浓度 $c(M^{n+})$。即

$$s = c(M^{n+}) = \frac{K_{sp}^{\ominus}[M(OH)_n]}{c(OH^-)}\,mol \cdot L^{-1}$$

$$(2-10)$$

$$s = \frac{K_{sp}^{\ominus}[M(OH)_n]}{(K_w^{\ominus})^n}\{c(H^+)^n\}\,mol \cdot L^{-1}$$

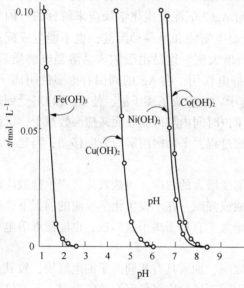

图 2-5 难溶金属氢氧化物 $M(OH)_n$ 的 s-pH 图

根据式(2-10)可以画出难溶金属氢氧化物 $M(OH)_n$ 的 s-pH 图。图 2-5 表明了 $Fe(OH)_3$、$Co(OH)_2$、$Ni(OH)_2$ 和 $Cu(OH)_2$ 的 s-pH 的关系。图中每条线的右方区域内任何一点所对应的离子积 $J > K_{sp}^{\ominus}$，是沉淀生成区；每条线的左方区域内 $J < K_{sp}^{\ominus}$，是沉淀的溶解区；线上任何一点表示的状态均为 M^{n+}、OH^- 和氢氧化物 $M(OH)_n(s)$ 的平衡状态。由于 $K_{sp}^{\ominus}[Fe(OH)_3] = 2.8 \times 10^{-39}$，比其他常见难溶金属氢氧化物溶度积小得很多，在含铁杂质的金属离子混合溶液中，常控制 pH，使 Fe^{3+} 水解生成 $Fe(OH)_3$ 而除去。例如，$CuSO_4$、$NiSO_4$ 或 $CoCl_2$ 的提纯中，Fe^{3+} 沉淀完全时的 pH 约为 2.8。而 Cu^{2+}，Ni^{2+} 和 Co^{2+} 开始沉淀的 pH 分别为 5.2、6.9 和 7.5，与沉淀完全时的 pH 相差较大。在实际应用中，为了除掉 Fe^{3+}，一般控制 pH 在 4 左右，就能将铁杂质除去。在图 2-5 中，可以看出 $Ni(OH)_2$ 和 $Co(OH)_2$ 的曲线相距很近，不能利用生成难溶氢氧化物的方法将两者分开。在利用生成难溶金属氢氧化物分离金属离子时，常使用缓冲溶液控制 pH。

【例 2-15】在 0.20L 的 0.50mol · L^{-1} $MgCl_2$ 溶液中加入等体积的 0.10 mol · L^{-1} 氨水溶液。试通过计算判断有无 $Mg(OH)_2$ 沉淀生成。为了不使 $Mg(OH)_2$ 沉淀析出，加入 NH_4Cl 的质量最低为多少(加入 NH_4Cl 固体后液体的体积不变)。

解：(1)$MgCl_2$ 溶液与氨水溶液等体积混合，在发生反应之前，$MgCl_2$ 和 NH_3 的浓度分别减半。

$$c(Mg^{2+}) = 0.25 \text{ mol} \cdot L^{-1}, \quad c(NH_3) = 0.050 \text{ mol} \cdot L^{-1}$$

混合后，如有沉淀生成，则溶液中有两个平衡存在：

$$Mg(OH)_2(s) \rightleftharpoons Mg^{2+}(aq) + 2OH^-(aq)$$

$$NH_3(aq) + H_2O(l) \rightleftharpoons NH_4^+(aq) + OH^-(aq)$$

由第二个反应可以计算出 $c(OH^-)$。设 $c(OH^-) = x\,mol \cdot L^{-1}$ 下式中 $K_1^{\ominus}(NH_3)$ 指标准状况

下反应的平衡常数，即 25℃、标准大气压下，可以查表得到。

$$\frac{\{c(\mathrm{NH}_4^+)\}\{c(\mathrm{OH}^-)\}}{\{c(\mathrm{NH}_3)\}}=K_1^{\ominus}(\mathrm{NH}_3)$$

$$\frac{x^2}{0.050-x}=1.8\times10^{-5} \quad x=9.5\times10^{-4}$$

由第一个反应来判断能否有 $\mathrm{Mg(OH)}_2$ 沉淀生成：

$$J=\{c(\mathrm{Mg}^{2+})\}\{c(\mathrm{OH}^-)\}^2=0.25\times(9.5\times10^{-4})^2=2.3\times10^{-7}$$

（2）为了不使 $\mathrm{Mg(OH)}_2$ 沉淀析出，加 $\mathrm{NH}_4\mathrm{Cl}(\mathrm{s})$，溶液中的 $c(\mathrm{NH}_4^+)$ 增大，第二个反应向左移动，降低了 $c(\mathrm{OH}^-)$。将第二个反应式×2 减去第一反应式得：

$$\mathrm{Mg}^{2+}(\mathrm{aq})+2\mathrm{NH}_3(\mathrm{aq})+2\mathrm{H}_2\mathrm{O}=\!=\!=\mathrm{Mg(OH)}_2(\mathrm{s})+2\mathrm{NH}_4^+(\mathrm{aq})$$

平衡浓度/$(\mathrm{mol}\cdot\mathrm{L}^{-1})$：　0.25　　0.050

$$K^{\ominus}=\frac{\{c(\mathrm{NH}_4^+)\}^2}{\{c(\mathrm{Mg}^{2+})\}^2\{c(\mathrm{NH}_3)\}^2}=\frac{[K_b^{\ominus}(\mathrm{NH}_3)]^2}{K_{sp}^{\ominus}(\mathrm{Mg(OH)}_2)}=\frac{(1.8\times10^{-5})^2}{5.1\times10^{-12}}=64$$

$$\frac{y^2}{0.25\times0.050^2}=64 \quad y=0.2 \quad c(\mathrm{NH}_4^+)=0.2\mathrm{mol}\cdot\mathrm{L}^{-1}$$

$M_1(\mathrm{NH}_4\mathrm{Cl})=53.5$，不析出 $\mathrm{Mg(OH)}_2$ 沉淀，至少应加入的 $\mathrm{NH}_4\mathrm{Cl}$ 质量为：

$$m(\mathrm{NH}_4\mathrm{Cl})=(0.20\times0.40\times53.5)\mathrm{g}=4.3\mathrm{g}$$

不难看出，在适当浓度的 NH_3—$\mathrm{NH}_4\mathrm{Cl}$ 缓冲溶液中，$\mathrm{Mg(OH)}_2$ 沉淀不能析出。

3）金属硫化物

很多金属硫化物在水中都是难溶的，而且它们的溶度积常数彼此有一定的差异，并各有特定的颜色。因此，在实际应用中，常利用硫化物的这些性质来分离或鉴定某些金属离子。金属硫化物是弱酸 $\mathrm{H}_2\mathrm{S}$ 的盐，对 $\mathrm{H}_2\mathrm{S}$ 解离常数的测定与研究已有近百年之久。有十几种之多，彼此相差较大。最近的研究表明，S^{2-} 像 O^{2-} 一样是很强的碱，在水中不能存在，因此，不能将难溶硫化物的多相离子平衡写作：

$$\mathrm{MS}=\!=\!=\mathrm{M}^{2+}(\mathrm{aq})+\mathrm{S}^{2-}(\mathrm{aq})$$

而必须考虑强碱 S^{2-} 对质子的亲和作用，即 S^{2-} 的水解：

$$\mathrm{S}^{2-}(\mathrm{aq})+\mathrm{H}_2\mathrm{O}=\!=\!=\mathrm{HS}^-(\mathrm{aq})+\mathrm{OH}^-(\mathrm{aq})$$

将难溶金属硫化物的多相离子平衡写作：

$$\mathrm{MS}(\mathrm{s})+\mathrm{H}_2\mathrm{O}(\mathrm{l})=\!=\!=\mathrm{M}^{2+}(\mathrm{aq})+\mathrm{OH}^-(\mathrm{aq})+\mathrm{HS}^-(\mathrm{aq})$$

其平衡常数表示式为：

$$K^{\ominus}=\{c(\mathrm{M}^{2+})\}\{c(\mathrm{OH}^-)\}\{c(\mathrm{HS}^-)\}$$

由于分离金属硫化物常常在酸性溶液中进行，所以难溶金属硫化物在酸中的沉淀溶解平衡更有实际意义。

$$\mathrm{MS}(\mathrm{s})+2\mathrm{H}_3\mathrm{O}^-(\mathrm{aq})=\!=\!=\mathrm{M}^{2+}(\mathrm{aq})+\mathrm{H}_2\mathrm{S}(\mathrm{aq})+2\mathrm{H}_2\mathrm{O}(\mathrm{l})$$

$$K_{sp}^{\ominus}=\frac{\{c(\mathrm{M}^{2+})\}\{c(\mathrm{H}_2\mathrm{S})\}}{\{c(\mathrm{H}_3\mathrm{O}^+)\}^2}$$

$K_{sp}^{\ominus}$ 被称为在酸中的溶度积常数，与解离常数的情形一样，同一硫化物的溶度积在不同文献中有所不同。

【例 2-16】25℃下，在 $0.010\mathrm{mol}\cdot\mathrm{L}^{-1}\mathrm{FeSO}_4$ 溶液中通入 $\mathrm{H}_2\mathrm{S}(\mathrm{g})$，使其成为 $\mathrm{H}_2\mathrm{S}$ 饱和溶

液。用 HCl 调节 pH，使 $c(HCl) = 0.30\ mol \cdot L^{-1}$。试判断能否有 FeS 生成。

解：已知

$$c(Fe^{2+}) = 0.010\ mol \cdot L^{-1}$$

$$c(H_3O^+) = 0.30\ mol \cdot L^{-1}$$

$$c(H_2S) = 0.10\ mol \cdot L^{-1}$$

$$FeS(s) + 2H_3O^+(aq) \Longrightarrow Fe^{2+}(aq) + H_2S(aq) + 2H_2O(l)$$

$$J = \frac{\{c(Fe^{2+})\}\{c(H_2S)\}}{\{c(H_3O^+)\}^2} = \frac{0.010 \times 0.10}{0.30^2} = 0.011$$

$J < K_{sp}^{\ominus}$，无 FeS 沉淀生成。25℃条件下，FeS 的 $K_{sp}^{\ominus} = 6 \times 10^2$

金属硫化物在酸中的溶解度有较大的差异：

(1) $K_{sp}^{\ominus}$ 较大的硫化物，如 MnS 不仅在稀 HCl 中溶解，而且在 HAc 中也能溶解。MnS 只有在氨碱性溶液中加 H_2S 饱和溶液才能生成沉淀。只有当碱性增强，Mn^{2+} 才能使沉淀完全。

(2) FeS 和 ZnS 等硫化物 $K_{sp}^{\ominus} > 10^{-2}$，它们在稀盐酸($0.30\ mol \cdot L^{-1}$)中溶解；Cd 和 PbS 在稀盐酸中不溶解，在浓酸盐中溶解(此时酸溶解和配位溶解同时存在)。在实际应用中，分离 Zn^{2+} 和 Cd^{2+} 时，可控制溶液中 $c(H_3O^+)$ 使 CdS 沉淀，而 Zn^{2+} 仍保留在溶液中。

(3) CuS，AgS 在浓 HCl 中不溶解，在硝酸中发生氧化还原溶解：

$$3CuS(s) + 2NO_3^-(aq) + 8H^+(aq) \longrightarrow 3Cu^{2+}(aq) + 2NO(g) + 3S(s) + 4H_2O(l)$$

(4) HgS 是 $K_{sp}^{\ominus}$ 非常小的硫化物，在盐酸、硝酸中均不溶解，只有在王水(浓 H_2SO_4 与 ipe HNO_3 的混合溶液)中溶解，其溶解反应为：

$$3[HgS](s) + 2NO_3^-(aq) + 12Cl^-(aq) + 8H^+(aq) \longrightarrow$$

$$3[HgCl_4]^{2-}(aq) + 3S(s) + 2NO(g) + 4H_2O(l)$$

这一过程包括了配位溶解、氧化还原溶解和酸效应。

(5) 配合物的生成对溶解度的影响——沉淀的配位溶解

许多难溶化合物在配位剂的作用下能生成配离子而溶解称为配位溶解。例如：

$$AgCl(s) + Cl^-(aq) \Longrightarrow AgCl_2^-(aq)$$

$$HgI_2(s) + 2I^-(aq) \Longrightarrow HgI_4^{2-}(aq)$$

这类配位溶解是难溶化合物溶于具有相同阴离子的溶液中，发生了加合反应；另一类配位溶解是难溶化合物溶于含有不同阴离子(或分子)的溶液中，发生了取代反应：

$$AgCl(s) + 2NH_3(aq) \Longrightarrow [Ag(NH_3)_2]^+(aq) + Cl^-(aq)$$

$$AgBr(s) + 2S_2O_3^{2-}(aq) \Longrightarrow [Ag(S_2O_3^{2-})_2]^{3-}(aq) + Br^-(aq)$$

后一反应中，海波是定影剂中的主要成分。在定影过程中，底片上未感光的 AgBr 被配离子 $S_2O_3^{2-}$ 取代而溶解。一般情况下，当难溶化合物的溶度积不很小，并且配合物的生成常数比较大时，就有利于配位溶解反应的发生。此外，配位剂的浓度也是影响难溶化合物能否发生配位溶解的重要因素之一。

【例2-17】室温下，在 1.0L 氨水中溶解 0.10mol 的 AgCl(s)，氨水浓度最低为多少？

解：可不考虑氨水与 H_2O 之间的质子转移反应和 $[Ag(NH_3)_2]^+$ 的形成，近似地认为 AgCl 溶于氨水后全部生成 $[Ag(NH_3)_2]^+$

$$AgCl + 2NH_3(aq) + 2H_2O \Longrightarrow [Ag(NH_3)_2]^+(aq) + Cl^-(aq)$$

平衡浓度/(mol·L^{-1})：　　　x　　　　　　0.10　　　　　0.10

$$K^{\ominus} = \frac{\{c[Ag(NH_3)_2]^+\}\{c(Cl^-)\}}{\{c(NH_3)\}^2} = K[Ag(NH_3)_2]^+ K_{sp}^{\ominus}(AgCl)$$

$$\frac{0.10 \times 0.10}{x^2} = 1.67 \times 10^7 \times 1.8 \times 10^{-6}$$

由于生成 $0.10\ mol \cdot L^{-1}[Ag(NH_3)_2]^+$ 需要消耗 $0.20\ mol \cdot L^{-1}$ 的 NH_3，所以氨的最低浓度应为：$c(NH_3) = (1.8 + 0.10 \times 2)\ mol \cdot L^{-1} = 2.0\ mol \cdot L^{-1}$

图 2-6 中表明了 $AgCl(s)$ 在氨水中的溶解度。随着 $c(NH_3)$ 增大，$AgCl$ 的溶解度开始有明显增大，然后增大较小。

有些两性金属氢氧化物 $Al(OH)_3$，$Cr(OH)_3$，$Zn(OH)_3$ 和 $Sn(OH)_2$ 等不仅能溶于酸中，而且能溶于强碱中，生成羟基配合物：$Al(OH)_4^-$，$Cr(OH)_4^-$，$Zn(OH)_4^{2-}$ 和 $Sn(OH)_3^-$ 等，以 $Al(OH)_3$ 为例讨论两性氢氧化物的配位溶解。为全面了解 $Al(OH)_3$ 在酸和碱中溶解度的变化，可画出 $Al(OH)_3$ 在酸中的 s-pH 曲线（图 2-7）。在强碱中的配位反应是：

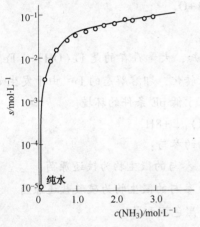

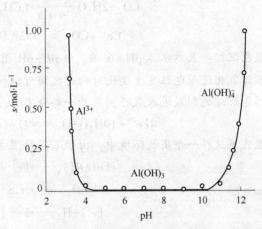

图 2-6 $AgCl$ 在 NH_3 中的溶解度　　　　图 2-7　$Al(OH)_3$ 的 s-pH 曲线

$$Al(OH)_3(s) + OH^-(aq) \rightleftharpoons Al(OH)_4^-(aq)$$

$$K^{\ominus} = \frac{\{c(Al(OH)_4^-)\}}{\{c(OH^-)\}} = 1.4$$

$Al(OH)_3(s)$ 相应的溶解度 $s = c[Al(OH)_4^-] = K^{\ominus} c(OH^-)$

根据此式作出在碱性溶液中 $Al(OH)_3$ 的 s-pH 曲线。从图 2-7 中可以看出，当 pH<3.4 时，$Al(OH)_3$ 溶解在酸中，生成 Al^{3+}；pH>12.9 时，$Al(OH)_3$ 溶解在碱中生成 $[Al(OH)_4]^-$；pH 在 4~11 范围内 $Al(OH)_3$ 基本不溶解。

生成配合物能使难溶化合物溶解，这是配合物形成时的又一特征。但是，在溶液中生成的配合物中，也有的溶解度较小，如 $[Ni(CH_3NOCCNOCH_3)_2]$ 螯合物就是难溶的鲜红色沉淀，可用于鉴定 Ni^+。

 ## 知识链接：为何水底会出现黑白相间的沉积物分层现象

白色沉淀：富磷的废水进入硬性水体中，生成羟基磷灰石沉积物

$$5Ca^{2+} + OH^- + 3PO_4^{3-} \rightleftharpoons Ca_5OH(PO_4)_3 \downarrow$$

富 CO_2 的水体中，如果排入大量的 Ca^{2+}，将生成碳酸钙沉积物，同时放出 CO_2。

$$Ca^{2+}+2HCO_3^- \Longleftrightarrow CaCO_3 \downarrow +CO_2+H_2O$$

其实质反应分为几步完成：$CO_2(g)+H_2O = H_2CO_3^*$

由于天然水体 pH 在 6~9 左右，碳酸体系中大量存在的是 HCO_3^-

$$HCO_3^- \Longleftrightarrow CO_3^{2-}+2H^+$$

$$Ca^{2+}+CO_3^{2-} \Longleftrightarrow CaCO_3 \downarrow$$

$$HCO_3^-+H^+ \Longleftrightarrow H_2CO_3^* \Longleftrightarrow CO_2+2H_2O$$

光合作用过程也有类似现象发生：

$$Ca^{2+}+2HCO_3^-+h\lambda \Longleftrightarrow (CH_2O)+CaCO_3 \downarrow +O_2$$

同样的道理，天然水体中大量存在的 HCO_3^-，而 $HCO_3^-+H^+ \Longleftrightarrow H_2CO_3^* \Longleftrightarrow CO_2+2H_2O$，在叶绿素参与下合成有机物，产生氧气。

$$CO_2+2H_2O \xrightarrow[\text{叶绿素}]{\text{光}} (CH_2O)+O_2$$

$$Ca^{2+}+CO_3^{2-} \Longleftrightarrow CaCO_3 \downarrow$$

黑色沉淀：天然水体 pH=6~9，由 pE-pH 图可知，大量存在的是 $Fe(OH)_3$、Fe^{2+}。当外界水体氧化还原电位发生变化时两者之间可以相互转化，即溶解态的 Fe^{2+} 由于发生如下反应以褐色沉淀的形式进入底泥，另外一部分 Fe^{2+} 存在于低 pE 条件的环境。

$$4Fe^{2+}+10H_2O+O_2 \Longleftrightarrow 4Fe(OH)_3 \downarrow +8H^+$$

在底泥这样一个厌氧环境中，由于不同种微生物的参与：

$$Fe(OH)_3 \longrightarrow Fe^{2+} \qquad 参与的微生物为铁还原菌$$

$$SO_4^{2-} \longrightarrow H_2S \qquad 参与的微生物为硫酸盐还原菌$$

$$Fe^{2+}+H_2 \longrightarrow FeS \downarrow \qquad 黑色沉积物$$

冬季水温较低，H_2S 不易从水中挥发出来，更容易在水底形成黑色的沉积层。

二、吸附

1. 吸附剂

吸附剂——具有各种微孔结构和表面性质的大比表面固体材料（150~1500m²/g）均可以做吸附剂。吸附剂是决定高效能吸附处理过程的关键因素，广义而言，一切固体都具有吸附能力，但是多孔物质或磨得极细的物质具有很大的表面积，因此才能作为吸附剂。工业吸附剂还必须满足下列要求：吸附能力强、吸附选择性好、吸附平衡浓度低、容易再生和再利用、机械强度好、化学性质稳定、来源广、价廉。一般工业吸附剂很难同时满足这八个方面的要求，因此，在吸附处理过程中应根据不同的场合选用不同的吸附剂。目前，可用于水处理的吸附剂有活性炭、吸附树脂、改性淀粉类吸附剂、改性纤维素类吸附剂、改性木质素类吸附剂、改性壳聚糖类吸附剂以及其他可吸收污染物质的药剂、物料等。

吸附剂中活性炭应用于水处理已有几十年的历史。20 世纪 60 年代后有很大发展，国内外的科研工作者已在活性炭的研制以及应用研究方面作了大量的工作。制作活性炭的原料种类多、来源丰富，包括动植物 （如木材、锯木屑、木炭、谷壳、椰子壳、稻麦秆、坚果壳、脱脂牛骨、鱼骨等）、煤（泥煤、褐煤、沥青煤、无烟煤等）、石油副产物（石油残渣、石油焦等）、纸浆废物、合成树脂以及其他有机物（如废轮胎）等。但是，活性炭因生产工艺、原料的不同，性能悬殊非常大，用途也不一样，目前工业上使用的活性炭有粒状和粉状两种，其中以粒状为主。与其他吸附剂相比，活性炭具有巨大的比表面积以及微孔特别发达等特点，因此是目前废水处理中普遍采用的吸附剂。此外，活性炭还可以用于炼油废水，含酚、印染、氯丁橡胶、腈纶、三硝基甲苯、重金属、含氟、含氯等废水的处理以及生活饮用水中有害物质的处理。活性炭的再生是活性炭能否广泛使用的关键问题，因此国内外在这方面进行了大量的研究。目前，活性炭的再生方法主要有加热再生法、药剂再生法、化学再生法、湿式氧化再生法和生物再生法等。用加热再生法处理活性炭时，炭的损失率高，而且再生成本也较高，而药剂再生法处理成本高并易造成二次污染，因此化学再生法（如臭氧再生法）、生物再生法和湿式氧化再生法是今后活性炭再生方法的发展方向。与国外同类产品相比，我国活性炭存在产量少、质量差、使用寿命短、再生率低等缺点，因此如何改进活性炭生产工艺，提高其产量和质量是当前迫切需要解决的问题。

天然水体中能参与吸附过程的颗粒物均可以做吸附剂。主要包括五大类：矿物、金属水合氧化物、腐殖质、悬浮物、其他泡沫、表面活性剂等半胶体、藻类、细菌、病毒等生物胶体。

1）矿物

包括非黏土矿物和黏土矿物，都是原生岩石在风化过程中形成的。天然水中常见非黏土矿物有石英（SiO_2）、长石（$KAlSi_3O_8$）等，它们粒径较大、硬度高、晶体交错。常见的黏土矿物有云母、蒙脱石、高岭石，它们为层状结构，易于碎裂，颗粒较细，具有黏结性，可以生成稳定的聚集体。是天然水中最重要、最复杂的无机胶体，并且具有显著胶体化学特性的微粒。主要成分为铝或镁的硅酸盐，具有片状晶体结构；一种是硅氧四面体，另一种是铝氢氧原子层，其间主要靠氢键连接，因此易于断裂。

2）金属水合氧化物

铝、铁、锰、硅等金属的水合氧化物在天然水中以无机高分子及溶胶等形态存在，在水环境中发挥重要的胶体化学作用。

天然水中铝的浓度不超过 0.1mg/L。其水解的主要形态有 Al^{3+}、$Al(OH)^{2+}$、$Al_2(OH)_2^{4+}$、$Al(OH)_2^+$、$Al(OH)_3$ 和 $Al(OH)_4^-$，随 pH 值变化而改变形态和浓度比例。一定条件下会发生聚合，生成多核配合物或无机高分子，最终生成 $[Al(OH)_3]_n$ 的无定形沉淀物。

铁的水解反应和形态与铝类似。在不同 pH 值下，$Fe(Ⅲ)$ 的存在形态是 Fe^{3+}、$Fe(OH)^{2+}$、$Fe(OH)_2^+$、$Fe_2(OH)_2^{4+}$ 和 $Fe(OH)_3$。固体沉淀物可转化为 FeOOH 的不同晶形物。也可以聚合成为 $[FeOOH]_\infty$ 无机高分子和溶胶。

锰的溶解度比铁高，也是常见的水合金属氧化物。可形成 $[MnOOH]_\infty$ 聚合无机高分子。

硅酸的单体 H_4SiO_4 是一种弱酸，过量的硅酸将会生成聚合物，并可生成胶体 $[Si(OH)_4]_\infty$（聚合无机高分子）以至沉淀物。

3）腐殖质

主要是腐殖酸，例如富里酸、胡敏酸等。腐殖质属于芳香族化合物，有机弱酸性，相对分子质量从 700~200000 不等；带负电的高分子弱电解质，其形态构型与官能团（羧基、羰基、羟基）的离解程度有关。在 pH 较高的碱性溶液中或离子强度低的条件下，溶液中的 OH^- 将腐殖质离解出的 H^+ 中和掉，因而分子间的负电性增强，排斥力增加，亲水性强，趋于溶解。在 pH 较低的酸性溶液（H^+ 多，正电荷多），或有较高浓度的金属阳离子存在时，各官能团难于离解而电荷减少，高分子趋于卷缩成团，亲水性弱，因而趋于沉淀或凝聚。

4）水体悬浮沉积物

天然水体中各种环境胶体物质相互作用结合成聚集体，即为水中悬浮沉积物。一般，悬浮沉积物是以矿物微粒，特别是黏土矿物为核心骨架，有机物和金属水合氧化物结合在矿物微粒表面上，成为各微粒间的黏附架桥物质，把若干微粒组合成絮状聚集体（聚集体在水体中的悬浮颗粒粒度一般在数十微米以下），经絮凝成为较粗颗粒而沉积到水体底部。

5）其他

湖泊中的藻类，污水中的细菌、病毒、废水排出的表面活性剂、油滴等，也都有类似的胶体化学表现，起吸附剂的作用。

2. 吸附机理

吸附是一表面现象，在流体（气或液）与固体表面（吸附剂）相接触时，流、固之间的分子作用引起流体分子（吸附质）浓缩在表面。对一流体混合物，其中某些组分因流固作用力不同而优先得到浓缩，产生选择吸附，实现分离。吸附分离过程依据流体中待分离组分浓度的高低可分为净化和组分分离，一般以质量浓度10%为界限，小于此值的称为吸附净化。

吸附是自发过程，发生吸附时放出热量，它的逆过程（脱附）是吸热的，需要提供热量才能脱除吸附在表面的吸附分子。由热力学定律可以推导。

由 $\Delta G = \Delta H - T\Delta S$，因为吸附是自发的，所以 $\Delta G < 0$；吸附质被吸附在吸附剂表面，混乱度减小，有序度增加，$\Delta S < 0$；因此，$\Delta H < 0$。吸附是放热的。

吸附时放出热量的大小与吸附的类型有关：发生物理吸附时，吸附质吸附剂之间的相互作用较弱，吸附选择性不好，吸附热通常在吸附质蒸发潜热的2～3倍范围内，吸附量随温度升高而降低；发生化学吸附时，吸附质与吸附剂之间的相互作用强，吸附选择性好且发生在活性位上，吸附热常大于吸附质蒸发潜热的2～3倍。

吸附的机理主要有表面吸附、离子交换吸附、专属吸附3种类型。

1）表面吸附

吸附过程不发生化学变化，主要依靠胶体颗粒巨大的比表面积和表面能，胶体表面积愈大，所产生的表面吸附能也愈大，胶体的吸附作用也就愈强，属于物理吸附。

 知识链接：单位比表面积、表面能

$$单位比表面积 = 面积（球）/质量 = \frac{4\pi r^2}{\frac{4}{3}\pi r^3 \rho} = \frac{3}{r\rho}（cm^2/g）（\rho 为密度）$$

表面能（又称为表面吸附能）：任何分子之间均存在引力，在物体内部，某分子受到各方面作用力相等，因而处于平衡状态，但是在胶体表面上，分子受力不均匀（因为表面分子周围的分子数量不相等），因而产生了所谓的表面能。

一般蒙脱石单位比表面积800m²/g左右，伊利石30～80m²/g，高岭石800m²/g，腐殖质400～900m²/g，无定型氢氧化铁[Fe(OH)₃]ₙ300m²/g左右。

2）离子交换吸附

大部分胶体（包括黏土矿物、有机胶体、含水氧化物等）带负电荷，容易吸附各种阳离子，在吸附过程中，胶体每吸附一部分阳离子，同时也放出等量的其他阳离子，把这种吸附称为离子交换吸附，它属于物理化学吸附。

这种吸附过程是可逆的，能够迅速达到平衡。不受温度影响，酸碱条件下均可进行，其交换吸附能力与溶质的性质、浓度及吸附剂性质等有关。

离子交换吸附可以解释胶体颗粒表面对水合金属离子的吸附，但无法解释在吸附过程中表面电荷改变符号、离子化合物可吸附在同号电荷的表面上的现象。因此，近年来有学者提出了专属吸附作用。

3）专属吸附

吸附过程中，除了化学键的作用外，尚有加强的憎水键和范德华力或氢键在起作用。专属吸附作用不但可使表面电荷改变符号，而且可使离子化合物吸附在同号电荷的表面上。

 ## 知识链接：专属吸附的特点

在水环境中，配合离子、有机离子、有机高分子和无机高分子的专属吸附作用特别强烈。例如，简单的 Al^{3+}、Fe^{3+} 高价离子并不能使胶体电荷因吸附而变号，但其水解产物却可达到这种效果，这就是发生专属吸附的结果。

水合氧化物胶体对重金属离子有较强的专属吸附作用，这种吸附作用发生在胶体双电层的 Stern 层中，被吸附的金属离子进入 Stern 层后，不能被通常提取交换性阳离子的提取剂提取，只能被亲和力更强的金属离子取代，或在强酸性条件下解吸。

专属吸附的另一特点是它在中性表面甚至在与吸附离子带相同电荷符号的表面也能进行吸附作用。例如，水锰矿对碱金属(K、Na)的吸附作用属于离子交换吸附，而对于 Co、Cu、Ni 等过渡金属元素离子的吸附则属于专属吸附。

表 2-3 列出水合氧化物对重金属离子的专属吸附机理与交换吸附的区别。

表 2-3　水合氧化物对金属离子的专属吸附与非专属吸附的区别

项　目	非专属吸附	专属吸附
发生吸附的表面净电荷的符号	-	-、0、+
金属离子所起的作用	反离子	配位离子
吸附时所发生的反应	阳离子交换	配位体交换
发生吸附时要求体系的 pH 值	>零电位点	任意值
吸附发生的位置	扩散层	内层

3. 吸附等温线

在特定吸附剂和吸附质的情况下，吸附平衡决定纯流体或流体混合物中组分在吸附剂上的极限吸附量，是评价吸附剂吸附性能的重要指标，受到温度、压力、组分浓度的影响。一定温度下吸附量与压力和浓度之间的关系为吸附等温线，因此一般用吸附等温线来描述吸附平衡。

吸附平衡理论主要依据 Gibbs 吸附热力学、统计热力学、动力学等理论，出现了 Freundlich 方程，Pola-nyi 吸附势理论，Langmuir 单层吸附方程，Brunauer、Emmett 和 Teller 的 (BET)多层吸附方程以及 Dubi-nin-Radushkevich(DR)方程等经典单组分吸附等温线来描述各类吸附平衡，但具有一定的精度和适用范围。在此基础上，通过考虑各种吸附时的实际情况，比如吸附剂表面能量的非均匀性、吸附剂与吸附质之间的相互作用，出现了各种经典方程的改进形式，提高了描述吸附平衡的精度，扩大了方程的适用范围。

20 世纪末，由于计算机和分子计算的飞速发展，出现了吸附现象的分子模拟方法，主要有密度泛函理论（DFT）、Monte Carlo 方法的各种形式（GCMC，BCMC，GEMC，LMC，RMC），加深了对吸附平衡规律的了解。分子模拟的方法对吸附材料的开发和改进有着重要的作用。单组分吸附平衡是确定多组分气体吸附和多组分液体吸附平衡的基础。几十年来，对多组分吸附平衡有众多的研究结果。依据单组分吸附平衡和热力学方法，借鉴汽液平衡的结果，出现了不少关联和预测多组分吸附平衡的方法，其中应用较广的有理想吸附溶液理论（IAST）和实际吸附溶液理论（RAST）。采用吸附相有效活度系数的关联预测方法以及直接将单组分吸附等温线推广到多组分的形式。

迄今为止，还没有一个描述吸附平衡的通用理论和方法，这与吸附现象的复杂性紧密相关联。吸附涉及到多相平衡，其中固体吸附剂的微孔结构和表面性质千差万别，而缺乏统一表征固体吸附剂本身的理论与方法是造成难以准确描述吸附平衡的主要因素。

吸附等温线和等温式：吸附是指溶液中的溶质在界面层浓度升高的现象。水体中颗粒物对溶质的吸附是一个动态平衡过程，在固定的温度条件下，当吸附达到平衡时，颗粒物表面上的吸附量（G）与溶液中溶质平衡浓度（c）之间的关系，可用吸附等温线来表达。

水体中常见的吸附等温线有三类：Henry 型、Freundlich 型、Langmuir 型，简称为 H、F、L 型。

1）H 型等温线为直线型，等温式为：

$$G = Kc$$

式中　K——分配系数，该等温式表明溶质在吸附剂与溶液之间按固定比值分配；

　　　G——吸附达到平衡时的吸附量；

　　　c——吸附达到平衡时，溶液中吸附质的浓度。

2）F 型等温式为：

$$G = Kc^{1/n}$$

式中　K——分配系数，该等温式表明溶质在吸附剂与溶液之间按固定比值分配；

　　　G——吸附达到平衡时的吸附量；

　　　c——吸附达到平衡时，溶液中吸附质的浓度；

　　　$\dfrac{1}{n}$——吸附量随浓度增长的强度。

对 $G = Kc^{1/n}$ 若两侧取对数，有：$\lg G = \lg K + \dfrac{1}{n}\lg c$

以 $\lg G$ 对 $\lg c$ 作图可得一直线。$\lg K$ 为截距；$\dfrac{1}{n}$ 为斜率，它表示吸附量随浓度增长的强度；K 值是 $c = 1$ 时的吸附量，它可以大致表示吸附能力的强弱。

该等温线不能给出饱和吸附量。

3）L 型等温式为：

$$G = G^0 c / (A + c)$$

式中　G^0——单位表面上达到饱和时的最大吸附量；

　　　A——常数。

G 对 c 作图得到一条双曲线，其渐近线为 $G = G^0$，即当 $c \to \infty$ 时，$G \to G^0$。在等温式中 A 为吸附量达到 $\dfrac{G^0}{2}$ 时溶液的平衡浓度。

$G = G^0 c/(A+c)$ 两边取倒数，有 $1/G = 1/G^0 + (A/G^0)(1/c)$

以 $\dfrac{1}{G}$ 对 $\dfrac{1}{c}$ 作图，同样得到一直线。截距为 $1/G^0$，斜率为 A/G^0。

等温线在一定程度上反映了吸附剂与吸附物的特性，其形式在许多情况下与实验所用溶质浓度区段有关。当溶质浓度甚低时，可能在初始区段中呈现 H 型，当浓度较高时，曲线可能表现为 F 型，但统一起来仍属于 L 型的不同区段。

影响吸附作用的因素一方面是吸附剂和吸附质的性质及各自的特点，另一方面是外界条件，包括溶液 pH 值对吸附作用的影响、颗粒物的粒度和浓度对吸附量的影响、温度变化、几种离子共存时的竞争作用均对吸附产生影响。

4. 解吸作用

被吸附物从悬浮物或沉积物中重新释放的过程。诱发释放的主要因素有：pH 值、外界环境因素变化等。

 ## 知识链接：影响重金属解析的因素

(1) pH 值降低。pH 值降低，导致碳酸盐和氢氧化物的溶解，H^+ 的竞争作用增加了金属离子的解吸量，H^+ 被吸附而导致一些带正电荷的金属离子被释放。在一般情况下，沉积物中重金属的释放量随着反应体系 pH 的升高而降低。其原因既有 H^+ 的竞争吸附作用，也有金属在低 pH 条件下致使金属难溶盐类以及配合物的溶解等。因此，在酸性废水的受纳水体中，水中金属的浓度往往很高。

(2) 还原条件增强。还原条件下，Fe、Mn 等的氧化物溶解，其吸附的金属离子被释放出来，因此在湖泊、河口及近岸沉积物中一般均有较多的耗氧物质，使一定深度以下沉积物中的氧化还原电位急剧降低，并将使铁、锰氧化物可部分或全部溶解，故被其吸附或与之共沉淀的重金属离子也同时释放出来。

(3) 盐浓度升高。盐度变化可以增加离子的吸附交换量，碱金属和碱土金属阳离子可将被吸附在固体颗粒上的其他金属离子交换出来，这是金属从沉积物中释放出来的主要途径之一。例如水体中碱金属和碱土金属 Ca^{2+}、Na^+、Mg^{2+} 对悬浮物中铜、铅和锌的交换释放作用。在 $0.5mol/L\ Ca^{2+}$ 作用下，悬浮物中的铅、铜、锌可以解吸出来，这三种金属被钙离子交换的能力不同，其顺序为 Zn>Cu>Pb。

(4) 水中配合剂的含量增加。天然或合成的配合剂使用量增加，能和重金属形成可溶性配合物，有时这种配合物稳定度较大，可以溶解态形态存在，使重金属从固体颗粒上解吸下来。

(5) 一些生物化学迁移过程。这些迁移过程也能引起金属的重新释放，从而引起重金属从沉积物中迁移到动、植物体内——可能沿着食物链进一步富集，或者直接进入水体，或者通过动植物残体的分解产物进入水体。

三、絮凝-凝聚

胶体颗粒的聚集亦可称为凝聚或絮凝。由电介质促成的聚集称为凝聚，由聚合物促成的聚集称为絮凝。

胶体颗粒长期处于分散状态还是相互作用聚集结合成为更粗粒子，将决定水体中胶体颗粒及其上面的污染物的粒度分布变化规律，影响到其迁移输送和沉降归宿的距离和去向。

1. 胶体粒子的双电层结构及 DLVO 物理理论

胶体粒子的中心，是由数百以至数万个分散相固体物质分子组成的胶核。在胶核表面，有一层带同号电荷的离子，称为电位离子层，电位离子层构成了双电层的内层，电位离子所带的电荷称为胶体粒子的表面电荷，其电性正负和数量多少决定了双电层总电位的符号和胶体粒子的整体电性。为了平衡电位离子所带的表面电荷，液相一侧必须存在众多电荷数与表面电荷相等而电性与电位离子相反的离子，称为反离子。反离子层构成了双电层的外层，其中紧靠电位离子的反离子被电位离子牢固吸引着，并随胶核一起运动，称为反离子吸附层。吸附层的厚度一般为几纳米，它和电位离子层一起构成胶体粒子的固定层。固定层外围的反离子由于受电位离子的引力较弱，受热运动和水合作用的影响较大，因而不随胶核一起运动，并趋于向溶液主体扩散，称为反离子扩散层。扩散层中，反离子浓度呈内浓外稀的递减分布，直至与溶液中的平均浓度相等。

图 2-8 表示胶体的双电层结构及其点位分布示意。

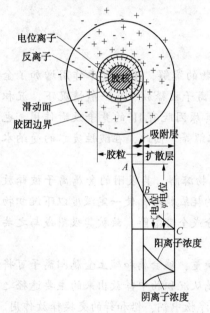

图 2-8　胶体粒子结构及其点位分布

固定层与扩散层之间的交界面称为滑动面（sliding surface）。当胶核与溶液发生相对运动时，胶体粒子就沿滑动面一分为二，滑动面以内的部分是一个作整体运动的动力单元，称为胶粒。由于其中的反离子所带电荷数少于表面电荷总数，所以胶粒总是带有剩余电荷。剩余电荷的电性与电位离子的电性相同，其数量等于表面电荷总数与吸附层反离子所带电荷之差。胶粒和扩散层一起构成电中性的胶体粒子（即胶团）。

胶核表面电荷的存在，使胶核与溶液主体之间产生电位，称为总电位或 Ψ 电位。胶粒表面剩余电荷，使滑动面与溶液主体之间也产生电位，称为电动电位或 ζ 电位。Ψ 电位和 ζ 电位的区别是：对于特定的胶体，Ψ 电位是固定不变的，而 ζ 电位则随温度、pH 值及溶液中的反离子强度等外部条件而变化，是表征胶体稳定性强弱和研究胶体凝聚条件的重要参数。

根据电学的基本定律（Helmholtz - Smoluchowski 定律），可导出 ζ 电位的表达式为：

$$\zeta = \frac{4\pi q \delta}{\varepsilon} \qquad (2-11)$$

式中　q——胶体粒子的电动电荷密度，即胶粒表面与溶液主体间的电荷差（SC）；

　　　δ——扩散层厚度，cm；

　　　ε——水的介电常数，其值随水温升高而减小。

由式（2-11）可见，在电荷密度和水温一定时，ζ 电位取决于扩散层厚度 δ，δ 值愈大，ζ 电位也愈高，胶粒间的静电斥力就愈大，胶体的稳定性愈强。

2. 胶体的脱稳和凝聚

胶体因 ζ 电位降低或消除，从而失去稳定性的过程称为脱稳（Destabilization）。脱稳的胶粒相互聚集为微絮粒的过程称为凝聚。不同的化学药剂能使胶体以不同的方式脱稳和凝聚。按机理，脱稳和凝聚可分为压缩双电层、电性中和、吸附桥连和网罗卷带 4 种。

压缩双电层(Electronic Double-layer Compression)是指在胶体分散系中投加能产生高价反离子的活性电解质，通过增大溶液中的反离子强度来减小扩散层厚度，从而使 ζ 电位降低的过程。该过程的实质是通过新增的反离子与扩散层内原有反离子之间的静电斥力把原有反离子程度不同地挤压到吸附层中，从而使扩散层减薄。

如果从胶体间相互作用势能的角度进行分析，那么在胶粒间存在静电斥力的同时，总是存在着范德华引力，两种力的作用强度可分别用排斥势能和吸引势能来表述。胶体的稳定性就取决于上述两种势能中何者占主导地位。

理论分析说明，排斥势能和吸引势能都随着与胶粒中心距的距离缩小而增大。不同的是吸引势能的变化趋势线要比排斥势能的陡峭，同时吸引势能与溶液中的反离子强度无关。但是，排斥势能则与反离子强度紧密相关。因此，对一种特定胶体只有一种吸引势能曲线，但其排斥势能曲线会随反离子强度的不同而有多种。将排斥势能 W_R 和吸引势能 W_A 叠加，可得作用于粒子上的总势能 W。胶粒间作用势能与中心距的关系可用图 2-9 所示的势能曲线表述。图中 $W_{R(1)}$ 表示低反离子强度下的高排斥势能曲线，$W_{R(2)}$ 表示高反离子强度下的低排斥势能曲线。如果对 W_R 和 W_A 进行几何叠加，可绘出相应的综合势能曲线 $W_{(1)} = W_A + W_{R(1)}$ 和 $W_{(2)} = W_{R(2)} + W_A$。由图可见，在 $d = (1\sim4)\delta$ 范围内，$W_{(1)}$ 曲线位于横轴上方，并在 $d = d_1$ 处出现一个极大值 W_{max}；随着 d 值的增大，又逐渐变为负值，并在 $d = d_2$ 处出现一个极大值 W_{min}，最后趋近于零。$W_{(2)}$ 曲线则随 d 值由大变小而连续增大，并始终处于横轴下方。图中 δ 代表一小段值。

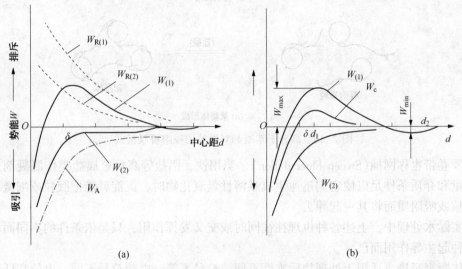

图 2-9　胶粒势能曲线

上述 $W_{(1)}$ 曲线上的极大值 W_{max} 称为势能峰或势能垒，可看作胶粒接触碰撞所必须克服的"活化能"，只有将它降低到小于胶粒的动能时，胶粒之间才能发生碰撞和凝聚。在稳定的胶体分散系中，胶粒的动能主要来自布朗运动，其值不过 $1.5kT$（k 为波尔兹曼常数，$k = 1.38 \times 10^{-23}$ J/K，T 为绝对温度，单位是 K），而势能峰却高达数百以至数千 kT，因而胶粒始终不能超越势能峰的阻碍而发生凝聚。但是，如果向体系中投加电解质来压缩双电层，使 ζ 电位由 ζ_1 降低至 ζ_2，W_R 曲线由 $W_{R(1)}$ 降低至 $W_{R(2)}$。此时 W 曲线上的 W_{max} 值依次减小并向左移动。当 W 由 $W_{(1)}$ 降低至 W_c 时，胶粒开始脱稳；当 $\zeta = 0$ 时，势能峰消失，W 曲线进一步降低至在所有 d 值范围内 W_A 都占主导的 $W_{(2)}$，胶粒的每次碰撞都促成聚集，胶体分散系便达到了快速凝聚状态。

当投加的电解质为铁盐、铝盐时，它们能在一定条件下离解和水解，生成各种络离子，如$[Al(H_2O)_6]^{3+}$、$[Al(OH)(H_2O)_5]^{2+}$、$[Al_2(OH)_2(H_2O)_8]^{4+}$和$[Al_3(OH)_5(H_2O)_9]^{4+}$等。这些络离子不但能压缩双电层，而且能够通过胶核外围的反离子层进入固液界面，并中和电位离子所带电荷，使ψ电位降低，ζ电位也随之减小，达到胶粒的脱稳和凝聚，这就是电性中和（Charge Neutralization）。显然，其结果与压缩双电层相同，但作用机理是不同的。

如果投加的药剂是水溶性链状高分子聚合物并具有能与胶粒和细微悬浮物发生吸附的活性部位，那么它就能通过静电引力、范德华引力和氢键力等，将微粒搭桥联结为一个个絮凝体（俗称矾花）。这种作用就称为吸附桥联（Adsorption Bridging）。聚合物的链状分子在其中起了桥梁和纽带的作用。

吸附桥梁的凝聚模式如图2-10。显然，在吸附桥联形成絮凝体的过程中，胶粒和细微悬浮物并不一定要脱稳，也无需直接接触，ζ电位的大小也不起决定作用。但聚合物的加入量及搅拌强度和搅拌时间必须严格控制，如果加入量过多，一开始微粒就被若干个高分子链包围，微粒再没有空白部位去吸附其他的高分子链，结果形成了无吸附部位的稳定颗粒。如果搅拌强度过大或时间过长，桥联就会断裂，絮凝体破碎，并形成二次吸附再稳颗粒。

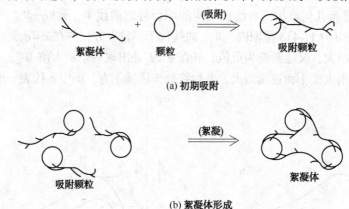

(a) 初期吸附

(b) 絮凝体形成

图2-10　高分子絮凝剂对微粒的吸附桥联模式

网罗卷带也称网捕（Sweep Flocculation）。当用铁、铝盐等高价金属盐类作混凝剂，而且其投加量和介质条件足以使它们迅速生成难溶性氢氧化物时，沉淀就能把胶粒或细微悬浮物作为晶核或吸附质而将其一起除去。

在实际水处理中，上述各种机理往往同时或交叉发挥作用，只是依条件的不同而以其中的某一种起主导作用而已。

异体凝聚理论。适用于处理物质本性不同、粒径不等、电荷符号不同、电位高低不等之类的分散体系。异体凝聚理论的主要论点为：如果两个电荷符号相异的胶体微粒接近时，吸引力总是占优势；如果两颗粒电荷符号相同但电性强弱不等，则位能曲线上的能峰高度总是决定于荷电较弱而电位较低的一方。因此，在异体凝聚时，只要其中有一种胶体的稳定性甚低而电位达到临界状态，就可以发生快速凝聚，而不论另一种胶体的电位高低如何。

四、氧化-还原

 **知识链接：**

氧化过程：失去电子，结果是元素化合价升高；

64

还原过程：得到电子，结果是元素化合价降低；

氧化剂：在反应中得到电子被还原，化合价降低；

还原剂：在反应中失去电子被氧化，化合价升高；

例如：$6Fe^{2+}+Cr_2O_7^{2-}+14H^+=6Fe^{3+}+2Cr^{3+}+7H_2O$

实际为两个半反应：

氧化反应：$6Fe^{2+}$（还原剂）$-6e=6Fe^{3+}$

还原反应：$Cr_2O_7^{2-}$（氧化剂）$+14H^++6e=2Cr^{3+}+7H_2O$

自然界中，大部分物质以氧化态存在，只有极少部分以还原态存在。而且氧原子占地壳总量的47%，是最主要成分，这决定了自然界氧化态物质占多数。

氧化态：如地壳表面的风化壳、土壤、沉积物中的矿物，都是以氧化态存在的。这些物质来源于各种火成岩石的风化产物（非沉积岩、页岩等），当它们被形成时，是完全被氧化了的，因此其中物质都以氧化态存在。

还原态：有机质（动植物残体及其分解的中间产物）。因为绿色植物形成的光合作用实际是释放氧，加入氢的还原过程，因此其中大多数有机物以还原态存在，另外一些沉积物形成的土壤、淹水土壤为还原性环境。

自然界重要的氧化剂：大气中的自由氧、水圈中的溶解氧、Fe^{3+}、Mn^{4+}、其次是SO_4^{2-}、Cr^{6+}、NO_3^-等。

自然界重要的还原剂：Fe^{2+}、S^{2-}、有机物、其次Mn^{2+}、Cr^{3+}。

无论在天然水中还是在水处理中，氧化还原反应都起着重要作用。天然水被有机物污染后，不但溶解氧减少，使鱼类窒息死亡，而且溶解氧的大量减少会导致水体形成还原环境，一些污染物形态发生了变化。

水体中氧化还原的类型、速率和平衡，在很大程度上决定了水中主要溶质的性质。例如，一个厌氧性湖泊，其湖下层的元素都将以还原形态存在：碳还原成-4价形成CH_4；氮形成NH_4^+；硫形成H_2S；铁形成可溶性Fe^{2+}。而表层水由于可以被大气中的氧饱和，成为相对氧化性介质，如果达到热力学平衡时，则上述元素将以氧化态存在：碳成为CO_2；氮成为NO_3^-；铁成为$Fe(OH)_3$沉淀；硫成为SO_4^{2-}。显然这种变化对水生生物和水质影响很大。

1. 电子活度和氧化还原电位

1）电子活度的概念

酸碱反应和氧化还原反应之间存在着概念上的相似性，酸和碱是用质子给予体和质子接受体来解释。故pH的定义为：$pH=-lg(a_{H^+})$。式中a_{H^+}指氢离子在水溶液中的活度，它衡量溶液接受或迁移质子的相对趋势。与此相似，还原剂和氧化剂可以定义为电子给予体和电子接受体，同样可以定义pE为：$pE=-lg(a_e)$。式中a_e指水溶液中电子的活度。由于a_{H^+}可以在好几个数量级范围内变化，所以pH可以很方便地用a_{H^+}来表示。同样，一个稳定的水系的电子活度可以在20个数量级范围内变化，所以也可以很方便地用pE来表示a_e。

pE严格的热力学定义是由Stumm和Morgan（摩根）提出的，基于下列反应：

$$2H^+(aq)+2e \longrightarrow H_2(g)$$

当这个反应的全部组分都以1个单位活度存在时，该反应的自由能变化ΔG可定义为零。水中氧化-还原反应的ΔG也是在溶液中全部离子生成自由能的基础上定义的。在离子强度为零的介质中，$[H^+]=1.0\times10^{-7}$ mol／L，故$a_{H^+}=1.0\times10^{-7}$，则pH=7.0。当$H^+(aq)$在

1 单位活度与 $1.0130 \times 10^5 Pa\ H_2$ 平衡(同样活度也为 1)的介质中，电子活度才正确的为 1.00 及 $pE = 0.0$。若电子活度增加 10 倍，那么电子活度将为 10，并且 $pE = -1.0$。因此，pE 表示平衡状态下(假想)的电子活度，它衡量溶液接收或迁移电子的相对趋势，在还原性很强的溶液中，其趋势是给出电子。从 pE 概念可知，pE 越小，电子浓度越高，体系提供电子的倾向就越强。反之，pE 越大，电子浓度越低，体系接受电子的倾向就越强。

2) 氧化还原电位 E 和 pE 的关系：

氧化还原半反应 Ox(氧化剂) $+ne \longrightarrow$ Red(还原剂)

根据 Nernst 方程一般式，则上述反应的氧化还原电位计算可写成：

$$E = E^0 - \frac{2.303RT}{nF} \cdot \lg \frac{[\text{Red}]}{[\text{Ox}]}$$

当反应平衡时 $E = 0$，又因为 $\frac{[\text{Red}]}{[\text{Ox}]} = K$，所以 $E^0 = \frac{2.303RT}{nF} \lg K$

其中 $R = 8.314 J \cdot K^{-1} mol^{-1}$。$F = 96500C(库仑) = 96500 J \cdot V^{-1} mol^{-1}$ 法拉第常数(这里 V 是单位伏特)从电子转移的理论上考虑，平衡常数(K)也可表示为：

$$K = \frac{[\text{Red}]}{[\text{Ox}][e]^n}, \quad 即 [e] = \left\{ \frac{[\text{Red}]}{K[\text{Ox}]} \right\}^{\frac{1}{n}}$$

根据 pE 的定义，则可改写上式为：

$$pE = -\lg[e] = \frac{1}{n} \left\{ \lg K - \lg \frac{[\text{Red}]}{[\text{Ox}]} \right\} = \frac{EF}{2.303RT} = \frac{1}{0.0591} E \ (25℃)$$

pE 是无因次指标，它衡量溶液中可供给电子的水平。

同样 $$pE^0 = \frac{E^0 F}{2.303RT} = \frac{1}{0.0591} E^0 (25℃)$$

因此根据 Nernst 方程，$E = E^0 - \frac{2.303RT}{nF} \cdot \lg \frac{[\text{Red}]}{[\text{Ox}]}$

可得到 $\frac{EF}{2.303RT} = \frac{E^0 F}{2.303RT} + \frac{1}{n} \lg \{ [反应物] / [生成物] \}$

所以 pE 的一般表示形式为：$pE = pE^0 + \frac{1}{n} \lg \{ [反应物] / [生成物] \}$

对于包含 n 个电子氧化-还原反应，平衡常数：$\lg K = \frac{nE^0 F}{2.303RT} = \frac{nE^0}{0.0591} (25℃)$

此处 E^0 是整个反应的 E^0 值，故平衡常数：$\lg K = n(pE^0)$

同样，对于一个包括 n 个电子的氧化还原反应，自由能变化可从以下两个方程中任一个给出：$\Delta G = -nFE$ 或者 $\Delta G = -2.303nRT(pE)$

若将 F 值 96500 J/(V·mol) 代入，便可获得以 J/mol 为单位的自由能变化值。当所有反应组分都处于标准状态下(纯液体、纯固体、溶质的活度为 1.00)：

$\Delta G^0 = -nFE^0$ 或者 $\Delta G^0 = -2.303nRT(pE^0)$

【例 2-18】厌氧条件下硝酸盐 NO_3^- 转化为氨盐 NH_4^+。$T = 298K$，求 E^0、pE^0、K。

解：已知 $\frac{1}{8} NO_3^- + \frac{5}{4} H^+ + e = \frac{1}{8} NH_4^+ + \frac{3}{8} H_2O$

ΔG_f^0 -110.50kJ/mol   -79.50kJ/mol   -237.19kJ/mol

所以：$\Delta G^0 = -79.50/8 - 3 \times 237.19/8 + 110.50/8 = -85.08 \text{kJ/mol}$

$\Delta G^0 = -nFE^0$ 可得：$E^0 = 0.88\text{V}$

因此 $\lg K = \dfrac{nE^0 F}{2.303RT} = \dfrac{nE^0}{0.059} = 14.89$，$K = 8.13 \times 10^{-14}$。

$pE^0 = \dfrac{E^0 F}{2.303RT} = \dfrac{1}{0.059}E^0 = 14.89$

2. 天然水体的 pE-pH 关系图

在氧化还原体系中，往往有 H^+ 或 OH^- 参与转移，因此，pE 除了与氧化态和还原态浓度有关外，还受到体系 pH 的影响，这种关系可以用 pE-pH 图来表示(图 2-11)。该图显示了各种形态水的的稳定范围及边界线。由于自然界中水的种类繁多，于是会使这种图变得非常复杂。例如一种金属，可以有不同的金属氧化态、羟基配合物、金属氢氧化物、金属碳酸盐、金属硫酸盐、金属硫化物等。

1）纯水的 pE-pH 图(图 2-11)

水氧化限度的边界条件是 1.0130×10^5 Pa 的氧分压，水还原限度的边界条件是 1.0130×10^5 Pa 的氢分压(此时 $p_{H_2} = 1$，$p_{O_2} = 1$)，

天然水中本身可能发生的氧化还原反应分别是：

水的还原限度(还原反应)：$H^+ + e \Longleftrightarrow \dfrac{1}{2}H_2$ 　　$pE^0 = 0.00$

$$pE = pE^0 - \lg\{(p_{H_2})^{1/2}/[H^+]\}$$

$$pE = -pH$$

水的氧化限度(氧化反应)：$\dfrac{1}{4}O_2 + H^+ + e \Longleftrightarrow \dfrac{1}{2}H_2O$ 　　$pE^0 = +20.75$

$$pE = pE^0 + \lg\{(p_{O_2})^{1/4}[H^+]\}$$

$$pE = 20.75 - pH$$

水的氧化限度以上的区域为 O_2 稳定区，还原限度以下的区域为 H_2 稳定区，在这两个限度之内的 H_2O 是稳定的，也是水质各化合态分布的区域。

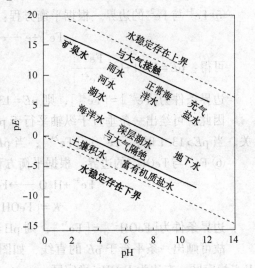

图 2-11　纯水的 pE-pH 图及

不同天然水的近似位置

2）pE-pH 图

以 Fe 为例，讨论如何绘制 pE-pH 图(图 2-12)。

绘制 pE-pH 图时，必须考虑几个边界情况。首先是水的氧化还原反应限定图中的区域边界。

假定溶液中溶解性铁的最大浓度为 1.0×10^{-7} mol/L，没有考虑 $Fe(OH)_2^+$ 及 $FeCO_3$ 等形态的生成，根据上面的讨论，Fe 的 pE-pH 图必须落在水的氧化还原限度内。下面将根据各组分间的平衡方程把 pE-pH 的边界逐一推导。

① $Fe(OH)_3(s)$ 和 $Fe(OH)_2(s)$ 的边界。$Fe(OH)_3(s)$ 和 $Fe(OH)_2(s)$ 的平衡方程为：

$$Fe(OH)_3(s) + H^+ + e \longrightarrow Fe(OH)_2(s) + H_2O \quad \lg K = 4.62$$

$K = \dfrac{1}{[H^+][e]}$，所以 $pE = 4.62 - pH$

以 pH 对 pE 作图可得图 2-12 中的斜线①，斜线上方为 $Fe(OH)_3(s)$ 稳定区。斜线下方为 $Fe(OH)_2(s)$ 稳定区。

② $Fe(OH)_2(s)$ 和 $FeOH^+$ 的边界。

根据平衡方程：$Fe(OH)_2(s) + H^+ \longrightarrow FeOH^+ + H_2O$　　$\lg K = 4.6$

可得这两种形态的边界条件：$pH = 4.6 - \lg[FeOH^+]$

将 $[FeOH^+] = 1.0 \times 10^{-7} mol/L$ 代入，得 $pH = 11.6$

故可绘出一条平行 pE 轴的直线，如图 2-12 中②所示，表明与 pE 无关。直线左边为 $FeOH^+$ 稳定区，直线右边为 $Fe(OH)_2(s)$ 稳定区。

③ $Fe(OH)_3(s)$ 与 Fe^{2+} 的边界。根据平衡方程：

$$Fe(OH)_3(s) + 3H^+ + e \longrightarrow Fe^{2+} + 3H_2O　　\lg K = 17.9$$

可得这二种形态的边界条件：$pE = 17.9 - 3pH - \lg[Fe^{2+}]$

将 $[Fe^{2+}]$ 以 $1.0 \times 10^{-7} mol/L$ 代入，得 $pE = 24.9 - 3pH$

得到一条斜率为 -3 的直线，如图 2-12 中③所示。斜线上方为 $Fe(OH)_3(s)$ 稳定区，斜线下方为 $Fe(OH)_2(s)$ 稳定区。

④ $Fe(OH)_3(s)$ 与 $FeOH^+$ 的边界。

根据平衡方程：$Fe(OH)_3(s) + 2H^+ + e \longrightarrow FeOH^+ + 2H_2O$　　$\lg K = 9.25$

将 $[FeOH^+]$ 以 $1.0 \times 10^{-7} mol/L$ 代入，得 $pE = 16.25 - 2pH$

得到一条斜率为 -2 的直线，如图 2-12 中④所示。斜线上方为 $Fe(OH)_3(s)$ 稳定区，下方为 $FeOH^+$ 稳定区。

⑤ Fe^{3+} 与 Fe^{2+} 的边界。根据平衡方程：

$$Fe^{3+} + e \longrightarrow Fe^{2+}　　\lg K = 13.1$$

可得：$pE = 13.1 + \lg \dfrac{[Fe^{3+}]}{[Fe^{2+}]}$

边界条件为 $[Fe^{3+}] = [Fe^{2+}]$，则 $pE = 13.1$

因此，可绘出一条垂直于纵轴平行于 pH 轴的直线，如图 2-12 中⑤所示。表明与 pH 无关。当 $pE > 13.1$ 时，$[Fe^{3+}] > [Fe^{2+}]$；当 $pE < 13.1$ 时，$[Fe^{3+}] < [Fe^{2+}]$。

⑥ Fe^{3+} 与 $FeOH^{2+}$ 的边界。根据平衡方程：

$$Fe^{3+} + H_2O \longrightarrow FeOH^{2+} + H^+　　\lg K = -2.4$$

$$K = [FeOH^{2+}][H^+]/[Fe^{3+}]$$

边界条件为 $[FeOH^{2+}] = [Fe^{3+}]$，则 $pH = 2.4$

故可画出一条平行于 pE 的直线，如图 2-12 中⑥所示。表明与 pE 无关，直线左边为 Fe^{3+} 稳定区，右边为 $FeOH^{2+}$ 稳定区。

⑦ Fe^{2+} 与 $FeOH^+$ 的边界。根据平衡方程：

$$Fe^{2+} + H_2O \longrightarrow FeOH^+ + H^+　　\lg K = -8.6$$

$$K = [FeOH^+][H^+]/[Fe^{2+}]$$

边界条件为 $[FeOH^+] = [Fe^{2+}]$，则 $pH = 8.6$

同样得到一条平行于 pE 的直线，如图 2-12 中⑦所示。直线左边为 Fe^{2+} 稳定区，右边

68

为 $FeOH^+$ 稳定区。

⑧ Fe^{2+} 与 $FeOH^{2+}$ 的边界。根据平衡方程:

$$Fe^{2+}+H_2O \longrightarrow FeOH^{2+}+H^++e \quad \lg K=-15.5$$

可得

$$pE=15.5+\lg\frac{[FeOH^{2+}]}{[Fe^{2+}]}-pH$$

边界条件为 $[FeOH^{2+}]=[Fe^{2+}]$，则 $pE=15.5-pH$

得到一条斜线，如图 2-12 中⑧所示。此斜线上方为 $FeOH^{2+}$ 稳定区，下方为 Fe^{2+} 稳定区。

⑨ $FeOH^{2+}$ 与 $Fe(OH)_3(s)$ 边界。根据平衡方程:

$$Fe(OH)_3(s)+2H^+ \longrightarrow FeOH^{2+}+2H_2O \quad \lg K=2.4$$

$$K=[FeOH^{2+}]/[H^+]^2$$

将 $[FeOH^{2+}]$ 以 $1.0\times10^{-7}mol/L$ 代入，得 pH=4.7

可得一平行于 pE 的直线，如图 2-12 中⑧所示。表明与 pE 无关。当 pH>4.7 时，$Fe(OH)_3(s)$ 将陆续析出。

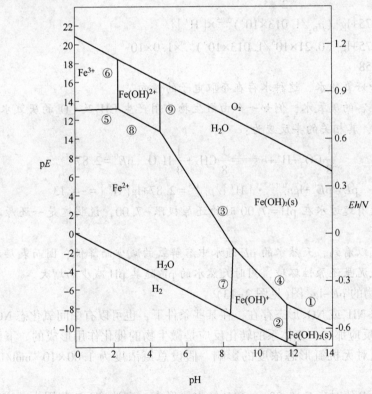

图 2-12　水中铁的 pE-pH 图(总可溶性铁浓度为 $1.0\times10^{-7}mol/L$)

可看出，当这个体系在一个相当高的 H^+ 活度及高的电子活度时(酸性还原介质)，Fe^{2+} 是主要形态(在大多数天然水体系中，由于 FeS 或 $FeCO_3$ 的沉淀作用，Fe^{2+} 的可溶性范围是很窄的)，在这种条件下一些地下水中含有相当水平的 Fe^{2+}；在很高的 H^+ 活度及低的电子活度时(酸性氧化介质)，Fe^{3+} 是主要的；在低酸度的氧化介质中，固体 $Fe(OH)_3(s)$ 是主要的存在形态，在碱性的还原介质中，具有低的 H^+ 活度及高的电子活度，固体的 $Fe(OH)_2$ 是稳定的。注意：在通常的水体 pH 范围内(约 5~9)，$Fe(OH)_3$ 或 Fe^{2+} 是主要的稳定形态。

知识链接：天然水的 pE 和决定电位

天然水中含有许多无机及有机氧化剂和还原剂。水中主要的氧化剂有溶解氧、$Fe(III)$、$Mn(IV)$ 和 $S(VI)$，发生化学反应后依次转变为 H_2O、$Fe(II)$、$Mn(II)$ 和 $S(-II)$。水中主要还原剂有种类繁多的有机化合物、$Fe(II)$、$Mn(II)$ 和 $S(-II)$，在还原物质的过程中，有机物的氧化产物是非常复杂的。

由于天然水是一个复杂的氧化还原混合体系，其 pE 应是介于其中各个单体系的电位之间，而且接近于含量较高的单体系的电位。若某个单体系的含量比其他体系高得多，则此时该单体系电位几乎等于混合复杂体系的 pE，称之为"决定电位"。在一般天然水环境中，溶解氧是"决定电位"物质，而在有机物累积的厌氧环境中，有机物是"决定电位"物质，介于二者之间者，则其"决定电位"为溶解氧体系和有机物体系的结合。

从这个概念出发，可以计算天然水中的 pE。若水中 $p_{O_2} = 0.21 \times 10^5 Pa$，以 $[H^+] = 1.0 \times 10^{-7} mol/L$ 代入 $\frac{1}{4}O_2 + H^+ + e \Longleftrightarrow \frac{1}{2}H_2O$ $pE^0 = +20.75$，

则：$pE = 20.75 + \lg\{(p_{O_2}/1.013 \times 10^5)^{0.25} \times [H^+]\}$

$\qquad = 20.75 + \lg[(0.21 \times 10^5/1.013 \times 10^5)^{1/4} \times 1.0 \times 10^{-7}]$

$\qquad = 13.58$

说明这是一种好氧的水，这种水存在夺取电子的倾向。

若是有机物丰富的厌氧水，例如一个由微生物作用产生 CH_4 及 CO_2 的厌氧水，假定 $p_{CO_2} = p_{CH_4}$ 和 $pH = 7.00$，其相关的半反应为：

$$\frac{1}{8}CO_2 + H^+ + e \Longleftrightarrow \frac{1}{8}CH_4 + \frac{1}{4}H_2O \quad pE^0 = 2.87$$

$$pE = pE^0 + \lg p_{CO_2}^{0.125} \cdot [H^+]/p_{CH_4}^{0.125} = 2.87 + \lg[H^+] = -4.13$$

这个数值并没有超过水在 $pH = 7.00$ 时的还原极限 -7.00，说明这是一还原环境，有提供电子的倾向。

从上面计算可以看到，天然水的 pE 随水中溶解氧的减少而降低，因而表层水呈氧化性环境，深层水及底泥呈还原性环境，同时天然水的 pE 随其 pH 减少而增大。

3) 无机氮化物的 $pE-\lg c$ 图（见图 2-13）

水中氮主要以 NH_4^+ 或 NO_3^- 形态存在，在某些条件下，也可以有中间氧化态 NO_2^-。像许多水中的氧化-还原反应那样，氮体系的转化反应是微生物的催化作用形成的。下面讨论中性天然水的 pE 变化对无机氮形态浓度的影响。假设总氮浓度为 $1.00 \times 10^{-4} mol/L$，水体 $pH = 7.00$。

① 在较低的 pE 值时（$pE < 5.82$），NH_4^+ 是主要形态。在这个 pE 范围内，NH_4^+ 的浓度对数则可表示为：$\lg[NH_4^+] = -4.00$

$\lg[NO_2^-]-pE$ 的关系可以根据含有 NO_2^- 及 NH_4^+ 的半反应求得：

$$\frac{1}{6}NO_2^- + \frac{4}{3}H^+ + e \Longleftrightarrow \frac{1}{6}NH_4^+ + \frac{1}{3}H_2O \qquad pE^0 = 15.14$$

在 $pH = 7.00$ 时就可表达为：$pE = 5.82 + \lg\dfrac{[NO_2^-]^{\frac{1}{6}}}{[NH_4^+]^{\frac{1}{6}}}$

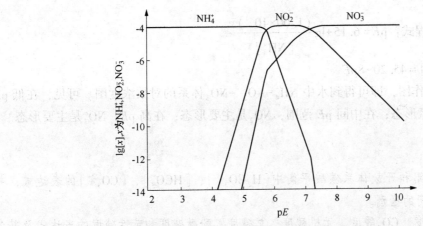

图 2-13　水中 NH_4^+-NO_2^--NO_3^-体系的浓度对数图

(pH = 7.00,总氮浓度 = 1.00×10^{-4} mol/L)(S. E. Manahan,1984)

以$[NH_4^+] = 1.00 \times 10^{-4}$代入,就可得到$\lg[NO_2^-]$与 p$E$ 相关方程式:

$$\lg[NO_2^-] = -38.92 + 6pE$$

在 NH_4^+是主要形态并浓度为 1.00×10^{-4} mol/L 时,$\lg[NO_3^-]$ 与 pE 的关系为:

$$\frac{1}{8}NO_3^- + \frac{5}{4}H^+ + e \Longrightarrow \frac{1}{8}NH_4^+ + \frac{3}{8}H_2O \qquad pE^0 = 14.90$$

$$pE = 6.15 + \lg \frac{[NO_3^-]^{\frac{1}{8}}}{[NH_4^+]^{\frac{1}{8}}} \qquad (在 pH = 7.00)$$

$$\lg[NO_3^-] = -53.20 + 8pE$$

② 在一个狭窄的 pE 范围内,pE = 6.5(6.15~7.15)左右,NO_2^-是主要形态。

在这个 pE 范围内,NO_2^-的浓度对数根据方程给出:$\lg[NO_2^-] = -4.00$

用$[NO_2^-] = 1.00 \times 10^{-4}$代入式$\left(\frac{1}{6}NO_2^- + \frac{4}{3}H^+ + e \Longrightarrow \frac{1}{6}NH_4^+ + \frac{1}{3}H_2O \qquad pE^0 = 15.14\right)$中,

得到:$pE = 5.82 + \lg \dfrac{(1.00 \times 10^{-4})^{\frac{1}{6}}}{[NH_4^+]^{\frac{1}{6}}}$,因此 $\lg[NH_4^+] = 30.92 - 6pE$

在 NO_2^-占优势的范围内,$\lg[NO_3^-]$ 的方程式可从下面的处理中得到:

$$\frac{1}{2}NO_3^- + H^+ + e \Longrightarrow \frac{1}{2}NO_2^- + \frac{1}{2}H_2O \qquad pE^0 = 14.15$$

$$\lg[NO_3^-] = -18.30 + 2pE \qquad (当[NO_2^-] = 1.00 \times 10^{-4} \text{mol/L 时})$$

③ 当 pE>7.15,溶液中氮的形态主要为 NO_3^-,此时:$\lg[NO_3^-] = -4.00$

$\lg[NO_2^-]$ 的方程式也可在 pE > 7.15 时获得,将 $[NO_3^-] = 1.00 \times 10^{-4}$ mol/L 代入

$\left(\dfrac{1}{6}NO_2^- + \dfrac{4}{3}H^+ + e \Longrightarrow \dfrac{1}{6}NH_4^+ + \dfrac{1}{3}H_2O \qquad pE^0 = 15.14\right)$,得:

$$pE = 7.15 + \lg \frac{(1.00 \times 10^{-4})^{\frac{1}{2}}}{[NO_2^-]^{\frac{1}{2}}}$$,因此,$\lg[NO_2^-] = 10.30 - 2pE$

依次类似,代入式$\left(\dfrac{1}{8}NO_3^- + \dfrac{5}{4}H^+ + e \Longrightarrow \dfrac{1}{8}NH_4^+ + \dfrac{3}{8}H_2O \qquad pE^0 = 14.90\right)$给出在 NO_3^-占优

势的 $\lg[NH_4^+]$ 的方程式：$pE = 6.15 + \lg\dfrac{(1.00\times10^{-4})^{\frac{1}{8}}}{[NH_4^+]^{\frac{1}{8}}}$

因此：$\lg[NH_4^+] = 45.20 - 8pE$

以 pE 对 $\lg[x]$ 作图，即可得到水中 $NH_4^+ - NO_2^- - NO_3^-$ 体系的对数浓度图。可见，在低 pE 范围，NH_4^+ 是主要氮形态；在中间 pE 范围，NO_2^- 是主要形态；在高 pE，NO_3^- 是主要形态。

习题

1. 请推导出封闭和开放体系碳酸平衡中 $[H_2CO_3^{\ *}]$、$[HCO_3^-]$、$[CO_3^{2-}]$ 的表达式，并讨论这两个体系之间的区别。

2. 请导出总酸度、CO_2 酸度、无机酸度、总碱度、酚酞碱度和苛性碱度的表达式及其各种形态作为总碳酸量和分布系数 (α) 的函数。

3. 向某一个含有碳酸的水体中加入重碳酸盐，问总酸度、总碱度、无机酸度、酚酞碱度和 CO_2 酸度是增加、减少还是不变？

4. 在一个 pH 为 6.5，碱度为 1.6mmol/L 的水体中，若加入碳酸钠使其碱化，问每升中需要加入多少的碳酸钠才能使水体 pH 上升至 8.0。若用 NaOH 强碱进行碱化，每升水中需要加多少碱？（1.07mmol/L，1.08mmol/L）

5. 具有 2.00×10^{-3} mol/L 碱度的水，pH 为 7.00，请计算 $[H_2CO_3^{\ *}]$、$[HCO_3^-]$、$[CO_3^{2-}]$ 和 $[OH^-]$ 的浓度各是多少？

（$[H_2CO_3^{\ *}] = 4.49\times10^{-4}$ mol/L；$[HCO_3^-] = 2.00\times10^{-3}$ mol/L；$[CO_3^{2-}] = 9.38\times10^{-7}$ mol/L；$[OH^-] = 1.00\times10^{-7}$ mol/L）

6. 若有水 A，pH 值为 7.5，其碱度为 6.38mmol/L，水 B 的 pH 为 9.0，碱度为 0.80mmol/L，若以等体积混合，混合后的 pH 为多少？（pH=7.58）

7. 为防止发生固体 $Fe(OH)_3$ 沉淀作用所需的最小 $[H^+]$，在 1L 水中溶解 1.00×10^{-4} mol/L 的 $Fe(NO_3)_3$。假定溶液中仅形成 $Fe(OH)_2^+$ 和 $Fe(OH)^{2+}$ 而没有形成 $Fe_2(OH)_2^{4+}$。请计算平衡时该溶液中 $[Fe^{3+}]$、$[Fe(OH)^{2+}]$、$[H^+]$ 和 pH。

（$[Fe^{3+}] = 6.24\times10^{-5}$ mol/L；$[Fe(OH)^{2+}] = 2.29\times10^{-5}$ mol/L；$[Fe(OH)_2^+] = 8.47\times10^{-6}$ mol/L；pH=2.72）

第三章　大气环境化学

第一节　大气层的结构和性质

一、大气的组成及垂直结构

1. 大气的组成

大气层是地球引力吸引覆盖于地球表面并随地球旋转的空气层，其厚度一般认为有 1000~4400km，超过这一高度，气体极稀薄。地球大气的质量约为 $5.14×10^{15}t$，占地球总质量的百万分之一左右。受地球引力的作用，大气质量在垂直方向上的分布极不均匀，50%的质量集中在距地球表面 5km 以下的空间，75%集中在 10km 以下的空间，95%分布在 30km 以下的空间范围内。随着距地球表面距离的增加，大气变得稀薄，其密度近似地呈对数降低。

大气的主要成分包括：N_2(78.08%)、O_2(20.95%)、Ar(0.943%)和 CO_2(0.0314%)，这里的百分比为体积百分比。几种惰性气体 He($5.24×10^{-4}$)、Ne($1.81×10^{-3}$)、Ke($1.14×10^{-4}$)和 Xe($8.7×10^{-6}$)的含量相对来说也是比较高的。上述气体约占空气总量的 99.9%以上。除此之外，大气中还包括很多痕量组分，如 H_2($5×10^{-5}$)、CH_4($2×10^{-4}$)、CO($1×10^{-5}$)、SO_2($2×10^{-7}$)、NH_3($6×10^{-7}$)、N_2O($2.5×10^{-5}$)、NO_2($2×10^{-6}$)、O_3($4×10^{-6}$)等。水在大气中的含量是一个可变化的数值，在不同的时间、不同的地点以及不同的气候条件下，水的含量也是不一样的，其数值一般在 1%~3%范围内发生变化。大气中水汽含量垂直分布，总的规律是近地表层高于高空层，在 5km 高度处水汽的含量仅为地表含量的 10%左右。大气中固体和液体杂质的密度大约为 $10~100mg/m^3$，固体杂质多集中在近地大气层中。

2. 大气组分的停留时间

大气中的任何一种组分在大气中都不是静止不动的。它可以通过某一种方式进入大气层，也可以通过某一种方式离开大气层。但是，在相当长的一段时间内，大气组分的含量是基本上维持不变的，因此可以将大气看成是一种稳态体系，认为大气中的组分处于动态平衡之中，即每一种组分生成和消除的速率相等。这样，把某种组分在大气中存在的平均时间称为这种组分的平均停留时间，也称为停留时间(τ)。

假定大气中某种物质的总量是 M，那么其速率变化可表示为

$$\frac{dM}{dt}=P+I-R-O \tag{3-1}$$

式中　P——该物质的总质量生成速率；

　　　I——该物质的总质量流入速率；

　　　R——该物质的总质量去除速率；

　　　O——该物质的总质量流出速率。

则总的输入速率=$P+I$；总的输出速率=$R+O$。

当大气处于稳态条件下，即

$$\frac{\mathrm{d}M}{\mathrm{d}t}=0 \tag{3-2}$$

即总输入速率与总输出速率相等，代入式（3-1），得

$$P+I = R +O \tag{3-3}$$

则该物质在大气中的平均停留时间 τ 为

$$\tau=\frac{M}{P+I}=\frac{M}{R+O} \tag{3-4}$$

【例 3-1】含硫化合物在对流层的平均质量分数是 1×10^{-9}；对流层空气总质量为 4×10^{21} g。而硫的天然来源和人为来源的总贡献约为 $200\times10^{6}\mathrm{t}\cdot\mathrm{a}^{-1}$，求含硫化合物在对流层中的平均停留时间。

解：对硫来说其总质量 $M=4\times10^{21}\mathrm{g}\times10^{-9}=4\times10^{6}\mathrm{t}$

则

$$\tau=\frac{4\times10^{6}\mathrm{t}}{200\times10^{6}\mathrm{t}\cdot\mathrm{a}^{-1}}=0.02\mathrm{a}\approx7\mathrm{d}$$

【例 3-2】CH_4 在地球大气中的总量为 2.25×10^{14} mol，在低层大气中的质量分数为 1.5×10^{-6}，假设全球均一，且不随时间改变。已知其输入速率约为 $9\times10^{13}\mathrm{mol}\cdot\mathrm{a}^{-1}$。求 CH_4 在大气中的平均停留时间。

解：由题得

$$\tau=\frac{2.25\times10^{14}\mathrm{mol}}{9\times10^{13}\mathrm{mol}\cdot\mathrm{a}^{-1}}=2.5\mathrm{a}$$

根据理论估算，大气组分在半球范围内混合均匀需要 1~2 个月，在全球范围内混合均匀需要 1~2 年。所以只要某种组分的停留时间大于 1~2 年，则风就足以使其在全球范围内混合均匀。从上述 2 个例子来看，CH_4 停留时间约 2.5 年，可以认为在对流层是混合均匀的，而含硫化合物在对流层的混合则是不均匀的。

3. 大气层的垂直结构

由于地球旋转作用以及距地面不同高度的各层次大气对太阳辐射吸收程度的差异，使得描述大气状态的温度、密度等气象要素在垂直方向上呈不均匀的分布。人们通常把静大气的温度和密度在垂直方向上的分布，称为大气温度层结和大气密度层结。根据大气的温度层结、密度层结和运动规律，可将大气划分为对流层、平流层、中间层、热层和逸散层 5 个层次，如图 3-1 所示。

1) 对流层

对流层是大气的最低层，其厚度随纬度和季节而变化。在赤道附近为 16~18km；在中纬度地区为 10~12km，两极附近为 8~9km。夏季较厚，冬季较薄。原因在于热带的对流程度比寒带要强烈。对流层最显著的特点就是气温随着海拔高度的增加而降低，大约每上升 100m，温度降低 0.6℃。这是由于地球表面从太阳吸收了能量，然后又以红外长波辐射的形式向大气散发热量，因此使地球表面附近的空气温度升高；贴近地面的空气吸收热量后会发生膨胀而上升，上面的冷空气则会下降，故在垂直方向上形成强烈的对流，对流层也正是因此而得名。对流层空气的对流运动的强弱主要随着地理位置和季节发生变化，一般低纬度较

强，高纬度较弱，夏季较强，冬季较弱。对流层的另一个特点是密度大，大气总质量的 3/4 以上集中在对流层，尤其是水汽几乎全部集中在对流层，再加上大气的运动，使风、雨、雷、电和冷暖交替等复杂的天气现象都发生在对流层中。另外，由于污染源排放的污染物几乎都直接进入对流层，因此，人类活动对大气的影响作用以及污染物的迁移、转化过程也主要发生在对流层。在对流层中，根据受地表各种活动影响程度的大小，还可以将对流层分为两层。海拔低于 1~2km 的大气叫做摩擦层，或边界层，亦称低层大气。这一层受地表的机械作用和热力作用影响强烈，一般排放进入大气的污染物绝大部分会停留在这一层。海拔高度在 1~2km 以上的对流层大气，受地表活动影响较小，叫做自由大气层。自然界主要的天气过程如雨、雪、雹的形成均出现在此层。

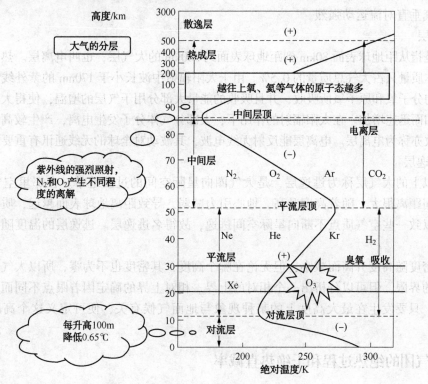

图 3-1　大气温度的垂直结构

2）平流层

平流层是对流层顶以上距地面大约在 17~50km 之间的一层。该层气体的状态非常稳定。在 25km 以下的低层，随高度的增加气温几乎保持不变，所以也叫等温层。从 25km 开始，气温随高度的增加而升高，到平流层顶，温度可接近 273.15K，所以也称为逆温层。

平流层具有以下特点：

（1）空气没有对流运动，平流运动占显著优势。

（2）空气比对流层稀薄得多，水汽、尘埃的含量甚微，很少出现天气现象。

（3）在 10~35km 高度范围内存在一臭氧层，其含量在 20~25km 处达到最大。由于臭氧层能强烈地吸收太阳紫外辐射而分解为氧原子和氧分子，当它们又重新化合为臭氧分子时，便可释放出大量的热能，致使平流层上部的大气温度明显地上升。

在平流层内，由于上热下冷，导致上部气体的密度比下部气体的密度小，空气垂直对流运动很小，只能随地球自转而产生平流运动，没有对流层中那种云、雨、风暴等天气现象，因此进入平流层中的污染物，会因此形成一薄层，使污染物遍布全球。同时污染物在平流层中扩散速度较慢，停留时间较长，有的可达数十年。此外，由于平流层中大气透明度好，气流稳定，现代超高速飞机多在平流层底部飞行，既平稳又安全。然而飞机排放出来的废物可破坏臭氧层，因而成了人们关注的全球性问题。

3）中间层

距地球表面 50~85km 这一区域称为大气的中间层。中间层内水汽极少，几乎没有云层出现。平流层和中间层的大气质量共占大气总质量的 1/5。中间层气温随高度的升高而降低，这是因为没有臭氧吸收紫外线的作用，来自太阳辐射的大量紫外线穿过这一层大气未被吸收，同时氮气和氧气能吸收的短波辐射又大部分被上层的大气吸收了。由于下层气温比上层高，空气垂直对流运动强烈。

4）热层

热层是指从距地球表面 80km 到距地球表面约 500km 的大气层，也叫电离层。热层空气密度小，气体质量只占大气总质量的 0.5%。由于太阳辐射中波长小于 170nm 的紫外线几乎全部被该层中的分子氧和原子氧所吸收，并且吸收的能量大部分用于气层的增温，使得大气温度随高度的增加而迅速增加。在太阳辐射的作用下，大部分气体分子发生电离，产生较高密度的带电粒子，故亦称为电离层。电离层能反射无线电波，其波动对全球的无线通讯有重要影响。

5）逃逸层

热层以上的大气层称为逃逸层，是大气圈向星际空间的过渡地带。在那里空气极为稀薄，质点间距离很大。随着高度升高，地心引力减弱，导致距离地球表面越远，质点运动速度越快，以致一些空气质点不断向星际空间逃逸，故得名逃逸层。逃逸层的温度随高度升高略有增加。

大气密度随高度升高而减小，但无论在哪个高度，其密度也不为零，所以大气与星际空间无绝对的界限，但可以分析出一个相对的上界。相对上界的确定因着眼点不同而异，气象学家认为，只要发生在最大高度上的某种现象与地面气候有关，便可定义这个高度为大气上界。

二、气团的绝热过程和干绝热直减率

1. 气团运动的绝热过程

在大气中取一个微小容积的气块，称为空气微团，简称气团。假设它与周围的环境间没有发生热量交换，那么它的状态变化过程就可以认为是绝热过程。由污染源排入大气的污染气体，也可视为一个气块来研究。

固定质量的气块所经历的不发生水相变化的过程，通常称为干过程。不发生水相变化，即指气块内部既不出现液态水又不出现固态水。固定质量的气块在干过程中其内部的总质量不变，它也是一个绝热过程，因而也称为干绝热过程，这是一种可逆的绝热过程。干气块在绝热上升过程中，由于外界压力减小而膨胀，就要抵抗外界压强而做功，这个功只能依靠消耗本身的内能来完成，因而气块温度降低。相反，当这干空气从高处绝热下降时，由于外界压强增大，就要对其压缩而做功，这个功便转化为这块空气的内能，因而气块温度升高。

当气团在水平方向运动或停留在某地时，气团内外压力变化很小，但是受附近地表的增热和冷却影响较大，即气团温度的改变主要靠热传递过程，是非绝热过程。

当气团作垂直升降运动时，虽然也和外界进行热交换，但是空气的导热系数较小，垂直

76

方向各层经历的时间短，而气团在垂直方向的气压变化却比较大，因而气团温度的变化主要由气团的膨胀和压缩做功引起，直接热交换量甚小，即近似可视为绝热过程。

当污染源排放的污染物刚进入大气环境的时候，可视为一个绝热过程。

2. 气团运动的绝热方程

根据热力学第一定律：

$$dQ = dU + dW \tag{3-5}$$

式中　Q——外界加于体系的热量；

U——体系内能变化；

W——体系对外做功。

绝热过程中：外界加于体系的热量 $dQ=0$；体系对外做功 $dW=pdV$（体系膨胀或压缩）；体系内能变化 $dU=nC_V dT$（C_V：定容摩尔热容）。

所以　　　　　　　　　$pdV = -nC_V dT \tag{3-6}$

又由于 $pV=nRT$，取全微分得到： $pdV+Vdp=nRdT \tag{3-7}$

由式(3-6)和式(3-7)可得：

$$nRdT - Vdp = pdV = -nC_V dT \tag{3-8}$$

即：

$$nRdT - \frac{nRT}{p}dp = -nC_V dT$$

$$nRdT + nC_V dT = \frac{nRT}{p}dp$$

$$RdT + C_V dT = \frac{RT}{p}dp$$

$$(R+C_V)\frac{dT}{T} = R\frac{dp}{p} \tag{3-9}$$

根据迈耶定律：　　　$R+C_V = C_p$（C_p：定压摩尔比热容）$\tag{3-10}$

$$C_p \frac{dT}{T} = R\frac{dp}{p} \tag{3-11}$$

$$\int_{T_1}^{T_2} \frac{dT}{T} = \frac{R}{C_p} \int_{p_1}^{p_2} \frac{dp}{p}$$

$$\ln\left(\frac{T_2}{T_1}\right) = \frac{R}{C_p}\ln\left(\frac{p_2}{p_1}\right)$$

$$\frac{T_2}{T_1} = \left(\frac{p_2}{p_1}\right)^{\frac{R}{C_p}} \tag{3-12}$$

对于空气 $R=287 \text{J}/(\text{mol} \cdot \text{K})$　$C_p = 996.5 \text{J}/(\text{mol} \cdot \text{K})$

所以　　　　　　　　　$\frac{T_2}{T_1} = \left(\frac{p_2}{p_1}\right)^{0.286} \tag{3-13}$

此方程也称泊松方程。

3. 干绝热递减率和气温垂直递减率

气团干绝热升高或降低单位距离时，温度降低或升高的数值，称为干绝热递减率，$\gamma_d = -\left(\frac{dT}{dz}\right)_d = 0.98 \text{K}/100\text{m}$，通常取 $1\text{K}/100\text{m}$。

因为 $\dfrac{\mathrm{d}T}{T} = \dfrac{R}{C_p} \cdot \dfrac{\mathrm{d}p}{p}$（干绝热方程）

所以
$$\gamma_d = -\left(\frac{\mathrm{d}T}{\mathrm{d}z}\right)_d = -\left(\frac{RT}{C_p} \cdot \frac{\mathrm{d}p}{p} \cdot \frac{1}{\mathrm{d}z}\right)_d = -\left(\frac{RT}{C_p} \cdot \frac{1}{p} \cdot \frac{\mathrm{d}p}{\mathrm{d}z}\right)_d$$

又因为 $\dfrac{\mathrm{d}p}{\mathrm{d}z} = -\rho g$

所以
$$\gamma_d = \left(\frac{RT}{C_p} \cdot \frac{1}{p} \cdot \rho g\right)_d = \left(\frac{\rho RT}{p} \cdot \frac{g}{C_p}\right)_d$$

又由于 $p = \rho RT$，所以
$$\gamma_d = \frac{g}{C_p} = \frac{9.8\mathrm{ms}^{-2}}{996.5\mathrm{Jkg}^{-1}\mathrm{K}^{-1}} = \frac{9.8\mathrm{ms}^{-2}}{996.5\mathrm{Nmkg}^{-1}\mathrm{K}^{-1}} = \frac{9.8\mathrm{ms}^{-2}}{996.5\mathrm{kgms}^{-2}\mathrm{mkg}^{-1}\mathrm{K}^{-1}} \tag{3-14}$$
$$= 0.98\mathrm{K}/100\mathrm{m}$$

气温垂直递减率指气温随高度的变化，简称气温直减率。它系指单位高度（通常取100m）气温的变化值。若气温随高度增加是递减的，γ 为正值，反之 γ 为负值。

4. 大气稳定度

大气稳定度是指大气中某一高度上的气块在垂直方向上相对稳定的程度。根据大气垂直递减率（γ）和干绝热递减率（γ_d）的对比关系，可以确定大气稳定度。稳定：气团离开原来位置后有回归的趋势（$\gamma < \gamma_d$）；不稳定：气团离开原来位置后有继续离开的趋势（$\gamma > \gamma_d$）；中性：介于上述两种情况之间（$\gamma = \gamma_d$）。其中 γ_d 基本为不变常数 0.98K/100m，γ 则可能变化很大。

当 $\gamma < \gamma_d$，气团离开原来位置上升到某一高度时，由于 $\gamma < \gamma_d$，所以气团内降温（速率为 γ_d）要比气团外降温（速率为 γ）幅度大，相同起始温度情况下，气团内温度会比气团外温度低，所以气团有回归趋势。当 $\gamma > \gamma_d$，气团离开原来位置上升到某一高度时，由于 $\gamma > \gamma_d$，所以气团内降温（速率为 γ_d）要比气团外降温（速率为 γ）幅度小，相同起始温度情况下，气团内温度会比气团外温度高，所以气团有继续移动离开趋势。

三、逆温现象

气温的垂直温度递减率越大，则大气就越不稳定，一般大气层越稳定，则越不利于污染物的扩散。

而逆温则使大气的温度变化逆转，随着高度升高，温度也升高（$\gamma < 0$），即大气的温度变化发生逆转，简称逆温。逆温的形成会使大气的状态更为稳定，更加明显地不利于污染物的扩散，所以逆温成为大气污染气象学中的重要研究内容。

以下讲述几种常见典型逆温的形成。

1. 辐射逆温

地面辐射出大量的热量后，温度过度降低。晴朗无云，无风夜晚，没有云层阻挡，地面辐射丧失大量能量，温度降低过多，易于形成辐射逆温。

若风速在 2~3m/s，辐射逆温不易形成，若风速大于 6m/s，则可完全阻止辐射逆温的形成，这是由于风带来气流运动，使外界较暖气团运动过来后补充了当地地面辐射的热量损失。

2. 下沉逆温

下沉压缩增温效应引起，一般上升降温，下沉增温；气团下沉过程中，由于受到压缩，

顶部下降距离大，增温多，底部下降距离相对小，增温少，因此形成顶部温度高，底部温度低的气团。

3. 湍流逆温

低层空气湍流混合而上层空气未混合情况下发生的高空逆温。在下部湍流层，气团上升过程中，温度按干绝热递减率变化，上升到一定高度后，其温度低于周围环境温度，因而不再继续上升，而有返回趋势，形成湍流，这样下部湍流层的温度会低于上部未湍流层低部的温度，从而形成高空湍流逆温。

4. 平流逆温

暖气团平流运动到冷地面或水面上，会发生接触面的冷却降温作用，越近地面或水面的部分，气温越低，这样就形成逆温。

第二节　大气中的化学反应

一、大气中的光化学反应

光化学反应是原子、分子、自由基或离子吸收光子引起的化学变化。对流层大气中进行的化学反应往往是由穿过平流层的太阳辐射所产生的光化学反应为原动力的。大气光化学是大气化学反应的基础。

1. 光化学基本定律

光化学第一定律又称 Grotthus Drapper 定律（1817 年），即只有被体系内分子吸收的光，才能有效地引起该体系的分子发生光化学反应。这一定律虽然是定性的，但却是近代光化学的重要基础。例如，理论上只需 184.5kJ/mol 的能量就可以使 H_2O 分解，这个能量相当于波长为 420nm 的光量子的能量。但是通常情况下 H_2O 并不被光解，因为 H_2O 不吸收波长为 420nm 的光，H_2O 的最大吸收在波长为 5000~8000nm 和波长大于 20000nm 两个频段，可见光和近紫外光都不能使 H_2O 分解。

按照光化学第一定律，当激发态分子的能量足够使分子内最弱的化学键断裂时，才能引起化学反应，即光化学反应中，旧键的断裂和新键的生成都与光量子的能量有关。

1905 年 Einstein 提出了光化学第二定律。光化学第二定律指出，在光化学的初级过程中，被活化的分子数（或原子数）等于吸收的光量子数，也就是说，分子对光的吸收是单光子过程，即光化学的初级过程是由分子吸收光子开始的。光化学第二定律又称为 Einstein 光化学当量定律。此定律对激光化学不适用（即在强光，如激光，照射下，一个分子可能吸收多个光子，不符合光化学第二定律）。

根据光能量关系，一个光量子的能量 E 为：

$$E = h\nu = h\frac{c}{\lambda}$$

式中　h——普朗克常数（6.626×10^{-34} J·s/光量子）；

　　　c——光速（2.9980×10^{8} m/s）；

　　　λ——波长，Å（1 Å $= 10^{-10}$ m）。

按照 Einstein 光化学当量定律，活化 1mol 分子就需要吸收 1mol 光量子，其总能量为：

$$E = N_0 h\nu = N_0 h \frac{c}{\lambda}$$

式中 N_0——阿伏伽德罗常数，$6.023 \times 10^{23}/\text{mol}$。

根据 Einstein 公式，1mol 分子吸收的总能量为：

$$E = N_0 h\nu = N_0 h \frac{c}{\lambda} = \frac{1.196 \times 10^{-1} \text{J} \cdot \text{m}}{\lambda}$$

表 3-1 列出了不同波长的光的能量。若 λ 为 400nm，则 E 为 299.1kJ/mol；若 λ 为 700nm，则 E 为 170.9 kJ/mol。由于一般的化学键的键能大于 167.4kJ/mol，所以波长 λ 大于 700nm 的光量子不能引起光化学反应(激光等特强光源例外)。

表 3-1 不同波长的光的能量

波长/nm	能量/（kJ/mol）	区域范围	波长/nm	能量/（kJ/mol）	区域范围
100	1196	紫外光	700	170.9	可见光
200	598.2	紫外光	1000	119.6	红外光
300	398.8	紫外光	2000	59.8	红外光
400	299.1	可见光	5000	23.9	红外光
500	239.3	可见光	10000	11.9	红外光

2. 光化学反应的初级过程和次级过程

原子、分子、自由基或离子吸收光子引起的化学反应称为光化学反应。物质吸收光量子后可以发生光化学反应的初级过程和次级过程。

初级过程是指化学物种(分子、原子等)吸收光量子形成激发态，其基本步骤为

$$A + h\nu \longrightarrow A^* \tag{3-15}$$

式中，A^* 为物质 A 的激发态。随后，激发态 A^* 可能发生如下的变化：

辐射跃迁：
$$A^* \longrightarrow A + h\nu \tag{3-16}$$

碰撞去活化：
$$A^* + M \longrightarrow A + M \tag{3-17}$$

光离解：
$$A^* \longrightarrow B_1 + B_2 + \cdots \tag{3-18}$$

与其他分子反应：
$$A^* + C \longrightarrow D_1 + D_2 + \cdots \tag{3-19}$$

其中，式(3-16)、式(3-17)为光物理过程，式(3-18)、式(3-19)为光化学过程。就环境化学而言，光化学过程，对于描述大气污染物在光作用下的转化规律具有更为重要的意义。

初级过程中的反应物、生成物之间进一步发生的反应称为次级过程，次级过程往往是热反应。例如，大气中氯化氢的光化学反应过程为：

初级过程：
$$HCl + h\nu \longrightarrow H \cdot + Cl \cdot$$

次级过程：
$$H \cdot + HCl \longrightarrow H_2 + Cl \cdot$$

次级过程：
$$Cl \cdot + Cl \cdot \xrightarrow{M} Cl_2$$

HCl 分子在光作用下，发生化学键的断裂，裂解时，成键的一对电子平均分给氯和氢两个原子，使氯和氢各带有一个成单电子，这种带有成单电子的原子称为自由基，由相应的原子加上单电子"·"表示。自由基是电中性的，自由基因有成单电子而非常活泼，能迅速夺去其他分子中的成键电子而游离出新的自由基，或与其他自由基结合而形成较稳定的分子。

3. 大气中重要的光化学反应

由于高层大气中的氧和臭氧有效地吸收了绝大部分 $\lambda < 290nm$ 的紫外辐射，因此，实际上已经没有 $\lambda < 290nm$ 的太阳辐射到达对流层。从大气环境化学的观点出发，研究对象应是可以吸收波长 λ 为 $300 \sim 700nm$ 辐射光的物质。迄今为止，已经知道的较重要的吸收光辐射后可以光解的污染物有 NO_2、O_3、$HONO$、H_2O_2、$RONO_2$、$RONO$、$RCHO$、$RCOR'$等。

1）氧分子的光解离

氧分子的键能为 $493.8kJ/mol$。氧分子一般可以在波长为 $240nm$ 以下的紫外光照射下发生光解离：

$$O_2 + h\nu \longrightarrow O \cdot + O \cdot$$

2）臭氧的光离解

臭氧的键能为 $101.2kJ/mol$。在低于 $1000km$ 的大气中，由于气体分子密度比高空大得多，三个粒子的碰撞几率较大，O_2 光解产生的 $O \cdot$ 可与 O_2 发生反应：

$$O \cdot + O_2 + M \longrightarrow O_3 + M$$

反应中，M 是第三种物质。这个反应是平流层中 O_3 的主要来源，也是消除 $O \cdot$ 的主要过程。它不仅吸收了来自太阳的紫外线、保护了地面生物，同时也是上层大气能量的一个储存仓库。

O_3 的离解能比较低，吸收 $240nm$ 以下的紫外光后会发生离解反应：

$$O_3 + h\nu \longrightarrow O \cdot + O_2$$

当波长大于 $290nm$ 时，O_3 对光的吸收就相当弱，O_3 可以吸收来自太阳的较短波长的紫外光，较长波长的紫外光则有可能透过臭氧层进入大气的对流层乃至到达地面。

3）二氧化氮的光离解

NO_2 的键能为 $300.5kJ/mol$。在大气中二氧化氮可以参加许多光化学反应，是城市大气中重要的吸光物质。在低层大气中可以吸收太阳的紫外光和部分可见光。

二氧化氮分子吸收小于 $420nm$ 波长以下的光可以发生光解离，其初级过程为：

$$NO_2 + h\nu \longrightarrow O \cdot + NO$$

次级过程为：

$$O \cdot + O_2 + M \longrightarrow O_3 + M$$

4）亚硝酸和硝酸的光离解

亚硝酸 HO—NO 间的键能为 $201.1kJ/mol$，H—ONO 间的键能为 $324.0kJ/mol$。亚硝酸对 $200 \sim 400nm$ 波长的光有吸收，吸收后可以发生光解离，其初级过程为：

$$HNO_2 + h\nu \longrightarrow HO \cdot + NO$$

或

$$HNO_2 + h\nu \longrightarrow H \cdot + NO_2$$

次级过程为

$$HO \cdot + NO \longrightarrow HNO_2$$

$$HNO_2 + HO \cdot \longrightarrow H_2O + NO_2$$

$$NO_2 + HO \cdot \longrightarrow HNO_3$$

由于亚硝酸可以吸收波长 $290nm$ 以上的光而离解，因而，亚硝酸的光离解可能是大气中 $HO \cdot$ 自由基的重要来源之一。

硝酸 HO—NO_2 间的键能为 $199.4kJ/mol$，硝酸吸收 $120 \sim 335nm$ 光后发生光解离的过程为：

$$HNO_3 + h\nu \longrightarrow HO\cdot + NO_2$$

二、大气中自由基的测量

1. 大气中 OH 自由基浓度的测量

1）激光诱导荧光（LIF）光谱

LIF 技术的原理是利用特定波长的激光辐照 OH 分子，使之发生共振跃迁。激发态 OH 分子发生自发辐射，放出荧光。由于激光的线宽很窄，往往能把处于低电子态的特定振转能级的分子激发到高电子态上某一特定振转能级，所以具有较高的分辨率和灵敏度，通常在实验过程中可以做到保持激光强度和仪器条件不变，于是总荧光强度便正比于始态分子的浓度。

2）长光程吸收（LPA）光谱

LPA 方法是让一束特定波长的激光穿过精确已知的距离，测量大气 OH 的某一特征吸收的吸光度，根据一些基本参数确定光程上的 OH 浓度。其定量基础是比尔定律：

$$\ln I/I_0 = \sigma L[OH] \tag{3-20}$$

式中 I_0——吸收前激光强度；

      I——吸收后激光强度；

      σ——OH 自由基在激光波长处的吸收截面；

      L——总光程长度；

  $[OH]$——待测 OH 浓度。

从式（3-20）来看，只要准确测定光强和光程，就可以得到确定的 OH 浓度。但是问题在于 OH 的大气浓度极低，要得到可测量的光吸收需要几公里乃至几十公里的光程长度。大气中其他干扰物种（如 SO_2）的吸收以及大气散射和折射所引起的光学衰减常常比 OH 吸收大几个数量级，因此很难分辨和确定由环境 OH 吸收引起的光强变化。由于不能清除光程上的 OH 分子来快速测定 I_0，所以只能利用与 OH 共振吸收线邻近的某一波长作为辅助探测光束，所测辅助光强作为 I_0。大气涡流可导致检测限上升到 $>15\times10^6 cm^{-3}$，所以 LPA 技术至今没能达到预期的最优检测限（$1\times10^5 cm^{-3}$）。

3）^{14}CO 氧化法

^{14}CO 氧化法是一种放射性化学方法，它将空气样品抽入石英反应管，同时注入同位素示踪剂 ^{14}CO，经 OH 氧化转化为 $^{14}CO_2$，低温富集、纯化不同反应时间的 $^{14}CO_2$，用气体正比计数器测量 $^{14}CO_2$ 的放射性计数。假如空气样品的 OH 浓度未受示踪剂及反应器的扰动，则由 ^{14}CO 转化率和反应时间可以计算出环境大气 OH 浓度，该方法的 OH 检测限可能达到 $4\times10^5 cm^{-3}$，但还没有建立任何标定技术或系统测试方法，与其他方法的对比实验也没有得到积极的结果。

4）辅助离子法

辅助离子法又称为选择性离子质谱法。含 ^{34}S 同位素标记的 SO_2 被加入到空气样品中，将 OH 快速滴定到 H_2SO_4，随后用灵敏而精确的化学离子化质谱法测量气相 $H_2^{34}SO_4$ 产物，或者让生成的 H_2SO_4 再与 NO_3^-、HNO_3^- 发生反应，最终形成 HSO_4^- 核的离子簇，离子簇经碰撞分解成 HSO_4^- 核离子和 NO_3^- 核离子，并分别进行测量，然后用 HSO_4^-/NO_3^- 浓度比计算出 OH 绝对浓度。辅助离子法报导了目前最低的检测限，$1\times10^5 cm^{-3}$（积分时间 5min），标定误差40%～50%，估计测量误差为±60%。由于仪器和操作上的复杂性，限制了它的推广应用。

2. 大气中HO_2自由基浓度的测量

1）基体分离的电子自旋共振技术（MIESR）

这种技术最早由 Mihelcic 提出，它分为采样和分析两步：（1）在液氮冷却下（77K）捕集空气样品中的过氧自由基；（2）利用电子自旋共振光谱仪对样品中自由基进行定性和定量。

样品中的过氧自由基浓度用 ESR 技术测定，首先将过氧自由基样品转移到 ESR 谐振腔中，用商用 9.5GHz ESR 光谱仪在一定范围内扫描磁场强度（扫描幅度为 200Gauss），测定捕集在基体中的自由基 ESR 光谱。由于空气中存在多种过氧自由基，所得样品的 ESR 光谱实际上是所有这些自由基的混合谱。各种自由基通过与标准光谱对比来定性，其浓度也是根据标准谱计算得到的，而相应的标准 ESR 光谱是通过用标准过氧自由基源对仪器的标定来得到的。

2）远红外和毫米波发射光谱技术

这种技术主要用于平流层 HO_2 自由基的远程测定，它利用 HO_2 在毫米波范围的分子转动发射线，即 $4_{2,3}$—$3_{2,2}$、$4_{2,2}$—$3_{2,1}$ 和 $4_{1,3}$—$3_{1,2}$ 的转动跃迁（$J = 9/2 \rightarrow 7/2$），相应的频率分别为 265.690GHz、265.732GHz 和 265.770GHz。测量时将远红外（或毫米波）光谱仪安装在探空气球上，在 HO_2 分子转动跃迁线范围扫描波长，记录其转动发射光谱，然后用雷达将记录的谱图信息发送到地面接收站，再对所得光谱进行处理。根据发射线的强度来确定相应的 HO_2 浓度，由此可以得到 HO_2 在一定高度范围内的垂直廓线。这种测量方法对于研究平流层 HO_2 浓度水平及其对平流层 O_3 消耗的影响有重要意义。研究表明，HO_2 可以通过以下反应对平流层 O_3 进行催化破坏：

$$HO_2 + O_3 \longrightarrow OH + 2O_2$$
$$OH + O_3 \longrightarrow HO_2 + O_2$$

净结果：
$$2O_3 \longrightarrow 3O_2$$

需要指出的是，由于受灵敏度的限制，这种技术只适用于平流层这种具有较高 HO_2 浓度（$0.01 \times 10^{-9} \sim 1 \times 10^{-9}$）的大气进行测量，而对于对流层大气，其 HO_2 浓度一般 $< 10 \times 10^{-12}$，这种方法就不适用。

3）化学放大法（简称 CA）

这种方法最早是由 Cantrell 提出来的，它是基于一个由 OH、HO_2、NO 和 CO 参与的链反应过程（$k_1 \sim k_5$ 表示反应速率）：

$$HO_2 + NO \longrightarrow NO_2 + OH \qquad k_1$$
$$OH + CO + M \longrightarrow CO_2 + HO_2 + M \qquad k_2$$

反应结果是将低浓度、难测量的 HO_2 通过化学放大转化为相对高浓度、容易测量的 NO_2。通过测量生成的 NO_2 浓度及链反应长度（Chain Length，简称 CL，定义为一个 HO_2 自由基生成的 NO_2 分子数）可以得到大气 HO_2 浓度。

此链反应不是无限的，它最终被一些气相和异相反应终止，其中最主要的链终止反应是 OH 与 NO 反应：

$$OH + NO + M \longrightarrow HONO + M \qquad k_3$$

其他终止反应还有 HO_2 与 NO_2 反应，以及 HO_2 的壁损失：

$$HO_2 + NO_2 + M \longrightarrow HO_2NO_2 + M \qquad k_4$$
$$HO_2 + Wall \longrightarrow 非自由基产物 \qquad k_5$$

这种方法的关键是链 CL 的测定。CL 可以根据反应动力学进行理论推算：

$$CL = \Delta[NO_2]/[HO_2]_0 = (k_1[NO]/A)[1-\exp(-At)] \qquad (3-21)$$

其中 $A = k_1 k_3 [NO]^2/k_2 [CO] + k_5$

由于大气中同时存在有机过氧自由基 RO_2，它可以氧化 NO 产生 HO_2：

$$RO_2 + NO \longrightarrow RO + NO_2 \qquad (3-22)$$

$$RO + O_2 \longrightarrow R'CHO(R'R''CO) + HO_2 \qquad (3-23)$$

因此，最后生成的 NO_2 实际上是由 HO_2 和 RO_2 共同引起的，即 CA 法测量的是总过氧自由基的浓度。

这种方法由于操作方便、成本低廉及较高的检测灵敏度而被广泛应用于对流层大气过氧自由基测定。但它同时也存在一定的缺点，首先链长的确定有很大的不确定性，从式(3-21)可以看出，CL 与反应时间、相关反应速率常数、NO 和 CO 的浓度以及初始过氧自由基浓度有关，所有这些参数都存在一定的误差；另外，不同种类的有机过氧自由基生成 HO_2 的速率是不同的，标定过程中的气流组成与实际空气样品有差异，壁损失的大小（即 k_5）也是很难估计的，这些都有可能在实际测量中引起较大误差。

4）激光诱导荧光技术

这是一种测量 HO_2 自由基的间接方法，HO_2 先与 NO 反应生成 OH：

$$HO_2 + NO \longrightarrow OH + NO_2$$

然后用 LIF 技术对生成的 OH 自由基浓度进行测定，再反推得到 HO_2 浓度。由于 LIF 技术具有很高的选择性和检测灵敏度，非常适合于低浓度 OH 测量。因此，用这种方法间接测量大气 HO_2 浓度具有很低的检测限（OH 最低检测限可达 $10^5/cm^3$）和很好的时间分辨率（1min），完全能够满足需要。这种技术已大量用于对流层 HO_2 自由基的测定，得到了大量有意义的数据。

由于存在下列反应：

$$OH + NO + M \longrightarrow HONO + M$$

使得上述 $HO_2 \to OH$ 的转化效率小于 100%。另外，由于大气中有机过氧自由基（RO_2）也有类似的反应（RO_2 氧化 NO 再与 O_2 反应可生成 HO_2 和醛类），大气中存在的过氧硝酸盐（如 HO_2NO_2）的热解也可产生一定过氧自由基，从而引起干扰（但大气中本身存在的 OH 不会对 HO_2 测量产生大的影响，因为大气中 HO_2 浓度比 OH 浓度大 2~3 个数量级）。

3. 大气中 NO_3 自由基的测量

1）差分光学吸收光谱（DOAS）技术

早期 NO_3 自由基的测量主要以差分光学吸收光谱技术为主，该方法由 Platt 在 20 世纪 80 年代首次提出。主要是利用气体分子在紫外到可见波段的特征吸收进行浓度反演。由于该方法具有高灵敏性、高时间分辨率、内定标特性、能在线测量等优势，目前广泛应用于 NO_3 自由基外场测量。DOAS 方法分为主动 DOAS 和被动 DOAS。

主动式差分吸收光谱方法（LP-DOAS）主要采用人工光源测量一段光程内大气中的 NO_3 自由基的平均浓度。典型的 LP-DOAS 系统一般采用氙弧灯为光源，测量波段通常选择 610~680nm，测量 NO_3 自由基在 623nm 和 662nm 的两个主要吸收峰。光源发出强度为 $I_0(\lambda, L)$ 的光，在大气传输过程中经气体分子和粒子的吸收及散射后，由望远镜接收、汇聚，经光纤导入光谱仪，光强减弱为 $I(\lambda, L)$。测量原理基于 Beer-Lambert 吸收定律，通过推导得出：

$$[NO_3] = \ln(I_0/I)/(\sigma_{NO_3}L)$$

式中　σ_{NO_3}——NO_3 的吸收截面；

L——探测光程。

LP-DOAS 是一种非接触、开放式光程测量方法，测量的是一段光程内气体的平均浓度，具有需要标定系统采样损失的优点，现已广泛应用于夜间大气边界层中 NO_3 自由基浓度监测。

被动 DOAS 技术主要采用自然光源（月光、星光），测量 NO_3 自由基在大气中的垂直柱浓度。

2）基质隔离电子顺磁共振光谱（MI-ESR）技术

MI-ESR 技术主要是根据 NO_3 自由基未成对电子的顺磁性来对其浓度进行测定的。该技术是一种离线技术，测量分为样品采集和样品分析两个过程。采用特制的采样器在液氮的冷却下（77K），以重水 D_2O 为基体，固定捕集大气中 NO_3 自由基，根据 ESR 谱的谱线形状和位置对 NO_3 自由基进行定性和定量分析。

3）热解化学电离质谱（TD-CIMS）技术

TD-CIMS 方法基本原理是通过 N_2O_5 热解反应生成 NO_3 自由基，利用 NO_3 自由基与 I^- 反应生成 NO_3^-。在原子质量为 62 处对产生 NO_3^- 进行测量。但同时 HNO_3，HO_2NO_2，$ClONO_2$ 等一些痕量气体可能会对这种方法的测量产生干扰。在 TD-CIMS 系统中，I^- 由以 N_2 为载气的 CH_3I 通过离子源（^{210}Po）产生。从离子源出来的 I^- 进入 2.7kPa 压力的流动管中与待分析物质发生反应，之后进入碰撞解离腔（CDC）使其在电场作用下加速，从 CDC 飞出的离子通过质谱系统进行检测。

4）激光诱导荧光光谱（LIF）技术

该方法主要采用连续二极管激光，在 662nm 强吸收带附近，激发 NO_3 自由基使之发生共振跃迁，收集 700~750nm 之间的荧光，利用荧光强度正比于基态 NO_3 自由基的浓度的性质，获得 NO_3 自由基浓度。LIF 方法具有灵敏度高、可在线连续测量等优点，但其实验装置价格昂贵、仪器结构较复杂、系统笨重等因素使其在外场观测中受到限制。

5）宽带腔增强吸收光谱（BB-CEAS）技术

腔增强吸收光谱技术（CEAS）由 Engeln 等在连续 CRDS 技术的基础上提出。2004 年 Ball 等首次采用 LED 为光源的宽带腔增强吸收光谱（BB-CEAS）技术，测量实验室样气中的 NO_3 自由基浓度。BB-CEAS 技术是利用 NO_3 在宽波段范围内的特征吸收来反演 NO_3 自由基的浓度。

BB-CEAS 技术需要对镜片反射率进行标定，目前标定镜片反射率的方法有：使用浓度已知的标准样气定标、利用不同气体分子 Reyleigh 消光的差异性定标、相转移定标和利用衰荡光谱（CRDS）技术定标等。光源发出的光，进入一对由高反射镜片形成的光学腔，透过高反镜片后的光由光纤接收并导入光谱仪进行测量，通过光强的变化反演待测气体的浓度：

$$\alpha(\lambda) = \left[\frac{I_0(\lambda)}{I(\lambda)} - 1 \right] \frac{1 - R(\lambda)}{d}$$

式中　$\alpha(\lambda)$——吸收系数；

　　　d——腔长；

　　$I_0(\lambda)$——吸收体不存在时的光强；

　　$I(\lambda)$——吸收体存在时的光强；

　　$R(\lambda)$——镜片反射率。

6）腔衰荡光谱（CRDS）技术

2000 年，King 等将 CRDS 技术用于实验室测量 NO₃ 自由基。该系统主要由激光器、两个高反射镜片构成的衰荡腔及探测采集部分组成。激光束进入衰荡腔，并在两个反射镜之间来回多次反射，同时有一小部分光透过后腔镜被放置在后面的光电倍增管接收。通过测量光在谐振腔内的衰荡时间 τ，计算待测气体的浓度

$$[NO_3] = \frac{R_L}{c\sigma}\left(\frac{1}{\tau} - \frac{1}{\tau_0}\right)$$

式中　c——光速；

σ——待测气体的吸收截面；

R_L——腔长和待测气体吸收程长的比值；

τ_0——腔内没有待测气体时的衰荡时间。

τ_0 通过在系统进气口处加入 NO，利用 NO 与 NO₃ 快速反应的方法进行测定。

第三节　大气中的污染源与污染物

一、大气污染的类型

大气污染是指由于人类活动和自然过程引起某些物质进入大气中，经过一定时间的积累达到一定浓度，并因此而危害了人体的舒适、健康和福利，或危害了环境。

由大气污染的定义可知，引起大气污染的来源有两个方面：一方面来自于自然过程；另一方面来自于人为过程。自然过程包括火山活动、森林火灾、海啸、土壤和岩石的风化、雷电、动植物尸体的腐烂及大气圈空气的运动等。但是，由自然过程引起的空气污染，通过自然环境的自净作用（如稀释、沉降、雨水冲洗、地面吸附、植物吸收等物理、化学及生物作用），一般经过一段时间后会自动消除，能维持生态系统的平衡。因而，大气污染主要是由于人类在生产与生活活动中向大气排放的污染物，在大气中积累，超过了环境的自净能力而造成的。

按照污染所涉及的范围，可将大气污染分为如下 4 类：

（1）局部地区污染　如由某个污染源造成的较小范围内的污染。

（2）地区性污染　如工矿区及其附近地区或整个城市的大气污染。

（3）广域性污染　即超过行政区划的广大地域的大气污染，涉及的地区更加广泛。

（4）全球性污染或国际性污染　如大气中硫氧化物、氮氧化物、二氧化碳和飘尘的不断增加和输送所造成的酸雨污染和温室效应，已成为全球性大气污染问题。

按照能源性质和污染物的种类，可将大气污染分为如下 4 类：

（1）煤烟型污染　由煤炭燃烧排放出的烟尘、二氧化硫等造成的污染，以及由这些污染物发生化学反应而生成的硫酸及其盐类所构成的气溶胶污染。20 世纪中叶以前和目前仍以煤炭作为主要能源的国家和地区的大气污染属此类污染。

（2）石油型污染　由石油开采、炼制和石油化工厂的排气以及汽车尾气排放出的碳氢化合物、氮氧化物等造成的污染，以及这些物质经过光化学反应形成的光化学烟雾污染。

（3）混合型污染　具有煤烟型和石油型的污染特点。

（4）特殊型污染　由工厂排放某些特定的污染物所造成的局部污染或地区性污染，其污染特征由所排污染物决定。

二、大气污染源与污染物

1. 大气污染源

大气污染源可分为自然污染源和人为污染源两类。自然污染源是指自然原因向环境释放的污染物，如火山喷发、森林火灾、飓风、海啸、土壤和岩石的风化及生物腐烂等自然现象形成的污染源。人为污染源是指人类生活活动和生产活动形成的污染源。

在大气污染控制中，主要研究对象是人为污染源。根据不同标准可将人为污染源进行不同分类：

（1）按污染源的空间分布可将污染源分为点源、线源和面源。点源，即污染物集中于一点或相当于一点的小范围排放源，如工厂的烟囱排放源；线源，即将成直线排列的烟囱、飞机沿直线飞行喷洒农药、汽车流量较大的高速公路等作为线源；面源，即在相当大的面积范围内有许多个污染物排放源，如一个居住区或商业区内许多大小不同的污染物排放源。

（2）按照人们的社会活动功能可将人为污染源分为生活污染源、工业污染源和交通运输污染源三类。

（3）按污染物的来源可分为工业污染源、农业污染源、生活污染源和交通运输污染源四类。前三者称为固定源，后者(如汽车、火车、飞机等)则称为流动源。

（4）根据大气污染源距离地面的高度可分为地面源和高架源。

（5）按排放污染物的持续时间可分为瞬时源、间断源和连续源。

2. 大气污染物

污染物根据其来源，可划分为一次污染物和二次污染物。

一次污染物是指由污染源直接排入大气的污染物。二次污染物又称继发性污染物，是排入环境中的一次污染物在大气环境中经物理、化学或生物因素作用发生变化或与环境中其他物质发生反应，转化而形成的与一次污染物物理、化学性状不同的新污染物。如二氧化硫在大气中被氧化成硫酸盐气溶胶，汽车尾气中的氮氧化物、碳氢化合物等发生光化学反应生成的臭氧、过氧乙酰硝酸酯等。二次污染物的形成机制往往很复杂，二次污染物一般毒性较一次污染物强，其对生物和人体的危害也要更严重。

根据大气污染物化学性质的不同，一般把大气污染物分为以下8类，见表3-2。

表3-2 常见大气污染物

污染物	一次污染物	二次污染物
含硫氧化物	SO_2、H_2S	SO_3、H_2SO_4、硫酸盐、硫酸酸雾
氮氧化物	NO、NH_3	N_2O、NO_2、硝酸盐、硝酸酸雾
碳氧化物	CO、CO_2	
碳氢化合物	$C_1 \sim C_5$化合物、CH_4等	醛、酮、过氧乙酰硝酸酯
卤素及其化合物	F_2、HF、Cl_2、HCl、$CFCl_3$、CF_2Cl_2、氟里昂等	
氧化剂	—	O_3、自由基、过氧化物
颗粒物	煤尘、粉尘、重金属微粒、烟、雾、石棉气溶胶等	
放射性物质	铀、钍、锂等	

对于局部地区特定污染源排放的其他危害较重的大气污染物，可作为该地区的主要大气污染物。

三、大气污染物源解析技术

源解析技术大体上可以分为 3 种：排放清单；以污染源为对象的扩散模型；以污染区域为对象的受体模型。

1. 排放清单

源排放清单法通过对污染源的统计和调查，根据不同源类的活动水平和排放因子模型，建立污染源清单数据库，从而对不同源类的排放量进行评估，确定主要污染源。该方法结果简单清晰，但存在活动水平资料缺乏、排放因子的不确定性大、开放源（如扬尘）和天然源排放量统计困难等问题。在我国开展的一些科研课题中，已经建立了全国、重点区域和典型城市的大气污染源清单，并确定了影响空气质量的重点源和敏感源，如燃煤、机动车、生物质燃烧等一次源和二次源。源排放清单仅仅考虑了各类污染源排放的相对重要性，没有同空气质量变化建立直接关系，因此，源排放清单法是大气污染物源解析的重要辅助手段。

2. 扩散模型

对大气颗粒物污染源的研究始于以排放量为基础的扩散模型，也称源模型。大气污染扩散模型是基于统计理论的正态烟流模式，以目前广泛应用的稳态封闭型高斯扩散方程为核心，主要用于计算点源、线源、面源、体源及开放的各种工业源排放的 SO_2、TSP、PM10、NO_x 和 CO 等污染物在环境空气中的浓度分布。例如，烟羽模型、格子模型、箱体模型等，是早期评估污染源影响的主要方法。

扩散模型是根据污染源排放率和当地的气象资料来估算污染源排放并扩散到采样点处时，对采样点处大气颗粒物的影响，即已知污染源的个数和方位，来估算这些污染源对采样点处大气颗粒物的贡献。换句话说，扩散模型需要提供颗粒物扩散过程中详细的气象资料，需要知道粒子在大气中生成、消除和输送的重要特征参数，这些参数的取得及其规律性的把握给扩散模型带来了复杂性和实际操作中取得这些参数的困难性。而且，扩散模型中的许多变量在时空上是随机且复杂的，彼此之间互为独立，并且利用扩散公式只能估算出近似值，无法准确描述颗粒物在大气中的扩散特征，因此扩散模型对污染物在受体处负载的计算十分粗略。尽管如此，扩散模型仍然作为大气颗粒物源解析的基础被广泛地应用，尤其适用于解决小尺度范围内原生粒子的空间分布。

3. 受体模型

美国、日本等国家从 20 世纪 70 年代起，Miller 和 FriedLander 等开始由排放源转移到"受体"进行大气颗粒物的源解析。所谓受体是指某一相对于排放源被研究的局部大气环境。

受体模型着眼于研究排放源对受体的贡献，从采样点收集在滤膜上的颗粒物着手，来解析污染源对颗粒物的贡献情况，即可以在对采样点周围污染源的个数和方位都并不确定的前提下，以采样点处收集到的大气颗粒物着手，分析这些颗粒物，进而反追采样点处大气颗粒物可能来源于哪个污染源。

与扩散模型相比，受体模型不依赖于排放源排放条件、气象、地形等数据，不用追踪颗粒物的迁移过程，避开了应用扩散模型遇到的困难，因而受体模型解析技术自 70 年代应用以来发展很快。

受体模型一般适用于城区尺度，通过在源和受体处测量的颗粒物的化学物理特征，确定对受体有贡献的源和对受体的贡献值。

受体模型的研究方法大致可以分为 3 类：显微镜法、物理法、化学法。其中以化学法的发展最为成熟。

1）显微镜法

显微镜法是根据单个颗粒物粒子的大小、颜色、形状、表面特征等形态上的特征来判断颗粒物排放的方法，适用于分析形态特征明显的气溶胶，一般仅用于定性或半定量分析。若需定量分析，则要分析大量的单个粒子，以使分析结果能代表整个样品，前提是要建立庞大的源数据库(即显微清单)。

显微镜法主要包括光学显微镜法（OM），扫描电子显微镜法（SEM），计算机控制扫描电镜法（CCSEM）。光学显微镜法是最早的分析手段之一，但由于分辨率的限制，它局限于分析直径大于 $1\mu m$ 的颗粒物。扫描电子显微镜法则可以分析粒径小于 $1\mu m$ 的颗粒物，结合 X 射线能谱不仅可以显示粒子的显微结构，还可以分析粒子的表面化学元素组成，大大增强了显微镜法解析颗粒物污染源的能力。特别是计算机控制的自动扫描电镜法能自动对大量粒子进行连续分析，并进行图象数据处理，可以对大气颗粒物提供有代表性的分析。

2）物理法

主要包括 X 射线衍射线(XRD)和轨迹分析法(Trajectory Analysis)。陈昌国等用 XRD 研究了重庆市大气颗粒物的物相组成，结果表明重庆市大气颗粒物中以硫酸盐为主，这体现了重庆市区以煤烟型污染为主的特点。陈天虎等通过 X 射线粉末衍射物相分析研究了合肥市大气颗粒物的物相组成，主要是伊利石、石膏、白云石、绿泥石、长石、方解石、石英、无定形非晶质物。其中石膏含量很高，说明大气 SO_2 污染严重。通过这些矿物组分，可大致确定颗粒物的主要来源。

3）化学法

化学法是以气溶胶特性守恒和特性平衡分析为前提，与数学统计方法相结合而发展起来的，主要包括化学质量平衡法，因子分析法，富集因子法 3 种。

（1）化学质量平衡法（Chemical Matter Balance，CMB）

化学质量平衡法是根据多种排放源的颗粒物组成浓度分解为一组由各类源贡献的组合的方法，遵守质量守恒定律利用有效方差最小二乘法解出各类源对颗粒物浓度的贡献。最早于 1972 年被 Miller 等提出，一开始命名为化学元素平衡法（CEB），后来由 Cooper 和 Watson 在 1980 年改名为化学质量平衡法（CMB）。目前 CMB 在 PM10、PAHs、VOCs 等的来源解析中得到广泛的应用。CMB 模型的假设：①污染源种类小于或等于化学组分种类；②各种排放源类排放的颗粒物化学元素有明显的差别；③各种排放源类所排放的颗粒物的化学组分相对稳定，它们之间没有相互影响；④各源类颗粒物之间没有相互作用，且可以忽略其传输过程中的变化；⑤所有成分谱是线性无关的；⑥测量的不确定度是随机的，符合正态分布。那么可以认为化学组分的浓度等于每种源类的化学组分的含量值和源贡献值的线性加和。用公式写成：

$$c = \sum_{j=i}^{j} s_j$$

式中　c——受体大气颗粒物的总质量浓度，$\mu g/m^3$；

　　　s_j——每种源类贡献的质量浓度，$\mu g/m^3$；

　　　j——源类的数目，$j = 1, 2, \cdots, j$。

89

如果受体颗粒物上的化学组分 i 的浓度为 c_i，那么上面的公式可以写成：

$$c_i = \sum_{j=i}^{j} F_{ij} s_j$$

式中 c_i ——受体大气颗粒物中化学组分 i 的浓度测量值，$\mu g/m^3$；

       F_{ij} ——第 j 类源的颗粒物中化学组分 i 的含量测量值，%；

       s_j ——第 j 类源贡献的浓度计算值，$\mu g/m^3$；

       j ——源类的数目，$j=1, 2, \cdots, j$；

       i ——化学组分的数目，$i=1, 2, \cdots, i$。

只有当 $i \geqslant j$ 时，上面方程组的解为正。源类 j 的分担率为：

$$\eta = \frac{s_j}{c} \times 100\%$$

化学平衡法在定量计算各种污染源对不同元素的贡献，以及探索不同元素的未知污染源的位置方面，是非常有用的。在美国 CMB 已经被环境保护署定为区域环境污染评价的重要方法之一，并日臻完善。

（2）因子分析法（Factor Analysis，FA）

因子分析法是从研究变量内部之间的依赖关系出发，把一些具有错综复杂关系的变量归结为少数几个综合因子的一种多变量统计分析方法。该方法的基本思想是直接分析受体样品化学成分，根据它们之间的相互关系，综合总结得出公因子，并且计算出每个因子载荷，通过分析各因子载荷情况以及结合现有元素知识来简化数据得出结果，从而推断出污染源类型。FA 模型应用于大气颗粒物污染来源解析在国内外都有较多的研究，且得到了较好的结果。

FA 模型也是建立在质量守恒基础上。FA 模型有 3 个假设：①污染物从排放源到采样点之间的传输途中质量变化可以忽略；②污染物中某种元素是由多个互不相关的污染源贡献率的线性组合；③由各个污染源贡献的某元素的量差别较大，采样和分析期间的变化较小。

假设每个化学组分是各种源类贡献的代数和，可将源贡献分为两个因子的乘积：分别是污染源对采样点处颗粒物贡献的质量浓度和污染源排放的单位质量颗粒物中所含的该元素的量。公式表示如下：

$$x_{ij} = \sum_{k=1}^{n} a_{ik} \cdot f_{kj} + d_i u_i + \varepsilon_i$$

式中 x_{ij} ——元素 i 在样品 j 的浓度，$\mu g/m^3$；

       a_{ij} ——元素 i 在源 k 排放物中的含量，$\mu g/mg$；

       f_{kj} —— k 源对 j 样品贡献的质量浓度，mg/m^3；

       d_i ——唯一因子系数，$\mu g/mg$；

       u_i ——是元素 i 的唯一源排放量，mg/m^3；

       ε_i ——元素 i 的测量过程或其他产生的误差。ε_i 用矩阵可以表示为：

$$x = AF + DU + \varepsilon$$

因子分析法就是从实际数据出发，根据它们之间相互关系，从全部变量中归纳总结出最少数目的公因子，并且计算出各个因子载荷。

（3）富集因子法（Enrichment Factor，EF）

富集因子法是用于研究大气颗粒物中元素的富集程度，定量分析污染物某元素状况，判

90

断和评价元素的自然来源和人为来源的一种分析方法，通常有固定的参比元素作为指标，如国际上常用的 Fe、Al 或 Si 元素，分析大气污染状况的一种源分析模型。其公式计算如下：

$$EF = \frac{(x_i/x_R)_{颗粒物}}{(x'_i/x'_R)_{地壳}}$$

式中 r——参比元素；

i——颗粒物中待考察元素；

x_i、x_R——颗粒物中元素 i、R 的浓度；

x'_i、x'_R——i 和 R 的地壳丰富度。

EF 值越大，富集程度就越高，说明人为源的贡献越大。根据富集因子的大小可以将元素分为两类：①当富集因子小于 10 时，则认为是自然源，没有富集成分；②当富集因子为 $10 \sim 10^4$ 时，则认为是被富集，来源于人为污染源。

四、我国大气污染现状

我国的大气污染形势十分严峻，现况可比喻为"旧病未愈，新疾又生"，在传统的煤烟型污染尚未得到解决的情况下，以 PM2.5、O_3 和酸雨为特征的区域性复合型大气污染日趋严峻。

1. 污染物减排压力持续增大

通过大气污染减排措施，实施总量控制的 SO_2 和烟尘排放总量近几年来实现了持续显著下降，NO_x 排放量经多年上升后近几年才逐步呈现下降趋势。中国常规大气污染物排放量依然较大，2014 年 SO_2 和 NO_x 排放量分别为 $1974.4 \times 10^4 t$ 和 $2078.0 \times 10^4 t$。2001 年至 2014 年中国主要大气污染物排放量演变趋势见图 3-2。

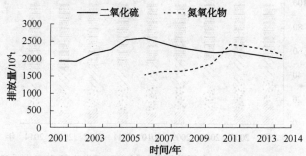

图 3-2　2001～2014 年中国主要大气污染物排放量变化趋势
数据来源：历年《中国环境状况公报》

近年来，各地区燃煤火电机组脱硫脱硝改造及淘汰小火电等措施的实施，为完成大气污染物减排目标贡献了最多的减排量。根据中国电力企业联合会统计发布的数据显示，到 2014 年电力行业大气污染物排放量相比 2006 年大幅下降，电力 SO_2、NO_x 排放量分别降至 $620 \times 10^4 t$ 和 $98 \times 10^4 t$ 左右，脱硫、脱硝机组容量占总装机容量的比重分别达到了 91.5% 和 72%，全国 $30 \times 10^4 kW$ 及以上火电机组比例达到 77.7%，全面提前完成《节能减排"十二五"规划》规定的电力行业大气污染物减排目标。"十三五"期间，燃煤火电行业减排潜力进一步缩小，而短期内产业结构和能源利用方式难以发生根本性变革，大气污染物减排压力日益增大。

2. 灰霾污染影响日益显著

近年来，大气污染导致的全国年均灰霾日数呈现增加趋势。中国气象局基于能见度的观测结果表明，2003 年以前，中国年均灰霾日数均低于常年值 9 天，但是 2004 年以来年均值达到 12~20 天；2013 年中国年均灰霾日数高达 36 天，为 1961 年以来的最多天数。2013 年，全国范围内有 20 多个省（区、市）出现了持续性灰霾天气，中东部地区雾和霾天气多发，华北中南部至江南北部的大部分地区雾和霾日数范围为 50~100 天，部分地区超过 100 天。

2014 年，全国平均灰霾日减少到 17.9 天，但京津冀和长三角地区灰霾天数较多，分别达到 61 天和 66 天，分别比 2013 年多出 25 天和 7 天，大范围、持续性的灰霾过程也比 2013 年增多，一共出现了 13 次。在 2014 年 11 月 22~27 日间，东北南部、华北、黄淮、江淮出现大范围灰霾天气，天津河西 PM2.5 日均浓度最大值达到了 374.9μg/m³，超过《环境空气质量标准》（GB 3095—2012）中二级标准 4 倍。总体上看，全国灰霾污染的影响时间、范围、强度等都呈现日益增大的趋势，治理灰霾污染已经成为未来若干年中国大气污染治理的首要任务。

3. 酸雨污染形势依然严峻

2013 年，470 个监测降水的城市中，出现酸雨的比例为 44.3%，酸雨区面积约占国土面积的 10% 左右，主要分布在长江以南——青藏高原以东地区，包括浙江、江西、福建、湖南、重庆的大部分地区，以及长三角、珠三角地区。

从近年来的发展趋势来看，酸雨发生的频率呈现一定的好转趋势，但降水的酸度呈现一定的上升趋势，重酸雨区和较重酸雨区的数量减少，但个别区域的降水酸度依然很高，污染程度很重。从降水中离子的情况来看，硫酸根离子占 25% 以上，主要致酸物质为硫酸盐，表明酸雨的主要来源仍是煤炭的燃烧。2006~2014 年全国酸雨监控城市酸雨发生频率变化如图 3-3 所示。

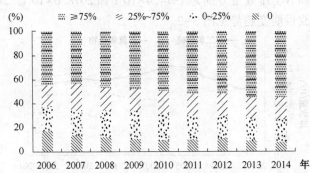

图 3-3　2006~2014 年全国酸雨监控城市酸雨发生频率变化示意图

数据来源：历年《中国环境状况公报》

4. 大气复合污染呈现区域特征

大气复合污染来自于多种污染源排放的气态和颗粒态一次污染物，以及经系列的物理、化学过程形成的二次细颗粒物和臭氧等二次污染物。这些污染物与天气、气候系统相互作用和影响，形成高浓度的污染，并在大范围的区域间相互输送与反应。

随着重工业的快速发展和机动车保有量的快速增长，中国以 PM2.5、O₃ 和酸雨为特征的二次污染日益加剧，而且城市间大气污染的相互影响，相邻城市间污染物传输影响极为突出。《重点区域大气污染防治"十二五"规划》中指出，在京津冀、长三角和珠三角等区域，部分城市 SO₂ 浓度受外来源的贡献率达 30%~40%，NOₓ 为 12%~20%，PM10 为 16%~26%；区域内城市大气污染变化过程呈现明显的同步性，重污染天气一般在一天内先后出现。2010 年，中国大气污染突出的 13 个重点城市群 SO₂ 和 PM10 年均浓度分别为 40μg/m³ 和 86μg/m³，为欧美发达国家的 2~4 倍；NO_x 年均浓度为 $33\mu g/m^3$，北京至上海之间的工业密集区为中国对流层 NO_2 污染最严重的区域。

5. 城市空气质量达标难度大

若沿用《环境空气质量标准》（GB 3095—1996）评价，近年来全国城市空气质量呈现明显好转趋势，到 2012 年达标城市比率已经超过 90%。但评价标准改为 GB 3095—2012 后，达标城市数量则大幅下降。

根据环境保护部公布的数据，自 2013 年开始，全国有 74 个重点城市按照《环境空气质量标准》（GB 3095—2012）开展空气质量监测和评价。2013 年，仅海口、舟山和拉萨 3 个城市空气质量达标，超标城市比例达 95.9%，有 17 个城市年达标天数比例不足 50%，首要污染物 PM2.5 年均浓度为 $72\mu g/m^3$，达标城市比例仅为 4.1%，京津冀和珠三角两大区域所有城市均未达标。2014 年，海口、拉萨、舟山、深圳、珠海、福州、惠州和昆明等 8 个城市空气质量年均值达标，较 2013 年增加 5 个城市，超标城市比例降到 89.2%，PM2.5 年均浓度降为 $64\mu g/m^3$，达标城市比例上升到 12.2%，污染较重的城市依旧集中在京津冀地区。

从近年来的监测结果来看，按照新标准监测评价后，全国城市空气质量达标比率极其低下。到"十二五"初期，造成空气质量难达标的颗粒物污染已经由可吸入颗粒物 PM10 向更细小的颗粒物 PM2.5 方向演变，控制难度进一步加大，城市空气质量全面达标的难度日益增大。

6. 燃煤工业锅炉成为污染控制重点

工业锅炉集中在供热、冶金、造纸、建材、化工等行业，主要分布在工业和人口集中的城镇及周边等人口密集地区，平均容量小，排放高度低，燃煤品质差，治理效率低，污染物排放强度高，对城市大气污染贡献率大。

国家发展和改革委等七部委于 2014 年印发的《关于印发燃煤锅炉节能环保综合提升工程实施方案的通知》中显示，截至 2012 年年底，中国在用燃煤工业锅炉达 46.7×10^4 台，总容量达 178×10^4 蒸吨，年消耗原煤约 7×10^8 t，占全国煤炭消耗总量的 18% 以上。同时，燃煤工业锅炉污染物排放强度较大，是重要污染源，年排放 PM2.5、SO_2 和 NO_x 分别约占全国排放总量的 33%、27% 和 9%。近年来，中国出现的大范围、长时间严重雾霾天气，与燃煤工业锅炉区域高强度、低空排放的特点密切相关。

中国已经实施了全球最严格的煤电大气污染物排放标准，排放绩效已达全球先进水平，相比电力的集约清洁利用，工业燃煤锅炉等散烧煤对环境质量的影响更加显著，工业燃煤锅炉将成为近几年内减少煤炭消费量，改善大气环境质量的重点领域。

第四节 大气颗粒物

一、大气颗粒物的特性及来源

大气是由各种固体和液体微粒均匀地分散在空气中形成的一个庞大的分散体系，也可称为气溶胶体系。气溶胶体系中分散的各种粒子称为大气颗粒物。它们可以是无机物，也可以是有机物，或由二者共同组成；可以是无生命的，也可以是有生命的；可以是固态，也可以是液态。

大气颗粒物是大气的组成部分。饱和水蒸气以大气颗粒物为核心而形成云、雾、雨、雪等，它参与了大气降水过程。同时，大气中的一些有毒物质绝大部分都存在于颗粒物中，并可通过人的呼吸过程吸入人的体内而危害人体健康。它也是大气中一些污染物的载体或反应床，因而对大气中污染物的迁移转化过程有明显的影响。

1. 大气颗粒物的特性

1) 大气颗粒物的粒度

粒度指颗粒物粒径的大小。粒径通常是指颗粒物的直径，这就意味着把它看成是球体。但是，实际上大气中粒子的形状极不规则，把粒子看成球形是不确切的。因而对不规则形状的粒子，实际工作中往往用诸如当量直径或有效直径来表示。比如空气动力学直径(D_p)。其定义为与所研究粒子有相同终端降落速度的、密度为$1g/cm^3$的球体直径。D_p可由下式求得：

$$D_p = D_g K \sqrt{\frac{\rho_p}{\rho_0}}$$

式中　D_g——几何直径；

　　　ρ_p——忽略了浮力效应的粒密度；

　　　ρ_0——参考密度($\rho_0 = 1g \cdot cm^{-3}$)；

　　　K——形状系数；当粒子为球状时，$K = 1.0$。

从上式可见，对于球状粒子，ρ_p对D_p是有影响的。当ρ_p较大时，D_p会比D_g大。由于多数大气粒子满足$\rho_p \leq 10$，因此D_p和D_g的差值因子必定小于3。

大气颗粒物按其粒径大小可分为如下几类：

(1) 总悬浮颗粒物。在大气质量评价中用标准大容量颗粒物采样器(流量在$1.1 \sim 1.7 m^3 \cdot min^{-1}$)在滤膜上所收集到的颗粒物的总质量称为总悬浮颗粒物(TSP)，其粒径多在$100\mu m$以下，尤以$10\mu m$以下的为最多。作为一个重要的污染指标，在环境科学中，习惯上把悬浮颗粒物称为气溶胶。气溶胶中绝大部分颗粒的粒径在$0.001 \sim 100\mu m$范围。气溶胶粒子的沉降速度与粒径有关。不同粒径的气溶胶粒子，在重力作用下的沉降速度不同，由此又将其分为降尘和飘尘。

(2) 降尘。为用降尘罐采集到的大气颗粒物，粒径大于$10\mu m$，约占气溶胶的25%，能够以其自身的重力作用降落到地面，落到地面的时间约$4 \sim 9h$。

(3) 飘尘。在空气中可以长期漂游的颗粒物，用降尘罐采集不到，粒径小于$10\mu m$，约占75%。粒径为$1\mu m$的颗粒，沉降到地面需$12 \sim 98d$；粒径为$0.1\mu m$的微粒，约需$2 \sim 13a$。飘尘易通过呼吸过程进入呼吸道，对人体健康危害极大。

(4) 可吸入粒子。易于通过呼吸过程而进入呼吸道的粒子。国际标准化组织建议将其标准定为$D_p \leq 10\mu m$。

2) 大气颗粒物的三模态

研究发现大气颗粒物的粒径分布与其来源或形成过程有密切联系，whitby于1976年提出了大气颗粒物的三模态理论。根据这一理论，大气颗粒物可划分为三种模结构：D_p小于$0.05\mu m$的粒子称为爱根核模(aitken nuclei mode)；D_p在$0.05 \sim 2\mu m$之间的粒子称为积聚模(accumulation mode)；D_p大于$2\mu m$的粒子称为粗粒子模(coarse particle mode)。图3-4为大气颗粒物三模态的典型示意图，图中同时显示出了各模态粒子的主要来源及主要形成和去除机制。

爱根核模主要来源于燃烧过程产生的一次颗粒物和气体分子通过化学反应均相成核转换

成的二次颗粒物，因此又称为成核型。这种核模多在燃烧源附近新产生的一次颗粒物和二次颗粒物中发现，特点是粒径小、数量多、表面积（或体积）的总量大。随着时间的推移，小粒子相互碰撞并形成大粒子，进入积聚模，这一过程称为"老化"，在"老化"了的气溶胶粒子中就不易找到核模粒子了。

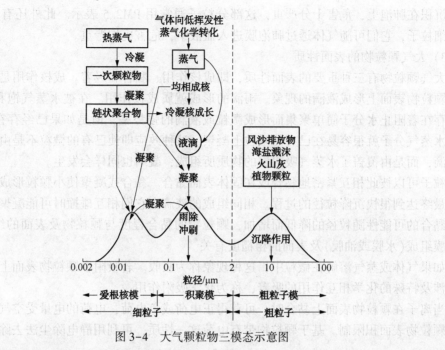

图 3-4　大气颗粒物三模态示意图

积聚模主要来源于爱根核模的凝聚、燃烧过程所产生热蒸气的冷凝和由大气化学反应所产生的特种气体分子转化成的二次颗粒物的凝聚等。有文献报道，大气中硫酸盐总量的95%、铵盐总量的96.5%都存在于积聚模粒子范围。

粗粒子模主要来源于机械过程所造成的扬尘、海盐溅沫、火山灰和风沙等一次颗粒物，大多数是由表面崩解和风化作用形成。这种粒子的化学成分与地表土的化学成分相近；而且各地的平均值变化不大。

爱根核模之间或爱根核模与细小的积聚模之间相互作用，都能使爱根核模长大而进入积聚模粒径范围；但粗粒子与细粒子（爱根核模+积聚模）之间很少相互作用，基本上是相互独立的。表3-3列出了这三种粒子模相互作用的凝聚速率。

表 3-3　各种粒子模相互作用的凝聚速率　　　　　　　　　　%·h⁻¹

模　态	核　模	积　聚　模	粗　模
核模	31	—	—
积聚模	79	4.8	—
粗模	0.5	0.0013	0.0005

二次颗粒物的生成，即经大气化学反应产生的气体向粒子转化的过程，称为气溶胶粒子的成核过程。分为均相成核和非均相成核（异相成核）两种机制。均相成核是指当物种的蒸气在大气中达到一定的过饱和度时，由单个蒸气分子凝结成分子团的过程。非均相成核是当有外来粒子作为核心时，蒸气分子凝结在该核心表面的过程。

在 whitby 三模态理论中，爱根核模和积聚模合称为细粒子，粒径大于 $2\mu m$ 的粒子称为粗粒子，这种粗细粒子的划分具有十分重要的意义，它们不仅来源不同，化学组成、传输和去除机制不同，而且对环境质量和人体健康的影响也不同。目前一般把 $2.5\mu m$ 作为粗细粒子划分的界限。因为 $D_p < 2.5\mu m$ 的粒子不仅能进入人体呼吸道，而且能到达呼吸道深处，甚至沉积在肺泡上，危害十分严重，这部分粒子通常用 PM2.5 表示。此外还有 PM1.0，称为超细粒子，它们可随气体透过肺泡膜进入血液中，危害更加严重。

3）大气颗粒物的表面性质

大气颗粒物有三种重要的表面性质，即成核作用、黏合和吸着。成核作用是指过饱和蒸气在颗粒物表面上形成液滴的现象。雨滴的形成就属成核作用。在被水蒸气饱和的大气中，虽然存在着阻止水分子简单聚集而形成微粒或液滴的强势垒，但是如果已经存在凝聚物质，那么水蒸气分子就很容易在已有的微粒上凝聚。这种效应即使已有的微粒不是由水蒸气凝结的液滴，而是由覆盖了水蒸气吸附层的物质所组成，凝结也同样会发生。

粒子可以彼此相互紧密地黏合或在固体表面黏合。黏合或凝聚使小颗粒形成较大的凝聚体并最终达到很快沉降粒径的过程。相同组成的液滴在它们相互碰撞时可能凝聚，固体粒子相互黏合的可能性随粒径的降低而增加，颗粒物的黏合程度与颗粒物及表面的组成、电荷、表面膜组成(水膜或油膜)及表面的粗糙度有关。

如果气体或蒸气溶解在微粒中，这种现象称为吸收。若吸附在颗粒物表面上，则称为吸着。涉及特殊的化学相互作用的吸着，称为化学吸附作用。

当离子在颗粒物表面上黏合时，可获得正电荷或负电荷，电荷的电量受空气的电击穿强度和颗粒物表面积限制。基于颗粒物带有电荷这一性质，可利用静电除尘法去除烟道中的颗粒物。

2. 大气颗粒物的来源

1）海盐粒子

海洋表面约 2% 覆盖着白色溅沫，在海面强大风力的作用下，这些溅沫可形成非常细小的粒子，粒径范围约为 $5\sim500\mu m$，图 3-5 为海洋气溶胶形成过程示意图。

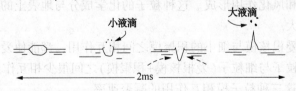

图 3-5   海洋气溶胶形成过程示意图

在泡沫形成后的几毫秒内，四周水的压力使其凹陷、变形，表面膜裂开，生成一些非常小的水滴，同时在泡沫重力降落过程中，还会形成几个粒径较大的粒子。小粒子粒径范围约为 $5\sim25\mu m$，含海盐质量 $2\sim300pg$；较大粒子的粒径约 $25\sim500\mu m$，含盐质量约 $300pg\sim2\mu g$。形成的大粒子很快回到海洋中，而小粒子则被吹送到大气中，水分很快蒸干，成为固态颗粒物，即海盐粒子。海盐粒子基本上是由海水中的溶解性成分组成，但因为泡沫是在海面形成的，因此也反映出表面水的组成特征。实际上，天然水体的表面微层富含表面活性成分，许多是两性的有机大分子，可以俘获中性有机溶质和金属离子，因此，海盐粒子中经常富含除了 Na^+、Cl^- 等大体积海水中主要组分外的其他物种。富集程度可用化学浓缩因子(Chemical Concentration Factor，简称 CCF)来表示，CCF 的定义式如下：

$$CCF = \frac{(c_x/c_{Na})_{\text{粒子}}}{(c_x/c_{Na})_{\text{海水}}}$$

式中分子为海盐中目标元素和钠元素的浓度比，分母为相应元素和钠元素在海水中的浓度比。

据观测，有些元素在海盐粒子中的 CCF 大于 100，尤其是 Hg、Pb 和 Cd 等有大气源的元素。这些元素还倾向于与海洋中发现的一些有机大分子中所含的羧酸和含氮配体形成络合物。另外测得有些有机物种的 CCF 也较大。

2）扬尘

扬尘是在风力作用下从固体表面产生的，反映出源表面的化学组成。例如，沙漠扬尘主要是硅锰矿成分，有时被传输到几千千米之外。陆地源颗粒物的参照元素应当是用地壳中的主要组成元素。硅虽然含量丰富，但分析难度大，所以实际很少用。铝是地圈中丰度最高的金属元素，容易测量，因此是一个很好的参照元素。扬尘中元素富集的影响因素比海洋情况复杂，有土壤表面的组成差异，还有人类活动的影响等。

城市扬尘是许多研究者感兴趣的对象，除土壤组分外，城市扬尘还含有植被颗粒、水泥、轮胎和制动衬面颗粒物及汽车尾气中的颗粒物等。城市大气颗粒物中烟、花粉、气体凝聚产物与扬尘交混在一起，使源的识别十分困难。

3）燃烧产物

从森林大火到以化石燃料为能源的火力发电厂，各种天然和人为活动的燃烧过程都会释放出组成复杂的燃烧产物，除 CO_2 和 H_2O 外产物中还含有少量其他气体及颗粒物质。具体的产物组成与燃料和燃烧方式有关。当燃氧比大于计量比或燃烧温度相对低时，含碳燃料燃烧不完全，元素 C 以黑烟的形式排放出来，例如柴油发动机就属于这种情况。即使在燃烧充分时，也会释放出由最初存在于燃料中的微量组分转化生成的一些颗粒物质，例如，燃煤产物中总是有一定量的飞灰。当木材、煤及其他含碳燃料在含氧量低和低温条件燃烧时，还会生成多环芳烃，沉积在碳黑或其他颗粒物的表面。

二、大气颗粒物的形成机制

颗粒物的形成，从其产生的原由来说，可分为两种不同的类型。一种是由固体的粉碎、液体的喷雾或粉尘的再分散而造成的。这种情况都形成一次颗粒物，属于分散型气溶胶。另一种是由饱和或过饱和状态的蒸气凝结，或者是由气体通过化学反应而生成的固体颗粒（光化学反应产物），这就是二次颗粒物，属于凝结型气溶胶。分散型颗粒在大气中受到各种作用，可以由粗粒子分散成较细的粒子，而凝结型颗粒则能互相凝聚长大成粗粒子。这一过程与颗粒物本身的物理化学性质有很大的关系。当然，一次颗粒物的性质与排放源的性质、燃烧状况、排放方式等，都有很大的关系。不同的工业与工厂的生产条件，排出或凝结成的颗粒物组成与粒子大小大不相同。但是，一次颗粒物的性质进入大气后，它基本上反映着排放源特点，它们的生成过程主要决定于排放源本身的条件。例如，水泥厂、钢铁厂或化工厂的一次排放物各有其特征。排放的粉尘中，水泥厂粉尘的化学组成主要以硅铝酸盐及钾、钙等元素为主。钢铁厂则以铁、锰较多，而化工厂则是无机酸、盐或有机物为主。但是，二次颗粒物的产生机制比较复杂，它的性质和原先的一次颗粒物（或气体）——前驱物，有明显的不同。由气体通过化学反应转化为颗粒物的过程，经过实验室模拟试验可知，大体有三个步骤。以二氧化硫转化为硫酸或硫酸盐的过程为例，简述如下：

1）二氧化硫气体的氧化过程

$$SO_2(气相)\xrightarrow{h\nu,\ O_2,\ H_2O}H_2SO_4(气相)$$

SO_2吸收紫外线和O_2及自由基（OH、HO_2、RO_2等）、水起反应生成硫酸。

2）气相中的成核过程

$$H_2SO_4(气相)+H_2O(气相)\longrightarrow mH_2SO_4\cdot nH_2O(液相硫酸雾核)$$

在过饱和的H_2SO_4蒸气中，由于分子热运动碰撞而使分子（n个）互相合并成核，形成液相的硫酸雾核。它的粒径大约是几个埃。硫酸雾核的生成速度，决定于硫酸的蒸气压和相对湿度的大小。

3）粒子的成长过程

$$mH_2SO_4\cdot nH_2O(液相硫酸雾核)\longrightarrow H_2SO_4粒子(液体)\xrightarrow{其他气体固体微粒}硫酸盐粒子(固体)$$

硫酸粒子通过布朗运动逐渐凝集而长大。如果它与其他污染气体（如氨、有机蒸气、农药等）碰撞，或被吸附在空中固体颗粒物的表面，与颗粒物中的碱性物质（如钾、钙、钠、镁等氧化物或其盐类）发生化学变化，生成硫酸盐气溶胶（固体）成为二次颗粒污染物。

因此，如果弄清了某种二次颗粒物生成的各个过程，那么只要阻断其中某一过程，就可能达到控制或消除这种二次颗粒物的产生。这是一种大气污染防治的途径之一，也是实验室理论模拟对环境污染实际应用之间的关系之一。

三、大气颗粒物的去除

大气颗粒物的去除取决于两个重要的物理过程，一是沉降，二是碰并。沉降是在重力作用下向地面迁移的过程，包括干沉降和湿沉降两种机制。干沉降是粗粒子从大气中去除的主要机制。在流体中球形粒子在重力作用下降落的终端速率（即沉降速率）由斯托克斯定律决定：

$$v_t=\frac{(\rho_p-\rho_a)CgD_s^2}{18\eta}$$

式中　v_t——粒子终端速率，$m\cdot s^{-1}$；

ρ_p——粒子的密度，$g\cdot m^{-3}$；

ρ_a——空气的密度，25℃，1个标准大气压下为$1.2\times10^3 g\cdot m^{-3}$；

C——校正因子；

g——重力加速度，$9.8 m\cdot s^{-2}$；

D_s——粒径，m；

η——空气黏度，25℃，1个标准大气压下为$1.9\times10^{-2}g\cdot m^{-1}\cdot s^{-1}$。

另一个与颗粒物大气寿命有关的物理过程为碰并，它是指小粒子靠布朗运动扩散，相互碰撞后合并成为大粒子的过程。在具有特定组成和密度的颗粒物单分散体系（即粒子大小均一的气溶胶体系）中，碰并速率由下式决定：

$$-\frac{dN}{dt}=4\pi DCD_sN^2$$

式中　N——粒子浓度，m^{-3}；

D——粒子在空气中的扩散系数，$m^2\cdot s^{-1}$；

C——校正因子；

D_s——粒径，m。

假设 D、C 和 D_s 均为常数，则碰并速率可表示为：

$$-\frac{\mathrm{d}N}{\mathrm{d}t} = kN^2$$

由上式可得颗粒物在大气中的半衰期 $t_{1/2}$ 为：

$$t_{1/2} = \frac{1}{kN} = \frac{1}{4\pi DCD_sN^2}$$

当粒子小到接近分子水平时，上述基于布朗扩散限制的碰撞方程就不适用了。碰并速率更适合用气体动力学理论来描述。由于粒子扩散速率与粒径的平方成反比，碰并过程对很小的粒子更重要，而当粒径大于约 $0.01\mu m$ 时，基本可以忽略。

由于沉降和碰并两个过程，大粒子和小粒子在大气中的寿命都较短，如图 3-6 所示，寿命最长的是粒径处于中间范围的那部分粒子。

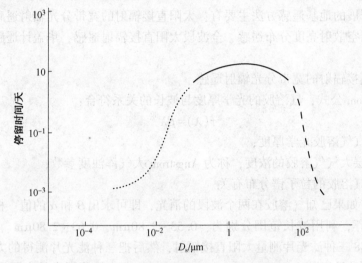

图 3-6 不同粒径颗粒物在大气中的寿命

……表示的部分，碰并为主要清除机制；

---表示的部分，沉降为主要清除机制；中间实线表示相对长寿命的部分

湿沉降分为雨除和冲刷两种方式，$D_s<0.1\mu m$ 的粒子可作为凝结核，形成云滴或雨滴去除；粗粒子主要通过冲刷作用去除。干沉降在大气颗粒物去除中的贡献约占不到 $10\% \sim 20\%$。湿沉降清除效率较高，约占总量的 $80\% \sim 90\%$，对吸湿性及可溶性粒子成分尤其有效。根据上述特点，$D_s = 0.1 \sim 5\mu m$ 之间的粒子相对不易清除，因而容易积聚和传输。

四、大气气溶胶特性研究方法

1. 气溶胶的直接采样分析

气溶胶的分析项目包括不同地区、不同气溶胶粒子的化学成份、物理特征分析。20 世纪 80 年代以前中国气溶胶研究工作主要集中在根据采样得到的气溶胶粒子，研究粒子的谱分布及其与地理环境、天气条件的关系，如邹进上等研究了长江下游地区吸湿性巨核的分布特点以及与天气过程的关系。对于沙尘暴等灾害性天气过程也进行了一些研究。

最近 20 年这方面研究仍然很多。除了地面采样、飞机采样、轮船采样外，从 1983 年开始在河北香河还进行了多次高空气球探测，取得了大量 3km 以上的对流层和平流层气溶胶垂直分布资料。根据探测结果，从地面到对流层顶气溶胶浓度大约有 3 个量级的变化，基本符合指数递减规律，标高大约 2km；验证了 20km 左右 Junge 层的存在，在该层气溶胶粒子浓度约 1.1 个/m^3；在历次探测中有一个值得注意的现象是，几乎每次探测在 5~8km 左右都有一个气溶胶浓度极大值，这是某一地域独有的现象，还是一个普遍规律，形成原因是什么，还有待于进一步研究。

2. 气溶胶遥感

气溶胶粒子对入射辐射的散射和吸收作用可以使入射辐射的性质和强度发生变化，通过测量入射辐射的变化可以反演气溶胶粒子特性，这是遥感气溶胶的基本原理。利用遥感方法可以直接得到气溶胶辐射特性，并用于气候研究过程。下面分地基遥感和卫星遥感两部分，总结在气溶胶遥感研究方面开展的主要工作。

1）地基遥感

目前国内开展的地基遥感方法主要有：太阳直接辐射的宽带分光辐射遥感、多波段光度计遥感、根据天空散射亮度分布遥感、全波段太阳直接辐射遥感、华盖计遥感以及激光雷达遥感等。

（1）太阳直接辐射的宽带分光辐射遥感

根据 Angstrom 公式，气溶胶的光学厚度与波长的关系符合：

$$\tau(\lambda) = \beta\lambda^{-\alpha}$$

式中　τ——大气气溶胶光学厚度；

　　　β——整层大气气溶胶的浓度，称为 Angstrom 大气浑浊度参数；

　　　α——与气溶胶的粒子谱分布有关。

按照上式，如果已知气溶胶在两个波段的消光，即可求出 β 和 α 的值。根据世界气象组织（WMO）的推荐，利用波长范围分别为：0.53~2.80μm、0.63~2.80μm、0.7~2.8μm 的 OG1、RG2、RG8 三种滤光片测量太阳直接辐射，然后把三种滤光片测得的太阳直接辐射相减，可以获得到达地面的 0.53~0.63μm、0.63~0.7μm 波长范围内的太阳直接辐射，根据这两个波段的大气上界太阳辐射常数，可以解方程组得到 β 和 α 的值，从而得到气溶胶浓度和粒子半径的信息。

（2）多波段光度计遥感

多波段光度计是利用可见到近红外波段范围内的一系列窄波段滤光片（通常半波宽度小于 20nm）测量大气对太阳直接辐射的消光，然后反演大气气溶胶光学厚度和粒子谱。这是目前在气溶胶遥感方法中比较准确，也是应用较多的一种方法。中国较早利用多波段光度计遥感气溶胶的工作是 1980 年赵柏林等开展的，他们利用自己研制的 7 波段光度计，对北京地区气溶胶进行了 1 年的遥感观测并反演了粒子谱，毛节泰等分析了这次遥感得到的气溶胶光学厚度的特征、变化规律及与气象条件的关系。根据这次遥感的结果，得到北京地区气溶胶光学厚度最大值出现在 5 月份，500nm 波段光学厚度平均 0.65，9 月份最小，500nm 光学厚度平均 0.31；波长指数 9 月份最高，11 月至次年 2 月份较低，说明冬季大粒子较多。

（3）根据天空散射光亮度分布遥感

来自太阳的入射光被大气分子和大气气溶胶散射，使整个天空都呈现光亮的状态，天空亮度的分布是由太阳位置和大气中的散射质点特性决定的，分析天空的亮度特征，可以得到气溶胶信息。但该方法只适用于大气水平均匀的情况，这种条件只有在晴朗的天气情况下才能满足，不适合污染较为严重的天气情况，方法的适用范围受到限制。

邱金桓等在详细分析了天空亮度与气溶胶光学特性和地面反照率关系的基础上，提出了通过测量 1°~30°的体散射函数、10°的散射相函数、40°的加权相函数以及 90°的天空亮度可以分别反演气溶胶粒子谱，气溶胶折射率实部、虚部以及地面反射率的方法。

黎洁等也提出了一个利用多波段光度计观测太阳直接辐射与太阳所在地平纬圈天空亮度的相对分布同时反演大气气溶胶光学厚度和相函数的方法，并从相函数和光学厚度进一步推算了大气气溶胶的粒子尺度谱和气溶胶粒子折射率，得到北京地区在采暖期气溶胶平均折射率为 1.517+0.034i，在非采暖期折射率平均为 1.533+0.016i，折射率虚部与利用积分片测量的结果基本一致；赵增亮等对这种方法又作了发展，提出了完全通过测量多个天顶角方向的天空亮度相对分布反演气溶胶光学厚度和相函数的方法，避免了仪器定标。反演得到的北京地区 600nm 处气溶胶不对称因子在 0.6~0.7 之间。

（4）利用全波段太阳直接辐射遥感

利用窄波段光度计测量气溶胶光学厚度是一个比较准确有效的方法，但目前还不具备在全国范围内布点进行常规遥感的条件，该方法充分利用了已有的观测资料，可以得到不同地区气溶胶长时间的变化特性，对研究气溶胶特性非常有利，但由于云的影响不能完全去除，遥感的准确度会受影响，具体的准确度需要通过与光度计等遥感手段作对比来确定。

为了能充分利用这些辐射资料研究大气气溶胶特性，邱金桓等在分析了全波段太阳直接辐射对气溶胶光学厚度及粒子谱敏感性的基础上提出了从晴天全波段太阳直接辐射信息确定 0.7μm 波长气溶胶光学厚度的方法；1997 年他又对这个方法作了改进，在加上了能见度信息的基础上，提出了利用全波段太阳短波直接辐射和能见度信息，同时反演整层大气气溶胶光学厚度和平流层光学厚度的方法，并用于长时间序列大气气溶胶特性的研究。

（5）华盖计遥感

华盖计是利用测量太阳附近的天空亮度(华盖区)反演气溶胶特性的一种方法，最早是由 Deirmendjian 在 1957 年提出。这个区域较强的天空亮度主要是由于气溶胶粒子较强的一次前向散射引起的。通过测量气溶胶的直接消光和华盖区天空亮度，可以反演较大半径粒子的气溶胶光学厚度、粒子谱等信息。

（6）激光雷达遥感

以上都是以太阳为光源的被动遥感，并且局限于研究整层气溶胶的特性，而激光雷达是一种主动遥感手段，利用激光雷达可以得到气溶胶的垂直分布信息。20 世纪 60 年代中期中国研制成功第一台激光气象雷达，并开展了一系列激光雷达探测大气的研究。

激光雷达可以遥感气溶胶粒子随高度的分布特征，近几年利用激光雷达遥感气溶胶的研究得到了很大重视。但由于激光雷达设备费用较高，目前仅在合肥、北京等地利用激光雷达进行长期遥感气溶胶的工作。

2）卫星遥感

地面遥感气溶胶可以得到较为准确的气溶胶信息，但是目前这种方法只能在有限的区域进行，不能用来遥感大范围气溶胶光学特性。利用卫星遥感可以弥补这个不足，特别是在环境恶劣的边远地区和广阔的海洋地区，卫星遥感方法更能显出它的优势。

国际上开展卫星遥感气溶胶的工作始于 20 世纪 70 年代中期，中国科学家从 80 年代中期开始也进行了这方面的研究。1986 年赵柏林等利用 NOAA AVHRR 资料，进行了遥感海上大气气溶胶的研究，由于是尝试阶段，仅对渤海上空一个点进行了遥感。周明煜等利用 NOAA AVHRR 资料分析了 1993 年 4 月北京、天津上空沙尘暴特性，得到在沙尘暴发生时，

AVHRR可见光通道1和可见光通道2的反射率都有增加，沙尘暴强度越大，反射率增加越大，但仅给出了反射率增加的大小，没有根据卫星反射率的变化对沙尘暴进行定量研究。刘莉利用GMS-5可见光通道研究了遥感湖面上空气溶胶光学厚度的方法和可行性。韩志刚利用ADEOS上辐射偏振探测器（POLDER）的资料进行了遥感草地上空气溶胶的实验研究。

第五节　大气污染物的化学转化

一、二氧化硫的转化

大气中的硫氧化物包括SO_2、SO_3、H_2SO_4、SO_4^{2-}，其中SO_2为一次污染物，其余物种均为SO_2通过一系列化学反应转化形成的二次污染物。大气中天然SO_2的含量较少，含硫矿物燃料的燃烧过程是其最主要的来源，火山喷发过程中也会产生相当的SO_2。

1. 二氧化硫的气相转化

在纯净大气中，SO_2的氧化是一个非常缓慢的过程，可被忽略，而在光照或自由基作用下，它的氧化速度可以加快。

SO_2为吸光物质，在波长210nm、294nm和388nm处有三个吸收带。波长为210nm的光，可以使SO_2发生光解，但由于波长小于290nm的光，在高空已被吸收，很少到达地面，因此对流层中的SO_2不发生明显光解，而294nm和388nm波长的光，为弱吸收，光子能量不足以使硫氧键断裂，仅使SO_2发生光激发。

光化学中谈及原子或分子的激发态时，常使用激发三重态及激发单重态两个概念。已知每个原子或分子轨道，最多可容纳两个自旋相反的电子。基态时，大多数情况是每个轨道为2个电子所占据。当其中一个电子吸收了光子跃迁到较高能级的轨道时，假设其电子自旋状态不变（即与留在原基态轨道中的电子同处于自旋反向的状态），则此类激发态称为激发单重态，以S表示，或在原子或分子符号的左上角以"1"来标示，如$^1SO_2$。如果吸光跃迁的电子，其自旋状态改变，此时，激发到较高能级的空轨道上的电子与留在原基态轨道中的电子处于自旋同向状态，则此类激发态称为激发三重态，可以用T表示，或在原子或分子符号的左上角以"3"来标示，如$^3SO_2$。

激发单重态的能量较相应的激发三重态为高，故可能发生系统内的S→T转换。

二氧化硫进入平流层

$$SO_2+h\nu \xrightarrow[210nm(565kJ/mol)]{} SO \cdot + O \cdot \text{光解反应} \tag{3-24}$$

$$SO_2+h\nu \xrightarrow[388nm]{} {}^3SO_2\text{（其量极微）} \tag{3-25}$$

$$SO_2+h\nu \xrightarrow[294nm]{} {}^1SO_2 \tag{3-26}$$

激发的二氧化硫分子，随之发生一系列的初级光物理及光化学过程：

$$^1SO_2 \longrightarrow SO_2+h\nu \tag{3-27}$$

$$^1SO_2+M \longrightarrow SO_2+M^* \tag{3-28}$$

$$^1SO_2+M \longrightarrow {}^3SO_2+M^* \tag{3-29}$$

反应式（3-27）、式（3-28）是激发态转变为基态的过程，多余的能量为另一物质M所吸收，或以辐射的形式向环境发射。此处M也可以是基态的SO_2分子。

反应式(3-29)为系统间转换，较高能量的$^1SO_2$转换为较低能量的$^3SO_2$，多余的能量被 M 吸收。反应式(3-29)在 SO_2 的光化学氧化过程中极为重要，已证明$^3SO_2$是一个寿命长、反应活性强的物种，它可与基态氧分子或氧原子作用：

$$^3SO_2+O_2 \longrightarrow SO_3+O$$

$$^3SO_2+O \longrightarrow SO_3$$

SO_2 直接光激发为$^3SO_2$的量极微，因此$^1SO_2$经系统间转化为$^3SO_2$，为大气中$^3SO_2$提供了一个重要的生成途径。

但激发态 SO_2 与氧的氧化反应速率，实际上还是很低的，报道约为每小时 0.1%。在被氮氧化物及碳氢化合物污染的大气中，二氧化硫的氧化速率可提高。W. E. Wilson 等进行试验，光照有氮氧化物的污染大气，发现 SO_2 的氧化速率约可提高 10 倍，其反应为：

$$NO_2+h\nu \longrightarrow NO\cdot+O\cdot$$

$$SO_2+O\cdot+M \longrightarrow SO_3+M$$

增加光照强度，在被 NO_x 及 HC 污染的大气中 SO_2 的氧化速率可大大提高。在光化学烟雾形成的情况下，测得 SO_2 的氧化速率约为每小时 5%~10%，因此在光化学烟雾形成的大气样品中，已找不到 SO_2，因它已较快地被氧化成硫酸酸雾及硫酸盐气溶胶。这样更增加了光化学烟雾的危害性。

存在于光化学烟雾中的一些氢氧自由基、过氧自由基等均能加速 SO_2 的氧化，如下：

$$\cdot OH+SO_2+M \longrightarrow HOSO_2+M^*$$

$$HOSO_2+\cdot OH+M \longrightarrow H_2SO_4+M^*$$

$$HO_2\cdot+SO_2 \longrightarrow \cdot OH+SO_3$$

$$CH_3O_2\cdot+SO_2 \longrightarrow CH_3O\cdot+SO_3$$

这种转化机制目前被认为是低层大气中 SO_2 转化的主要机制。但温度、湿度及光强等因素的影响如何，仍有待进一步研究。

2. 二氧化硫的液相转化

二氧化硫可以溶解于水并在水中进一步发生一级和二级电离，其反应如下：

$$SO_2(g)+H_2O \Longleftrightarrow SO_2\cdot H_2O$$

$$H_{SO_2}=[SO_2\cdot H_2O]/p_{SO_2}$$

$$H_{SO_2}=1.22\times10^{-5}mol\cdot L^{-1}\cdot Pa(25℃ 二氧化硫在水中的亨利常数)$$

$$SO_2\cdot H_2O \Longleftrightarrow H^++HSO_3^-$$

$$K_{a1}=[H^+][HSO_3^-]/[SO_2\cdot H_2O]=1.32\times10^{-2}$$

$$HSO_3^- \Longleftrightarrow H^++SO_3^{2-}$$

$$K_{a2}=[H^+][SO_3^{2-}]/[HSO_3^-]=6.42\times10^{-8}$$

溶解的总四价硫为：

$$[S(Ⅳ)]=[SO_2\cdot H_2O]+[HSO_3^-]+[SO_3^{2-}]$$

代入上述二氧化硫溶解和电离的平衡关系，化简得：

$$[S(Ⅳ)]=[SO_2\cdot H_2O](1+K_{a1}/[H^+]+K_{a1}K_{a2}/[H^+]^2)$$

$$=H_{SO_2}\cdot p_{SO_2}(1+K_{a1}/[H^+]+K_{a1}K_{a2}/[H^+]^2)$$

因此，溶解的总硫 S(Ⅳ) 不仅与气相 SO_2 浓度有关，同时还随液相 pH 而变化。S(Ⅳ) 的三种形态所占的摩尔分数分别为

$$\alpha_{SO_2 \cdot H_2O} = [SO_2 \cdot H_2O]/[S(IV)] = [H^+]^2/\{[H^+]^2 + K_{a1}[H^+] + K_{a1}K_{a2}\}$$

$$\alpha_{HSO_3^-} = [HSO_3^-]/[S(IV)] = K_{a1}[H^+]/\{[H^+]^2 + K_{a1}[H^+] + K_{a1}K_{a2}\}$$

$$\alpha_{SO_3^{2-}} = [SO_3^{2-}]/[S(IV)] = K_{a1}K_{a2}/\{[H^+]^2 + K_{a1}[H^+] + K_{a1}K_{a2}\}$$

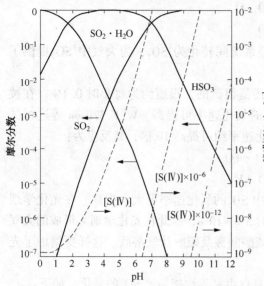

图 3-7 可溶态硫[S(IV)]的浓度
和摩尔分数随 pH 的变化关系

$T = 298K$；$p_{SO_2} = 101 \times 10^{-6} Pa$

[S(IV)]的三种形态所占的摩尔分数随 pH 的变化关系如图 3-7 所示。随着 pH 由小变大，S(IV)的主要存在形态由 $SO_2 \cdot H_2O$ 变为 HSO_3^-，再变为 SO_3^{2-}。由于 S(IV)在不同的化学反应中可以以不同的形态存在，当其以 HSO_3^- 或 SO_3^{2-} 形式存在时，反应速度将受体系的 pH 所影响。一般典型的大气液滴的 pH 为 2~6，因此，在一般的大气液滴中，HSO_3^- 是 S(IV)的主要存在形式。

1) S(IV)的催化氧化

在 S(IV)被 O_2 氧化的过程中，Fe(III)和 Mn(II)都可以起到催化剂的作用。当催化剂是 Fe(III)时，催化反应的速率取决于 S(IV)和 Fe(III)的浓度、pH、离子强度和温度。由于不同的 pH 条件下 Fe(III)的主要存在形式不同，因此，pH 对催化反应速率影响很大。

当 pH≤4 时，S(IV)的催化氧化速率方程可示为

$$\frac{d[SO_4^{2-}]}{dt} = 1.2 \times 10^6 [Fe(III)][SO_3^{2-}]$$

当 pH=5 时，S(IV)的催化氧化速率方程可示为

$$\frac{d[SO_4^{2-}]}{dt} = 5 \times 10^5 [Fe^{3+}][S(IV)]$$

Fe(II)对 S(IV)的氧化似乎没有催化作用。当体系中有 Fe(II)存在时，S(IV)的氧化反应要经过一个诱导期，这表明 Fe(II)必须先转化成 Fe(III)，然后才能对 S(IV)的氧化反应起到催化作用。

Mn(II)对 S(IV)的液相氧化反应的催化能力很强，其反应机理为

$$Mn^{2+} + SO_2 \Longleftrightarrow MnSO_2^{2+}$$

$$MnSO_2^{2+} + O_2 \Longleftrightarrow MnSO_3^{2+}$$

$$MnSO_3^{2+} + H_2O \Longleftrightarrow Mn^{2+} + H_2SO_4$$

总反应为

$$2SO_2 + 2H_2O + O_2 \xrightarrow{Mn^{2+}} 2H_2SO_4$$

当体系中有 Mn(II)存在时，S(IV)的催化氧化反应速率与 Mn(II)和 S(IV)的浓度有关。

当 $[S(IV)] \leqslant 10^{-4} mol \cdot L^{-1}$，$[Mn(II)] \leqslant 10^{-5} mol \cdot L^{-1}$ 时，S(IV)的催化氧化速率方程可表示为

104

$$-\frac{d[S(\text{IV})]}{dt}=K_2[\text{Mn}(\text{II})][\text{HSO}_3^-]$$

当$[S(\text{IV})]>10^{-4}\text{mol}\cdot\text{L}^{-1}$，$[\text{Mn}(\text{II})]>10^{-5}\text{mol}\cdot\text{L}^{-1}$时，$S(\text{IV})$的催化氧化速率方程可表示为

$$-\frac{d[S(\text{IV})]}{dt}=K_1[\text{Mn}^{2+}]^2[\text{H}^+]^{-1}\beta_1$$

式中　$K_1=2.0\times10^9\text{L}\cdot\text{mol}^{-1}\cdot\text{s}^{-1}$；

$K_2=3.4\times10^3\text{L}\cdot\text{mol}^{-1}\cdot\text{s}^{-1}$；

$\beta_1=\dfrac{[\text{Mn}(\text{OH})^+][\text{H}^+]}{[\text{Mn}^{2+}]}$，当温度为298K时，$\lg\beta_1=-9.9$。

2）$S(\text{IV})$的臭氧氧化

$S(\text{IV})$的臭氧氧化主要是$S(\text{IV})$的3种形态$SO_2\cdot H_2O$、HSO_3^-和SO_3^{2-}亲核进攻O_3，即

$$SO_2\cdot H_2O+O_3\longrightarrow H^++SO_4^{2-}$$
$$K_0=2.4\times10^4\text{L}\cdot\text{mol}^{-1}\cdot\text{s}^{-1}$$
$$HSO_3^-+O_3\longrightarrow H^++SO_4^{2-}$$
$$K_1=3.7\times10^5\text{L}\cdot\text{mol}^{-1}\cdot\text{s}^{-1}$$
$$SO_3^{2-}+O_3\longrightarrow SO_4^{2-}$$
$$K_2=1.5\times10^9\text{L}\cdot\text{mol}^{-1}\cdot\text{s}^{-1}$$

$S(\text{IV})$的氧化速率可表示为

$$-\frac{d[S(\text{IV})]}{dt}=\{K_0[SO_2\cdot H_2O]+K_1[HSO_3^-]+K_2[SO_3^{2-}]\}[O_3]$$

由于$S(\text{IV})$的亲核性强弱顺序为$SO_2\cdot H_2O<HSO_3^-<SO_3^{2-}$，因此，$S(\text{IV})$的$O_3$氧化速率的快慢也存在着上面的关系，即：$SO_2\cdot H_2O<HSO_3^-<SO_3^{2-}$。但这3个反应的重要性随溶液的pH而变化，当pH较低时，$SO_2\cdot H_2O$与O_3的反应比较重要，而当pH较高时，SO_3^{2-}与O_3的反应比较重要。

3）$S(\text{IV})$的过氧化氢氧化

H_2O_2的亨利常数较大，在水溶液中的浓度可以比O_3大几个数量级，是非常有效的液相氧化剂。H_2O_2氧化$S(\text{IV})$的反应机理可以表示为

$$HSO_3^-+H_2O_2\longrightarrow SO_2OOH^-+H_2O$$
$$SO_2OOH^-+H^+\longrightarrow H_2SO_4$$

从SO_2OOH^-到H_2SO_4的反应涉及一个质子，因此，反应在酸性条件下速率加快。$S(\text{IV})$的H_2O_2氧化的速率方程为

$$-\frac{d[S(\text{IV})]}{dt}=\frac{7.45\times10^{-7}[\text{H}^+][HSO_3^-][H_2O_2]}{1+13[\text{H}^+]}=\frac{7.45\times10^{-7}K_{a1}[SO_2\cdot H_2O]}{1+13[\text{H}^+]}$$

当pH$\gg$1时，$1+13[\text{H}^+]\approx1$，此时，氧化速率与pH无关；当pH$\approx$1时，氧化速率随pH的下降而下降。

二、氮氧化物的转化

大气中主要的氮氧化合物有N_2O、NO、NO_2、N_2O_3和N_2O_5，其中NO和NO_2是引起大

气污染的主要形式，亦即通常所说的氮氧化物，常用 NO_x 来总括表示。

N_2O 是无色气体，主要来源于土壤中含氮有机物的微生物分解和大气中 N_2、O_2、O_3 之间的光化学反应。N_2O 在对流层中十分稳定，几乎不参与任何化学反应。进入平流层后，由于吸收来自太阳的紫外光而光解产生 NO，对臭氧层起破坏作用。

NO 是无色、无味的气体，是大气中的重要污染物之一。主要来源于化石燃料燃烧和汽车尾气的排放。

NO_2 是具有刺激性的红棕色气体，也是大气中最活泼、最重要的污染物之一。大气在雷电时可产生少量的 NO_2，在高温烟气排放过程中也可由 NO 转化形成。

N_2O_3 和 N_2O_5 在大气中相对含量较少，污染作用不大。

1. 大气中 NO 的转化

NO 可通过许多氧化过程转化成为 NO_2。例如与 O_3 反应：

$$NO + O_3 \longrightarrow NO_2 + O_2$$

大气污染物光解过程中形成的自由基 $[HO\cdot、HO_2\cdot、RO_2\cdot、RC(O)O_2\cdot$ 等$]$ 可促使 NO 转化为 NO_2。以 $HO_2\cdot$ 为例：

$$NO + HO_2\cdot \longrightarrow NO_2 + HO\cdot$$

2. 大气中 NO_2 的转化

NO_2 在大气中最重要的反应是 NO_2 的光离解反应，它可以引起大气中生成 O_3 的反应。此外，NO_2 还可以与一系列自由基，如 $HO\cdot、O\cdot、HO_2\cdot、RO_2\cdot、RO\cdot$ 等反应，也能与 O_3 等发生反应。其中比较重要的是与 $HO\cdot$ 的反应：

$$NO_2 + HO\cdot \xrightarrow{M} HNO_3$$

此反应是大气中气态 HNO_3 的来源，对于酸雨和酸雾的形成有着重要影响。由于白天大气中 $HO\cdot$ 的浓度较高，因此该反应在白天能够有效地进行。

此外，NO_2 与 $HO_2\cdot$ 的反应为：

$$NO_2 + HO_2\cdot \longrightarrow HNO_2 + O_2$$

3. 过氧乙酰基硝酸酯(PAN)的形成

PAN 一般是由乙酰基与空气中的 O_2 结合而形成过氧乙酰基，然后再与 NO_2 化合生成的化合物。其中，乙烷氧化形成乙醛，乙醛光解产生乙酰基。

$$C_2H_6 + HO\cdot \xrightarrow{M} \cdot C_2H_5 + H_2O$$
$$\cdot C_2H_5 + O_2 \longrightarrow C_2H_5O_2\cdot$$
$$C_2H_5O_2\cdot + NO \longrightarrow C_2H_5O\cdot + NO_2$$
$$C_2H_5O\cdot + O_2 \longrightarrow CH_3CHO + HO_2\cdot$$
$$CH_3CHO + HO\cdot \longrightarrow CH_3CO\cdot + H_2O$$
$$CH_3CO\cdot + O_2 \longrightarrow CH_3C(O)OO\cdot$$
$$CH_3C(O)OO\cdot + NO_2 \longrightarrow CH_3C(O)OONO_2(PAN)$$

PAN 具有热不稳定性，遇热分解为过氧乙酰基和 NO_2，分解出来的过氧乙酰基可与 NO 反应。

三、碳氢化物的转化

碳氢化合物包括烷烃、烯烃和芳烃等复杂多样的含碳、含氢的化合物，一般用 CH 表示。大气中碳氢化合物主要是甲烷，约占70%。大部分的碳氢化合物来源于植物的分解，人类排放的量虽然小，却很重要。碳氢化合物的人为来源主要是石油燃料的不充分燃烧过程和蒸发过程，其中汽车排放量占有相当的比重。

碳氢化合物（如烷烃、烯烃及烷基苯等），本身毒性并不明显，但它们可被大气中的HO·等自由基或氧化剂所氧化，生成二次污染物，并参与光化学烟雾的形成。最常见的CH化合物是甲烷。

1. 甲烷

甲烷主要来自沼泽、泥塘、水稻田、牲畜反刍等厌氧发酵过程。据美国科罗拉多大学的店纳德·约翰逊估计：一头牛每天排泄 $200 \sim 400L$ 甲烷，全世界约有牛、羊 1.2×10^9 头，每年将产生大量的甲烷。水稻田是大气中甲烷的重要排放源之一，它是在淹水厌氧条件下，通过微生物代谢作用，有机质矿化过程所产生的。全球水稻田产生的甲烷约为 $(0.7 \sim 1.7) \times 10^8 t/a$。由于全球水稻田大多分布在亚洲，而中国水稻种植面积又占亚洲水稻面积的30%，因此，水稻田甲烷的排放对我国乃至世界甲烷源的贡献都非常重要。

CH_4 在大气中的寿命约为11年。排放到大气中的 CH_4 大部分被 HO· 所氧化，每年留在大气中的 CH_4 约为 $0.5 \times 10^8 t$，导致大气中 CH_4 浓度上升。大气中 CH_4 的主要去除过程是与 HO· 的反应：

$$CH_4 + HO· \longrightarrow CH_3· + H_2O$$

少量的 CH_4（$\leqslant 15\%$）会扩散进入平流层，在平流层中与氯原子发生反应：

$$CH_4 + Cl· \longrightarrow CH_3· + HCl$$

从而减少氯原子对 O_3 的损耗，形成的 HCl 扩散到对流层而被雨除去。

大气中 CH_4 也是重要的温室气体，其温室效应比 CO_2 大20倍。近100年来，大气中甲烷浓度上升了1倍多，目前全球甲烷浓度已达到 $1.75 mL/m^3$，其年增长速度为 $0.8\% \sim 1.0\%$。若按目前甲烷产生的速度，几十年后，甲烷将在温室效应中起主要作用。目前 CO_2 和 CH_4 的温室效应贡献率分别是56%和11%。

2. 多环芳烃

多环芳烃（PAH）是指多环结构的碳氢化合物，是分子中含有两个以上苯环的烃类，其中5环、6环的多环芳烃为一类非常重要的环境污染物和化学致癌物。如萘、蒽、菲、萤蒽、苯并蒽、苯并[b]萤蒽及苯并[a]芘等。

细菌、藻类和植物等生物的合成产物，森林、草原的野火及火山喷发物，生物降解产物再合成的产物是多环芳烃的天然来源。多环芳烃的人为污染源很多，主要来自于各种矿物燃料（煤、石油、天然气）、木材、纸和其他碳氢化合物的不完全燃烧及天然有机物（煤）在还原条件下的热解。构成我国一次能源75%的煤以及柴油、煤油、汽油、煤气和天然气等的燃烧，都排放出大量多环芳烃。食品经过炸、炒、烘烤、熏等加工、吸烟产生的烟雾等，也会产生大量多环芳烃。

多环芳烃大多数不溶于水，沸点、熔点较高。吸附在颗粒污染物上的多环芳烃几乎不能降解，易在人、动物体内发生富集。例如，成年人每年可以从大气中吸入 $0.05 \sim 500 \mu g$ PAH。进入人体的 PAH 易发生积累，只有很少部分经尿排出体外。PAH 在代谢的过程中可生成致癌物质。至今已发现的 PAH 有100多种，其中有一部分具有致癌性。苯并[a]芘 [B(a)P] 是第一个被发现的环境化学致癌物，而且致癌性很强，污染最广，因而常以苯并[a]芘作为多环芳烃化合物污染的监测指标。B(a)P 占环境中全部致癌多环芳烃的 $1\% \sim$

20%，在大气中的浓度大致为 $0.001 \sim 10 \mu g/100 m^3$。

PAH 在环境中可经物理、化学和生物作用而自净。例如，大气中的 $B(a)P$ 可受阳光紫外线及臭氧的作用而降解为无致癌性物质，水和土壤中的某些微生物亦可降解 $B(a)P$，但这种自净作用有限。

3. 二噁英

二噁英实际上是氯代二苯并-对-二噁英（PCDDs）和氯代二苯并呋喃（PCDFs）的总称。其他一些卤代芳烃化合物，如多氯联苯（PCBs）、氯代二苯醚、氯代萘、溴代以及其他混合卤代芳烃化合物也包括在内，因为它们有很相似的化学性质和结构，属于氯代含氧三环芳烃类化合物，并且对人体健康又有相似的不良影响，所以统称它们为二噁英及其类似物。

农药和有关工业品的使用、生产，如杀虫剂、除草剂、防腐剂及金属冶炼会产生二噁英；城市垃圾的焚烧、汽车尾气的排放、纸浆的氯漂白都是环境中二噁英的主要来源。

这类物质化学性质极为稳定、难被生物降解，破坏其结构需加热至 800℃ 以上，亲脂而不溶于水，可在食物链中富积。在环境中的行为主要表现为工业产生的二噁英能强烈地吸附在颗粒污染物上，并通过空气、水、泥土、植物进入食物链；二噁英易发生富集。以鱼为例，这些毒物由于食物链的蓄积作用，鱼体中二噁英水平可达到环境中的 10×10^4 倍。当人们食用被二噁英污染的禽畜、肉、蛋、奶品时，二噁英便转移到人体中，对人体产生危害。如 1999 年比利时、法国、德国、荷兰 4 国，因为饲料被含二噁英类化合物的油料污染，导致牛肉、牛乳制品、禽、蛋制品二噁英类化合物含量增加，引起世界各国政府的注意，纷纷禁止从这 4 国进口上述食品。

第六节　几种代表性的大气环境污染问题

一、温室效应

1. 什么是温室效应

地球的光和热来自太阳，太阳表面的温度高达 6000K，它发射的电磁波为短波高能辐射。短波可以穿越地球大气层到达地面，地面在接收太阳短波辐射增温的同时，也向外辐射长波到大气中去。阳光照射地球时，部分能量被大气和地表吸收，地球表面向外释放热量，其中一部分也被大气吸收。大气层存留热量的能力使地球表面有着温暖的环境，这一作用过程，与温室的作用相同，被称为温室效应。由于在一个长时期内地面的平均温度基本上维持不变，因此可以认为入射的太阳辐射和地球的长波辐射收支是基本平衡的（见图3-8）。

由于大气有温室效应，全球地表平均气温保持为 15℃。根据计算，如果没有大气层及大气中的温室气体，全球地表的平均温度应为-18℃。简单地说，地球大气层有着与温室玻璃类似的保温效果，允许短波直接辐射穿过，但捕获长波反射热辐射，从而造成温度升高的现象。可以说温室效应为人类提供适宜的生存环境作出了贡献，但如果温室效应过强，就会使地球迅速升温以至于影响人类的生存。

2. 温室效应源于温室气体

大气的温室效应主要是温室气体（GHG）所致。温室气体是大气中那些能够吸收地表发射的热辐射、对地表有保温作用的气体。并不是大气中的每一种气体都能强烈吸收地面长

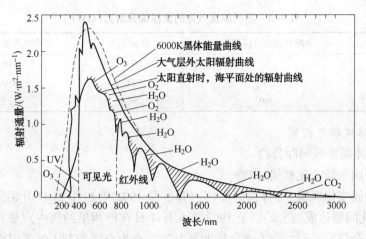

图 3-8　太阳辐射光谱

波，比如占大气 99% 的氧气和氮气，它们既不吸收也不发射热辐射；而大气中含量小的水汽、二氧化碳和其他一些微量气体才真正吸收了一部分地表发射的热辐射，对它起到了遮挡作用并造成地表实际平均温度和仅包含氧气和氮气的大气状态下的地表温度之间 21℃ 的差别。温室气体越浓，获取的热量越多，温室效应也越强，地球表面就会迅速增温。不同温室气体的温室效应是不同的，温室气体中最重要的气体是水汽，但是它在大气中的含量不受人类活动的直接影响。直接受人类活动影响的主要温室气体有二氧化碳、甲烷、氧化亚氮、臭氧、氯氟烃等。其中对气候变化影响最大的是二氧化碳，二氧化碳对全球变暖的贡献率达到 60%。自工业革命以来，人类向大气中排入的二氧化碳等吸热性强的温室气体逐年增加，大气的温室效应也随之增强。

多数温室气体在大气中留存很久，例如 CO_2 可留存约 120 年，全氟碳化物生命期约为 5 万年。也就是说今天释放的废气，在一个世纪或数百个世纪后才会消失。依据 2007 年 IPCC（The Intergovernmental Panel on Climate Change）评估报告，如果大气中 CO_2 含量增加到工业革命前的 2 倍，全球平均温度将大约上升 3℃，海平面升高约 10~60cm。从工业革命开始累积到现在的 CO_2 排放，已经逐渐影响现在的气候。全球气候变暖、极端天气事件频繁出现等一系列严重问题是人类需要面对的巨大挑战，温室气体及温室效应直接关系到人类的生存和发展，已引起了全球广泛的关注。

世界观察研究所的研究数据表明，目前大气中的 CO_2 浓度已经超过 $368×10^{-6}$（体积分数），比工业革命前的大气浓度（约 $88×10^{-6}$）高出 30%，这可能是过去 42 万年中的最高值。科学家预估生态系统可以忍受的大气中 CO_2 含量上限为 $550×10^{-6}$。

3. 温室气体的种类

温室气体主要来源于人类的化石能源燃烧活动、化石能源开采活动、工业生产活动、农业和畜牧生产、废弃物处理、土地利用变化等活动，所以温室气体主要由二氧化碳、甲烷、氧化亚氮（一氧化二氮）、氟氯碳化物以及水组成。人类活动直接影响水汽含量，地球因其他温室气体增加而暖化，蒸发作用随之加速，从而形成更多水汽。

《京都议定书》限排的温室气体包括二氧化碳（CO_2）、甲烷（CH_4）、氧化亚氮（N_2O）、氢氟碳化物（HFCs）、全氟碳化物（PFCs）、六氟化硫（SF_6）六种气体，CO_2 是主要的温室气体。有关数据如表 3-4 所示。

表 3-4　不同温室气体的全球温升潜力（GWP）

温室气体	全球升温潜力（GWP）	温室气体	全球升温潜力（GWP）
CO_2	1	HFCs	140~11700
CH_4	21	PFCs	6500~9200
N_2O	310	SF_6	23900

4. 温室气体减排与控制

1）温室气体减排的国际公约

（1）《联合国气候变化框架公约》

《联合国气候变化框架公约》，简称《公约》，是 1992 年 5 月 22 日由联合国政府谈判委员会就气候变化问题达成的公约，于 1992 年 6 月 4 日在巴西里约热内卢举行的联合国环发大会（地球首脑会议）上通过。《公约》是世界上第一个为全面控制 CO_2 等温室气体排放，以应对全球气候变暖给人类经济和社会带来不利影响的国际公约，也是国际社会在应对全球气候变化问题上进行国际合作的一个基本框架。《公约》于 1994 年 3 月 21 日正式生效。截至2015 年，已拥有 194 个缔约方。

（2）《京都议定书》

《公约》规定每年举行一次缔约方大会。1997 年 12 月 11 日，第 3 次缔约方大会在日本京都召开。149 个国家和地区的代表通过了《京都议定书》，它规定从 2008~2012 年期间，主要工业发达国家的温室气体排放量要在 1990 年的基础上平均减少 5.2%，其中欧盟将 6 种温室气体的排放削减 8%，美国削减 7%，日本削减 6%，同时决定不为发展中国家引入除《公约》以外的新义务。

气候变化是由人为排放温室气体而产生的，那么解决气候变化问题的根本措施就是减少温室气体的人为排放。《京都议定书》的规定只针对如下六种温室气体，具体特征见表 3-5。

表 3-5　六种温室气体的特征

种　　类	增温效应/%	生命期/a	排放减少量/%	100 年全球增温潜势
CO_2	63	50~200	70	1
CH_4	15	12~17	15~20	23
N_2O	4	120	70~80	296
氢氟烃（HFCs）	11[①]	13.3	70~75	1200
全氟烃（PFCs）		50000	75~80	—
SF_6 及其他	7	3200	75~80	22200

① HFCs 与 PFCs 共同的增温效应为 11%。

2）能源活动温室气体排放量计算方法

IPCC（政府间气候变化专门委员会）能源活动温室气体清单编制工作源于 1991 年巴黎举行的《OECD（经济合作与发展组织）温室气体源与汇估算》报告。此后经过多次修订，确定了能源清单指南的编写原则，即：基于目前的科学认识水平和数据可获得性情况，努力保证温室气体排放量估算的准确性；对降低不确定性的要求应掌握在合理和可行的范围内，不提倡无限制地追求降低所有排放源估算的不确定性，以保证把有限的人力、物力资源集中用于对改善国家温室气体清单质量有显著影响的关键问题上。

2002 年，《联合国气候变化框架公约》科技咨询附属机构（SBSTA）在新德里举行了第十七次会议。应这次会议上发出的邀请，开始《2006 年 IPCC 国家温室气体清单指南》的编写，作为此前编写的《国家温室气体排放清单》指南的更新，相关参考资料包括《1996 年国家温室气体清单指南修订本》以及《国家温室气体清单优良作法指南和不确定性管理》和《土地利用、土地利用变化和林业优良作法指南》等。温室气体主要的排放源来自能源、工业生产过程、农业、土地利用变化和林业及废弃物。

二、臭氧层破坏

1. 臭氧层的形成

臭氧是地球大气层中的一种微量气体，臭氧和氧气是氧元素的同素异构体，呈淡蓝色，因有一种鱼腥臭味，因此而得名"臭氧"。在标准状态下，全球 90% 以上的臭氧在平流层中，称为臭氧层。大气中的臭氧是氧分子吸收太阳及宇宙射线中的紫外线形成的：

$$O_2 + h\nu \longrightarrow O + O$$
$$O + O_2 + M \longrightarrow O_3 + M$$

式中 M 为 N_2 或 O_2 分子。生成的 O_3 又可吸收紫外线而分解：

$$O_3 + h\nu \longrightarrow O + O_2$$
$$O + O \longrightarrow O_2$$

因此，在无其他干扰因素时，臭氧维持着生成与分解的平衡，使大气中臭氧浓度保持在一定的范围之内。

臭氧层能吸收 90% 以上的对生物有害的太阳紫外线 UV-C（100~295nm）和 UV-B（295~320nm），而对生物无害的太阳紫外线 UV-A（320~400nm）却可全部通过。正是由于臭氧层这道天然屏障，才使得地球上的生物免受紫外线的伤害，得以生存和繁衍。可以说，没有臭氧层，地球上就不可能存在任何形式的生命。

臭氧层的破坏会增加有害紫外线 UV-B 到达地球表面的量，UV-B 主要损害生物的 DNA。据预测，臭氧层每减少 10%，则到达地面的紫外线增加 20%。这将导致皮肤癌的发病率增加 26%，白内障患者增加 0.6%。UV-B 影响人体免疫系统，使包括艾滋病在内的多种病毒的活力增强；影响植物的光合作用，造成农作物减产；破坏浮游生物的繁殖和生长，减少水产资源；加速橡胶、塑料等材料的老化。上述预测已为近年来越来越多的研究结果所证实。

2. 臭氧浓度的度量单位

大气中的臭氧总含量通常用厚度（cm）来表示。这是假定大气中单位面积（如 cm^2）上整层气柱内所有臭氧都归一到标准气压（一个大气压，即 1013.25hPa）和标准温度（273K）条件下（STP）所形成的气层厚度数，通常用 cm 表示。

为纪念英国科学家 G. M. B.陶普生（Dobson）在臭氧测量方面做出的贡献，大气中臭氧总含量常用 Dobson 单位（即 DU）来表示，一个 DU 等于 0.001cm（STP）。在一些文献中，有时把表示臭氧度的单位"cm"写成"cmSTP"即表示是标准状况下（STP）的厘米数，也有的人把这个"cm"写成"atm-cm""即"大气-厘米"，其意义相同。在实际应用中，除用"厘米"和"DU"外，还广泛采用其他单位来表示臭氧的含量。它们是：

（1）臭氧密度（或臭氧质量密度）$\rho(O_3)$，它表示单位空气体积中所含的臭氧质量，常用 kg/m^3、g/m^3 或 $\mu g/m^3$ 来表示。

（2）臭氧柱密度 $\varepsilon(O_3)$，它表示标准状况下（STP）每单位距离内（km）臭氧形成的气层厚度(cm)，常用 cm/km(STP)来表示，它与臭氧质量密度 $\rho(O_3)$ 的关系为：$1\varepsilon(O_3) = 4.66968\times10^4\rho(O_3)$ [即 $1\rho(O_3) = 2.14148\times10^{-5}\varepsilon(O_3)$]。

(3) 臭氧数密度 $\Omega(O_3)$，表示单位体积空气中(m^3或 cm^3)臭氧的分子数目，通常用 m^{-3} 来表示。

(4) 臭氧分压 $p(O_3)$，表示在同一温度情况下，空气中臭氧分子的压强，其单位为 Pa 或 hPa(文献中习惯上有时也用 nb 表示，$1nb = 10^{-6}hPa$)。

(5) 质量混合比 $\gamma(O_3)$，这是一个无量纲量，它表示在同样气压和温度情况下，臭氧密度 $\rho(O_3)$ 与空气密度 $\rho(a)$ 之比。

(6) 体积混合比 $\gamma'(O_3)$，也是一个无量纲量，它表示在同样气压和温度情况下，臭氧分子所占的体积 $V(O_3)$ 与空气分子体积 $V(a)$ 之比。由于臭氧与空气的相对分子质量之比平均为 0.603448，所以有 $\gamma'(O_3) = \gamma(O_3)$。

还可以从这些单位中推出一些导出量。上述各单位之间可以进行相互换算，其换算关系由表 3-6 给出。

表 3-6　大气中臭氧浓度各表示单位之间的换算

导出量	基本量	
	质量密度 $\rho(O_3)/(kg/m^3)$	柱密度 $\varepsilon(O_3)/[cm/km(STP)]$
质量密度 $\rho(O_3)/(kg/m^3)$	$\rho(O_3)$	2.14148×10^{-5}
柱密度 $\varepsilon(O_3)/[cm/km(STP)]$	4.66968×10^4	$\varepsilon(O_3)$
数密度 $\Omega(O_3)/m^{-3}$	1.25467×10^{23}	2.68684×10^{20}
分压 $p(O_3)/hPa$	1.73222	3.70951×10^{-5}
质量混合比 $\gamma(O_3)$	$\rho(O_3)/\rho(a)$	$2.14148\times10^{-5}\varepsilon(O_3)/\rho(a)$
体积混合比 $\gamma'(O_3)$	$0.603448\rho(O_3)/\rho(a)$	$1.29227\times10^{-5}\varepsilon(O_3)/\rho(a)$

对大气中的臭氧含量之所以有很多单位来表示，一方面是考虑到人们的一些习惯用法，同时也满足人们在研究臭氧的不同特征时的方便。例如，人们在表示大气中臭氧的总量时(实际上是气柱总量)习惯用"DU"来表示，在讨论大气中某一水平路径上的臭氧含量时则用标准状况下柱密度[cm/km(STP)]来表示，在研究臭氧在大气中随高度分布时，最常用的单位是臭氧分压。环境部门为表示空气中臭氧含量常用"$\mu g/m^3$"作单位，这实际上是臭氧质量密度的导出单位。在此以前，人们还常用 ppm 或 pph 等单位来表示臭氧的含量，这些单位实际上指的是臭氧的体积混合比 $\gamma'(O_3)$，分别表示 10^{-6} 和 10^{-9}，目前 ppm 和 ppb 在标准计量单位中已被废除，尽管有些部门还在按习惯沿用。应当指出，人们常说的"浓度"一词是习惯说法，但在概念上是模糊的。"臭氧浓度"一词更接近于臭氧质量密度或混合比。

学者们在研究大气中的臭氧垂直廓线时(即臭氧含量随高度的变化曲线)，常常使用臭氧分压、臭氧质量密度、臭氧数密度(单位体积空气中臭氧的分子数目)和臭氧混合比等单位。图 3-9 给出了用不同单位表示的臭氧垂直分布曲线示意图。由定义和表 3-6 可见，在给定的温度条件下，臭氧分压正比于臭氧密度，同时由于在平流层中温度的变化比较小，因而 $\rho(O_3)$ 和 $p(O_3)$ 通常在 20~25km 高度范围内达到最大值，再往上则随高度而明显减小。但臭氧混合比的最大值一般出现在 30km 以上，这是由于在 20~25km 高度范围内，空气密度随高度的减小要比臭氧密度随高度的减小更快引起的。同样道理，臭氧数密度极大值出现的高度也在混合比极大值的高度之下。

3. 臭氧层破坏现状

由于人类活动直接或间接地向平流层排放一些消耗 O_3 的物质（ODS），如含氯、含溴的烃类化合物及氮氧化物等，对平流层的 O_3 分解有催化作用，从而损耗平流层 O_3。平流层 O_3 的严重损耗将导致到达地面的太阳紫外辐射增加将引发某些疾病，破坏地球生态系统平衡。

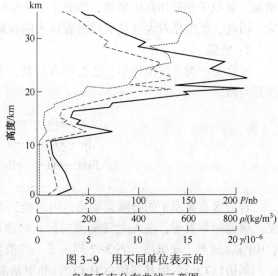

图3-9　用不同单位表示的臭氧垂直分布曲线示意图

1985 年，英国科学家法尔曼（Farmen）等人首先提出"南极臭氧洞"的问题。他们根据南极哈雷湾观测站的观测结果，发现从 1957 年以来，每年早春（南极 10 月份）南极臭氧浓度都会发生大规模的耗损，极地上空臭氧层的中心地带，臭氧层浓度已极其稀薄，与周围相比像是形成了一个"洞"，直径达上千公里，"臭氧洞"就是因此而得名的。这一发现得到了许多其他国家的南极科学站观测结果的证实。卫星观测结果表明，臭氧洞在不断扩大，至 2006 年臭氧层空洞曾达到 $2950 \times 10^4 km^3$，相当于两个南极大陆。同时，南极臭氧洞持续的时间也在加长。这一切迹象表明，南极臭氧洞的损耗状况仍在恶化之中。

4. 臭氧层破坏机理

在平流层中臭氧耗损，主要是通过动态迁移到对流层，在那里得到大部分具有活性催化作用的基质和载体分子，从而发生化学反应而被消耗掉。O_3 主要是与 HO_x、NO_x、ClO_x 和 BrO_x 中含有的活泼自由基发生同族气相反应。

1）氟里昂

氟里昂是一类含氟、氯饱和烃类的总称。其通式为：

$$C_n H_{2n+2-x-y} F_x Cl_y \, (x+y \leqslant 2n+2)$$

氟里昂的应用一度十分广泛，其年产量超过百万吨，是重要的致冷剂、气雾剂、发泡剂和清洗剂。1974 年，Rowland 和 Molina 首次提出氟里昂对大气臭氧层有严重的破坏作用，后为许多科学家的研究所证实。现在已经弄清，在所有破坏臭氧层的物质中，氟里昂首当其冲。对于氟里昂破坏大气臭氧层的机制，目前一般认为：氟里昂到达大气平流层后，在紫外光辐射作用下首先分解出 Cl 原子，Cl 原子再与臭氧发生链反应造成臭氧的分解消耗。以 CCl_3F 为例，反应过程可表示为：

$$CCl_3F \xrightarrow{h\nu} CCl_2F \cdot + Cl \cdot$$
$$Cl \cdot + O_3 \longrightarrow O_2 + ClO \cdot$$
$$ClO \cdot + O \longrightarrow Cl \cdot + O_2$$
$$\cdots\cdots$$

研究结果表明，在大气层的不同高度，氯原子对臭氧的破坏作用是不同的，随着高度的增加，氯原子的破坏作用增强，当处于平流层时，每个 $Cl \cdot$ 大约可与 10^5 个 O_3 分子发生链反应。因此，氟里昂对大气臭氧层有着巨大的破坏作用。

2) 哈隆

哈隆是一类含溴卤代甲、乙烷的商品名，主要用作灭火剂。哈隆破坏臭氧层的机制与氟里昂类似。

$$RBr \xrightarrow{h\nu} R \cdot + Br \cdot$$
$$Br \cdot + O_3 \longrightarrow O_2 + BrO \cdot$$
$$BrO \cdot + O \longrightarrow Br \cdot + O_2$$
$$\cdots\cdots$$

若为含有氯原子的哈隆类物质，则可能同时离解出对臭氧层具有破坏作用的 $Cl \cdot$ 自由基。研究结果表明，进入大气平流层后，哈隆比氟里昂更危险，因为哈隆消耗臭氧潜能值（ODP）远远大于氟里昂。表 3-7 列出了一些消耗臭氧物质的 ODP 值。

氯仿（CCl_4）、甲基氯仿（CH_3CCl_3）和甲基溴（CH_3Br）等在工农业生产中应用的其他氯代烷烃一旦进入大气平流层，会同样分解破坏臭氧。

表 3-7 一些消耗臭氧物质的 ODP 值

物质	化学式	ODP	物质	化学式	ODP
CFCl1	$CFCl_3$	1.0	HCFCl24	C_2HF_4Cl	0.022
CFCl2	CF_2Cl_2	1.0	Halon1211	CF_2ClBr	4
CFCl113	$C_2F_3Cl_3$	1.07	Halon1301	CF_3Br	16
CFCl114	$C_2F_4Cl_2$	0.8	Halon2402	$C_2F_4Br_2$	7
CFCl15	C_2F_5Cl	0.5	CCl_4	CCl_4	1.08
HCFCl22	CHF_2Cl	0.055	CH_3CCl_3	CH_3CCl_3	0.12
HCFCl23	$C_2HF_3Cl_2$	0.02	CH_3Br	CH_3Br	0.6

3) 含氮化合物

废气中含有大量的氮氧化物（如 N_2O 和 NO_2 等），这些氮氧化物可以破坏掉大量的臭氧分子，从而造成臭氧层的破坏。

地面上的氮氧化物，在大气的扩散中，通过对流层而进入平流层，发生反应如下：

$$N_2O + O \cdot \longrightarrow 2NO \tag{3-30}$$
$$NO_2 + h\nu \longrightarrow NO + O \tag{3-31}$$

这样产生的一氧化氮与臭氧化合，即：

$$NO + O_3 \longrightarrow NO_2 + O_2 \tag{3-32}$$

生成的二氧化氮按式（3-30）、式（3-31）生成一氧化氮，再重复式（3-32），破坏臭氧。另外还有一些其他的自然过程如宇宙射线的作用，太阳质子事件都会产生一氧化氮，对流层中的闪电也会产生一氧化氮，并向上扩散进入平流层。

实验表明温度超过 2000℃时可产生一氧化氮：

$$O_2 + M \longrightarrow O + O + M$$
$$O + N_2 \longrightarrow N + NO$$

因此，核爆炸、航空器发射、超音速飞机都会产生一氧化氮使臭氧浓度下降，特别是大量的高空飞行已经引起人们在这方面的担心。

臭氧层一直以来保护着地球及地球上生物不受紫外线辐射的危害。根据英国国家海洋大气局的报告，氮氧化物是目前对地球臭氧层破坏最为严重的一种污染物。

大气中的 N_2O 化学性质已经得到较好的确定：它一般稳定分布于大气层的最底层（对流层），在这里 N_2O 在作为一种温室气体可以存在约 100 年。当 N_2O 迁移到平流层时，它转换为 NO 与臭氧发生反应，产生 NO_2 和 O_2，NO_2 又重新与 O 反应生成 NO。

最新的方法就是利用 N_2O 的化学性质计算 N_2O 的（臭氧消耗率），这主要是通过比较单位质量的 N_2O 和单位质量的 CFC_{13} 所消耗的臭氧量所得。结果表明，N_2O 对臭氧的消耗相当于好几个氟氯烃，根据《蒙特利尔议定书》，N_2O 将于 2030 年之前被禁止用于工业用途。

当英国国家海洋大气局根据气体的臭氧消耗率来评估对大气的危害时，他们发现 N_2O 成为消耗大气中臭氧的最大元凶。

2009 年，英国 Leeds 大学大气学教授 Martyn Chipperfield 说，在臭氧被损耗的过去 10 年中，人们关注的焦点都只是氯化物和溴化物。这份报告准确的表明了氮氧化物才是对臭氧层威胁最大的化学物质。但是 N_2O 会随着氯化物浓度的降低而减少，因此，大气中的氯化物可以相应的减少 N_2O 对臭氧的消耗作用。

英国国家海洋大气局的负责人 A. R. Ravishankara 说，大气中的氮氧化物来源于大自然以及人类活动。大约 1/3 的 N_2O 来自于人类活动，尤其是农业。科学家们估计，由人类活动产生的 N_2O 正以每年 1% 的增长速度不断增长。

三、酸雨

1. 酸雨的定义

在没有大气污染物存在的情况下，降水酸度主要由大气中的二氧化碳所形成的碳酸组成，其 pH 值大约在 5.6~6.0。因此，一般地将 pH 值小于 5.6 的降水称为酸雨，这里的降水包括雨、雪、霜、雾、露等各种降水。形成酸雨的酸性物质有自然源和人为源。在自然界自然产生的酸性物质，在正常的酸雨过程中能稀释，使它们不会产生什么危害。人为源如燃煤发电，这些人类活动排放到大气中的含硫含氮的氧化物在运行过程中，经过复杂的大气化学和大气物理作用，形成硫酸盐和硝酸的水溶液，这就形成了酸雨。

随着研究的深入，过去被大量引用的"酸雨"的提法已逐渐被"酸沉降"所取代。酸沉降又分为湿沉降和干沉降两种：湿沉降是指大气中的酸通过降水，如雨、雾、雪等迁移到地表；干沉降是指大气中的酸在含酸气团气流的作用下直接迁移到地表。虽然在早期的研究中也曾一再提出过酸的干沉降与湿沉降同样重要，但是一段时间内注意力几乎全部集中于湿沉降即酸雨的研究。直到在酸雨的研究中发现干沉降的作用不可低估，引起环境效应的往往是干、湿沉降综合的结果后，对于干沉降的研究才被重视。

对酸雨 pH 值的定义多年来一直有许多争议。通常认为雨水的"天然"酸度为 pH5.6，此值来自如下考虑：影响天然降水 pH 值的因素仅仅是大气中存在的 CO_2，根据 CO_2 的全球大

气浓度 330×10⁻⁶ 与纯水的平衡，可以计算出 pH 值约为 5.6。多年来国际上一直将此值看作未受污染的天然雨水的背景值。pH 值小于 5.6 的雨水被认为是酸雨，其酸性增加来自人为污染，因此 pH 值是否小于 5.6 实际上已被国际上用作判别雨水是否受到人为污染的界限。

近年来，通过对降水的多年观测，已经对 pH5.6 能否作为酸性降水的界限以及判别人为污染的界限提出了异议。主要论点为：

（1）在高清洁的大气中除了 CO_2 外，还存在各种酸、碱性气态和气溶胶物质，它们通过成云过程和降水冲刷过程进入雨水，降水酸度是降水中各种酸、碱性物质综合作用的结果，其 pH 值不一定正好等于 5.6。

（2）作为对降水 pH 值有决定影响的强酸，尤其是硫酸和硝酸，并不都是来自人为源。以硫为例，由生物过程产生的 H_2S、CH_3SCH_3，由火山爆发放出的 SO_2 和海盐中的 SO_4^{2-} 等都对雨水有贡献。Charlson 和 Rodhe 在 1982 年通过计算指出，如果没有碱性物质如 NH_3 和 $CaCO_3$ 等的存在，单由天然硫化合物的存在所产生的 pH 值为 4.5～5.6，其平均值为 5.0。Stensland 等在分析了美国东部 1955～1956 年的降水数据后指出 pH 值的背景值约为 5.0。

（3）降水值大于 5.6 的地区并不意味着没有人为源的污染，降水 pH 小于甚至更小的地区并不意味着存在人为污染源。例如在小岛，离火奴鲁以北 500km，那里显然没有局部人为和火山源，降水平均 pH 为 4.8；在印度洋阿姆斯特丹岛海平面上所取得的降水 pH 在 4.5～5.6 范围内变化。事实表明，未被人为排放所污染的雨水 pH 下限可达 4.5 甚至更下。

（4）单凭雨水 pH 值并不能表示降水受污染的程度。相同 pH 的雨水，其中的化学组成含量可以相差很大。

因此 pH 值 5.6 不是一个判别降水是否酸化和人为污染的合理界限，于是提出了降水 pH 的背景值和降水污染与否的判别标准问题。通过对全球背景点降水组成和 pH 值的多年研究，Galloway 等认为全球降水 pH 值的背景值似乎应该≥5.0。

虽然学术界对酸雨 pH 值的大小有争议，但现在学术界还是达成了共识，仍然以 pH 值大于 5.6 为判别酸雨的标准。

2. 酸雨的形成机制

酸雨的形成是一种复杂的大气化学和大气物理现象。酸雨中含有多种无机酸和有机酸，但主要前体物为 SO_2 和 NO_x，其中 SO_2 对全球酸沉降的贡献率为 60%～70%。随着经济的发展，工业生产突飞猛进，大量的企业必然需要充足的电力和便捷的交通运输作为保障，企业的燃煤量呈现增加的趋势，繁荣的交通运输车辆必然会排放大量的尾气。为适应企业对电力的需求，现在各地电厂越来越多，大量的煤炭被燃烧，排放的 SO_2 和 NO_x 的量也是日益增加。SO_2 是工业生产过程中以及化石燃料燃烧过程中排放的副产品，矿石冶炼、燃烧发电以及天然气加工是主要来源；NO_x 主要来源于机动车、住宅区和商用炉、工业和电力公用事业公司的锅炉和发电机及其他设备的燃料燃烧。

SO_2 和 NO_x 在大气中经过均相氧化和非均相氧化转变为 H_2SO_4 和 HNO_3 进入降水中而形成酸雨。均相氧化也称化学氧化，是指 SO_2、NO_x 气体受热形成的氧化剂或光化学产生的自由基（如 HO·、HO_2·）所氧化，而多相氧化是指吸附在液态气溶胶中的 SO_2、NO_x 被溶液中的金属离子（如 Fe^{3+}、Mn^{2+}）所催化氧化。但在液相中 SO_2 和 NO_x 也能由强氧化剂如 H_2O_2 和 O_3 等氧化，同时在水汽存在的情况下，两者都能被大气中的颗粒物吸收，特别是被煤烟中的细小碳粒所吸附，从而发生界面氧化。当大气中的 SO_2 和 NO_x 的浓度高时，降水中表示酸的硫酸根离子和硝酸根离子的浓度亦较高。同时酸雨受微粒的影响是双面的：夏季由于降水较多，空气中的微粒含量减少，该季节降水 pH 值偏低；干燥的季节微粒含量高，相对降水的 pH 值偏高。

3. 酸雨的危害

酸雨对人类健康会产生直接或间接的影响。首先，酸雨中含有多种致病致癌因素，能破坏人体皮肤、黏膜和肺部组织，诱发哮喘等多种呼吸道疾病和癌症，降低儿童的免疫能力。其次，在酸沉降作用下，土壤和饮用水水源被污染；其中一些有毒的重金属会在鱼类机体中沉积，人类因食用而受害。

酸雨可造成江、河、湖、泊等水体的酸化，致使生态系统的结构与功能发生紊乱。水体的 pH 值降到 5.0 以下时鱼的繁殖和发育会受到严重影响。水体酸化还会导致水生物的组成结构发生变化，耐酸的藻类、真菌增多，有根植物、细菌和浮游动物减少，有机物的分解率则会降低。流域土壤和水体底泥中的金属（例如铝）可被溶解进入水体中而毒害鱼类。在我国还没有发现酸雨造成水体酸化或鱼类死亡等事件的明显危害，但在全球酸雨危害最为严重的北欧、北美等地区，有相当一部分湖泊已遭到不同程度的酸化，造成鱼虾死亡，生态系统破坏。例如加拿大的安大略省已有 4000 多个湖泊变成酸性，鳟鱼和鲈鱼已不能生存。

酸雨可使土壤的物理化学性质发生变化，加速土壤矿物如 Si、Mg 的风化、释放，使植物营养元素特别是 K、Na、Ca、Mg 等产生淋失，降低土壤的阳离子交换量和盐基饱和度，导致植物营养不良。酸雨还可以使土壤中的有毒有害元素活化，特别是富铝化土壤，在酸雨作用下会释放出大量的活性铝，造成植物铝中毒。同时酸性淋洗可导致土壤有机质含量轻微下降，土壤中微生物总量明显减少。酸雨破坏植物形态结构、损伤植物细胞膜、抑制植物代谢功能。酸雨可以阻碍植物叶绿体的光合作用，影响种子的发芽率。

📚 延伸阅读

王雯等采用模拟酸雨（酸雨 pH 值梯度为 4.5、3.5、2.5）或模拟天然降水持续胁迫（每隔 3 天喷施 1 次）水稻（从幼苗期至灌浆期），利用原位无损伤叶绿素荧光测定技术（德国 Walz 公司 PAM-210 脉冲调制式荧光仪）分别探测和分析幼苗期、分蘖期、孕穗期和灌浆期水稻叶片（处理组和对照组），研究酸雨对全生育期水稻叶绿素荧光的影响。结果表明：酸雨胁迫强度与水稻叶绿素荧光参数存在剂量-效应关系，酸雨持续胁迫会对不同生育时期水稻光合作用造成影响，并且不同生育时期水稻光合作用对酸雨胁迫敏感性存在差异，这些是评价酸雨胁迫对植物影响时需考虑的因素。

4. 酸雨污染现状

从世界各大研究机构和组织公布的降水数据可见，欧洲酸性降水主要分布在欧洲中部和北部，2008 年监测的 90 个站点，有 76 个站点年平均 pH 低于 5.6，最低值达 4.29。美国酸性降水主要分布在东部沿海一带，2008 年监测的 85 个站点，有 75 个站年平均 pH 低于 5.6，最低值达 4.45。2008 年东亚酸沉降观测网公布数据显示，日本和我国东部沿海较为严重，54 个监测点有 44 个站点年均 pH 低于 5.6，最低值达 4.2。据中国环境保护部《2008 年中国环境状况公报》称，监测的 277 个城市（县）中，出现酸雨的城市 252 个，占 52.8%；酸雨发生频率在 25% 以上的城市 164 个，占 34.4%；酸雨发生频率在 75% 以上的城市 55 个，占 11.5%。主要集中在长江以南，四川、云南以东的区域，包括浙江、福建、江西、湖南、重庆的大部分地区以及长江、珠江三角洲地区。2009 年酸雨发生面积约 $120 \times 10^4 km^2$，占国土面积 1/8，重酸雨发生面积约 $6 \times 10^4 km^2$。

2015 年上半年，开展酸雨监测的我国 470 个城市中，有 164 个城市出现过酸雨。与上年同期相比，酸雨城市（降水 pH 均值低于 5.6）比例、较重酸雨城市（降水 pH 均值低于 5.0）比例和重酸雨城市（降水 pH 均值低于 4.5）比例分别降低 4.5、5.8 和 3.2 个百分点，全国酸雨污染状况总体有所改善。酸雨主要分布在长江中下游以南地区，包括浙江、江西、福建、湖南的大部分地区，以及重庆西南部、长三角、珠三角地区。酸雨区面积占国土面积的比例约 7.6%。其中，较重酸雨区占国土面积的 1.6%，与上年同期相比，酸雨区面积、较重酸雨区面积均降低 2.4 个百分点。全国酸雨频率均值为 14.8%。目前我国酸雨类型仍以硫酸型为主。

5. 酸雨研究概况

酸雨主要分布在西欧、北美和东南亚。针对酸雨的发生与危害状况，中外环境保护及相关学科的工作者从事了酸雨的形成、危害、治理等系统研究，取得了显著的成绩。

1）国外酸雨研究概况

近年来，国外发达国家在研究酸雨来源和大气污染物迁移机理的同时，更多地关注缔结国际性公约，将缓解环境酸化、富营养化和地面臭氧纳入集成的统一战略。目前世界上一些国家对酸沉降采取的最新研究方法是计算机模拟技术，如美国已成功模拟了南部氮、硫化物的沉降对当地森林土壤的影响。

从欧美和东亚酸雨研究综合情况来看，酸雨研究主要在以下 11 个领域：

（1）酸性物质的发生及发生源的对策研究；

（2）关于酸性污染物质的反应、迁移和扩散研究；

（3）湿沉降和干沉降的研究；

（4）对陆地生态影响的研究；

（5）对水生生态影响的研究；

（6）酸性污染物的生物地球化学行为研究；

（7）关于对生态系统影响的评价模式研究；

（8）受污染后的生态恢复研究；

（9）对文化遗产及建筑物的影响研究；

（10）分析方法和监测方法开发；

（11）区域综合研究与评价。

2）国内酸雨研究概况

我国的酸雨研究始于 20 世纪 70 年代，北京、南京、上海、重庆和贵阳等城市开展了局部研究，发现这些地区不同程度地存在着酸雨问题，西南地区则很严重。1982～1984 年在国家环保局领导下开展了酸雨的调查，为了弄清我国降水酸度及其化学组成在全国的时空分布情况，1985～1986 年在全国范围内布设了 189 个监测站，523 个降水采样点，对降水数据进行了全面、系统地分析。结果表明降水年平均 pH 小于 5.6 的地区，主要分布在秦岭淮河以南，秦岭淮河以北仅有个别地区。降水平均 pH 小于 5.0 的地区则主要在西南、华南以及东南沿海一带。"八五"期间酸雨的研究区域扩展到东部沿海及华中地区，并以青岛和厦门等地为典型案例，研究其与内陆重酸雨区酸雨的成因、来源，以及致酸物质的输入和输出的关系。"九五"期间开展了"SO_2 污染控制区和酸雨控制区"（简称两控区）划分方案的研究。制定了"两控区"方案，在北方设置 SO_2 污染控制区，在南方设置酸雨控制区。1998 年 1 月国务院正式批准了"两控区"方案。"两控区"涉及 27 个省、自治区、直辖市，面积达 $109×10^4km^2$，占国土面积的 11.4%，其中酸雨控制区为 $80×10^4km^2$，占国土面积的 8.4%，SO_2 污染控制区为 $29×10^4km^2$，占国土面积的 3.0%。该方案的实施对抑制我国酸雨污染起到了重要作用。"十一五"期间科学技术部还设立"中国酸雨沉降机制、输送态势及调控原理"的"973"项目，重点研究酸性物质在中国复杂排放条件和大气环境下的形成机制及输送沉降规律，典型生态系统对酸沉降的响应机制、过程及特征，以及酸沉降控制的综合指标体系及调控原理等问题。通过上述研究建立了我国酸沉降控制技术评价与筛选的原则、方法和指标体系，以及基于硫沉降临界负荷的控制规划和对策；在大气污染物输送过程的研究方面也积累了一定经验和理论基础，开发了硫化物输送模式，初步计算了省区间和跨国的输送量。

延伸阅读

酸雨时空动态变化监测一直是环境治理所需的重要信息。朱求安等在我国南方酸雨"两控区"1991~2001 年酸雨观测站年降水 pH 数据的基础上，采用反距离加权(IDW)、普通克里格(OK)和基于样条函数的 ANUSPLIN 等 3 种方法进行酸雨空间插值模拟，并进行验证。对比分析了 3 种方法酸雨插值结果与实测值的统计误差、预测标准误差和相对误差区间分布，以及依据插值结果得出的酸雨分布图层。结果表明：反距离加权法和普通克里格法仅能反映酸雨水平方向上的分布特点，而 ANUSPLIN 法由于加入了地形作为协变量因子，可以很好地反映酸雨空间分布的地形变异特点，更合理地体现了酸雨时空分布特征。ANUSPLIN 法插值结果表明，酸雨严重区主要分布在四川盆地、长江以南广大地区，酸雨强度沿长江向西北及北方地区有不断扩大的趋势。

谢志清等利用 SCIAMACHY、GOME 卫星资料反演的 SO_2、NO_2 柱浓度和中国重点城市 SO_2 排放量数据分析了中国酸雨前体物时空分布特征，并结合气象观测资料探讨了在降水分布出现气候学时空尺度调整的背景下，降水长期变化对强酸雨分布的影响。结果表明：(1)中国南方地区 NO_2、SO_2 排放量相对于降水的冲刷能力而言仍然处于较高的水平，为强酸雨的形成提供了充足的污染物条件。(2)1993~2004 年间，以 1999 年为转折期，中国南方强酸雨分布形势经历了一个由强到弱到再次增强的过程。1999 年后，西南强酸雨区强酸雨城市比例持续下降，江南强酸雨区强酸雨城市比例迅速增加，强酸雨东移扩大趋势明显。(3)中国南方强酸雨区的空间分布与 1961~2006 年冬夏季降水量线性增减速率超过 10mm/10a 的地区一致。

四、光化学烟雾

1. 光化学烟雾的概念

大气中的 NO_x 和非甲烷碳氢化合物(NMHC)等一次大气污染物在强烈的阳光作用下发生一系列光化学反应，产生氧化性很强的二次污染物，如臭氧 O_3(反应产物的 90% 以上)、过氧乙酰硝酸酯(PAN，约占反应产物的 9%)、过氧化氢(H_2O_2)、醛(RCHO)、高活性自由基($RO_2·$、$HO_2·$、$RCO·$ 等)、有机酸和无机酸(HNO_3)等，通常人们把参与光化学反应过程的这些一次污染物和二次污染物的混合物(其中包括气体污染物、气溶胶)所形成的烟雾污染现象，统称为光化学烟雾。

光化学烟雾中最重要最危险的组分是对流层中的 O_3，因此光化学烟雾也称为 O_3 污染，其表现为大气呈白色雾状(有时带紫色或黄褐色)，能见度降低，并具有特殊的刺激性气味，刺激眼睛和喉咙。目前，对光化学烟雾的研究主要集中在对对流层大气中 O_3 浓度积累的研究。

全球最早的光化学烟雾 1943 年出现在美国洛杉矶城，此后，光化学烟雾在世界各地不断出现，如东京、大阪、川崎市、曼谷、墨西哥城、伦敦、澳大利亚的悉尼、意大利的热那亚、印度孟买等城市，至今仍是欧洲、美国和日本等发达国家的主要环境问题。

2. 光化学烟雾的形成机制

光化学烟雾的形成条件是大气中有氮氧化物和碳氢化合物存在，大气湿度低，而且有强阳光照射。

光化学烟雾的日变化曲线如图 3-10 所示。由图可知，烃和 NO 的最大值发生在早晨交通繁忙时刻，此时 NO_2 浓度很低。随着太阳辐射的增强，NO_2、O_3、醛的浓度迅速增大，中午时达到峰值，这些峰值通常比 NO 峰值晚出现几个小时。由此可推断，NO_2、O_3、醛是在日光照射下产生的二次污染物，而早晨由汽车排放出来的尾气(含一次污染物)是产生这些光化学反应的直接原因。傍晚交通繁忙时，虽然仍排放有较多的汽车尾气，但由于日光已较弱，不足以引起光化学反应，因而不能产生光化学烟雾。所以光化学烟雾白天生成，傍晚消失，污染高峰出现在中午或稍后，污染区域往往在下风向几十到几百公里处。另外，光化学烟雾易发生在温度较高的夏秋季节。

采用烟雾箱实验研究光化学烟雾产生的机理，即在一大容器内通入含非甲烷烃和氮氧化物的反应气体，在人工光源照射下，模拟大气光化学反应。图 3-11 为照射 NO_x-C_3H_6 空气混合物的结果。

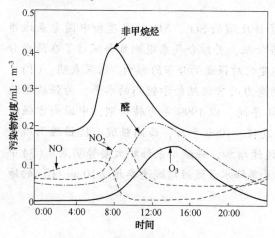

图 3-10 光化学烟雾的日变化曲线

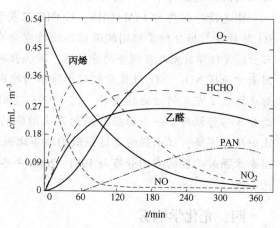

图 3-11 NO_x-C_3H_6 反应物与产物的浓度变化

烟雾箱模拟结果显示：①NO、丙烯浓度下降时，O_3、NO_2、PAN 上升；②NO 耗尽时 NO_2 达峰值，NO_2 下降时 O_3、PAN、HCHO 上升。说明在光照下 NO 向 NO_2 转化；丙烯被氧化消耗；O_3、PAN、HCHO 等二次污染物生产。其关键性的反应如下：

(1) NO_2 的光解导致 O_3 的生成

$$NO_2 + h\nu \xrightarrow{k_1} NO + O$$

$$O + O_2 + M \xrightarrow{k_2} O_3 + M$$

120

$$O_3 + NO \xrightarrow{k_3} O_2 + NO_2$$

NO_2 的光解是光化学烟雾形成的链引发反应。上述三个反应中每一个物种的生成速率都等于消耗速率。因此这三个反应维持着体系的稳定循环。

由 $\dfrac{d[NO_2]}{dt} = -k_1[NO_2] + k_3[O_3][NO] = 0$

可得 $[O_3] = \dfrac{k_1[NO_2]}{k_3[NO]}$

即平衡时臭氧的浓度取决于体系中 $[NO_2]/[NO]$。由于体系中氮的量是守恒的，则：

$$[NO] + [NO_2] = [NO]_0 + [NO_2]_0$$

并且 NO 与 O_3 的反应是等计量关系，所以

$$[O_3]_0 - [O_3] = [NO]_0 - [NO]$$

得出

$$[O_3] = \dfrac{k_1([O_3]_0 - [O_3] + [NO_2]_0)}{k_3([NO]_0 - [O_3]_0 + [O_3])}$$

$$[O_3] = -\dfrac{1}{2}\left([NO]_0 - [O_3]_0 + \dfrac{k_1}{k_3}\right) + \dfrac{1}{2}\left\{\left([NO]_0 - [O_3]_0 + \dfrac{k_1}{k_3}\right)^2 + \dfrac{4k_1}{k_3}([NO_2]_0 + [O_3]_0)\right\}^{\frac{1}{2}}$$

若假设 $[O_3]_0 = [NO]_0 = 0$，则公式简化为

$$[O_3] = \dfrac{1}{2}\left\{\left[\left(\dfrac{k_1}{k_3}\right)^2 + 4\dfrac{k_1}{k_3}[NO_2]_0\right]^{\frac{1}{2}} - \dfrac{k_1}{k_3}\right\}$$

一般令 $k_1/k_3 = 0.01\text{mg/L}$，则可算出不同 $[NO_2]_0$ 时所产生的 O_3 量，如 $[NO_2]_0 = 0.1\text{mg/L}$ 时，$[O_3] = 0.027\text{mg/L}$。实际上，城市大气中 NO_2 的浓度一般也不超过 0.1mg/L，实际测得的臭氧浓度却远远大于 0.027mg/L，表明大气中必然还存在着其他反应使得 O_3 增高。

（2）丙烯可与 O、HO、O_3 反应生成具有活性的自由基（HO、HO_2、RO_2 等），并促进了 NO 向 NO_2 转化，提供了更多的 O_3 和 NO_2 生成源。

如丙烯与 HO 反应：

$$CH_3CH{=\!=}CH_2 + HO \longrightarrow CH_3\dot{C}HCH_2OH[\text{ 或 } CH_3CH(OH)\dot{C}H_2]$$
$$CH_3\dot{C}HCH_2OH + O_2 \longrightarrow CH_3CH(O_2)CH_2OH$$
$$CH_3CH(O_2)CH_2OH + NO \longrightarrow CH_3CH(O)CH_2OH + NO_2$$
$$CH_3CH(O)CH_2OH + O_2 \longrightarrow CH_3C(O)CH_2OH + HO_2$$

又如丙烯与 O_3 反应

$$O_3 + CH_3CH{=\!=}CH_2 \longrightarrow \left[\begin{array}{c} CH_3 \quad \overset{\displaystyle O}{\overset{\displaystyle |}{\underset{\displaystyle\diagup\quad\diagdown}{O\qquad O}}} \\[2pt] \underset{\displaystyle |}{\underset{\displaystyle H}{\overset{\displaystyle |}{C}}}\text{---}CH_2 \end{array}\right] \begin{array}{c} \nearrow \ CH_3\dot{C}HOO\cdot + H_2CO \\[4pt] \searrow \ CH_3CHO + H_2\dot{C}OO\cdot \end{array}$$

若体系中存在其他碳氢化合物，则发生一系列自由基的链传递反应如

$$RH + HO \longrightarrow R + H_2O$$
$$R + O_2 \longrightarrow RO_2$$
$$RCO + O_2 \longrightarrow RC(O)O_2$$

其中过氧自由基 HO_2、过氧烷基 RO_2、过氧酰基 $RC(O)O_2$ 均可将 NO 氧化成 NO_2，即

$$NO+HO_2 \longrightarrow NO_2+HO$$

$$NO+RO_2 \longrightarrow NO_2+RO \xrightarrow{O_2} R'CHO+HO_2$$

$$NO+RC(O)O_2 \longrightarrow NO_2+RC(O)O \longrightarrow R+CO_2$$

其中 R'CHO 为醛，R'为比 R 少一个 C 原子的烷基。RC(O)O 很不稳定，生成后很快分解成 R 和 CO_2。

这些典型的烷基 R 和酰基 RCO 自由基的链反应归纳如图 3-12 所示。

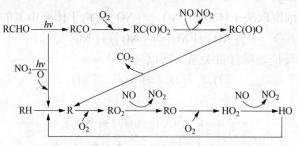

图 3-12　光化学烟雾中自由基传递示意图

图 3-12 表明，一个自由基自形成之后可以参加许多个自由基的传递反应，可使多个 NO 转化为 NO_2。

（3）上述形成的自由基再与 NO_2 反应生成二次污染物如 PAN、HNO_3 等，即

$$CH_3C(O)OO+NO_2 \longrightarrow CH_3C(O)OONO_2$$

$$HO+NO_2 \longrightarrow HNO_3$$

由此可知，NO_2 既起链引发作用，又起链终止作用。

光化学烟雾形成的基本反应机制归纳于表 3-8。

表 3-8　光化学烟雾形成的基本反应机制（298K）

	反　　　应	速度常数/min^{-1}
引发反应	$NO_2+h\nu \longrightarrow NO+O$	0.533（假设）
	$O+O_2+M \longrightarrow O_3+M$	2.183×10^{-11}
	$O_3+NO \longrightarrow O_2+NO_2$	2.659×10^{-5}
自由基传递反应	$RH+HO \xrightarrow{O_2} RO_2+H_2O$	3.775×10^{-3}
	$RCHO+HO \xrightarrow{O_2} RC(O)O_2+H_2O$	2.341×10^{-2}
	$RCHO+h\nu \xrightarrow{2O_2} RO_2+H_2O+CO$	1.91×10^{-10}
	$HO_2+NO \longrightarrow NO_2+HO$	1.214×10^{-2}
	$RO_2+NO \xrightarrow{O_2} NO_2+R'CHO+HO_2$	1.127×10^{-2}
	$RC(O)O_2+NO \xrightarrow{O_2} NO_2+RO_2+CO_2$	1.127×10^{-2}
链终止反应	$HO+NO_2 \longrightarrow HNO_3$	1.613×10^{-2}
	$RC(O)O_2+NO_2 \longrightarrow RC(O)O_2NO_2$	6.893×10^{-2}
	$RC(O)O_2NO_2 \longrightarrow RC(O)O_2+NO_2$	2.143×10^{-8}

五、雾霾

1. 什么是雾霾

按气象学定义，雾是水汽凝结的产物，主要由水汽组成；按中华人民共和国气象行业标

准《霾的观测和预报等级》的定义，霾则由包含 PM2.5 在内的大量颗粒物飘浮在空气中形成。通常将相对湿度大于 90% 时的低能见度天气称之为雾，而湿度小于 80% 时称之为霾，相对湿度介于 80%~90% 之间时则是霾和雾的混合物共同形成的，称之为雾霾。

在传统空气环境中，人类的活动影响较弱，大气中的气溶胶粒子可视为背景气溶胶，其主要来源为自然环境，比如地面扬尘，海洋表面吹入大气的液滴，以及突发性的剧烈自然活动。而随着经济的发展，人类活动影响程度显著增强，工业生产、机动车尾气都使得人为源气溶胶排放量加大。这些人为源气溶胶造成的能见度恶化事件越来越多，特别是严重空气污染的城市，雾霾可以频繁的出现。因此，当下我国的"雾霾"，是人为源气溶胶粒子主导，在高湿度条件下引发的低能见度极端天气。

2. 雾霾的成因
1) 气溶胶组成及来源

霾的形成与气溶胶有直接关系，霾的污染就是气溶胶污染；雾的形成也与气溶胶有很大关系，没有气溶胶粒子的参与，在实际情况中也无法形成雾。因此，研究现今气溶胶的污染情况，是解决雾霾天气的重要途径之一。

（1）一次气溶胶颗粒。不同粒径的气溶胶颗粒由它们不同的来源，可分为粗颗粒和细颗粒，粗颗粒主要组成一次气溶胶。在自然源中，颗粒通常由风蚀性引起，如矿物沙尘、海盐（如土壤尘、火山灰、海面水滴等）和生物质颗粒（如孢子、花粉、谷粒和植物碎片）；在人为源中，主要包括化石燃料燃烧形成的废气，生物质燃烧产生的烟尘等碳黑粒子。一次气溶胶粒子通常粒径大、质量浓度高，但个数浓度（单位体积内某粒子的个数）低，对霾的贡献有限，主要受排放强度的控制。

（2）二次气溶胶颗粒。污染源排放入大气中的气体经化学反应后，产生蒸气压较低的物质，一部分转化为气溶胶粒子（二次气溶胶颗粒），一部分生成臭氧。在形成方式上，二次气溶胶主要有 3 种方式：一是直接由气体形成气溶胶粒子；二是新粒子通过碰撞、聚集，形成更大的粒子；三是通过凝结等方式形成粒径更大的粒子。在二次气溶胶形成过程中，大气相对湿度是重要影响因素。相对湿度决定了二次粒子的生成和低空积累，而且影响着二次粒子的增大与散射率的变化。

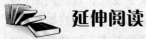 **延伸阅读**

肖建华在《中英雾霾防治对比分析》中指出：对于中国雾霾污染源问题，主流的观点是燃煤、工业污染、机动车污染、城市建设扬尘和烹饪油烟等共同作用的结果。长期以来，煤炭在我国能源消费中的比重占 70% 左右，清洁能源的比重严重不足，工业和生活燃煤直接造成了空气中悬浮颗粒的增加，所以燃煤也是造成雾霾天气的重要原因之一。中国科学院大气物理所针对 2013 年初的北京雾霾的研究显示，污染物主要来源于汽车尾气、燃煤；其中，超过 50% 来源于机动车尾气排放，所占比例最大，化石燃料燃烧的气体排放也接近 30%；其余污染源还包括工业排放、建筑扬尘等。所以，对于雾霾的成因，其主要污染源还是来自于机动车污染、燃煤、工业污染、建筑扬尘等的共同作用。

赵秀娟等利用北京城区和郊区 2011 年 9 月 1 日~12 月 7 日 PM2.5 质量浓度、气溶胶散射系数（σ_{sca}）和黑碳浓度观测资料，研究了雾霾天气条件下北京地区 PM2.5 污染与气溶胶光学参数的变化特征，并讨论了气象条件的作用。结果表明，北京地区 PM2.5 污染和气溶胶光学特性受雾霾天气的影响非常明显。PM2.5浓度、σ_{sca}和气溶胶吸收系数(σ_{abs})在雾霾期均明显高于非雾霾期，雾霾期日均PM2.5浓度在城区和郊区分别达到$97.6\mu g \cdot m^{-3}$和$64.4\mu g \cdot m^{-3}$，为非雾霾期日均浓度的3.3和4.8倍。城区高PM2.5浓度造成雾霾类天气出现频率明显高于郊区。轻雾天城区PM2.5浓度、σ_{sca}和σ_{abs}明显高于郊区，区域输送的影响相对较弱，轻雾和霾天城郊差异较小，区域性特征明显，而雾天σ_{sca}城郊非常接近且在各雾霾类天气中相对最高，气溶胶散射能力最强，区域性特征较为明显。气象条件的不同造成各雾霾过程PM2.5浓度、σ_{sca}和σ_{abs}的空间分布、PM2.5污染及气溶胶消光强度上呈现不同的特点。边界层以上偏南风将南部地区污染物向北京输送，在整层下沉气流作用下使得边界层内污染物浓度增加，加之边界层高度持续稳定在600m左右，边界层内风速很低，污染物水平、垂直扩散均很弱，造成局地污染物的累积，形成了PM2.5污染和气溶胶消光强度最强的一次雾霾过程。

吕效谱等为分析我国2013年1月份大范围雾霾成因及特点，在收集相关污染物与气象数据的基础上，运用主成分及相关性分析，对雾霾期间我国8个重点城市大气细颗粒物(PM2.5)浓度、粒径分布，时空变化规律，雾霾与气象因素的关系以及雾霾期间各城市大气污染指标的主成分及相关性进行了分析。结果显示雾霾期间8个城市PM2.5平均超标2.34倍，PM2.5/PM10浓度比值平均为0.72，高湿、逆温、低压、静风等气象条件有利于雾霾的形成，PM2.5与SO_2、NO_2等表现出较好的相关性，主成分分析表明多数城市表现出明显的复合污染特征。此次雾霾是以特殊气象条件为主导的机动车尾气及煤烟型复合污染引起的大范围污染现象。

2) 气象条件

一定的气象条件作用下，大气中的气溶胶才会形成雾霾天气。首先，在大气环流相对稳定时期，区域大气层稳定，在垂直方向上出现逆温层，这种上暖下冷的逆温现象，使得大气层低空的空气垂直运动受到限制，低空空气中的气溶胶难以向高空飘散而被阻滞在低空和近地面，各种气溶胶污染物逐渐堆积。特别是进入秋季(春季由沙尘污染影响更强)，随着太阳高度角降低，太阳辐射减少，大气环境更加稳定，在夜间更易出现静稳，同时夜间地面辐射增强，高层冷空气较弱，温度较低层空气高，很容易在地面形成逆温层，产生雾霾天气；其次，城市建筑群密集造成下垫面属性改变，使得大气边界层物理结构发生变化，建筑的阻挡和摩擦使风流经城区时明显减弱。静风现象的增多，不利于气溶胶的扩散稀释，容易在城区和近郊区周边积累。一般情况下，小风、高湿、逆温等稳定的气象条件易导致雾霾天气的发生。

延伸阅读

1980~1995年，美国霾的减少趋势伴随着PM2.5浓度的减少，并且与硫化物排放的减少趋势一致。中国雾日数有明显的季节和年代际变化，冬季最多，春季最少；在20世纪70~90年代较多，20世纪90年代以后减少；而霾日数自2001年以来急剧增长。中国雾日数减少趋势的产生，与冬季日最低温度的升高以及相对湿度的减小趋势有关，霾日数的增加与人类活动导致的大气污染物排放量的增加趋势以及平均风速的减少趋势有密切的联系。另外，中国霾的变化趋势与经济活动的区域分布密切相关，在经济比较发达的中国东部和南部，霾日具有增加的趋势，而在经济相对滞后的东北和西北地区，霾日出现减少趋势。

王珊等利用1960~2012年西安区域7个气象站的历史地面观测资料，统计分析了西安区域能见度介于1~10km的雾霾天气现象的长期气候变化及空间分布特征。结果发现，能见度介于1~10km的雾霾日发生数存在准7~9年周期震荡，每7~9年形成一个峰型。同时还分析了能见度介于1~10km的雾霾天气时的气象要素变化规律及相关关系。研究表明，53年来西安区域雾霾现象日数的波动性增加趋势非常明显；每月出现雾霾的天数在一年内基本呈单谷型分布，雾霾现象最多出现于冬季，夏季出现概率较小；随着雾霾持续日数的递增，雾霾天气过程出现次数呈幂函数形式迅速递减；西安区域雾霾现象日数分布呈城区多发，近郊次之，远郊最少的特征；随着日均相对湿度的逐渐增大，西安市雾霾天气的出现几率呈先增大后减小的趋势；西安市出现的能见度介于1~10km的雾霾现象中，仅有10.7%属于轻雾，其余的均为霾；气温越低，日平均风速越小（静风或风速≤2.0m·s⁻¹），14时出现负变压或正变温，连续不降水日数越长时，越有利于雾霾天气的形成。

3. 我国雾霾现状

城市是雾霾天气多发地，出现次数增多，持续时间长，造成的危害严重。2010年，重点区域城市二氧化硫、可吸入颗粒物年均浓度分别为40μg/m³、86μg/m³，为欧洲发达国家的2~4倍，按照我国新修订的环境空气质量标准评价，重点区域82%的城市不达标。2010年7个城市细颗粒物监测试点的年均值为40~90μg/m³，超过新修订环境空气质量标准限值要求的14%~157%；复合型大气污染频繁出现，导致能见度大幅度下降，京津冀、长三角、珠三角等区域每年出现灰霾污染的天数达100d以上，个别城市甚至超过200d。

2013年"雾霾"一度成为网络热搜词，仅当年一月份期间，雾霾现身4次，我国30个省市受影响。据我国环境监测中心数据统计，我国500个大城市中，不到5个城市能达到国际大气质量的标准，国际大气质量最差的10个城市，我国占了7个。雾霾污染的范围也在逐渐扩大，从以往的北方地区扩展到南方许多区域。我国12月份雾霾预报图上直观显示了雾霾污染范围，先是在华东和华南盘踞，后入华北、西南领域，北京、天津、山东一带，江浙、四川盆地等地区雾霾每月必至，时长达一周之多，创造了我国历史上中、重度雾霾污染范围最广的记录。2013年12月我国选取了74个城市进行环境质量监察测评，结果显示平均达到质量标准的天数占比仅为29.1%，剩余天数均超标，其中中轻度污染总占比46.4%，重度及严重污染总占比24.5%。PM2.5为主要污染物质，其次为PM10，分别在超标天数中占比达89.9%和8.3%。我国大气污染的红、橙色预警频繁发布，许多城市空气质量指数多次达六级重度污染，造成的一系列问题亟待解决，PM2.5也频频爆表，城市雾霾天气可以说创下了历史纪录，成为我国灾情追踪通报对象。

4. 雾霾防治对策

1) 国内外防治雾霾经验

从19世纪开始，伦敦就被称为"雾都"。1952年的伦敦，无数个家庭与工厂成千上万个烟囱排放燃烧过程中产生的烟气，从12月4日开始，城市连续五天被浓雾笼罩，能见度只有几米，造成1.2万人死亡，成为20世纪全球最严重的环境公害事件之一。1954年伦敦通过治理污染的特别法案。1956年《清洁空气法案》获得通过，该法令禁止使用多种燃料，关停大批重污染工厂，提高工业烟囱的最低限高，并将发电站搬出城市。同时要求大规模改造城市居民的传统炉灶，减少煤炭用量，逐步实现居民生活天然气化；冬季采取集中供暖。1968年以后，英国又出台了一系列的空气污染防控法案，划出空气质量管理区域，并强制在规定期限内达标。伦敦市长鲍里斯·约翰逊专门在2010年签发了有关减少可吸入颗粒物（PM10）与氮氧化物等空气污染源的行动纲领。

美国是世界上最大的发达国家，其国内城市洛杉矶，是世界上空气污染最严重的大城市之一，工业废气和细微悬浮物的过度排放，导致了雾霾天气的频繁发生。美国为治理城市雾霾，1963 年美国政府颁布了《清洁空气法案》，并在四年后颁布了《空气质量法案》，这两部法律是美国对国内空气质量监督和管理的基础性法律文件。1971 年《国家环境空气质量标准》出台，该法案要求对六种大气污染物进行监管。美国环保署在 1987 年针对空气中直径小于 $10\mu m$ 的颗粒物制定了 PM10 的新标准，在 1997 年公布了对大气中 PM2.5 含量的控制标准，该标准要求美国各州的空气标准，即每立方米大气中的 PM2.5 含量不得超过 $65\mu g$，并在 2006 年将该标准再次提升。

意大利作为老牌发达国家，在工业化完成之后也深受雾霾天气的困扰，据相关研究数据，在工业化完成后，意大利有 48 个省会城市空气质量极度恶化，大气污染物排放严重超标。意大利产生雾霾的主要原因是由于火力发电中固体颗粒物过度排放，因 1966 年时意大利政府颁布了《空气污染防治措施》，这是意大利颁布的第一部与防治雾霾相关的法令，对意大利的雾霾治理起到基础性的指导作用，在此之后意大利政府又陆续颁布了一系列重要的法律法规，这些法律共同构成了意大利规范工业废气排放，尤其是火力发电的废气排放的法律法规体系。除此之外，意大利国家和地方政府针对雾霾状况，还采取了其他措施来应对空气污染，例如逐步淘汰火力发电厂，并加强火电废气处置和监管，在北部地区积极开发水电，推动天然气发电和热电联产。经过意大利政府的不懈努力，其国内的雾霾天气明显减少，雾霾治理工作取得了极大成效。

北京在承办 2008 年奥运会前对首钢等重污染企业进行了搬迁，奥运会期间采取限行措施，规定只允许 50% 的机动车在市内行驶，有效保证了奥运会期间的大气环境质量。2011年，第 26 届世界大学生运动会期间，深圳逾 43 万辆汽车停驶，同样取得了明显的效果。限行措施虽然不能从根本上消除雾霾污染，但由于效果明显，可在秋冬季污染严重的城市作为应急措施借鉴。

2）雾霾防治对策

（1）污染源控制与治理措施。雾霾的防治首先要从目前人类可以控制的污染源（重点是车辆尾气、工业废气、燃煤烟气、扬尘等污染源）入手，淘汰现有高污染企业及设备，严格产业准入条件，控制新增污染源，鼓励低污染项目及替代产品，禁止田地里焚烧植物秸秆，大力发展清洁能源及产品，从源头上控制污染物的产生。其次要采用先进高效的污染治理设备，加强汽车尾气治理，对拟排放的污染物进行治理后达标排放。最后，要对排放后的大气污染物进行吸收稳定化治理，如采用吸附方式、冲洗方式对地面等处灰尘进行清理，防止遇风或车轮携带成为二次污染源。另外，可以通过采用灰尘抑制剂的化学手段等方式来清洁已被污染的空气。

（2）实施区域间联防联控。借鉴欧美协调治理酸雨和美国南加州联防联控遏制光化学大气污染范例，建立区域大气污染联防机制，协调解决环境问题。成立大气污染联防联控委员会，协同开展大气污染防治。将目标任务进行分解，健全责任考核体系，实行责任追究制度。

（3）建立多部门监测应急机制。

（4）健全大气环境保护法制，完善和推进企业清洁生产制度。

（5）加强全民环保宣传教育，倡导绿色生活理念。

（6）推动环保类科技发展。

126

第七节　大气污染控制化学

大气污染的控制和治理是一个牵涉面很广的问题，涉及多学科的工程技术、社会经济及管理水平等各方面的因素。从 20 世纪 60 年代起，许多国家相继开展大气污染防治的研究，对含硫化合物、氮氧化物、烟尘等主要大气污染物进行了治理研究和工程实践，已初步形成了大气污染防治工程体系。本节就主要大气污染物控制及治理工程中涉及的化学机理等作些介绍。

一、含硫化合物的控制化学

人类活动排放大气的 SO_2，80%以上来源于化石燃料（主要为煤和石油）的燃烧。故这里仅讨论燃烧烟气中含硫化合物治理所涉及的化学问题。

目前，国内外常用的烟气脱硫方法按其工艺大致可分为三类：湿式抛弃工艺、湿式回收工艺和干法工艺。各种具体的烟气脱硫方法详见表 3-9。

表 3-9　烟气脱硫方法比较

工艺	方法	操作方式	活性组分	主要产物
湿式抛弃工艺	石灰/石灰石法	浆液吸收	CaO、$CaCO_3$	$CaSO_3/CaSO_4$
	钠碱法	Na_2SO_3 溶液	Na_2CO_3	Na_2SO_4
	双碱法	Na_2SO_3 溶液（由 CaO 或 $CaCO_3$ 再生）	$CaCO_3/Na_2SO_3$ 或 $CaO/NaOH$	$CaSO_3/CaSO_4$
	加镁石灰/石灰石法	$MgSO_3$ 溶液（由 CaO 或 $CaCO_3$ 再生）	$MgO/MgSO_4$	$CaSO_3/CaSO_4$
湿式回收工艺	氧化镁法	$Mg(OH)_2$ 溶液	MgO	15%SO_2
	钠碱法	Na_2SO_3 溶液	Na_2SO_3	90%SO_2
	柠檬酸盐法	柠檬酸钠溶液	H_2S	硫黄
	氨法	氨水	NH_4OH	硫黄（99.9%）
	碱式硫酸铝法	$Al_2(SO_4)_3$ 溶液	Al_2O_3	硫酸或液体 SO_2
干法工艺	碳吸附法	400K 吸附，与 H_2S 反应生成 S，与 H_2 反应生成 H_2S	活性炭/H_2	硫黄
	喷雾干燥法	Na_2CO_3 溶液或熟石灰溶液吸收	$Na_2CO_3/Ca(OH)_2$	$NaSO_3/NaSO_4$ 或 $CaSO_3/CaSO_4$

1. 石灰/石灰石法

石灰/石灰石洗涤法是应用最广泛的湿式烟气脱硫技术，美国约有 87%的烟气脱硫采用此方法。该技术最早由英国皇家化学工业公司提出。该脱硫工艺中，烟气经石灰/石灰石浆液洗涤后，其中的 SO_2 与浆液中的碱性物质发生化学反应生成亚硫酸盐和硫酸盐。浆液中的固体（包括燃煤飞灰）连续地从浆液中分离出并沉淀下来，沉淀池上清液经补充新鲜石灰或石灰石后循环至洗涤塔。其总化学反应式分别为

$$CaCO_3+SO_2+2H_2O \longrightarrow CaSO_3 \cdot 2H_2O+CO_2\uparrow$$
$$CaO+SO_2+2H_2O \longrightarrow CaSO_3 \cdot 2H_2O$$

涉及的化学反应机理如表 3-10 所示。其关键的步骤是钙离子的形成，因为 SO_2 正是通

过钙离子与 HSO_3^- 的化合而得以从溶液中除去。该关键步骤也突出了石灰系统和石灰石系统的一个极为重要的区别：石灰石系统中，Ca^{2+} 的产生与 H^+ 浓度和 $CaCO_3$ 的存在有关；而在石灰系统中，Ca^{2+} 的产生仅与石灰的存在有关。因此，石灰石系统操作时的 pH 值较石灰系统为低。美国 EPA 的实验结果表明，石灰石系统的最佳操作 pH 值为 5.8~6.2，而石灰系统的最佳 pH 值约为 8。

表 3-10　石灰/石灰石法脱硫的反应机理

脱硫剂	石灰石	石灰
反应机理	$SO_2+H_2O \longrightarrow H_2SO_3$	$SO_2+H_2O \longrightarrow H_2SO_3$
	$H_2SO_3 \longrightarrow H^++HSO_3^-$	$H_2SO_3 \longrightarrow H^++HSO_3^-$
	$H^++CaCO_3 \longrightarrow Ca^{2+}+HCO_3^-$	$Ca(OH)_2 \longrightarrow Ca^{2+}+2OH^-$
	$Ca^{2+}+HSO_3^-+1/2H_2O \longrightarrow CaSO_3 \cdot 1/2H_2O+H^+$	$Ca^{2+}+HSO_3^-+1/2H_2O \longrightarrow CaSO_3 \cdot 1/2H_2O+H^+$
	$H^++HCO_3^- \longrightarrow H_2CO_3$	$H^++OH^- \longrightarrow H_2O$
	$H_2CO_3 \longrightarrow CO_2\uparrow+H_2O$	
总反应	$CaCO_3+SO_2+1/2H_2O \longrightarrow CaSO_3 \cdot 1/2H_2O+CO_2$	$Ca(OH)_2+SO_2+1/2H_2O \longrightarrow CaSO_3 \cdot 1/2H_2O+H_2O$

影响 SO_2 吸收效率的其他因素包括：液/气比、钙/硫比、气体流速、浆液 pH 值、浆液的固体含量、气体中 SO_2 的浓度以及吸收塔结构等。试验证明，采用石灰作吸收剂时液相传质阻力很小，而用 $CaCO_3$ 时，固、液相传质阻力就相当大。尤其是采用气-液接触时间较短的吸收洗涤塔时，采用石灰系统较石灰石系统优越。

石灰/石灰石法脱硫效果较好，脱硫效率一般为 60%~80%，最高可达 90% 以上。但石灰和石灰石法均存在洗涤塔易结垢和堵塞情况。为防止 $CaSO_4$ 的结垢，在吸收过程中应控制亚硫酸盐的氧化率在 20% 以上，且废渣的处理也是一件较麻烦的事情。

延伸阅读

向石灰石/石灰浆液中添加某些化合物，可有效地提高液相传质系数，明显提高脱硫率，降低脱硫成本。无机盐添加剂主要包括钠盐、铵盐、镁化合物等，如 $NaCl$、Na_2SO_4、$NaNO_3$、$(NH_4)_2SO_4$、$MgSO_4$、MgO、$Mg(OH)_2$、$CaCl_2$ 等，其中 $MgSO_4$ 用得最多。日本三菱重工的 Naohiko 等通过各种不同的盐对石灰石溶解度的影响试验结果得出，浆液中的 $NaCl$、$MgCl_2$、$CaCl_2$ 对石灰石的溶解有抑制作用，而 Na_2SO_4、$MgSO_4$ 起强化作用，石灰石的溶解度可增加 20%~80%。而且随着盐浓度的增加，其抑制与强化作用更大。因此从石灰石的溶解度考虑，应采用硫酸盐作添加剂，从而能达到提高脱硫率的目的。

早在 20 世纪 60 年代末匹兹堡德拉沃(Dravo)公司就用氧化锰作石灰脱硫系统的添加剂，结果发现氧化锰可提高 SO_2 的脱除率，防止洗涤器沉积污垢。之后普尔曼凯洛格公司(PULLMAN INC)采用浓度为 3%~27% 的可溶性硫酸镁，使石灰或石灰石系统吸收效率得到提高，使之能采用接触时间很短的卧式喷淋吸收器。

W. A. Cronkright 等对硫酸镁强化石灰石浆液脱硫过程机理进行了分析。他指出该过程中起主要作用的是中性离子对 $MgSO_3$，其形成促进 SO_2 的吸收和石灰及亚硫酸钙的溶解，即镁强化石灰石/石灰脱硫过程中，在吸收器内的主要反应为：

$$MgSO_4 \longrightarrow Mg^{2+}+SO_4^{2-}$$

$$Mg^{2+}+SO_3^{2-}\longrightarrow MgSO_3$$

$$H_2O+SO_2+MgSO_3\longrightarrow Mg^{2+}+2HSO_3^-$$

对于钠盐强化过程，硫酸钠解离生成 SO_4^{2-}，并与 $CaSO_3$ 反应生成 SO_3^{2-}，后又生成 HSO_3^-，HSO_3^- 则与 $CaCO_3$ 发生再生反应形成 SO_3^{2-}，即

$$Na_2SO_4\longrightarrow 2Na^++SO_4^{2-}$$

$$CaSO_3+SO_4^{2-}\longrightarrow CaSO_4+SO_3^{2-}$$

$$H_2SO_3+SO_3^{2-}\longrightarrow 2HSO_3^-$$

$$2HSO_3^-+CaCO_3\longrightarrow Ca^{2+}+2SO_3^{2-}+CO_2+H_2O$$

脱硫主要反应为：

$$SO_2+H_2O+SO_3^{2-}\longrightarrow 2HSO_3^-$$

由以上反应可以看出，脱硫中起主要作用的是 SO_3^{2-}。加入硫酸钠，能提高 SO_3^{2-} 的浓度，并能促进 $CaCO_3$ 的溶解，从而提高脱硫率。

2. 氨法

氨法脱硫即以氨作为吸收剂吸收 SO_2。从技术成熟度和应用前景来看，氨法是仅次于 W-FGD 法的烟气湿法脱硫技术。与其他碱吸收法相比，其优点是费用低廉，且氨可保留在吸收产物中制成含氮肥料，减少了再生费用。

SO_2 吸收反应为

$$2NH_3+SO_2(g)+H_2O\longrightarrow (NH_4)_2SO_3$$

$$(NH_4)_2SO_3+SO_2(g)+H_2O\longrightarrow 2NH_4HSO_3$$

$(NH_4)_2SO_3$ 对 SO_2 有很强的吸收能力，它是氨法中的主要吸收剂。随着 SO_2 的吸收，NH_4HSO_3 的比例逐渐增大，吸收能力降低，此时需补充氨水将 NH_4HSO_3 转化为 $(NH_4)_2SO_3$。

由于烟气中含有 O_2 和 CO_2，故在吸收过程中还会发生下列副反应：

$$2(NH_4)_2SO_3+O_2\longrightarrow 2(NH_4)_2SO_4$$

$$2NH_4HSO_3+O_2\longrightarrow 2NH_4HSO_4$$

$$2NH_3+H_2O+CO_2\longrightarrow (NH_4)_2CO_3$$

对氨吸收 SO_2 后的吸收液采取不同的处理方法，可回收不同的副产品。主要后续处理方法有热解法、氧化法和酸化法等。生成的副产品主要有硫酸铵、浓 SO_2、单体硫等。

📚 **延伸阅读**

孙玮提出了一种并流氨法烟气脱硫工艺。烟气进入预洗涤塔后与硫酸铵饱和溶液并流接触，烟气被绝热饱和，冷却至脱硫塔；烟气进入脱硫塔后自下而上流过循环喷淋层，经洗涤脱硫、除雾器除雾后排出脱硫塔。预洗涤塔内因热烟气而蒸发浓缩的硫酸铵溶液送往硫酸铵分离系统，制成硫酸铵化肥出售，其分离滤液送回预洗涤塔再浓缩结晶。

杨叔衍等提出了一种双塔式氨法脱硫工艺。烟气脱硫过程在由预洗涤塔与脱硫塔组成的双塔中进行。由于预洗涤塔与脱硫塔的浆液保持一定的浓度梯度，操作及运行稳定，同时减少了浆液对脱硫塔塔内件的磨损，延长了设备的使用寿命。预洗涤塔分为除尘、降温、浓缩段，脱硫塔下部为氧化段，中部为主吸收段，上部为水洗段。预洗涤塔与脱硫塔均设置有喷淋装置。该方法操作简便、净化后烟气中的气溶胶少、硫酸铵产品回收率高。

3. 喷雾干燥法

该方法是 20 世纪 70 年代中期至末期迅速发展起来的，属干法工艺。其原理是 SO_2 被雾化了的 $Ca(OH)_2$ 浆液或 Na_2CO_3 溶液吸收，同时温度较高的烟气干燥了液滴，形成干固体粉尘。粉尘(主要为亚硫酸盐、硫酸盐、飞灰等)由袋式除尘器或电除尘器捕集。喷雾干燥法是目前唯一工业化的干法烟气脱硫技术。该方法操作简单、无污水产生，废渣量少，能耗低(仅为湿法的 1/3~1/2)。

总反应
$$Ca(OH)_2(s) + SO_2(g) + H_2O(l) \Longleftrightarrow CaSO_3 \cdot 2H_2O(s)$$
$$CaSO_3 \cdot 2H_2O(s) + 1/2 O_2(g) \Longleftrightarrow CaSO_4 \cdot 2H_2O(s)$$

涉及的主要反应有
$$SO_2(g) \Longleftrightarrow SO_2(aq)$$
$$SO_2(aq) + H_2O \Longleftrightarrow H_2SO_4$$
$$H_2SO_4 \Longleftrightarrow H^+ + HSO_3^- \Longleftrightarrow 2H^+ + SO_3^{2-}$$
$$Ca^{2+} + SO_4^{2-} + 2H_2O \Longleftrightarrow CaSO_4 \cdot 2H_2O$$
$$Ca^{2+} + SO_3^{2-} + 2H_2O \Longleftrightarrow CaSO_3 \cdot 2H_2O$$
$$CO_2(g) \Longleftrightarrow CO_2(aq)$$
$$CO_2(aq) + H_2O \Longleftrightarrow H_2CO_3 \Longleftrightarrow H^+ + HCO_3^- \Longleftrightarrow 2H^+ + CO_3^{2-}$$
$$Ca^{2+} + CO_3^{2-} \Longleftrightarrow CaCO_3(s)$$

后三个反应表明，烟气中 CO_2 会消耗 Ca^{2+}，从而影响本方法的脱硫效果。

4. 活性炭吸附法

在干法烟气脱硫技术中，活性炭吸附-再生法最为成熟，已有数种工艺在日本、德国、美国等实现工业应用。活性炭吸附-再生法采用活性炭吸附 SO_2 并将吸附的 SO_2 催化氧化为 SO_3，再与水结合生成硫酸。具有代表性的工艺是鲁奇法和日本的东电法，但也存在设备昂贵、投资高、系统复杂和场地占用大等缺点，优点在于脱硫过程中可以多联产生产硫酸。

活性炭吸附 SO_2 后，在其表面形成的硫酸存在于活性炭微孔中，降低了其吸附能力，因此需将微孔中的硫酸取出，使活性炭再生。再生方法包括洗涤再生和加热再生两种。活性炭吸附-再生脱硫技术中的吸附剂除活性炭外，还可采用活性焦、分子筛、硅胶等吸附介质。

 **延伸阅读**

Kobayashi Takafuru 等提出了一种活性炭烟气脱硫装置。采用多孔碳纤维材料制备的活性炭吸附烟气中的 SO_2，利用活性炭的催化作用和烟气中的氧将 SO_2 氧化为 SO_3，之后用水吸附 SO_3，使之变为硫酸，并从活性炭中除去和回收。在上述方法中，可同时使用多个活性炭纤维吸附塔，保持一个活性炭纤维吸附塔进行洗涤再生，水洗后可获得浓度 20%的浓硫酸，再经浸没式燃烧蒸发器浓缩，可得到浓度 65%的硫酸。为了避免烟气中的粉尘覆盖活性炭纤维表面，影响吸附效果，烟气在进入吸附塔前需先经除尘器除尘。该方法脱硫率可达 85%。

小林敬古等提出了一种排烟脱硫工艺。通过将平板状的平板活性炭纤维薄板和波板状的波板活性炭纤维薄板交替层叠，形成通路在上下方向延伸的状态，构成催化剂层的活性炭纤维层。将生成硫酸的水利用毛细孔渗透均匀添加到催化剂层的活性炭纤维层中，去除 SO_x。

二、含氮化合物的控制化学

氮氧化物如 NO、NO_2、NO_3 均是重要的大气污染物。其控制方法一般考虑两条途径：一是控制其产生量，二是排烟脱氮。其中排烟脱氮方法可分为干法和湿法两大类，干法主要有催化还原法、吸附法等，属物化方法；而湿法则主要有直接吸收法、氧化吸收法、液相吸收还原法、络合吸收法。

1. 选择性催化还原法

选择性催化法脱氮是用 NH_3 等作还原剂，在 300~400℃ 的催化剂层中优先将 NO_x 分解为 N_2 和 H_2O。主要反应如下：

$$8NH_3+6NO_2 \longrightarrow 7N_2+12H_2O \tag{3-33}$$

$$4NH_3+4NO+O_2 \longrightarrow 4N_2+6H_2O \tag{3-34}$$

$$4NH_3+6NO \longrightarrow 5N_2+6H_2O \tag{3-35}$$

副反应

$$4NH_3+O_2 \longrightarrow 2N_2+6H_2O \tag{3-36}$$

$$2NH_3 \longrightarrow N_2+3H_2 \tag{3-37}$$

$$4NH_3+5O_2 \longrightarrow 4NO+6H_2O \tag{3-38}$$

实验证明，在气相中无 O_2 的条件下，反应式(3-35)也能进行，但 NO 的转化率较低；当气相中 O_2 含量(体积分数)从 0 增加到 1.5% 时，NO 转化率大幅度上升；当 O_2 含量(体积分数)超过 2.0% 后，NO 转化率几乎不再变化。发生 NH_3 分解的反应式(3-37)和 NH_3 氧化为 NO 的反应式(3-38)都在 350℃ 以上才进行，450℃ 以上才激烈起来。350℃ 以下仅有 NH_3 氧化为 N_2 的副反应式(3-36)发生。

利用选择性催化法进行烟气脱氮时，不产生副产物，并且装置结构较简单，是目前应用最广泛、技术最成熟的烟气脱氮方法。这种方法在电厂和垃圾焚烧炉上都很有效，在水泥回转窑上则因粉尘浓度高、催化器易堵塞及电耗高等问题尚未进入实用阶段。尽管在理想状态下，此法 NO_x 脱除率可达 90% 以上，但实际上由于 NH_3 量的控制误差而造成的二次污染等原因，使得 NO_x 脱除率仅达 65%~80%。选择性催化法脱氮性能的好坏取决于催化剂的活性、用量以及 NH_3 与废气中的 NO_x 的比率等。

延伸阅读

选择性催化还原技术已在欧、美、日等发达国家和地区燃煤电厂中商业应用。国际上对 SCR 脱硝的催化反应机理、反应动力学、催化剂性能改进等进行了大量的研究，我国在这方面也开始进行了部分研究。曲虹霞等利用 V_2O_5/TiO_2 为催化剂，NH_3 为还原剂，考察了反应温度、接触时间、催化剂和还原剂用量等因素对烟气脱氮去除效率的影响。实验结果表明，在适宜的条件下，NO_x 脱除率可达 90%。田柳青等以 TiO_2/Al_2O_3/董青石蜂窝陶瓷为载体，以 V_2O_5-MoO_3-WO_3 为活性组分，制成了用于选择性催化还原烟气中 NO_x 的新型催化剂，结果表明，该新型催化剂能取得最好的选择性催化还原 NO_x 催化性能。

2. 选择性非催化还原法

选择性非催化还原(SNCR)脱除 NO_x 技术是把含有 NH_x 基的还原剂(如尿素、氯化铵、碳酸氢铵等)，喷入炉膛温度为 950~1100℃ 的区域，该还原剂迅速热分解成 NH_3 及其他副产物，随后 NH_3 与烟气中的 NO_x 进行 SNCR 反应生成 N_2。NH_3 或尿素还原 NO_x 的反应为：

$$4NH_3+4NO+O_2\longrightarrow 4N_2+6H_2O$$

$$(NH_2)_2CO\longrightarrow 2NH_2+CO$$

$$CO+NO\longrightarrow \frac{1}{2}N_2+CO_2$$

当温度更高时，NH_3 会被 O_2 氧化为 NO

$$4NH_3+5O_2\longrightarrow 4NO+6H_2O$$

实践证明，低于 900℃ 时，NH_3 的反应不完全，会造成所谓的"氨穿透"；而温度过高，NH_3 氧化为 NO 的量增加，导致 NO_x 排放浓度增高。所以，SNCR 法的温度控制至关重要。该方法以炉膛为反应器，可通过对锅炉进行改造实现，设备运行费用较低。但是由于其脱氮效率不高，一般为 30%~50%，反应剂和运载介质的消耗量大，同时，NH_3 的泄漏量大，不仅污染大气，而且在燃烧含硫燃料时，会生成 $(NH_4)_2SO_4$，从而使空气预热管堵塞，故目前大部分锅炉都不采用 SNCR 方法，仅有少量的应用于脱氮率要求不高的工业炉和城市垃圾焚烧坑。

3. 吸附法

吸附法是利用吸附剂对 NO_x 的吸附量随温度或压力的变化而变化，通过周期性地改变操作温度或压力，控制 NO_x 的吸附和解吸，使 NO_x 从气源中分离出来，属于干法脱硝技术。根据再生方式的不同，吸附法可分为变温吸附法和变压吸附法。常用的吸附剂有杂多酸、分子筛、活性炭、硅胶及含 NH_3 的泥煤等。吸附法脱氮技术净化效率高，不消耗化学物质，设备简单，操作方便。但是由于吸附剂吸附容量小，需要的吸附剂量大，设备庞大，需要再生处理；而且为间歇操作，投资费用较高，能耗较大。

4. 液体吸收法

液体吸收法是利用碱性溶液等吸收净化废气中的 NO_x。常见吸收剂有：水、NaOH、$Ca(OH)_2$、NH_4OH、$Mg(OH)_2$、稀 HNO_3 等。采用氧化吸收法、吸收还原法以及络合吸收法等可以提高 NO_x 的吸收效率。氧化吸收法是利用氧化剂如 O_2、O_3、Cl_2、ClO_2、HNO_3、$KMnO_4$、$NaClO_2$、$NaClO$、H_2O_2 等先将 NO 部分氧化为 NO_2，再用碱液吸收。还原吸收法应用还原剂将 NO_x 还原成 N_2，常用的还原剂有 $(NH_4)_2SO_4$、$(NH_4)HSO_3$、Na_2SO_3 等。液相络合吸收法主要利用液相络合剂直接同 NO 反应，从而将 NO 从烟气中分离出来。生成的络合物在加热时又重新放出 NO，从而使 NO 能富集回收。目前已研究过的 NO 络合吸收剂有 $FeSO_4$、$Fe(Ⅱ)-EDTA$ 和 $Fe(Ⅱ)-EDTA-Na_2SO_4$ 等。

吸收法工艺过程简单，投资较少，吸收剂来源广泛，又能以硝酸盐的形式回收利用废气中的 NO_x。但是 NO_x 去除效率低、能耗高，吸收废气后的溶液易造成二次污染。

5. 微生物法

微生物法处理烟气脱氮就是在外加碳源存在的条件下，利用微生物的生命活动将 NO_x 转化为无害的无机物及微生物的细胞质。由于该过程难以在气相中进行，所以气态的污染物先经过从气相转移到液相或固相表面的液膜中的传质过程，可生物降解的可溶性污染物从气相进入滤塔填料表面的生物膜中，并经扩散进入其中的微生物组织。然后，污染物作为微生物代谢所需的营养物，在液相或固相被微生物降解净化。

生物法脱氮主要分为硝化和反硝化两个阶段。微生物的硝化作用将废气中的 NO_x 转化为 NO_3^- 或 NO_2^-，NO_3^- 或 NO_2^- 通过反硝化菌的反硝化作用最终转化为 N_2，反硝化菌也可以直接利用 NO_x，通过合成和分解代谢将其还原为 N_2。

脱氮微生物主要包括硝化菌和反硝化菌。硝化菌采用硝化反应去除 NO 气体，将 NO 气体转化为液相的 NO_3^-，废液需要进一步处理方可达标排放。反硝化菌采用反硝化法净化含 NO_x 废气。在反硝化过程中，NO_x 通过反硝化菌同化(合成代谢)还原成有机氮化物，成为菌体的一部分，再经异化反硝化(分解代谢)，最终转化为 N_2。一般认为，硝化菌适宜好氧条件，反硝化菌则适宜厌氧环境，两者通常不在同一条件下进行脱氮。因而，目前的生物脱氮工艺大多单独设立好氧和厌氧环境。然而，近年来，一些研究表明，在完全好氧的条件下，同样存在着反硝化作用，某些细菌也可在好氧条件下进行反硝化；硝化反应不仅由自养菌完成，某些异养菌也可以进行硝化作用；许多好氧反硝化菌同时也是异养硝化菌，好氧硝化菌和兼性厌氧反硝化菌可以在同一个反应器里共同起作用，硝化和反硝化同时进行。国内已经有同步硝化反硝化应用的实例。

微生物法目前还处于实验阶段，而且存在着明显的缺点，例如填料塔的空塔气速、烟气温度、反硝化菌的培养、细菌的生长速度和填料的堵塞等等问题都有待于解决。

目前，国内外已经有一些用微生物净化 NO_x 废气应用方面的文献报道，Davidova 等第一个证明了硝化细菌具有在多孔玻璃环作为填料的气相生物过滤器中去除 NO_x 的潜在能力。云南大学孙珮石教授带领的研究团队是国内较早使用好氧生物膜填料塔降解 NO_x 的研究团队，在微生物脱氮研究方面做了很多工作。使用无氮的矿物盐培养基，轻质膨胀黏土作为载体，在实验室规模的生物膜填料塔上可见富集了一些能降解低 CO、NO 和 NO_2 浓度的细菌。具有反硝化功能的脱氮硫杆菌也被用来做固定化研究。

三、同时脱硫脱硝技术

1. 等离子法

等离子法是通过高能电子的活化氧化作用来达到同时脱硫脱硝目的的技术。而目前人们可用的等离子技术有：电子束照射法、脉冲电晕法、流光放电技术及微波诱导等离子法。但这种装置价格比较昂贵，电能的消耗也比较高，并且需要很大的功率来使电子枪长期稳定的工作。

1) 电子束照射法(EBA)

电子束照射法脱硫脱氮技术是一种物理与化学相结合的高新技术，是在电子加速器的基础上逐渐发展起来的，已引起了国内外专家的广泛重视。利用阴极发射并经电场加速形成 $500 \sim 800\mathrm{keV}$ 高能电子束，这些电子束辐照烟气时产生辐射化学反应，生成 OH、O 和 HO_2 等自由基，再和 SO_x、NO_x 反应生成硫酸和硝酸，在通入氨气(NH_3)的情况下，产生$(NH_4)_2SO_4$ 和 NH_4NO_3 铵盐等副产品。主要反应过程如下：

生成自由基：$\quad\quad N_2, O_2, H_2O+e \longrightarrow OH^*, O^*, HO_2^*, N_3$

氧化：$\quad\quad\quad\quad\quad\quad SO_2 \xrightarrow{O^*} SO_3 \xrightarrow{H_2O} H_2SO_4$

$$SO_3 \xrightarrow{OH^*} HSO_3^* \xrightarrow{OH^*} H_2SO_4$$

$$NO \xrightarrow{O^*} NO_2 \xrightarrow{OH^*} HNO_3$$

$$NO \xrightarrow{HO_2^*} NO_2 + OH^* \xrightarrow{OH^*} HNO_3$$

酸与氨反应：

$$H_2SO_4 + 2NH_3 \longrightarrow (NH_4)_2SO_4$$

$$HNO_3 + NH_3 \longrightarrow NH_4NO_3$$

该方法为干法处理过程，由日本荏原公司在20世纪70年代初首先提出，经过20多年的研究开发，已从小试、中试和工业示范逐步走向工业化。其优点是不产生废水废渣，能同时脱硫脱硝，脱硫率90%以上，脱硝率80%以上，系统简单、操作方便、过程易控制，对于含硫量的变化有较好的适应性和负荷跟踪性，脱硫成本低于常规方法。缺点是耗电量大，约占厂用电的2%，运行费用高。

2）脉冲电晕法（PPCP）

基本原理与EBA法相似，差异在于高能电子的来源不同。EBA法是通过阴极电子发射和外电场加速而获得，而PPCP法则是电晕放电自身产生的，它利用上升前沿陡、窄脉冲的高压电源与电源负载——电晕电极系统（电晕反应器）组合，在电晕与电晕反应器电极的气隙间产生流光电晕等离子体，从而对SO$_2$和NO$_x$进行氧化去除。PPCP法的优势在于可同时除尘。研究表明，烟气中的粉尘有利于PPCP法脱硫脱硝效率的提高。因此，PPCP法集三种污染物脱除于一体，且能耗和成本比EBA法低。

2. 固相吸附/再生脱硫脱硝工艺

此类技术采用固相吸收剂或催化剂，通过物理、化学吸附或催化作用来脱除烟气中的SO$_2$和NO$_x$，并将其转化为硫、硫酸和氮气等副产物，吸附剂可循环利用。通常所用的吸附设备是固定床和移动床，所用的吸附剂有活性炭、氧化铜、分子筛等。按照吸附剂种类，固相吸附/再生工艺又分为活性炭法、CuO/Al$_2$O$_3$吸附法等。

1）活性炭吸附法

活性炭吸附法是先通过除尘、降温和调湿，使燃煤发电厂排放的烟气具有合适的温度、湿度及氧含量，然后进入装有活性炭的吸收塔，由于多孔的活性炭对SO$_2$具有强吸附性，烟气中的SO$_2$会被吸附在活性炭的孔结构中，并被其中的含氧络合物基团催化氧化，生成SO$_3$，SO$_3$与水蒸汽反应生成H$_2$SO$_4$。脱硝则是在通入NH$_3$的条件下，NO$_x$与NH$_3$发生氧化还原反应生成N$_2$。20世纪80年代，日本电源开发株式会社在松岛发电厂建设了$30×10^4m^3/h$的脱硫脱硝示范工程项目，SO$_2$脱除率大于95%，NO$_x$脱除率大于80%，并且可以同时脱除重金属及其他有毒物质。不足之处是，活性炭消耗量大，副产物稀硫酸的品质低。20世纪末，该工艺在德国、日本和中国已先后实现工业化应用，具有很好的推广应用前景。

 **延伸阅读**

使用微波加热活性炭脱硫脱硝与传统的加热方法相比，具有许多优点。使用微波加热时，不需要将炭加热到很高的温度就可以使SO$_2$和NO得到还原，而且可以在活性炭上形成很高的温度梯度。从活性炭中心向表面，温度逐渐降低，从而可以使烟气还原的产物气体迅速扩散出来。而利用传统方法加热活性炭时，活性炭表面的温度高于其中心的温度，使得生成的产物不易扩散出来，从而抑制反应的进一步进行。另外，使用传统加热方法将活性炭从室温加热到反应温度所用的时间几乎为使用微波加热所用时间的9倍。

研究表明，在常规反应条件下500~650℃的温度区间内，NO-C还原反应的活化能为

64kJ/mol，而在微波辐照之下，NO-C还原反应的活化能为18kJ/mol，这说明微波不仅以其热效应促进了反应的进行，更发挥了它的诱导催化效应。目前，虽然微波化学的作用机理在学术界仍然富有争议，一些学者认为微波对经典的 Arrhenius 公式中指前因子和活化能的影响导致了非热效应，也即体现在微波不以热的方式影响化学反应系统的熵和焓。

微波辐照条件下，活性炭即作为吸附剂，又作为还原剂。氧化还原主反应为：

$$xC+2NO_x \longrightarrow N_2+xCO_2 \tag{3-39}$$

$$xC+NO_x \longrightarrow 0.5N_2+xCO \tag{3-40}$$

$$C+SO_2 \longrightarrow S+CO_2 \tag{3-41}$$

$$2C+SO_2 \longrightarrow S+2CO \tag{3-42}$$

在较高的温度下，主要发生反应(3-40)和反应(3-42)。反应(3-39)~反应(3-41)是放热的，适宜在低温下进行，反应(3-42)是吸热的，适宜在高温下进行。可以通过将反应温度控制在较低水平下，来尽量减少 CO 的生成，从而使碳元素得到充分的利用。由上述反应可知，在微波辐射诱导硫氮氧化物还原的过程中，碳元素会被消耗，使活性炭变得多孔，表面积增大，进而使烟气与碳的接触面积增大，活性炭可以吸附更多的烟气，对 SO_2 和 NO_x 的脱除率会更高，活性炭的吸附容量更大。

2）$CuO/\gamma-Al_2O_3$ 吸附法

$CuO/\gamma-Al_2O_3$ 吸附法以 $\gamma-Al_2O_3$ 为载体，浸渍-吸附 $CuSO_4$ 后用 H_2、CH_4 或 CO 等气体将 $CuSO_4$ 还原为单质铜。在 300~450℃ 条件下，烟气通过吸附介质时，单质铜被氧化为 CuO，而 CuO 与 SO_2 在氧化气氛中进一步反应生成 $CuSO_4$。$CuSO_4$ 及 CuO 对选择性催化还原法（SCR）还原 NO_x 有很高的催化活性，还可在喷氨条件下同时将烟气中的 NO_x 选择性催化还原为 N_2。硫酸盐化的吸附剂再经还原转化为单质铜，重新与 SO_2 反应。20 世纪 80 年代以来，研究人员运用多种反应器体系对 $CuO/\gamma-Al_2O_3$ 上的脱硫脱硝反应进行了深入的研究。

延伸阅读

中国科学院山西煤炭化学研究所煤转化国家重点实验室对用 $CuO/\gamma-Al_2O_3$ 催化剂同时脱除烟气中的 SO_2 和 NO 进行了深入研究，谢国勇等通过实验研究得出：采用等体积浸渍法制备的 $CuO/\gamma-Al_2O_3$，在 300~500℃ 范围内，SO_2 和 NO_x 的脱除效率分别高于 95% 和 90%。各国进行了工艺的开发与中试。1970 年，Me Crea 等通过反复实验开发出了固定床，提出了应用于燃煤硫份为 3% 的 1000MW（4 台 250MW）电厂烟气处理的初步设计标准，而 Rockwell 国际公司的 Rocketdyne 分部进行的 $CuO/\gamma-Al_2O_3$ 移动床脱硫研究，得出该项技术可脱除 95%~98% 的 SO_2 和 NO_x。

3. 气/固催化脱硫脱硝工艺

气/固催化脱硫脱硝工艺是利用不同的固相催化剂分别对 SO_2 和 NO_x 进行直接氧化或还原，二者脱除率均在 90% 以上，主要工艺有 SNO_x（Sulfur and NO_x abatement）联合脱硫脱硝技术、SNRB（$SO_x-NO_x-RO_xBO_x$）法、Parsons 烟气清洁工艺等。

1）SNO_x 联合脱硫脱硝技术

由 HMdor Topsor 公司开发的 SNO_x（Sulfur and NO_x abatement）联合脱硫脱硝技术，采用两种催化剂。首先，烟气进入 SCR 反应器，利用 NH_3 脱去 90% 的 NO_x，再进入 SO_2 转化器，使其中约 96% 的 SO_2 氧化成 SO_3，最后烟气进入冷凝器冷却。该工艺对 SO_2、SO_3 和颗粒物的去除率很高，无二次污染物，运行维护要求较低，能得到硫酸副产品，还可利用余热提高锅炉效率。但副产品浓硫酸储运困难，且能耗高。

2）SNRB 法

SNRB 法是一种新型的高温烟气净化技术，能同时去除 SO_2、NO_x 及烟尘。SNRB 是将所有的 SO_2、NO_x 和粉尘都集中在高温集尘室中进行处理。其原理是在省煤器后喷入石灰水等钙基吸收剂脱除 SO_2，并利用滤袋中悬浮的 SCR 催化剂，使喷入的 NH_3 与 NO_x 发生反应。该工艺设备简单、占地面积小，并能减少 $(NH_4)_2SO_4$ 在催化剂层的堵塞、磨损和中毒，适用范围较广。SNRB 法在美国已进行工业化实验，脱硫率可达到 80% 以上，脱硝率达到 90% 以上。

3）Parsons 烟气清洁工艺

Parsons 烟气清洁工艺是在单一还原反应中同时将 SO_2 还原为 H_2S，NO_x 还原为 N_2 的一种同时脱硫脱硝技术，而且富集回收的 H_2S 可用于生产元素硫。该工艺设备复杂，但是 SO_2 和 NO_x 的脱除率极高，可达到 99% 以上，且烟气处理量达到 $280m^3/h$，目前在国外已经进行了中试实验。其工艺原理为：烟气与水蒸气-甲烷重整气和硫磺装置的尾气混合形成催化氢化反应模块的给料气体，SO_2 和 NO_x 在蜂窝状反应器中被还原。还原后的烟气进入过热蒸汽降温器中冷却。冷却后进入含有 H_2S 选择性吸收剂的吸收柱中进行净化。富集硫化氢的吸收柱在再生器中被加热再生，释放出 H_2S 气体再被转化为单质硫副产品。

4）烟气循环流化床（CFB）工艺

CFB 工艺是德国 LLB 公司研究开发的一种半干法脱硫技术。其原理是在循环流化床反应器中，以 $FeSO_4 \cdot 7H_2O$ 为催化剂，用 $Ca(OH)_2$ 脱硫，用 NH_3 脱硝，最终生成 $CaSO_4$ 和少量 $CaSO_3$。目前，该技术经过 20 余年的发展，不仅技术成熟可靠，且占用空间小，投资运行费仅为湿法工艺的 50%~70%，脱硫率可达到 97%，脱硝率可达 88%。不足之处是，脱硫产生 $CaCO_3$ 容易造成二次污染，且排烟需要加热装置，脱硝效果也难以保证。据报道，这一工艺在德国早已投入运行，其 Ca/S 比为 1.2~1.5、NH_3/NO_x 比为 0.7~1.03 时，SO_2 脱除率为 97%，NO_x 脱除率为 88%。美国 Enviroscruh 公司开发的 Pahlman 工艺，以锰氧化物为基础，采用氧化的方法进行干式洗涤，双脱效率达到 99%。

延伸阅读

华北电力大学的赵毅等以飞灰、工业用石灰、少量锰盐添加剂为原料制备了具有同时脱硫脱氮性能的"富氧型"高活性吸收剂，并结合 X 射线能谱分析和化学分析，证实了烟气循环流化床内发生了 SO_2 和 NO 的化学吸收反应，提出了可能的反应路径如下：

$$SO_2+H_2O \longrightarrow H_2SO_3 \tag{3-43}$$

$$Ca(OH)_2+H_2SO_3 \longrightarrow CaSO_3+2H_2O \tag{3-44}$$

$$CaSO_3+O_2+NO \longrightarrow 活性络合物 \longrightarrow CaSO_4+NO_2 \tag{3-45}$$

$$NO+M(氧化剂) \longrightarrow NO_2+M\ 的还原产物 \tag{3-46}$$

$$3NO_2+H_2O \longrightarrow 2HNO_3+NO \tag{3-47}$$

$$NO+NO_2+H_2O \longrightarrow 2HNO_2 \tag{3-48}$$

$$Ca(OH)_2+2HNO_3 \longrightarrow Ca(NO_3)_2+2H_2O \tag{3-49}$$

$$Ca(OH)_2+2HNO_2 \longrightarrow Ca(NO_2)_2+2H_2O \tag{3-50}$$

其中，方程式(3-44)和式(3-45)是脱硫反应的关键步骤，而式(3-46)、式(3-48)和式(3-50)则是脱硝反应的主要过程。

4. 液相同时脱硫脱硝工艺

由于烟气中95%的NO_x是以溶解度很低的NO形式存在，在湿式吸收过程中，溶解难度较大。根据对NO的处理方式不同，湿式吸收法同时脱硫脱氮技术主要分为氧化吸收法、络合吸收法和还原吸收法三大类。

1) 氧化吸收法

氧化吸收法是将烟气先通过强氧化性环境，将NO氧化成NO_2，再用碱液吸收，一般采用的氧化剂为$HClO_3$或$NaClO_2$、O_3、H_2O_2和$KMnO_4$等，吸收液为Na_2S或NaOH。

用$HClO_3$或$NaClO_2$同时脱除烟气中的SO_2和NO_x一般采用氧化吸收塔和碱式吸收塔两段工艺。氧化吸收塔采用氧化剂$HClO_3$或$NaClO_2$来氧化NO和SO_2及有毒金属，碱式吸收塔则作为后续工艺采用Na_2S或NaOH作为吸收剂来吸收氧化产物。

该工艺操作弹性大，对入口烟气浓度的限制不严格，可在更大浓度范围内脱除NO_x，脱硫率可达98%，脱硝率达95%以上；操作温度较低，可在常温进行；不存在催化剂中毒、失活等问题，还能有效地除去微量有毒金属元素(如Cr，Pb，Cd等)；适用性强，对现有采用湿式脱硫工艺的电厂，可在烟气脱硫系统(FGD)前后喷入NO_x吸收溶液。但由于$HClO_3$溶液的制备方法主要采用电解工艺，对材料和工艺等要求较严格，增加了投资费用，并且反应的主要产物为酸，虽然可经过适当的浓缩等处理后作为原料使用，但存在运输及贮存安全的问题，限制了此类工艺的广泛应用。

2) 络合吸收法

络合吸收法是向溶液中添加络合吸收剂，以提高NO的溶解度。目前研究较多的为Fe(Ⅱ)EDTA(EDTA，乙二胺四乙酸)络合物吸收和含有—SH的亚铁络合吸收同时脱硫脱硝。

Fe(Ⅱ)EDTA络合吸收法是在碱性溶液中加入亚铁离子形成氨基烃酸亚铁螯合物，如Fe(EDTA)和Fe(NTA)。这类螯合物吸收NO形成亚硝酰亚铁螯合物，配位的NO能够和溶解的SO_2和O_2反应生成N_2，N_2O、硫酸盐、各种N-S化合物以及二价铁螯合物，然后从吸收液中去除，并使二价铁螯合物还原成亚铁螯合物而再生。此法虽然在试验中获得60%以上的脱硝率和几乎100%的脱硫率，但是铁离子易被溶解氧等氧化，实际操作中需向溶液中加入抗氧剂或还原剂，再加上Fe(EDTA)和Fe(NTA)的再生工艺复杂、成本高，给工业推广带来一定的困难。

 延伸阅读

Chang等发现含有—SH基团类亚铁络合物的抗氧化性能很好，对NO也有很好的吸收速率，提出用含有—SH基团的亚铁络合物作为吸收液，可解决用Fe(Ⅱ)EDTA络合吸收剂中一价铁氧化失活问题。含有—SH基团亚铁络合物中研究较多的为半胱氨酸亚铁溶液。在中性或碱性条件下，半胱氨酸亚铁主要以Fe(CyS)$_2$络合物形式存在。Fe(CyS)$_2$与NO发生复杂的化学反应，主要形成二亚硝酰络合物，随后半胱氨酸被氧化成胱氨酸，而吸收的NO被还原成无害的N_2。脱除NO后生成的胱氨酸能被烟气中的SO_2快速还原成半胱氨酸。再生的半胱氨酸又可用于烟气的NO吸收，使脱硫脱硝反应得以循环进行。此法在模拟烟气实验条件下得到了较高的脱硫率和脱氮率。但半胱氨酸通过浓盐酸水解毛发提取的胱氨酸进行还原获得，生产工艺比较复杂，经济成本比较高，同样存在络合剂的再生问题。

3）还原吸收法

还原吸收法是一种用液相还原剂将 NO_x 还原为 N_2 的方法，还原剂主要是氨和尿素。氨为还原剂同时脱硫脱硝是将 NO_x 先经过 SCR（选择性催化还原）反应器，在催化剂作用下 NO_x 被氨还原成 N_2，随后烟气进入改质器，SO_2 被固相催化剂催化氧化为 SO_3，在瀑布膜冷凝器中凝结、水合为硫酸，进一步浓缩为可销售的浓硫酸。最初作为美国能源部（DOE）CCT-2 的示范项目在 Ohio 的 EdisonNiles 电站 2 号锅炉进行改造，是针对电厂日益严格的 SO_2、NO_x、粉尘排放标准而设计的高级烟气净化技术（AFGCT）。该装置从 1992 年开始运行，现已是该厂主要的大气污染控制设备。该工艺只消耗氨气，不消耗其他化学药品，不产生废水、废弃物等二次污染；具有很高的脱硝率（可达 95% 以上）和可靠性，运行和维护要求较低，应用范围广；不足之处是能耗较大，投资费用较高，而且副产品浓硫酸的储存及运输较困难。

尿素净化烟气工艺由俄罗斯门捷列夫化学工艺学院等单位联合开发，可同时去除 SO_2 和 NO_x，SO_2 的脱除率近 100%，NO_x 脱除率大于 95%。此工艺采用的吸收液 pH 值为 5~9，对设备无腐蚀作用，SO_2、NO_x 的脱除率与烟气中 NO_x、SO_2 的浓度无关，尾气可直接排放，吸收液经处理后可回收硫酸铵，总反应如下：

$$NO+NO_2+CO(NH_2)_2 \longrightarrow 2H_2O+CO_2+2N_2$$

$$SO_2+CO(NH_2)_2+\frac{1}{2}O_2+2H_2O \longrightarrow (NH_4)_2SO_4+CO_2$$

国内岑超平、古国榜对该法进行了研究，得到的最佳操作温度为 70℃，吸收液 pH 值为 7。表明该工艺对设备无腐蚀，具有较强的应用前景。

5. 生物法同时脱硫脱硝研究

微生物脱硫很早就有研究，早在 1947 年，Colmer 和 Hinkle 发现并证实化能自养细菌能够促进氧化并溶解煤炭中存在的黄铁矿。20 世纪 50 年代，Leathan 及 Temple 等从煤矿废水中分离出氧化亚铁硫杆菌（thiobacillus ferrooxidans）。而将微生物用于烟气脱硫研究却比较晚，始于 20 世纪 80 年代。生物法烟气脱硫或脱硝具有设备简单、投资及运行费用低、操作维护简单且无二次污染等优点而日益受到人们的关注，具有广泛的发展前景。国内外有生物法烟气脱硫、液相催化氧化和生物氧化烟气脱硫研究，生物法处理废气中的氮氧化物。但关于生物法烟气同时脱硫脱硝方法的研究，国内只有中山大学的谢志荣等采用轻质陶粒生物滴滤塔处理模拟燃煤烟气中二氧化硫和氮氧化物的试验研究，探讨生物法同时脱硫脱硝的影响因素及生物降解宏观动力学。研究证明，生物法能有效同时去除烟气中的二氧化硫和氮氧化物，烟气同时脱硫脱硝效率分别可达 99.9% 和 88.9%。生物法烟气同时脱硫脱硝具有设备简单、投资及运行费用低、操作维护简单且无二次污染等优点，是烟气同步脱硫脱硝发展的方向之一。

习题

1. 什么是大气停留时间？试定量计算某大气组分的停留时间。
2. 大气组分的浓度表示方法有哪些？怎样选择适当的浓度表示方法？
3. 什么是自由基？大气中的自由基主要有哪些？

4. HO 自由基的测定方法有哪些？

5. HO$_2$ 自由基的测定方法有哪些？

6. 大气中有哪些重要的光化学反应？

7. 常用大气污染物源解析技术有哪些？

8. 试述我国大气污染现状。

9. 试述大气颗粒物各模态粒子的主要来源、形成和去除机制。

10. 简述大气颗粒物的去除机制。

11. 大气气溶胶特性研究方法有哪些？

12. 大气中二氧化硫的转化过程？

13. 大气中氮氧化物的转化过程？

14. 光化学烟雾的形成机制？

15. 臭氧浓度的度量单位有哪些？

16. 雾霾的成因及影响因素？

17. 目前国内外常用的烟气脱硫方法主要有哪些？

参 考 文 献

[1] 王丹, 谢品华, 胡仁志, 等. 大气环境 NO$_3$ 自由基探测技术研究进展[J]. 大气与环境光学学报, 2015, 10(2): 102~116.

[2] 张秀, 张君, 李鹏. 大气颗粒物的源解析技术[J]. 资源节约与环保, 2015, 3: 193~195.

[3] 吕连宏, 罗宏, 张型芳. 近期中国大气污染状况、防治政策及对能源消费的影响[J]. 能源与环境, 2015, 37(8): 9~15.

[4] 宋刘明. 臭氧层恢复及其影响和气溶胶对平流层的影响[J]. 南京信息工程大学, 2013.

[5] 刘萍, 夏菲, 潘家永, 等. 中国酸雨概况及防治对策探讨[J]. 环境科学与管理, 2011, 36(12): 30~35.

[6] 杜建飞. 上海酸雨物理化学特征及氮湿沉降研究[J]. 复旦大学, 2012.

[7] 魏嘉, 吕阳, 付柏淋, 等. 我国雾霾成因及防控策略研究[J]. 环境保护科学, 2014, 40(5): 51~56.

[8] 肖建华, 陈思航, 等. 中英雾霾防治对比分析[J]. 中南林业科技大学学报(社会科学版), 2015, 9(2): 79~83.

[9] 赵秀娟, 蒲维维, 孟伟, 等. 北京地区秋季雾霾天 PM2.5 污染与气溶胶光学特征分析[J]. 环境科学, 2013, 34(2): 416~423.

[10] 吕效谱, 成海容, 王祖武, 等. 中国大范围雾霾期间大气污染特征分析[J]. 湖南科技大学学报(自然科学版), 2013, 28(3): 104~110.

[11] 王珊, 修天阳, 孙扬, 等. 1960~2012 年西安地区雾霾日数与气象因素变化规律分析[J]. 环境科学学报, 2014, 34(1): 19~26.

[12] 张军英, 王兴峰. 雾霾的产生机理及防治对策措施研究[J]. 环境科学与管理, 2013, 38(10): 157~165.

[13] 康新园. 燃煤烟气脱硫脱硝一体化技术研究进展[J]. 洁净煤技术, 2014, 20(6): 115~118.

[14] 张宗宇, 赵改菊, 尹凤交, 等. 液相同时脱硫脱硝技术研究进展[J]. 山东化工, 2010, 38(10): 14~17.

[15] 董德明, 康春莉, 花修艺. 环境化学[M]. 北京: 北京大学出版社, 2010.

第四章 土壤环境化学

　　土壤是历史自然体，是位于地球陆地表面和浅水域底部的具有生命力、生产力的疏松而不均匀的聚积层，由地貌、土壤、岩石、矿藏、地表水、浅层地下水、大气和植被等要素构成，是地球系统的组成部分和调控环境质量的中心要素。需要注意的是，土壤区别于土地概念。土壤仅具有自然属性，而土地不仅具有自然属性，还具有社会属性，从这个角度来说，土地范畴涵盖了土壤，土壤是土地范畴的重要也是最基础的组成部分。

　　土壤曾被认为具有无限抵抗人类活动干扰的能力。其实，土壤也是很脆弱又容易被人类活动所损害的环境要素。例如，每年数十亿吨地下矿藏(包括煤)被挖掘出来，造成的土壤污染是显而易见的。大量化石燃料的燃烧，造成大气 CO_2 过量而引起的全球气候变暖；全球雨量分布发生变化，使肥沃的土壤变得干旱荒芜；将土地变成有毒化学品的堆放地；大量农药和化肥施入土壤，不仅造成土壤污染，而且造成地下水和地表水污染，直接危及人类的健康。因此，为了使土壤永远成为适于人类生存的良好环境，保护土壤环境是每个人义不容辞的责任，也是环境化学要研究的关键问题之一。土壤环境化学就是研究和掌握污染物在土壤中的分布、迁移、转化与归趋的规律，为防治土壤污染奠定理论基础。

第一节 土壤的形成、结构及其组成

一、土壤的形成过程

　　土壤是地球陆地表面通过生物风化作用而形成的含有腐殖质的松散细粒物质，植物能生长于其上。植物或庄稼能在土壤上生长的原因，是因为土壤能为植物生长提供所需要的水分、养分、空气和热量，土壤所具有的此特殊本质即为肥力。由于肥力的缺失，岩石的碎屑不能够支持植物的生长，所以岩石的碎屑不属于土壤。

　　过去百年间，国内外学者就土壤形成过程等进行了大量研究。经典土壤成土过程研究多遵循 19 世纪初苏联土壤学家威廉斯在俄国土壤学奠基人道库恰耶夫和柯斯特切夫学术观点基础上发展形成的著名论断，即风化过程仅仅能使岩石变成黏土物质(被黏粒填充的崩解物)，而土壤是成土母质上所发生的有机物质合成和分解等生物、物理过程发展起来的。在早期土壤形成过程研究中，由于局限于当时的实践领域，忽略了原生岩体与土壤的内在联系，更没有找到岩石转变成土壤的始发动力——以兰藻为主的固氮微生物或微型生物。在成土过程中，土壤母质中某些生物特别是固氮微生物通过生物作用把空气中的氮素吸收固定，为土壤母质积累一定的氮素养料，继而开始出现绿色植物。在绿色植物生命活动中，生物体从土壤母质中选择吸收大量的营养元素，经过新陈代谢作用合成各种有机物。生物死亡后，各种营养元素随着生物残体留在土壤母质中。经微生物活动，一部分形成高分子腐殖质(有

140

机质），一部分分解为简单的可溶性养分元素，供下一代植物生长所需。在长期的土壤母质演化中，母质中的有机质及营养元素含量不断增加，使土壤肥力因素逐渐完善，这样土壤母质逐步变成为土壤。因此，更具普遍意义和现代性的土壤形成过程是原生岩体经历物理、化学、生物的风化作用，生物物理风化层和生物风化层以及细土-砾质层的相继出现，生物-物理风化层不断加厚和向下移动，细土-烁质层的不断加厚富集而形成的。土壤的形成过程示意如下：

$$岩石 \xrightarrow{\text{风化}} 土壤母质 \xrightarrow[\text{微生物分解植物残骸形成腐殖质}]{\text{积累氮素养料，生长绿色植物}} 土壤$$

自然界中，土壤的形成过程和肥力特性主要受到母质和生物因素的影响，同时，地形、气候以及成土时间等指标也是其主要的影响因素。而对于耕作土壤来说，则更多的受人类生产活动的控制和支配。图4-1所描述的是母质、气候、生物、时间、地形五大成土因素以及风化过程、崩解与分解产物、成土过程等在时间序列上的变化。气候因素，尤其是水、热是土壤物理、化学和生物过程的主要推动力，直接或间接地影响着土壤形成过程的方向和强度。生物因素，包括植物、土壤微生物和土壤动物，是促进土壤发生、发展的最活跃因素。母质是形成土壤的物质基础，它的某些性质可直接影响成土过程的速度和方向。时间因素，即土壤年龄，可反映土壤在历史进程中发生、发育、演变的动态过程，气候、生物、母质和地形因素在土壤形成过程中的作用强度，均随着成土年龄的增长而加深。地形与前四要素不同，它不以物质和能量参与成土过程，一般只是引起地表物质与能量的再分配，又称之为成土条件，故未在图4-1中反应出来。

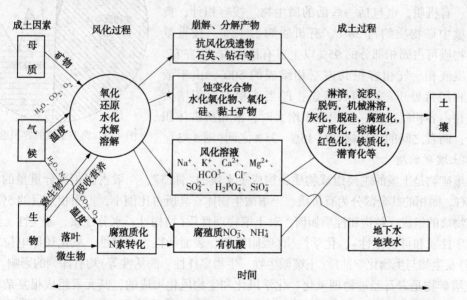

图4-1 成土因素、风化过程、崩解与分解产物、成土过程等在时间序列上的变化

二、土壤的剖面结构

土壤是由地球表面岩石在自然条件下经过长期的风化作用而逐渐形成的，土壤在垂直方向的剖面可以清楚地看到成土作用过程所遗留的痕迹。

典型的土壤一般分为六层（图4-2）：最上层是枯枝落叶层（O层），由地面上的植物枯

O层
A层
E层
B层
C层
R层

图4-2 典型土壤分层

枝落叶组成；第二层是腐殖质层(A层)，该层位于地表最上端(表层土壤)，是腐殖质聚集区，受农耕影响最大，厚度大约是20cm，其特点是土层疏松、多孔，干湿交替频繁，温度变化小，透气性良好，物质转化快，腐殖质等养分含量高，植物的根系主要集中在这一层，为植物生长提供较多必需的营养元素，特别是氮；第三层是淋溶层(E层)，从上面渗漏下来的水将有机物和矿物冲淋到更下面的土里；第四层是淀积层(B层)，该层是黏土颗粒物沉积区，厚度大约是20~40cm，该层黏粒沉积，土质紧密、空隙度小、通气性差、透水性差、呈片状结构，该层是阻断水、无机盐和有机物向下扩散的重要层；第五层是风化层(C层)，也叫母质层，是土壤最底部的一层，由风化的成土母岩构成，它受地表气候影响小，土质坚实，物质转化慢，含有的营养成分极少；第六层是岩石层(R层)。假使土壤剖面底部没有基岩，而是被搬运过的淀积层，同样可划为A层、B层、C层。

三、土壤的组成

从土壤组成物质总体来看，它是一个复杂而分散的多相物质系统。土壤是由固相(矿物质、有机质)、液相(土壤水分)、气相(土壤空气)三相物质组成的，它们之间是相互联系、相互转化、相互作用的有机整体。固相主要是矿物质、有机质，也包括一些活的微生物。按容积计，典型的土壤中矿物质约占38%，有机质约占12%。按重量计，矿物质可占固相部分的95%以上，有机质占5%左右。典型土壤液相、气相容积共占三相组成的50%。由于液相、气相经常处于彼此消长状态，即当液相占容积增大时，气相占容积就减少，气相容积增大时，液相所占体积就减少，两者之间的消长幅度在15%~35%之间(图4-3)。

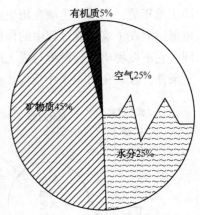

有机质5%
空气25%
矿物质45%
水分25%

图4-3 典型土壤的容积组成

1. 土壤矿物质

土壤矿物是土壤的主要组成物质，构成了土壤的"骨骼"，一般占固相部分重量的95%~98%左右。固相的其余部分为有机质、土壤微生物体，其所占比例小，占固相重量的5%以下。土壤矿物质的组成、结构和性质如何，对土壤物理性质(结构性、水分性质、通气性、热学性质、力学性质和可耕作性)、化学性质(吸附性能、表面活性、酸碱性、氧化还原电位、缓冲作用等)及生物与生物化学性质(土壤微生物、生物多样性、酶活性等)均有深刻的影响。

土壤矿物是岩石经过物理风化、化学风化和生物风化形成的，其元素组成很复杂，元素周期表中的全部元素几乎都能从土壤中发现，但主要的有20余种，包括氧、硅、铝、铁等。按其成因分为原生矿物、次生矿物。

1) 原生矿物

是直接来源于岩石受到不同程度的物理风化作用的碎屑，其化学成分和结晶构造未有改变。土壤原生矿物主要种类有：硅酸盐和铝酸盐类、氧化物类、硫化物和磷酸盐类，以及某些特别稳定的原生矿物(如石英、石膏、方解石等)，主要分布在土壤的砂粒和粉粒中(表4-1)。在土壤形成过程中，原生矿物以不同的数量与次生矿物混合成为土壤矿物质。

表 4-1　土壤中主要的原生矿物组成

原生矿物	分子式	稳定性	常量元素	微量元素
橄榄石	$(Mg,Fe)_2SiO_4$	易风化	Mg,Fe,Si	$Ni,Co,Mn,Zn,Cu,Mo,$
角闪石	$(Ca,Na)_{2\sim3}(Mg^{2+},Fe^{2+},Fe^{3+},Al^{3+})_5$ $[(Al,Si)_4O_{11}(OH)_2]$		Mg,Fe,Ca,Al,Si	Ni,Co,Mn,Zn,Cu,V,Se,Ga
辉石	$Ca_2(Mg,Fe,Al)(Si,Al)_2$		Fe,Ca,Al,Si	Ni,Co,Mn,Pb,Cu,V,Se,Ga
黑云母	$K(Mg,Fe)_3AlSi_3O_{10}(F,OH)_2$		$K,$	$Rb,Co,Mn,Li,Se,Ba,Cu,Ni,Zn,V$
斜长石	$CaAl_2Si_2O_8$		Ca,Al,Si	Sr,Cu,Ga
钠长石	$NaAlSi_3O_8$		Na,Al,Si	Cu,Ga
石榴子石			Cu,Fe,Ca,Al,Si	Mn,Gr,Ga
正长石	$KNaAlSi_3O_8$	较稳定	K,Al,Si	Ra,Ba,Sr,Cu,Ga
白云母	$KAl_2(Si_3AlO_{10})(F,OH)_2$		K,Al,Si	F,Rb,Sr,Ga,V,Ba
钛铁矿	Fe_2TiO_3		Fe,Ti	Cu,Ni,Cr,V
磁铁矿	Fe_3O_4		Fe	Zn,Cu,Ni,Cr,V
电气石			Cu,Fe,Ca,Al,Si	Li,Ga
锆英石			Si	Zn,Hg
石英	SiO_2	极稳定	Si	

2）次生矿物

岩石风化和成土过程新生成的矿物，包括各种简单盐类，次生氧化物和铝硅酸盐类矿物等统称次生矿物。（1）简单盐类：它们都是原生矿物经化学风化后的最终产物，结晶构造也较简单，常见于干旱和半干旱地区的土壤中；（2）三氧化物类：它们是硅酸盐矿物彻底风化后的产物，结晶构造较简单，常见于湿热的热带和亚热带地区土壤中，特别是基性岩（玄武岩、石灰岩、安山岩）上发育的土壤中含量最多；（3）次生硅酸盐类：这类矿物在土壤中普遍存在，种类很多，是由长石等原生硅酸盐矿物风化后形成。由于母岩和环境条件的不同，使岩石风化处于不同阶段，在不同的风化阶段所形成的次生黏土矿物的种类和数量也不同，但其最终产物都是铁铝氧化物。次生矿物中的简单盐类属水溶性盐，易淋失，一般土壤中较少，多存在于盐渍土中。三氧化物类和次生铝硅酸盐是土壤矿物质中最细小的部分，一般称之为次生黏土矿物。土壤很多物理、化学性质，如吸收性、膨胀收缩性、黏着性等都和土壤所含的黏土矿物，特别是次生铝硅酸盐的种类和数量有关。

2. 土壤有机质

土壤有机质是土壤中含碳有机化合物的总称，一般占固相总重量的10%以下，它们既是土壤的重要组成部分，也是土壤形成的主要标志，对土壤性质有很大的影响。土壤有机质主要来源于动植物和微生物残体，可分为两大类，一类是组成有机体的各种有机化合物，称为非腐殖物质，如蛋白质、醣类、树脂、有机酸等；另一类是称为腐殖质的特殊有机化合物，它不属于有机化学中现有的任何一类，主要包括腐殖酸、富里酸和腐黑物等。

3. 土壤水分

土壤中的水分主要来源是大气降水和灌溉水，参与地球上各个圈层的水循环。土壤保持水分的能力与土壤颗粒表面的吸附力和微细孔隙的毛细管力有关。砂土土质疏松，土壤颗粒间空隙大，水分保持能力较差；黏土的土质细密，土壤颗粒间空隙小，水分保持能力较好。

通常，土壤中的水可以分为三种：(1)结合水，吸附和结合在矿物晶体表面上的水。(2)吸湿水，也称吸着水。在土壤颗粒的分子作用力下，空气中的水分子吸附在土壤颗粒表面，成为吸湿水。土壤中的吸湿水被紧紧地吸附在黏土矿物(尤其是蒙脱石)和有机质(尤其是腐殖质)的表面，接近固态水的性质，在土壤颗粒表层形成了一定厚度的水膜。(3)自由(孔隙)水，存在于土壤颗粒间孔隙中，是衡量土壤湿度的重要指标。自由(孔隙)水向植物移动的速率受土壤水吸力或水势的控制。

4. 土壤中的空气

土壤空气组成与大气基本相似，主要成分都是 N_2、O_2 和 CO_2。其差异是：(1)土壤空气存在于相互隔离的土壤孔隙中，是一个不连续的体系。(2)O_2 和 CO_2 含量有很大的差异，土壤空气中 CO_2 含量比空气中高得多。大气中 CO_2 含量为 0.02%~0.03%，而土壤空气中 CO_2 含量一般为 0.15%~0.65%，甚至高达 5%，主要是由于生物呼吸作用和有机物分解产生。氧的含量低于大气。土壤空气中水蒸汽的含量比大气中高得多。土壤空气中还含有还原性气体，如 CH_4、H_2S、H_2、NH_3 等。如果是被污染的土壤，其空气中还可能存在污染物。

第二节　土壤的主要性质

一、土壤胶体

土壤胶体是土壤中最细微的颗粒，也是最活跃的物质，它与土壤吸收性能有密切关系，对土壤养分的保持和供应以及对土壤的理化性质都有很大影响。胶体颗粒的直径一般在 1~100nm(长、宽、高三个方向上，至少有一个方向在此范围内)形成的分散体系叫土壤胶体。实际上土壤中小于 1000nm 的黏粒都具有胶体的性质。所以直径在 1~1000nm 的土粒都可归属于土壤胶粒的范围

1. 土壤胶体的来源

土壤胶体的来源甚多，既包括本体源又包括外来源。胶体的产生可能来自于自然活动、生物活动以及人类活动对次表层环境的影响。

1) 本体源产生的胶体

是土壤理化敏感性(水敏性、速敏性、盐敏性)矿物经过不同的理化过程产生的胶体：矿物质过饱和而就地形成的胶体(如铁的氧化物)、病毒和微小的细菌；水流经过大孔隙或土壤基质孔隙时，本体土壤和矿物基质释放、分离产生的胶体微粒(如黏土悬浮微粒和硅酸盐微粒)；自然气候条件变化对表层土壤侵蚀(物理或化学侵蚀)产生的细小微粒。

2) 外来源产生的胶体

是人类活动带入土壤的细小物质：动植物残体和微生物遗体；施入土壤中的污泥、有机质及其他一些含有大量具有胶体性质的细小颗粒物质的有机废弃物；由于污染产生的小液滴组成的乳胶体和微乳胶体，如胶体大小的苯加水构成的乳胶体、由浓度很高的大分子聚合组成的胶态分子团或半胶分子团；由区域性来源直接带入的胶体(如充填在土地中的淋滤液)。

2. 土壤胶体的种类

通常根据胶体微粒核组成物质的不同将土壤胶体分为三类：

1) 土壤无机胶体

无机胶体又称为矿质胶体，在数量上远比有机胶体要多，主要是土壤黏粒，它包括 Fe、

144

Al、Si 等含水氧化物类黏土矿物以及层状硅酸盐类黏土矿物。其中，Fe、Al、Si 等含水氧化物类矿物属于两性胶体，它的带电情况主要取决于土壤的酸碱反应，酸性条件(pH<5)带正电荷，碱性条件下带负电荷。其形成有两种途径：①过饱和条件下由溶解组分的缩合、成核和长大形成的氧化物胶体(主要指那些容易水解的多价阳离子，其中 SiO_2 则由单体通过 Si-OH 基缩合成二聚体及多聚体)；②在地球化学环境下，由整块材料碎屑化形成。碎屑化作用可能是由于离子强度或水压力的变化、矿物表面的机械磨损、基体上更易溶解部分的溶解及矿物表面次生矿物的碎裂等原因造成的。

2) 有机胶体

有机胶体主要是指土壤中的腐殖质和微生物。土壤腐殖质是由土壤中的动植物残体及施入的有机肥料被微生物分解和合成所形成的稳定的高分子有机物，其分子结构为由多醌和多酚类物质聚合形成的含芳香环的有机化合物，还含有很多的功能团，比如 R-COOH、$R-CH_2-OH$ 等这些功能团解离后能带有比黏土矿物要大得多的大量的负电荷，所以土壤腐殖质保存阳离子的能力比黏土矿物强很多。土壤腐殖质颗粒细小，具有巨大的比表面积，带有大量的负电荷，是亲水胶体，具有高度的亲水性。由于土壤腐殖质的独特性质，其具有较强的吸收性能，能提高土壤的保肥、保水能力，并且可以缓冲土壤酸碱度的变化。土壤微生物是土壤环境中最活跃的部分，是指生活在土壤中的细菌、真菌、放线菌、藻类以及原生动物等。土壤微生物是土壤环境中有机污染物的重要分解者，对土壤环境的改善起到至关重要的作用。

3) 有机-无机复合胶体

有机无机复合胶体又被称为有机矿质复合体，是土壤有机质与土壤矿物质的结合体。大量研究结果表明，土壤中的有机质多数集中在 0.2~2mm 黏土粒级中，有机胶体一般很少单独存在，绝大部分是通过范德华力、静电吸附、氢键、阳离子键桥等作用与黏土矿物和阳离子紧密结合在一起，从而形成了有机-无机复合胶体。有机-无机复合胶体的研究是一个复杂却有非常重要的问题，这是因为重金属污染、大气污染、农药化肥的施用、微生物代谢等，都集中在胶体表面并进一步促进各种类型的有机-无机复合胶体的形成，并产生次级环境效应。

3. 土壤胶体的基本构造

土壤胶体的构造是极复杂的(图 4-4)，大致可以分为三部分，中间是一个微粒核，由无机物、有机物或有机-无机复合体组成，外部是由决定电位离子层和补偿离子层组成。决定电位离子层和补偿离子层合在一起称为双电层。

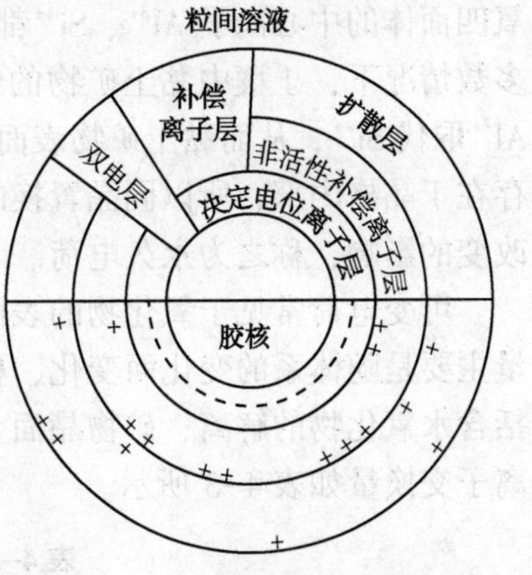

1) 微粒核

微粒核是土壤胶体的核心，是由无机土壤颗粒(主要是黏土矿物)及有机物质或者有机-无机复合体组成。

2) 决定电位离子层(双电层内层)

该层的离子数量与电荷的性质和数量，决定了胶体带有电荷的性质与数量。

图 4-4 胶体颗粒构造示意图

3) 补偿离子层(双电层外层)

由于胶体带有电荷，它就必然的从溶液中吸引那些与决定电位离子层的电荷性质相反的离子，这层电荷相反的离子层就称为补偿离子层，或称反离子层。

4. 土壤胶体的性质

1) 巨大的比表面和表面能

土壤胶体颗粒之所以活性高是由于其具有巨大的比表面积。土壤胶体的表面，可按表面所在位置分为外表面和内表面。其中，外表面指的是黏土矿物、铁铝硅等的氧化物以及腐殖质分子暴露在外的表面，而内表面主要指的是层状硅酸盐矿物晶层之间的表面以及腐殖质分子凝聚体内部的表面。比如蒙脱石类黏土矿物就同时有巨大的外表面和内表面。由此很容易推测到矿物类型不同，表面积的大小差别也会相当大，见表4-2。

表4-2　土壤中常见矿物的比表面积　　　　　　　　　　　　　　m²/g

胶体成分	内表面积	外表面积	总表面积
蒙脱石	700~750	15~150	700~850
蛭石	400~750	1~50	400~800
水云母	0~5	90~150	90~150
高岭石	0	5~40	5~40
埃洛石	0	10~45	10~45
水化埃洛石	400	25~30	430
水铝英石	130~400	130~400	260~800

2) 土壤胶体的带电性

土壤的表面电荷是土壤具有一系列化学性质的根本原因。土壤胶体的表面电荷决定了土壤所能吸附的离子的数量，土壤胶体的表面电荷密度则是吸持强度的决定性因素。表面电荷在土壤胶体的形成过程中产生。土壤胶体颗粒表面带净负电荷，使得土壤胶体颗粒表面能够吸引保持带正电的颗粒，其中阳离子是带正电荷的养分离子，如 Ca^{2+}、Mg^{2+}、K^+、Na^+、H^+ 和 NH_4^+。而土壤胶体的种类不同，产生电荷的机制也不同。根据土壤胶体电荷产生的机制，可分为永久电荷和可变电荷。

永久电荷是由于黏土矿物晶格中同晶置换而产生的电荷。黏土矿物中的铝氧八面体和硅氧四面体的中心离子 Al^{3+}、Si^{4+} 都能被其他离子所代替，从而使得黏土矿物表面带电。并且，多数情况下，土壤中黏土矿物的中心离子都是被低价的阳离子所取代，如 Mg^{2+} 取代 Al^{3+} 及 Al^{3+} 取代 Si^{4+}，从而黏土矿物表面带负电荷。同晶置换发生在黏土矿物的结晶过程中，因而存于晶格内部，所以同晶置换的电荷一旦形成，基本不会受到外界、电解质等环节因素的改变的影响，称之为永久电荷。

可变电荷常见于氧化物的表面、腐殖质表面及有机-无机复合体的表面。可变电荷的数量主要是随体系的变化而变化，相应的可变电荷的性质也随之改变。可变电荷的产生主要包括含水氧化物的解离、矿物晶面上羟基的解离和有机质的某些功能团的解离。土壤矿物的阳离子交换量如表4-3所示。

表4-3　土壤矿物的阳离子交换量(CEC)

黏土矿物	蒙皂石	蛭石	伊利石	绿泥石	高岭石	埃洛石	海泡石	凹凸棒石
CEC/(mmol/100g)	80~150	100~150	10~40	10~40	3~15	40~50	20~45	5~20

可见土壤胶体大多数是带负电荷的，因此补偿离子层多由阳离子组成。由于土壤胶体带电，所以才能吸收、保持许多离子态养分，既能避免流失、又可随时供应植物吸收利用。

146

3）土壤胶体的分散和凝聚

土壤胶体有两种不同的状态：一种是胶体微粒均匀散布在水中，呈高度分散的溶胶；另一种是胶体微粒彼此联结凝聚在一起而呈絮状的凝胶。两者可以相互转化，由溶胶转为凝胶，称为凝聚作用；相反由凝胶分散为溶胶，称为消散作用。土壤胶体分散的发生，是因为胶粒间带同电荷，互相排斥，不易凝聚。电动电位愈大，相斥力愈大，溶胶状态也愈稳定。溶液碱性增强，OH^-浓度增多，亦能促使胶体分散。一价阳离子代换了二、三价阳离子，使凝胶遇水分而分散。过剩的电解质，在淋洗作用下被淋溶时，也能促使胶体分散。

胶体颗粒是长期处于分散状态还是相互作用凝聚结合成为更粗的凝聚体，决定着土壤胶体颗粒及其表面吸附的污染物或养分的粒度分布变化规律，影响到其迁移输送和沉降归趋。土壤胶体是溶胶状态时，土壤结构不良，可耕作性很差，湿时泥泞，干时结块，影响土壤的通气透水性，对植物生育和土壤耕作都是不利的。相反呈凝胶状态时，土壤具有良好的结构和可耕作性，养分也易于保存。

土壤中带负电荷的胶粒占多数，所以土壤溶液中的离子能使带负电的胶粒凝聚。要使土壤溶液发生凝聚而变成凝胶，主要是通过降低胶体的电动电位来进行，降低电动电位的方法有：给胶体溶液增加电解质或加入带相反电荷的胶体或离子。电解质对溶胶的凝聚作用最重要，电解质中离子凝聚能为：三价>二价>一价，即离子价数高者，半径越大，所产生的凝聚作用越强，价数低者凝聚能力弱。当土壤干燥和冻结时，土壤溶液所含电解质的浓度增加，同样会引起胶体的凝聚。此外，土壤中带有相反电荷的胶体，相互接触时也会凝结。溶胶变成凝胶后，如果反复用水冲洗，容易发生分散作用变成溶胶，这种凝聚叫做可逆凝聚。一般由一价的阳离子（Na^+、K^+、NH_4^+）在高浓度时所引起的凝聚为可逆凝聚。二价及三价阳离子（Mg^{2+}、Ca^{2+}、Al^{3+}）所引起的凝聚则比较难于进行分散。它们所形成的土壤结构具有相当的稳定性，特别是Ca^{2+}和腐殖质共同作用下，所形成的土壤结构更好。

5. 土壤胶体的离子交换吸附

吸附作用和离子交换是土壤极为重要的表面性质，它是土壤具有供应和保蓄植物养分的能力、缓冲性能、并对离子态或分子态污染物具有一定自净能力的根本原因。土壤的吸附作用与离子交换，既取决于土壤中黏土矿物、有机物、有机-无机复合胶体和离子的种类、组成、含量和特性，也受土壤温度、酸碱性、水分状况等条件及其变化的制约。反过来又影响土壤中物质的形态、转化和有效性，关系着土壤的形成发育、物理性质、化学性质、生化过程和肥力特性。

土壤胶体表面吸收的离子与溶液介质中其电荷符号相同的离子相交换，称为土壤的离子吸附和土壤的离子交换作用。根据土壤胶体吸附与交换的离子不同，可分为阳离子的吸附和交换作用与阴离子的吸附和交换作用。简称土壤的离子交换（ion-exchange of soil），其中主要是土壤阳离子的交换。

1）土壤中阳离子交换作用

（1）阳离子的吸附作用

溶质在溶液中呈不均一的分布状态，溶液表面层中的浓度与其内部不同的现象称为吸附作用。由土壤胶体表面静电引力产生的阳离子吸附，其离子吸附的速度、数量和强度决定于胶体表面电位、离子价数和离子半径等因素。由库仑定律可知，土壤胶体表面所带的负电荷越多，吸附的阳离子数量就越多；土壤胶体表面的电荷密度越大，阳离子所带的电荷越多，则离子吸附的越牢。从离子的本性看，不同价的阳离子与土壤胶体表面亲和力的大小顺序一般为 $M^{3+}>M^{2+}>M^+$。对化合价相同的阳离子而言，吸附强度主要决定于离子的水合半径。一般情况下，离子的水合半径越小，离子的吸附强度越大。

土壤对阳离子的吸附有三种机理：即离子吸附后成为扩散粒子群、表面外圈配合物或者表面内圈配合物。目前对土壤吸附性能的研究主要集中于吸附容量、吸附方程式、专性吸附及吸附选择性等方面。目前应用最为广泛的离子吸附方程为 Freundlich 方程和 Langmuir 方程，但是这两个方程只是一种经验方程，并不能够反应离子吸附的吸附机理，并且当外部条件改变时，实验数据和模型模拟之间会出现较大的偏差。

（2）阳离子的交换作用

当外界条件发生变化时，土壤对离子的物理吸附受到影响，从而使得固液两相中的离子构成发生变化，这种离子构成的变化表现为离子交换。土壤对阳离子的交换容量和交换性能在很大程度上能够反映土壤的肥力水平、保肥能力及土壤的缓冲性能，是土壤物理性质和化学性质的综合体现，对土壤有着非常重要的意义。

阳离子交换作用有三个重要的特点。一是该交换反应是可逆的，且反应速度很快，可以迅速达到平衡，即溶液中的阳离子与胶体表面吸附的阳离子处于动态平衡之中；二是阳离子交换遵循等价离子交换的原则。例如，$1molCa^{2+}$ 可交换 $2molK^+$，$1molFe^{3+}$ 可交换 $3molK^+$ 或 Na^+；三是阳离子交换符合质量作用定律。对于任何一个阳离子反应，在一定温度下，当反应达到平衡时，根据质量作用定律有：

$$K = \frac{[产物_1][产物_2]}{[反应物_1][反应物_2]}$$

其中，K 为平衡常数。根据该原理，可以通过改变某一反应物（或产物）的浓度达到改变产物（或反应物）浓度的目的。

静电吸附的阳离子可以与其他阳离子发生相互交换反应，这主要与阳离子本身的特性，即该离子与胶体表面之间的吸附力有关。高价阳离子的交换能力大于低价阳离子，就同价离子而言，水化半径较小的阳离子的交换能力较强。土壤中常见的几种交换性阳离子的交换能力的顺序如下：Fe^{3+}、$Al^{3+} > H^+ > Ca^{2+} > Mg^{2+} > K^+ > Na^+$。

2）阴离子的吸附

带有表面电荷的土壤颗粒吸附阳离子和阴离子以后，被吸附的离子并不是全部存在于土粒的表面。在土-水体系中，部分被吸附的离子分布在土粒表面的附近，在土粒与液相的界面间形成一个双电层。在电场或其他力场的作用下，当二相做相对移动时，体系可以表现出一些动电性质。土壤的动电性质是土-水体系的双电层中各种离子的分布状况的综合反映，与离子的本性有关，也与土壤的特点有关。可变电荷土壤既含有恒电荷组分（黏土矿物）又含有可变电荷组分（金属氧化物等），其表面电化学性质既不同于带永久负电荷的恒电荷土壤，又不同于作为纯可变电荷胶体的金属氧化物。

对阴离子的电性吸附是可变电荷土壤有别于恒电荷土壤的重要特性之一。这是由于可变电荷土壤带有大量正电荷这个基本特点决定的。但是，由于这些土壤既带有正电荷，又带有负电荷，所以对阴离子往往既有吸引力，又有排斥力，使得这些离子的吸附情况较为复杂，并且有时甚至表现为负吸附。可变电荷土壤对阴离子的电性吸附由土壤胶体表面与离子之间的静电力所控制，因此，凡是能够影响这种静电力的因素都可影响可变电荷土壤对阴离子的电性吸附。概括起来，这些因素包括离子的本性、土壤特征和环境条件（溶液的 pH、电解质的浓度、溶剂的介电常数和陪伴离子等）三个方面。一般认为，Cl^-、NO_3^- 和 ClO_4^- 是典型的电性吸附离子，三种阴离子的吸附亲和力的次序为 $Cl^- > NO_3^- > ClO_4^-$。

二、土壤酸碱性

自然条件下土壤的酸碱性主要受土壤盐基状况所支配，而土壤的盐基状况决定于淋溶过程和复盐基过程的相对程度，所以土壤酸碱性实际上是由母质、生物、气候以及人为作用等多种因子所控制的。通常把 pH6.5~7.5 的土壤称为中性，pH5.5~6.5 的称为微酸性，pH 在 5.5 以下的称为酸性，pH7.5~8.5 的称为微碱性，pH8.5 以上的称为碱性。

我国北方大部分地区的土壤为盐基饱和土壤，并含有一定量的碳酸钙。南方高温多雨地区的大部分土壤是盐基不饱和土壤，盐基饱和度一般只有 20%~30%。相应地，我国土壤的 pH 值也由北向南逐渐降低的趋势，"南酸北碱" 就概括了我国南北方土壤酸碱反应的地区性差异。在我国长江以南，地处亚热带和热带，土壤风化和土体淋溶都十分强烈，因而形成了强酸性土壤，如华南、西南地区广泛分布的红壤、黄壤，pH 值大多在 4.5~5.5 之间。在东北山地，处在冷湿的寒温带，降水较多，土体淋溶较强，也可形成弱酸性的土壤，pH 值在 5.5~6.5 之间。在半干旱和干旱的华北和西北地区，降水少，土体淋溶弱，广泛分布着中性至微碱性的石灰性土壤，pH 值一般在 7.5~8.5 之间。少数 pH 值高达 10.5 的强碱化土壤和碱土，只在北方局部低洼地区出现，面积不大。

1. 土壤酸度的产生及种类

1）土壤酸化过程

（1）土壤中 H$^+$ 的来源

在多数的自然条件下，降水量大大超过蒸发量，土壤及其母质的淋溶作用非常强烈，土壤中的盐基离子易随渗滤水向下移动，使土壤中易溶性成分减少。这是溶液中的 H$^+$ 取代土壤吸收性复合体上的金属离子，被土壤所吸附，使土壤盐基饱和度下降、氢饱和度增加，引起土壤酸化。在交换过程中土壤溶液中 H$^+$ 可以由下述途径补给：

① 水的解离

$$H_2O \Longrightarrow H^+ + OH^-$$

水的解离常数虽然非常小，但由于 H$^+$ 离子被土壤吸附而使其解离平衡受到破坏，所以有新的 H$^+$ 释放出来。

② 碳酸的解离

$$H_2CO_3 \Longrightarrow H^+ + HCO_3^-$$

土壤中的碳酸主要是由 CO_2 溶解于水而生成的，而 CO_2 是植物根系和微生物以及有机物质分解时产生的，所以土壤活性酸在植物根际要强一些（那里的微生物活动也比较频繁）。

③ 有机酸的解离

$$有机酸 \longrightarrow H^+ + RCOO^-$$

土壤中各种有机质分解的中间产物有草酸、柠檬酸等多种低分子有机酸，特别是在通气不良以及在真菌活动下，有机酸可能积累很多。土壤中的胡敏酸和富啡酸分子在不同的 pH 条件下，可释放出 H$^+$。

④ 酸雨

pH 小于 5.6 的酸性大气化学物质主要有两种途径降落到地面：一种是通过气体扩散，将固体物降落到达地面而称之为干沉降；另一种是随降水，夹带大气酸性物质到达地面称之为湿沉降，习惯上称之为酸雨。大气中的酸性物质最终都进入土壤，成为土壤 H$^+$ 的重要来源。

⑤ 其他无机酸

土壤中各种各样的无机酸，例如（NH_4）$_2SO_4$、KCl 和 NH_4Cl 等生理酸性肥料施到土壤中，因为阳离子 NH_4^+、K^+ 被植物吸收而留下酸根。由于硝化细菌的活动也可产生硝酸。在某些地区有施用绿矾的习惯，可以产生硫酸。

$$FeSO_4 + 2H_2O \Longleftrightarrow Fe(OH)_2 + H_2SO_4$$

⑥ 植物生长发育以及不合理耕作栽培影响

植物对于土壤的 pH 值的影响范围，主要在根际等较小范围。引起根际 pH 值变化的最主要原因是阴阳离子的吸收不平衡，除此之外，根系分泌，特别是在缺少磷等元素的胁迫下，一些作物，如大豆、羽扇豆、油菜、玉米等就会主动分泌质子于土壤中来促进磷等的释放。

施用硝态氮使土壤和根际 pH 值上升，而根际上升幅度较大，氨态氮使土壤 pH 下降幅度大于非根际。另外土壤 pH 值随着施硫量的增加而降低，同时，土壤中速效 N、Cu、Fe、Mn 含量随着施硫量的增加而增加。

（2）土壤中铝的活化

H^+ 进入土壤吸收复合体后，随着阳离子交换作用的进行，土壤盐基饱和度逐渐下降，而氢的饱和度逐渐提高。当土壤有机矿质复合体或铝硅酸黏粒矿物表面吸附的 H^+ 超过一定限度时，这些胶粒的晶体结构就会遭到破坏，有些铝八面体被解体，使铝离子脱离了八面体晶格的束缚，变成活性铝离子，吸附在带负电荷的黏粒表面，转变为交换性铝离子，但不同黏粒的转变速度不同，一般蒙脱石表面的转变速率较高岭石快，因前者受破坏的有效表面积大于后者。

由上可知，土壤酸化过程开始于土壤溶液中活性 H^+，土壤溶液中 H^+ 和土壤胶体上被吸附的盐基离子交换，盐基离子进入土壤溶液中，然后遭水淋失，使土壤胶体上交换性 H^+ 不断增加，随之出现交换性铝，形成酸性土壤。

2）土壤酸的类型

土壤酸可分为活性酸和潜性酸。土壤活性酸指的是与土壤固相处于平衡状态的土壤溶液中的 H^+。土壤潜性酸是指吸附在土壤胶体上的交换性酸离子（H^+ 和 Al^{3+}），由于交换性 H^+ 和 Al^{3+} 只有转移到溶液中，转变成溶液中的 H^+ 时，才会显示酸性，故称潜性酸。土壤潜性酸是土壤活性酸的主要来源和后备，它们始终处于动态平衡之中，是属于一个体系中的良种酸。在强酸性、酸性和弱酸性土壤中，活性酸和潜性酸存在以下平衡关系。

（1）强酸性土壤中

在强酸性土壤条件下，交换性铝与土壤溶液中铝离子处于平衡状态，通过土壤溶液中铝离子的水解产生 H^+，增强土壤的酸性。

$$胶体-Al^{3+}（交换性铝）\Longleftrightarrow Al^{3+}（土壤溶液中的铝）$$

土壤溶液中的铝离子按下式水解：

$$Al^{3+} + 3H_2O \longrightarrow Al(OH)_3 \downarrow + 3H^+$$

在强酸性土壤矿质土壤中，土壤活性酸（溶液中的 H^+）主要来源是铝离子，而不是 H^+。这是因为强酸土壤中，一方面以共价键结合在有机和矿质胶粒上的 H^+ 极难解离，另一方面腐殖酸基团和带负电荷黏粒表面吸附的 H^+ 虽易解离，但其数量极少，对于土壤溶液阳离子的贡献小，但铝的饱和度大，土壤溶液中的每一个铝离子水解可产生 3 个 H^+。据报道，pH 小于 4.8 的酸性红壤中，交换性氢一般只占总酸度的 3%～5%，而交换性铝占总酸度的 95% 以上。

（2）酸性和弱酸性土壤

这种土壤的盐基饱和度较大，铝不能以游离的 Al^{3+} 存在，而是以羟基铝离子如 $Al(OH)^{2+}$、$Al(OH)_2^+$ 等形态存在，这种羟基铝离子实际上是很复杂的，可能呈现 $[Al_6(OH)_{12}]_6^+$、$[Al_{10}(OH)_{22}]_8^+$ 等离子团的形式。有的羟基离子可被胶体吸附，其行为如同交换性铝离子一样，在土壤溶液中水解产生 H^+。

酸性和弱酸性土壤中，除了羟基铝离子水解产生 H^+ 外，胶体表面交换性 H^+ 的解离可能是土壤溶液中 H^+ 的第二个来源。

$$胶体-H^+（交换性 H^+）\Longleftrightarrow H^+（土壤溶液中 H^+）$$

综上，土壤 pH 与土壤（胶体）交换性阳离子之间的关系为：在强酸性矿质土壤中以交换性 Al^{3+} 和以共价键紧束缚的 H^+ 及 Al^{3+} 占优势；在酸性土壤中，致酸离子以 $Al(OH)^{2+}$、$Al(OH)_2^+$ 等羟基铝离子为主；而在中性及碱性土壤中，土壤胶体上主要是交换性盐基离子。

2. 土壤碱度的产生及种类

1）土壤碱性的产生

（1）土壤中碱性盐的水解

土壤的碱性主要来自土壤中大量存在的碱金属和碱土金属如钠、钾、钙、镁的碳酸盐和重碳酸盐，其中以碳酸钙分布最为广泛。我国华北和西北地区的一些土壤碳酸钙含量较高，统称为石灰性土壤。碳酸盐可以水解：

$$CaCO_3+2H_2O \Longleftrightarrow Ca(OH)_2+H_2CO_3$$

H_2CO_3 是弱酸，解离度很低，所以溶液呈碱性。其次是土壤空气中含 CO_2，可与 $CaCO_3$ 作用形成 $Ca(HCO_3)_2$。后者的溶解度大为提高，H^+ 浓度也随之增加，从而使碱性降低。但一般土壤空气中 CO_2 含量多在 $1\% \sim 2\%$ 以下，所以土壤溶液中的 H_2CO_3 含量不可能多到使石灰性土壤出现酸性反应，而是保持在微碱性（pH 7.5 左右）至碱性（pH 8.5 下）范围。

当土壤溶液中出现易溶性的碱性盐（如碱金属的碳酸盐等强碱弱酸的盐类）时，土壤才会表现强碱性（pH>8.5）。Na_2CO_3 水解后的溶液，其 pH 值可高于 10。

（2）在有机质高，含硫酸盐和嫌气条件下，Na_2SO_4 被还原成 Na_2S，Na_2S 再与 $CaCO_3$ 作用形成 Na_2CO_3，水解后产生大量的 OH^-。

$$Na_2SO_4+4R-CHO \underset{嫌气细菌}{\Longleftrightarrow} Na_2S + 4R-\overset{\displaystyle O}{\underset{\displaystyle OH}{C}}$$

（有机质）

$$Na_2S+CaCO_3 \Longleftrightarrow Na_2CO_3+CaS\downarrow$$

$$Na_2CO_3+2H_2O \Longleftrightarrow H_2CO_3+2NaOH$$

（3）土壤胶体吸附的钠离子达到一定饱和度时，可起代换水解作用，使土壤呈碱性。

$$胶体-Na^++H_2O \Longleftrightarrow 胶体-H^++NaOH$$

2）土壤碱度

土壤碱性强弱的程度称为碱度。土壤溶液的碱性反应也用 pH 值表示。含有碳酸钠、碳酸氢钠的土壤，pH 值常在 8.5 以上。我国北方的石灰性土壤的实验室碱度 pH 测定值一般为 $7.5 \sim 8.5$，而在田间测定为 $7.0 \sim 8.0$。

土壤的碱性还决定于土壤胶体上交换性钠离子的数量。通常把交换性钠离子的数量占交换性阳离子数量的百分比，称为土壤碱化度。一般碱化度为 $5\% \sim 10\%$ 时，称为弱碱性土，大于 20%的称为碱性土。

$$碱化度(\%)=\frac{交换性钠(cmol/kg 土)}{阳离子交换量(cmol/kg 土)}\times100$$

式中 cmol/kg 土为每千克土壤中所含有的全部交换性离子的厘摩尔数。

土壤溶液中 OH^- 离子的主要来源，是 CO_3^{2-} 和 HCO_3^- 的碱金属（Na、K）及碱土金属（Ca、Mg）的盐类。碳酸盐碱度和重碳酸盐度的总和称为总碱度。可用中和滴定法测定。不同溶解度的碳酸盐和重碳酸盐对土壤碱性的贡献不同，$CaCO_3$ 和 $MgCO_3$ 的溶解度很小，在正常的 CO_2 分压下，它们在土壤溶液中的浓度很低，故富含 $CaCO_3$ 和 $MgCO_3$ 的石灰性土壤呈弱碱性（pH7.5~8.5）；Na_2CO_3、$NaHCO_3$ 及 $Ca(HCO_3)_2$ 等都是水溶性盐类，可以大量出现在土壤溶液中，使土壤溶液中的总碱度很高，从土壤 pH 来看，含 Na_2CO_3 的土壤，其 pH 值一般较高，可达 10 以上，而含 $NaHCO_3$ 及 $Ca(HCO_3)_2$ 的土壤，其 pH 值常在 7.5~8.5，碱性软弱。

当土壤胶体上吸附的 Na^+、K^+、Mg^{2+}（主要是 Na^+）等离子的饱和度增加到一定程度时，会引起交换性阳离子的水解作用：

土壤胶体$(xNa^+)+yH_2O=$土壤胶体$[(x-y)Na^+、yH^+]+yNaOH$

在土壤溶液中产生 NaOH，使土壤呈碱性，此时 Na^+ 饱和度称为土壤碱化度。

三、土壤的缓冲性能

土壤缓冲性能是指土壤具有缓和其酸碱度发生激烈变化的能力，它可以保持土壤反应的相对稳定，为植物生长和土壤生物的活动创造比较稳定的生活环境，所以土壤的缓冲性能是土壤的重要性质之一。

土壤的缓冲性通常定义为土壤抗衡酸、碱性物质，减缓 pH 变化的能力。土壤的缓冲作用机制主要有以下 4 类：

1. 土壤溶液中弱酸及其盐类的缓冲作用

土壤溶液中含有的碳酸、硅酸、磷酸、腐殖酸以及其他有机酸及其盐类构成一个良好的缓冲体系，对酸、碱具有缓冲作用。

$$HAc \longrightarrow H^+ + Ac^-$$
$$NaAc + HCl \longrightarrow HAc + NaCl$$

碳酸盐体系：缓冲作用主要取决于 $CaCO_3$—H_2O—CO_2（分压）的平衡。当加入酸性物质时，碳酸盐类与之反应，生成中性盐和碳酸，抑制了土壤酸度的提高，当加入碱时，碳酸与之反应，限制了土壤碱度的提高。

硅酸盐体系：硅酸盐矿物含有一定数量的碱金属和碱土金属离子，通过风化、蚀变释放出钠、钾、钙、镁等离子，并转化为次生矿物，进而对土壤的酸性物质起缓冲作用。

有机酸体系：土壤腐殖酸（胡敏酸和富里酸）含有羟基、羧基、酚羟基、醇羟基等功能团，此外，土壤中还存在多种低分子有机酸，在土壤溶液中构成一个良好的缓冲体系，对酸、碱具有缓冲作用。

2. 交换性阳离子缓冲体系

土壤胶体上吸附的各种盐类离子，对酸性物质起到缓冲作用，吸附的氢离子和铝离子，对碱性物质起缓冲作用。理论上说，土壤阳离子交换量愈大，缓冲能力愈大，相同阳离子交换量的土壤盐基饱和度越大，对酸的缓冲性越强，反之，土壤盐基饱和度愈低，土壤胶体上吸附的氢离子和铝离子越多，对土壤的碱缓冲能力越强，这是土壤产生缓冲作用的主要机制。

3. 活性铝缓冲体系

当土壤 pH<4.0 时，铝离子以 $[Al(H_2O)_6]^{3+}$ 形态存在，当加入碱性物质时，铝离子周围的 6 个水分子有 1~2 个水分子解离出 H^+，与加入的 OH^- 中和生成 H_2O。发生如下反应：

$$2Al(OH_2)_3^{3+}+2OH^- \longrightarrow Al_2(OH)_2(H_2O)_8^{4+}+4H_2O$$

当土壤溶液继续外加 OH^- 时，铝离子周围的 H_2O 还将继续解离出 H^+，使溶液 pH 不至于发生剧烈变化，羟基铝的聚合作用也继续进行，反应式为：

$$4[Al(H_2O)_6]^{3+}+6OH^- \longrightarrow [Al(OH)_6(H_2O)_{12}]^{6+}+12H_2O$$

当土壤 pH>5.0 时，铝离子形成 $Al(OH)_3$ 沉淀，失去缓冲能力。

4. 两性胶体缓冲体系

土壤中的两性胶体既有酸基又有碱基，既可以解离 H^+，也可以吸收质子，对酸、碱物质都具有一定的缓冲性，如蛋白质、氨基酸、腐殖酸等。

土壤的缓冲性通常用土壤缓冲容量来表示，狭义的缓冲容量是指单位质量的土壤 pH 值增加或降低一个单位所需酸或碱的量，缓冲容量越大，pH 值越不易改变，缓冲性越强。不同类型的土壤对酸沉降反映出不同的缓冲能力，其主要影响因素除土壤的基础 pH 值、土壤无机胶体、土壤质地、阳离子交换量和有机质外，还要受到土壤中原生矿物和次生矿物的含量及其风化过程、耕作方式、土壤海拔高度、黏粒含量等因素影响。

四、土壤的氧化还原性

土壤中的许多化学和生物化学反应都具有氧化还原特征，因此氧化还原反应是发生在土壤（尤其土壤溶液）中的普遍现象，也是土壤的重要化学性质。氧化还原作用始终存在于岩石风化和土壤形成发育过程中，对土壤物质的剖面迁移、土壤微生物活性和有机质转化、养分转化及生物有效性、渍水土壤中有毒物质的形成和积累，以及污染土壤中污染物质的转化与迁移等都有深刻影响。

土壤中存在着多种有机和无机的氧化还原物质（氧化剂和还原剂），在不同条件下他们参与氧化还原过程的情况也不相同。参加土壤氧化还原反应的物质，除了土壤空气和土壤溶液中的氧以外，还有许多具可变价态的元素，包括 C、N、S、Fe、Mn、Cu 等；在污染土壤中还可能有 As、Se、Cr、Hg、Pb 等。种类繁多的氧化还原物质构成了不同的氧化还原体系（redox system）。土壤中主要的氧化还原体系如表 4-4 所示。

表 4-4　土壤中主要的氧化还原体系

体系	物质状态		代表性反应举例
	氧化态	还原态	
氧体系	O_2	O^{2-}	$O_2+4H^++4e \rightleftharpoons 2H_2O$
有机碳体系	CO_2	CO、CH_4、还原性有机物等	$CO_2+8H^++8e \rightleftharpoons CH_4+2H_2O$
氮体系	NO_3^-	NO_2^-、NO、N_2O、N_2、NH_3、NH_4^+	$NO_3^-+10H^++8e \rightleftharpoons NH_4^++3H_2O$
硫体系	SO_4^{2-}	S、S^{2-}、H_2S…	$SO_4^{2-}+10H^++8e \rightleftharpoons H_2S+4H_2O$
铁体系	Fe^{3+}、$Fe(OH)_3$、Fe_2O_3…	Fe^{2+}、$Fe(OH)_2$…	$Fe(OH)_3+3H^++e \rightleftharpoons Fe^{2+}+3H_2O$
锰体系	MnO_2、Mn_2O_3、Mn^{4+}…	Mn^{2+}、$Mn(OH)_2$…	$MnO_2+4H^++2e \rightleftharpoons Mn^{2+}+2H_2O$
氢体系	H^+	H_2	$2H^++2e \rightleftharpoons H_2$

1. 土壤氧化还原强度指标

1) 氧化还原电位（Eh）

氧化还原电位（redox potential）是长期惯用的氧化还原强度指标，它可以被理解为物质（原子、离子、分子）提供或接受电子的趋向或能力。物质接受电子的强烈趋势意味着高氧化还原电位，而提供电子的强烈趋势则意味着低氧化还原电位。

氧化还原电极电位的产生，可以 $Fe^{3+}+e \Longrightarrow Fe^{2+}$ 反应为例加以说明：如果向溶液中插入一铂电极，则 Fe^{2+} 和铂电极接触时就有一种趋势，将其一个 e 转给铂电极，而使电极趋于带负电荷，Fe^{2+} 则被氧化成 Fe^{3+}；与此同时，溶液中原有的 Fe^{3+} 则趋于从铂电极上获取一个 e，使电极带正电荷，而其本身则被还原成 Fe^{2+}。上述两种趋势同时存在，方向相反，因此其总的净趋势方向和大小就要看 Fe^{2+} 和 Fe^{3+} 的相对浓度（活度）而定。也就是说，在这一反应体系中铂电极的电性如何以及电位高低，都决定于电极周围溶液中的 $[Fe^{3+}]/[Fe^{2+}]$ 之比。一个氧化还原反应体系的氧化还原电位可用下列通用公式表达：

$$Eh = E^0 + \frac{RT}{nF} \ln \frac{[氧化态]}{[还原态]}$$

上式即为能斯特（Nernst）公式。其中，Eh 为氧化还原电位，单位为 V 或 mV；E^0 为该体系的标准氧化还原电位，即当铂电极周围溶液中[氧化态]/[还原态]比值为 1 时，以氢电极为对照所测得的溶液的电位值（E^0 可从化学手册上查到）；R 为气体常数（8.313J·K^{-1}·mol），T 为绝对温度，F 为法拉第常数（96485J·mol^{-1}·V^{-1}），n 为反应中转移的电子数；[氧化态]、[还原态]分别为氧化态和还原态物质的浓度（活度）。

将各常数值代入能斯特公式，在 25℃ 时，并采用常用对数，则有：

$$Eh = E^0 + \frac{0.059}{n} \log \frac{[氧化态]}{[还原态]}$$

在给定的氧化还原体系中，E^0 和 n 也为常数，所以[氧化态]/[还原态]的比值决定了 Eh 值高低。比值愈大，Eh 值愈高，氧化强度愈大；反之，则还原强度愈大。

2) 土壤氧化还原强度指标及其与数量因素的关系

在现实土壤中，由于氧化物质和还原物质的种类十分复杂，其标准电位（E^0）也很不相同，因此根据能斯特公式计算 Eh 值是困难的。主要是以实际测得的 Eh 值作为衡量土壤氧化还原强度的指标，这是一个表征各种氧化还原物质的混合性指标，亦即土壤中氧化剂和还原剂在氧化还原电极上所建立的平衡电位。

氧化还原数量因素是指氧化性物质或还原性物质的绝对含量。目前已经提出了一些区分土壤中不同氧化还原体系的氧化态物质和还原态物质的方法，并能够测定土壤中还原性物质总量。但同样由于土壤物质体系的复杂性，测得的氧化还原物质的数量往往难以直接与 Eh 联系起来。尽管如此，在一定条件下土壤氧化还原强度 Eh 与还原性物质的含量（浓度）之间仍表现出明显的相关性。大量测定结果表明，土壤的还原性物质愈多，其氧化还原电位愈低。

氧化还原强度因素与数量因素有着不同的实际意义：前者决定化学反应的方向，后者则是定量研究各种氧化还原反应时的依据。两种指标结合起来，就可以更全面的了解土壤氧化还原状况。

2. 土壤氧化还原过程的特点

土壤中主要氧化还原物质（体系）的氧化还原过程及其特点已如前述。相对于一般的化

154

学概念而言，土壤氧化还原过程尚可归纳出如下一些共同特点：

1）体系的多样性

土壤中的氧化还原体系有无机体系和有机体系两大类。在无机体系中，重要的有氧体系、铁体系、锰体系、硫体系及氮体系等；有机体系则包括多种不同分解程度的有机化合物、微生物的细胞体及其代谢产物等。这些体系以不同的形态和比例存在于土壤中，组成了复杂多变的混合体系。

2）反应的复杂性

土壤中的氧化还原反应有些是纯化学反应，但更多的是有微生物参与的生化反应，这些反应具有不同程度的可逆性，有可逆、半可逆和不可逆之分。反应速度也有很大差别，由此常导致某些物质氧化-还原形态变化与土壤 Eh 变化不同步（滞后）。加之多种氧化还原反应的交错影响，因此很难用简单的推导或计算来表达土壤的氧化还原过程。

3）决定氧化还原电位的体系

土壤中的氧化作用可以由 O_2、NO_3^-、Mn^{4+}、Fe^{3+} 等氧化剂所引起，还原作用则可以由还原性有机物、嫌气性微生物生命活动以及 Fe^{2+}、Mn^{2+} 等低价金属离子所引起。在通气土壤中（$Eh>+300mV$），氧体系对氧化还原电位起着决定作用；在嫌气性土壤中（$Eh<+100mV$），决定氧化还原电位的主要是有机还原性物质。虽然铁体系也可以起到较大作用，但它要受到氧体系和有机体系的控制。

4）还原顺序

土壤中存在着明显的顺序还原作用。在嫌气条件下，当土壤中 O_2 被消耗掉，随着 Eh 值逐渐降低，其他氧化态物质如 NO_3^-、Mn^{4+}、Fe^{3+}、SO_4^{2-} 将依次作为电子受体被还原。

5）氧化还原平衡的变动

动态平衡土壤中氧化还原平衡经常变动，不同的时间、空间以及不同的管理措施都会使 Eh 值改变。

3. 土壤氧化还原状况及其影响因素

根据大量实测结果，不同土壤的 Eh 范围大致为+750~-300mV，相应的电子活度负对数 pE 值约在 12.7~-5.1 之间，几乎包括了自然生物界的最大变异范围。在不同的成土条件和利用条件下，由于水分、通气、有机质和 pH 等状况不同，使不同土壤的氧化还原状况有很大差异。即便是同一土壤，其不同剖面层次，甚至团聚体内外和根际内外，也往往有 Eh 值的明显差别。在土壤学中，常把约+300mV 作为氧化性和还原性的分界点。也有学者根据 Eh 值对土壤氧化还原状况进行分级：$Eh>+700mV$ 为强氧化状态，此时通气性过强；+700~+400mV 为氧化状态，此时氧化过程占绝对优势，各种物质以氧化态存在；+400~+200mV 为弱度还原状态，此时 NO_3^-、Mn^{4+} 被还原；+200~-100mV 为中度还原状态，此时出现较多还原性有机物，Fe^{3+}、SO_4^{2-} 被还原；$Eh<-100mV$ 为强度还原状态，此时 CO_2、H^+ 被还原，且硫化物开始大量出现。当然，这些划分带有一定的相对性。

影响土壤氧化还原状况的因素很多，归纳起来有以下几大方面：

1）土壤通气状况

通气状况决定土壤空气和土壤溶液中的氧浓度，通气良好的土壤与大气间气体交换迅速，土壤氧浓度高，氧化作用占优势，Eh 亦较高。通气不良的土壤则与大气间的气体交换缓慢，加之微生物活动和根系呼吸耗氧，使氧浓度降低，Eh 下降。在长期渍水条件下，土壤通气状况恶化，强烈的持续性还原作用会使 Eh 降至很低。例如，一般森林土壤和农业旱

155

作土壤通气条件良好，Eh 大都在 +700 ~ +400mV；沼泽化土壤和水稻土因渍水而处于嫌气状态，Eh 值大都在 +200mV 以下。就同一土壤而言，其 Eh 值总是随着水分和通气状况的波动而产生相应的变化。因此 Eh 值可作为土壤通气性的指标。

2）微生物活动

在通气土壤中，好氧性微生物的有氧呼吸消耗土壤溶液乃至土壤空气中的氧气，活动愈强烈，耗氧愈迅速，因而总是趋于使 Eh 值下降。当通气不良或渍水时，土壤中的 O_2 逐渐耗竭，厌氧性微生物的活动占优势，微生物夺取有机质或含氧盐（如 NO_3^-、SO_4^{2-} 等）中所含的氧，形成大量复杂的有机或无机还原性物质，使 Eh 急剧降低。

3）土壤中易分解有机质的含量

土壤中易分解有机质主要是指其生物有机质部分的某些有机物。这些有机物本身具有一定的还原性，可以显著降低土壤氧化还原电位。另一方面，在一定的通气条件和适当的湿度条件下，有机质分解主要是由微生物完成的耗氧过程。土壤中易分解的有机质愈多，耗氧愈多，氧化还原电位降低的趋势愈明显。例如，大多数森林土壤表层有机质含量很高，其 Eh 值也比下层低数十至数百毫伏。

尤其值得指出的是，阶段性渍水土壤 Eh 值迅速、大幅度降低往往与含有较多的易分解有机质密不可分，因为只有在较充足的有机基质（物源和能源）存在时，厌氧性微生物才能大量繁殖，并产生大量的比基质更为还原的中间产物或终产物。

4）土壤中易氧化或易还原的无机物状况

土壤中易氧化的还原态无机物质愈多，则还原条件愈发达，并且抗氧化的平衡作用也愈明显。但由于许多易氧化的还原态无机物质与氧能直接起反应（如 Fe^{2+}），因此在通气条件下电位会很快上升，而这些物质也就很快地被氧化了。相反，土壤中易还原的氧化态无机物质愈多，抗还原的能力就愈强。例如，土壤中含有大量氧化铁、锰和较多硝酸盐时，可以削弱还原条件，显著延缓和减轻 Eh 下降的速度和程度。所以可把氧化铁、锰（尤其前者）当作渍水土壤氧化还原状况的调节剂。

5）土壤 pH 值

如前所述，对于一个具体的氧化还原体系来说，其 $\Delta Eh/\Delta pH = -59mV$ 或为其不同比例（m/n）的倍数。土壤作为一个多体系共存的混合体，其 $Eh-pH$ 关系要复杂得多。对于通气良好的自然土壤和旱作土壤，由于氧体系起主导作用，所以据实验，其 $\Delta Eh/\Delta pH$ 值接近 $-59mV$（氧体系的理论值）。而对还原性土壤（如水稻土和沼泽土）来说，由于还原性有机物和亚铁起重要作用，其 $\Delta Eh/\Delta pH$ 变化在 $-60 ~ -150mV$ 之间（与 Fe^{2+} 有关的主要氧化还原反应 $\Delta Eh/\Delta pH$ 为 $-0.177mV$ 或 $-0.236mV$）。

6）植物根的代谢作用

植物根分泌物可以直接或间接影响根际土壤的氧化还原状况。一般植物根可向根际土壤中分泌大量的碳水化合物和有机酸、氨基酸类物质，这些物质本身具有一定的还原性，有一部分能直接参与根际土壤的还原反应；尤其是根分泌物造成特殊的根际微生物活动条件，对微域范围氧化还原状况产生显著影响。跟分泌物往往导致根际 Eh 值降低，很多植物根际的 Eh 值要比根外土壤低几十至上百毫伏；尽管根际 pH 值往往较低，但并不足以抵制 Eh 值的下降。湿生植物的情况则完全不同，它们的根系往往分泌氧，使根际土壤的 Eh 值较根外土体高几百毫伏。

上述诸因素并不是孤立的，它们相互联系，相互影响，共同控制着土壤的氧化还原状况及其变异性。只不过在不同的条件下，有着不同的主导因素。

第三节　土壤环境污染

一、土壤污染的定义和特征

1. 土壤污染的含义

随着经济的发展，环境受损日益严重，人们关注水体和大气污染的同时忽视了土壤污染的严重危害。目前，学术界关于土壤污染的讨论颇多，但是始终没有比较明确统一的定义。

有学者认为，土壤污染就是指人为因素有意或无意地将对人类本身和其他生命体有害的物质施加到土壤中，使其某种成分的含量明显高于原有含量，并引起现存的或潜在的土壤环境质量恶化的现象。

亦有学者认为，土壤污染是指人类通过生产活动从自然界获得资源和能量，最后再以"三废"形式排入环境，进入土壤的污染物积累到一定程度，影响或超过了土壤的自净能力，引起土壤质量恶化的现象。

我国著名土壤污染防治专家孙铁珩院士及潘鸿章等学者对土壤污染所下的定义为：当土壤中含有害物质过多，超过土壤的自净能力，就会引起土壤的组成、结构和功能发生变化，微生物活动受到抑制，有害物质或其分解产物在土壤中逐渐积累，通过"土壤—植物—人体"，或通过"土壤—水—人体"间接被人体吸收，达到危害人体健康的程度，就是土壤污染。

中国台湾学者对土壤污染所下的定义如下：土壤污染是指土壤因物质、生物或能量之介入，致品质变更，有影响其正常用途或危害国民健康及生活环境之虞。

国际多语言环境大词典指出：土壤污染是指环境物质的排放，导致土壤特性的改变，更为通常的是引起化学和生物学平衡的打破。

上述各种对土壤污染的界定多是从土壤学的角度入手，但是土壤污染的问题涉及多学科、多领域，具有复杂性，除了从土壤学的角度对其进行定义外，还应兼顾生态、经济、法律、哲学等其他因素对土壤污染的影响，综合生态学、经济学、法学和哲学的角度对土壤污染进行概括性的定义。

如何定义土壤污染，关系到一个国家关于土壤保护和土壤环境污染防治的技术法规的制定和执行。目前大部分国家采用以下观点，即土壤污染是指人类活动产生的污染物通过不同的途径输入土壤环境中，其数量和速度超过了土壤的净化能力，从而使污染物在土壤中不断累积，土壤的生态平衡受破坏，正常功能失调，导致土壤环境质量下降，影响作物的正常生长发育，作物产品的产量和质量随之下降，并产生一定的环境效应(对水体或大气发生次生污染)，最终危及人体健康甚至是人类生存和发展的现象。我国国家环保总局对土壤污染做出的定义为：当人为活动产生的污染物进入土壤并积累到一定程度，引起土壤环境质量恶化，并造成农作物中某些指标超过国家标准的现象，称为土壤污染。

2. 土壤污染的特点

土壤污染因其组成结构和形成原因的复杂具有独特性，与大气污染、水污染等其他环境污染有极大差别，土壤污染的特征有：

1）隐蔽性和潜伏性

与其他环境污染不同，土壤污染是土壤中污染物长期积累的过程，由于土壤污染的有害物质容易与土壤相结合，甚至被土壤分解吸收，不易被人体察觉，具有明显的隐蔽性。一般情况下，土壤污染的程度和状况的检测需要通过分析检测植物产品质量、植物生态效应等手段来实施，有时要观察对人类与动物健康的改变才能证实，这就导致污染土壤问题的发现滞后，不被重视。例如日本"痛痛病"在产生 10~20 年后才被人们认识。

2）不可逆性和永久性

土壤污染物的积累一旦超过土壤的承载量，土壤自身很难恢复或者恢复消耗极大时就造成了不可逆转的永久危害。土壤被污染后导致其肥力丧失，农作物无法生长，土壤的生态价值和社会价值随之消失，土壤就变得毫无价值。一旦土壤遭到污染，特别是受到重金属污染后极难恢复甚至不可逆转。还有许多化学物质的降解需要较长的时间，有些重金属污染后的土壤甚至需要 100~200 年的时间才能恢复。同时，被污染土壤原有的生态价值和社会价值在短时间内也很难修复，从而造成不可估量的损失。

3）强危害性

土壤污染的后果十分严重：①被污染耕地质量下降，经济损失严重。耕地中污水灌溉并长期使用肥料、农药、农膜，致使污染物在土壤中大量累积，土壤肥力下降，农作物产量减少，质量下降。②食品安全隐患增加，危及人体健康。农作物在被污染的土壤中生长，大量吸收来自污染土壤的有毒有害物质，最终通过食物链进入人体，导致各类疾病的产生，危害人体健康。③生态安全受到威胁。生态系统是一个有机整体，土壤污染直接导致土壤的生态系统结构和功能产生改变，使得生物种群的多样性减少，结构改变，导致土壤生产力减弱，破坏生态安全。土壤污染不仅危及特定地区的一个人或几个人的生命和财产安全，甚至波及更广范围的多数人的生命和财产安全；不仅危及当代人的生命健康，甚至会殃及子孙后代。

4）难治理性

由于土壤污染的来源具有多样性，在治理土壤污染时仅仅依靠治理污染源头是远远不够的。土壤会被重金属、有机物质、放射性元素等多种有毒有害物质污染，这些物质在土壤中积累，很难被土壤稀释，有时甚至需要换土或者淋洗等方法来治理土壤污染，因此治理土壤污染的成本相对较高，时间较长。而大气污染和水污染等则可以通过直接治理污染源头而达到短时间内稀释净化自然的效果。

二、土壤污染源和污染物分类

1. 土壤污染来源及种类

土壤污染物的来源极其广泛，具有多元性。这是因为土壤环境在生物圈中所属的特殊地位和其功能是相联系的。首先，人类是把土壤作为农业生产力的劳动对象和获得生命能源的生产基地。某些重金属、病原微生物、农药以及其分解残留物随着化肥、有机肥、化学农药等进入土壤。同时，还有许多污染物随着农田灌溉用水而输入土壤。特别是农田废水灌溉，如未作任何处理的或虽然经过处理而未达到排放标准的城市生活污水和工矿企业废水直接灌溉农田，是土壤有毒物质的重要来源。其次，土壤历来就是作为废物(生活垃圾、工矿企业废渣、污泥、污水等)的堆放、处置与处理场所，从而使大量有机和无机污染物随之进入土壤，这是造成土壤环境污染的重要途径和污染来源。再次，空气、地表水体或者生物体中的污染物质通过与土壤之间的物质和能量交换进入土壤，从而污染土壤环境。例如，工矿企业所排放的气体污染物进入大气以后，在重力作用下随着雨、雪等降水降落于土壤中，特别是大气污染物经过大气化学反应生成的有害物质随着降水而进入土壤，使土壤遭受严重的污染。

化学污染、生物污染、物理污染、放射性污染等都是土壤污染物的来源，这些有机和无机污染物造成了土壤污染的多样性。通过污水排放、化肥农药的使用、废气和固体废物，这些污染物质进入土壤并大量累积。随着近年来人口的急剧增长和工业的迅速发展，大量固体物质堆放和倾倒在土壤表面，土壤层中也渗透着大量有害废水，大气中的飘尘及有害气体也会随雨水进入土壤，另外农业化学肥料污染也是导致土壤污染的重要因素。

由于人类的生产和生活过程过多的介入土壤，导致土壤污染的未知来源范围广、种类复杂。因此，土壤污染按其途径和污染源可以分为以下种类：

（1）水质污染型

主要由于污染水源(指未经处理、未达排放标准的城市生活或工业废水等)通过被污染的地表水灌溉农田，最终污水中的有毒有害物质随着污水进入农田而污染土壤。

（2）气污染型

工业活动排放到大气中的有害气体通过空气沉降、化学反应等过程，产生酸雨进入土壤，引起土壤的酸化。另外空气中的粉尘、烟尘等粒子由于地球重力作用空降进入土壤，也形成了土壤污染。

（3）固体废物污染型

城市工业废渣(城市垃圾、煤渣、矿渣、粉煤灰等)大量堆放在土地表面，其中的有毒有害物质造成土壤污染，使环境恶化。这些工业企业及生产生活产生的废物、垃圾等固体有害物质在堆积、处理和掩埋的过程中，大量占用地表面积，并且随着大气的迁移、降水、扩散、地表径流等进而污染周围地区土壤，形成土壤污染的点源性污染。随着城市工业化进程的加速，固体废物污染的污染物性质和种类都逐渐复杂化，并且这种复杂趋势日渐扩大。

（4）农业污染型

农药、化肥在农业生产中过量或不合理的使用都会造成土壤的污染。例如，氮肥在农业生产活动中被大量使用，导致土壤自身成分被破坏，形成土壤表层硬化，造成土壤的生物本质变差，致使农业产品的产出和质地下降。农药虽然具有杀虫的作用，但在农业生产中大量使用会使农药中的有毒有害物质沁入土壤，长期大量使用农药就会引起土壤严重污染。

2. 土壤污染物分类

土壤污染物的种类繁多，既有化学污染物也有物理污染物、生物污染物和放射污染物等，其中以土壤的化学污染物最为普遍、严重和复杂。按污染物的性质一般可分为4类：即有机污染物、重金属、放射性元素和病原微生物。表4-5列出了土壤环境中的主要污染物质和主要来源。

1）有机污染物

土壤有机污染物主要是化学农药。目前大量使用的化学农药有50多种，其中主要包括有机磷农药、有机氯农药、氨基甲酸酶类、苯氧羧酸类、苯酚、胺类。此外，石油、多环芳烃、多氯联苯、甲烷、有害微生物等，也是土壤中常见的有机污染物。目前，中国农药生产量居世界第二位，但产品结构不合理，种类繁多，质量较低，产品中杀虫剂占70%，杀虫剂中有机磷农药占70%，有机磷农药中高毒品种占70%，致使大量农药残留，带来严重的土壤污染。

2）重金属

使用含有重金属的废水进行灌溉是重金属进入土壤的一个重要途径。重金属进入土壤的另一条途径是随大气沉降落入土壤。重金属主要有汞、铜、锌、铬、镍、钴等。由于重金属能被微生物分解，而且可为微生物富集，土壤一旦被重金属污染其自然净化过程和人工治理都是非常困难的。此外，重金属可以被生物富集，因此对人类有较大的潜在危害。

3）放射性元素

放射性元素主要来源于大气层核实验的沉降物，以及原子能和平利用过程中所排放的各种废气、废水和废渣。含有放射性元素的物质不可避免地随自然沉降、雨水冲刷和废弃物堆放而污染土壤。土壤一旦被放射性物质污染就难以自行消除，只能自然衰变为稳定元素，而消除其放射性。放射性元素可通过食物链进入人体，如^{137}铯、^{90}锶等。

4）病原微生物

土壤中的病原微生物，主要包括病原菌和病毒等。来源于人畜的粪便及用于灌溉的污水（未经处理的生活污水，特别是医院污水）。人类若直接接触含有病原微生物的土壤，可能会对健康带来影响；若食用被土壤污染的蔬菜、水果等则间接受到污染。

表 4-5　土壤环境中的主要污染物质和主要来源

污染物种类	主要污染源
汞（Hg）	制烧碱、汞化合物生产等工业废水和污泥，含汞农药、汞蒸气
镉（Cd）	冶炼、电镀、燃料等工业废水、污泥和废气，肥料杂质
铜（Cu）	冶炼、铜制品生产等废水、废渣和污泥，含铜农药
锌（Zn）	冶炼、镀锌、纺织等工业废水和污泥、废渣，含锌农药，磷肥
铅（Pb）	颜料、冶炼等工业废水、防爆汽油燃烧排气，农药
铬（Cr）	冶炼、电镀、制革、印染等工业废水和污泥
镍（Ni）	冶炼、电镀、炼油、燃料等工业废水和污泥
砷（As）	硫酸、化肥、农药、医药、玻璃等工业废水、废气，农药
硒（Se）	电子、电器、油漆、墨水等工业的排放物
铯（^{137}Cs） 锶（^{90}Sr）	原子能、核动力、同位素生产等工业废水、废渣，核爆炸
氟化物（F）	冶炼、氟硅酸钠、磷酸和磷肥等工业废水、废气，肥料
盐、碱	纸浆、纤维、化学等工业废水
酸	硫酸、石油化工、酸性、电镀等工业废水、大气酸沉降
有机农药	农药生产和使用
酚类	炼焦、炼油、合成苯酚、橡胶、化肥、农药等工业废水
氰化物	电镀、冶金、印染等工业废水，肥料
3,4-苯并芘	石油、炼焦等工业废水、废气
石油	石油开采、炼油、输油管道漏油
有机洗涤剂	城市污水、机械工业污水
有害微生物	厩肥、城市污水、污泥、垃圾

第四节　土壤重金属污染处理

目前，重金属尚没有一个严格统一的定义，一般是指比重在 4.0 以上的约 60 种元素或比重在 5.0 以上的约 45 种元素。在环境污染研究中的重金属主要是指 Pb、Cd、Hg、Cr 以及类金属 As 等生物毒性显著的元素，还包括具有一定毒性的重金属 Zn、Cu、Co、Ni 和 Sn 等元素。有些重金属元素是人体和其他生物体必需的元素，但是其浓度超过一定范围就会引起中毒。

土壤中重金属的自然平均含量本来较低，其中有一些是植物生长的必需元素，如：Cu、Fe、Zn 等。但过量的重金属进入土壤，超过了作物需要和忍受的程度，就使作物表现出受害的症状。土壤污染物中，重金属是残留较高的物质，一般不易被水淋失，也不能被微生物分解。因其隐蔽性、难降解性、生物累积性和长期性的原因，它们常常在土壤中累积，有时甚至可以转化成毒性更强的化合物(如甲基化合物)，通过过生物的累积吸收而进入食物链，威胁着食品安全，对人类健康产生潜在的巨大威胁。

一、土壤重金属污染的来源与危害

土壤处于自然环境的核心位置，大约 90% 的各类污染物都将进入土壤环境。由于近年来城市的扩张和工业的迅猛发展，工业、农业和城市生活固体废弃物的自然堆放、农业灌溉水的肆意排放、农药和化肥的大量施用、城市污水处理厂污泥的农业利用及空气中颗粒污染物的沉降，都会使土壤受到不同程度的重金属污染。据 2010 年国土资源部统计，全国受污染的耕地约有 1.5 亿亩，污水灌概后的污染耕地 3250 万亩，固体废弃物堆放占地和毁田 200 万亩，合计约占耕地总面积的 1/10 以上。全国每年因重金属污染的粮食达 1200 万吨，造成的直接经济损失超过 200 亿元。据中国科学院生态所的研究预测，目前我国受 Cr、As、Cd、Pb 等重金属污染的耕地面积近 2000 万公顷，约占耕地总面积的 1/5，全国每年因重金属污染而减产的粮食 1000 多万吨。

土壤重金属污染是指人类活动将重金属输入土壤中，引起土壤重金属含量明显高于背景含量，并造成生态环境质量恶化的现象。引起土壤重金属污染的原因很多而且非常复杂，不同重金属元素来源差别很大，即使同种重金属元素其来源也往往不同。

1. 土壤重金属污染的来源

1) 大气降尘(降水)进入土壤的重金属

大气中的重金属主要来源于能源、运输、冶金和建筑材料生产等活动产生的气体和粉尘。除 Hg 以外，重金属基本上是以气溶胶的形态进入大气，经过自然沉降和降水进入土壤。例如，煤中含有 Ce、Cr、Pb、Hg、Ti 等多种重金属，而石油中则含有相当量的 Hg。随着煤等燃料的燃烧，部分悬浮颗粒和挥发金属随烟尘进入大气，其中 10%~30% 沉降在距排放源十几公里的范围内。

除含重金属燃料的燃烧外，运输，特别是汽车运输对大气和土壤也造成了严重的污染，主要以 Pb、Zn、Cd、Cr、Cu 等的污染为主，它们来自含铅汽油的燃烧和汽车轮胎磨损产生的粉尘。这种由汽车引起的污染明显呈条带状分布，并因距离公路、铁路、城市中心的远近及交通流量的大小有明显的差异。如对我国沈阳东郊抚顺公路两侧土壤中铅的含量分布规律进行研究发现，随着交通流量的日益增加，公路两侧土壤中的铅污染呈增加趋势。

2）随污水进入土壤的重金属

利用污水灌溉是灌区农业的一项古老的技术，主要是把污水作为灌溉水源来利用。污水按来源和数量可分为城市生活污水、石油化工污水、工业矿山污水和城市混合污水等。由于我国工业迅速发展，工矿企业污水未经分流处理而排入下水道与生活污水混合排放，其中的重金属含量远远超过当地背景值。重金属随着污水灌溉而进入土壤，以不同的方式被土壤截留固定，从而造成污灌区土壤重金属 Hg、Cr、Pb、Cd 等含量逐年增加。例如我国沈阳市张士灌区镉污染十分突出，污灌面积达 4.2 万亩，并有 20 多年的污灌历史。除此之外，江西、广东、广西、湖南、陕西、上海和云南等地的冶炼厂周边的农田也有不同程度的镉污染。

不同的重金属被土壤固定的特点不同。90%的 Hg 被土壤矿质胶体和有机质迅速吸附，一般累积在土壤表层，自上而下递减；Cd 很容易被水中的悬浮物吸附，水中 Cd 的含量随着距排污口距离的增加而迅速下降，因此污染的范围较少；Pb 很容易被土壤有机质和黏土矿物吸附，但它的迁移性弱，污灌区 Pb 的累积分布特点是离污染源近土壤含量高，距离远则土壤含量低；污水中 Cr 有四种形态，一般以三价和六价为主，Cr^{3+} 很快被土壤吸附固定，而 Cr^{6+} 进入土壤中被有机质还原为 Cr^{3+}，随之被吸附固定，因此污灌区土壤中 Cr 会逐年累积。

3）随固体废弃物进入土壤的重金属

固体废弃物种类繁多，成分复杂，由种类不同而具有不同的危害方式和污染程度，其中矿业和工业固体废弃物污染最为严重。这类废弃物在堆放或处理过程中，重金属极易移动，以辐射状、漏斗状向周围土壤、水体扩散。对武汉市垃圾堆放场，杭州铬渣堆放区附近土壤中重金属含量的研究发现，这些区域土壤中 Cd、Hg、Cr、Cu、Zn、Pb 等重金属含量均高于当地土壤背景值。

有一些固体废弃物被直接或通过加工作为肥料施入土壤，造成土壤重金属污染。如随着我国畜牧生产的发展，产生了大量的家畜粪便及动物产品加工过程中产生的废弃物，这类农业废弃物中含有植物所需 N、P、K 和有机质，同时由于饲料中添加了一定量的重金属盐类，因此作为肥料施入土壤增加了土壤 Zn、Mn 等重金属元素的含量。磷石膏属于化肥工业废物，由于其有一定的正磷酸以及不同形态的含磷化合物，并可以改良酸性土壤，从而被大量施入土壤，造成了土壤中 Cr、Pb、Mn 等含量增加。磷钢渣作为磷源施入土壤时，土壤中发现有 Cr 的累积。污水处理厂产生的污泥，由于其含有较高的有机质和氮、磷养分，而当作肥料施入土壤。一般来说，污泥中 Cr、Pb、Cu、Zn 等极易超过控制标准，从而使土壤重金属含量有不同程度的增加，其增加的幅度与污泥中的重金属含量、污泥的施用量及土壤管理有关。

除直接堆放或排放外，固体废弃物也可以通过风的传播而使污染范围扩大，土壤中重金属的含量随距离污染源的增大而降低。如大冶冶炼厂，每年排放数千吨的粉尘，引起大冶县广大农田的污染，直径 20km 范围内的土壤 Cr、Zn、Pb、Cd 含量均大大高于背景值。

4）随农用物资进入土壤的重金属

农药、化肥和地膜是重要的农用物资，对农业生产的发展起着重大的推动作用。但长期不合理施用，也可以导致土壤重金属污染。绝大多数的农药为有机化合物，少数为有机-无机化合物或纯矿物质，个别农药在其组成中含有 Hg、Cu、Zn 等重金属。杀真菌农药常含有铜和锌，被大量地用于果树和温室作物，常常会造成土壤 Cu、Zn 累积达到有毒的浓度。

重金属元素是肥料中报道最多的污染物质。氮、钾肥料中重金属含量较低，磷肥中含有较多的有害重金属，复合肥的重金属主要来源于母料及加工流程所带入。肥料中重金属含量一般是磷肥>复合肥>钾肥>氮肥。Cd 是土壤环境中重要的污染元素，随磷肥进入土壤的 Cd 一直受到人们的关注。许多研究表明，随着磷肥及复合肥的大量施用，土壤有效 Cd 的含量不断增加，作物吸收 Cd 量也相应增加。对上海地区菜园土壤的研究发现：施肥后 Cd 的含量从 0.13mg/kg 上升到 0.32mg/kg。肥料中 Cr 元素含量较高，且土壤的环境容量又较低，能引起土壤中 Cr 的较快积累。近年来，地膜大面积的推广使用，造成了土壤的白色污染，由于地膜生产过程中加入了含有 Cd、Pb 的热稳定剂，同时也增加了土壤重金属污染。

2. 土壤重金属污染的危害

进入土壤中的重金属污染物因具有广泛而复杂的来源，种类众多，常见的土壤重金属污染物包括汞、铅、镉、铜、锌、锰和钼等。重金属污染物进入环境可产生以下危害：

1）对动物和人体的危害

不同的重金属对人和动物的毒性不同，毒性较大的重金属主要有汞、镉、铅和铜。重金属往往会通过呼吸、皮肤接触、饮水和食物摄入等方式进入人和动物体内，影响骨骼、肝、肾和中枢神经系统等各器官的正常功能，严重的甚至会引起癌变。

目前，我国对这方面的情况仍缺乏全面的调查和研究，对土壤污染导致污染疾病的总体情况并不清楚。但是，从个别城市的重点调查结果来看，情况并不乐观。我国的研究表明，土壤和粮食污染与一些地区居民肝肿大之间有明显的关联。

2）对植物的危害

重金属主要通过损伤植物的细胞壁，破坏细胞膜的通透性而进入植物的细胞内部，在细胞内部与常用膜脂、膜蛋白和糖蛋白相互作用，抑制类囊体中电子传递的活性，减少叶绿素的含量，破坏线粒体的结构，进而影响植物的光合作用和呼吸作用，干扰植物的氮代谢和核酸代谢，最终导致植物的生长发育受到不同程度地抑制。不同作物对重金属污染的耐性程度不同，反过来，不同的重金属对作物的危害也有差异。

3）重金属对土壤肥力的影响

重金属在土壤中大量累积必然导致土壤性质发生变化，从而影响到土壤营养元素的供应和肥力特性。N、P、K 通常被称为植物生长发育必需的三要素，同时也是非常重要的肥力因子。在土壤被重金属污染的条件下，土壤有机氮的矿化、磷的吸附、钾的形态都会受到一定程度的影响，这最终将影响到土壤中 N、P、K 元素的保持与供应。如钾是对农产品品质影响比较大的营养元素。重金属在土壤中的累积会占据部分土壤胶体的吸附位，自然就影响到钾在土壤中的吸附、解吸和形态分配。有研究表明，在重金属污染的条件下土壤中水溶态钾会明显上升，交换态钾则明显下降。

4）重金属对土壤微生物和酶的影响

土壤微生物在土壤生态系统物质循环与养分转化过程中起着十分重要的作用。重金属进入土壤后的迁移转化均因微生物活性强度不同而变化，微生物的生态和生化活性也因土壤中重金属的毒害而受到影响。受到重金属污染的土壤，往往富集多种耐重金属的真菌和细菌。一方面微生物可通过多种方式影响重金属的活动性，使重金属在其活动相和非活动相之间转化，从而影响重金属的生物有效性；另一方面微生物能吸附和转化重金属及其化合物，但当土壤中重金属的浓度增加到一定限度时，就会抑制微生物的生长代谢作用，甚至导致微生物死亡。

重金属对土壤酶的抑制有两方面的原因，首先是污染物进入土壤对酶产生直接作用，使得酶的活性基因、酶的空间结构等受到破坏，单位土壤中酶的活性下降；其次是污染物通过抑制微生物的生长、繁殖，减少微生物体内酶的合成和分泌，最终使单位土壤中酶的活性降低。

5）重金属导致的其他环境问题

土地受到污染后，含重金属浓度较高的污染表土容易在风力和水力的作用下分别进入到大气和水体中，导致大气污染、地表水污染、地下水污染和生态系统退化等其他次生生态环境问题。

例如，北京市的大气扬尘中，有一半来源于地表，表土的污染物质可能在风的作用下，作为扬尘进入大气中，并进一步通过呼吸作用进入人体，这一过程对人体健康的影响可能有些类似于食用受污染的食物。上海川沙污灌区的地下水检测出氟、汞、镉和砷等污染物。成都市郊的农村水井也因土壤污染而导致井水中汞、铬等污染物超标。

6）"化学定时炸弹"概念的提出

近年来，环境地球化学最突出的进展是提出了"化学定时炸弹"新概念。化学定时炸弹是指化学物质在土壤中不断积累，最终使得土壤的承载力达到极限。这时土壤中污染物的含量稍有增加就会使原来被固定在土壤中的化学物质大量释放，造成无法挽回的严重灾害。另一种类型的化学定时炸弹是由于气候和土壤利用类型的改变，使得土壤承受能力大幅度下降，导致"定时炸弹"提前引爆。

二、土壤重金属的化学形态及环境行为

重金属多属于过渡性元素，具有独特的电子层结构，使其在土壤环境中的化学行为具有如下特点：(1)过渡元素有可变价态，能在一定幅度内发生氧化还原反应，同时，同一种的重金属其价态不同，呈现的活性和毒性也差异很大。(2)重金属在土壤环境中易发生水解反应，生成氢氧化物，也可以与土壤中的有机酸如富里酸、胡敏酸等反应生成硫化物、碳酸盐、磷酸盐等，这类化合物多属于难溶物质，在土壤中不易发生迁移，使重金属的污染危害范围变化小，但使其污染区域内危害周期变长，危害程度加大。例如：堆放城市工业和生活固体废弃物的城郊垃圾场、利用工业污水进行农业灌溉的农场等都呈现这种重金属污染特征。(3)重金属作为中心离子能接受多种阴离子和简单分子的独对电子，生成配位络合物；并且还可以与部分大分子有机物如腐殖酸、蛋白质等生成螯合物。难溶性的重金属盐形成络合物、螯合物后，在水中的溶解度可能变大，在土壤中易发生迁移，增大其污染危害范围。

由于重金属对人体的危害，对于土壤重金属环境行为的研究已经成为环境科学及其相关领域研究的热点。土壤重金属的环境行为包括土壤固液界面的化学行为和根际环境的化学行为。无论是哪种行为均涉及到土壤中重金属化学形态的变化。

1. 土壤中重金属的化学形态

重金属在土壤中的存在形式可以用其在土壤介质中的存在形态来表征。在对土壤中重金属的环境效应进行评价的时候，重金属元素的存在形态是最为关键的参数，因此土壤中重金属的形态受到越来越多的关注。在进入土壤环境之后，重金属污染物会在土壤中的各种固相物质表面发生复杂的物理、化学和生物学反应过程反应（如酸碱中和反应、氧化还原反应、络合解离反应、沉淀溶解、吸附解吸反应和生化反应等）。经过这一系列的反应过程之后，重金属污染物在土壤中的形态发生显著变化，进而影响了其在土壤-生态系统中的积累和迁移转化规律，最终改变了重金属的生物毒性和生物有效性。

目前国内外比较认可的重金属在土壤中的存在形式，可分为以下 5 种：

1) 可交换态

可交换态的重金属是指通过离子交换和吸附的形式结合在黏土、腐殖质或其他成分颗粒表面的重金属形态。该形态的重金属是能被植物吸收利用的，且对周围土壤环境的变化较为敏感，容易发生迁移转化。一般来说，相比其他形态，可交换态的重金属占其土壤中总量的比例较小，普遍小于10%。

2) 碳酸盐结合态

碳酸盐结合态的重金属是指在土壤中与碳酸盐矿物形成共沉淀结合形态的重金属元素。该形态的重金属对周围土壤环境的条件变化十分敏感，其容易受到土壤pH值变化的影响，pH值的升高能够促使土壤中游离态的重金属元素生成碳酸盐；而pH值的下降有利于该形态的重金属元素重新被释放出来以游离态的形式再次进入环境中。

3) 铁锰氧化物结合态

国外学者认为，铁锰氧化物具有很大的比表面积，因而能够吸附和共沉淀一部分重金属离子，形成铁锰氧化物结合态。该形态的重金属普遍以土壤矿物的细粉散颗粒和外囊物的形式存在。由于这种形态重金属以较强的离子键结合，因此该形态的重金属元素较为稳定，不易因土壤条件的变化而被释放。然而，土壤的氧化还原电位和pH值等条件的变化对铁锰氧化物结合态的重金属有重要影响，当氧化还原电位和pH值较高时，对于铁锰氧化物的形成是有利的。

4) 有机(硫化物)结合态

有机结合态的重金属是指在土壤中通过螯合反应与有机质活性基团(如动植物残体、腐殖质以及矿物颗粒的包裹层等)或硫离子生成难溶于水的物质的那一部分重金属离子。由于在氧化条件下，与该形态的重金属螯合的部分有机物分子能够发生降解，使得这部分重金属元素发生溶出而被释放，因此可以认为周围土壤环境的变化会对有机结合态的重金属造成一定程度的影响。但由于在土壤中不同种类的重金属元素与有机化合物的结合能力不同，造成不同种类重金属的有机结合态比例有明显差异。

5) 残渣态

残渣态重金属是土壤母质自然风化的结果，该形态的重金属元素主要存在于土壤的原生、次生矿物和硅酸盐等晶格中。由于该形态的重金属源于土壤矿物，物理化学性质十分稳定，因此在土壤环境的正常条件下很难被释放出来，能够较为长期的稳定在土壤中，不易被动植物所吸收利用，矿物的组成成分、岩石的风化以及土壤侵蚀是影响残渣态重金属的主要因素。

2. 土壤重金属化学形态影响因素

土壤重金属化学形态分布和转化不仅与物质来源有关，而且与土壤质地、有机质含量、矿物特征、生物等因素有关。成土母质中重金属绝大部分是以残渣态存在土壤中，而有机结合态、铁锰氧化物结合态和碳酸盐结合态含量相对较低，交换态含量最低。

1) 土壤理化性质

外源重金属进入土壤后会不断的发生化学形态转化。土壤中重金属常常富集在土壤细粒中，粒径越小，比表面积越大，金属离子越易被微粒表面吸附、络合和共沉淀。

2) 土壤pH

土壤pH是土壤中影响元素化学行为及其有效性的重要因素，pH所表达的是土壤的酸度，它通常可通过3种不同的机制来影响元素在土壤中的形态分布：首先可以改变金属的水解平衡，从而改变游离态重金属离子的浓度；其次 H⁺与金属离子对有机或无机试剂的竞争，改变络合平衡；此外，酸度还是影响吸附过程(金属元素氢氧化物的共沉淀、生物表面吸附等)的主要因素。绝大多数情况是：随着土壤酸度(pH 值)的降低，可溶性重金属形态(交换态和水溶态之和)的增加，生物有效性也增加。相反，随着土壤 pH 值升高，碱性条件的土壤溶液中 OH⁻增多，重金属离子形成难溶的氢氧化物、硫化物和碳酸盐的可能性也增大，使金属元素的生物有效性降低。环境科学家们一致认为，为使有毒重金属的有效性降至最低限度，必须保持土壤溶液的 pH 在 6.05 左右。但有几种重金属如钼和铬，在土壤呈中性的反应条件下其活性增大，这是因为这些重金属元素能在中性或碱性条件环境中形成可溶性钼酸盐和铬酸盐。

3）土壤氧化还原电位

土壤 Eh(即土壤氧化还原电位)和 pH 一样，也是影响金属元素形态变化的一个重要因素，土壤中的金属元素存在各种价态，它们本身就是土壤氧化还原电位的重要组成，因而作为土壤氧化还原状况标志的 Eh 值，其高低直接影响土壤中不同形态重金属的氧化和还原。重金属的形态随着土壤中 Eh 变化也直接影响到其生物有效性。土壤中交换态重金属在还原条件下可与 S^{2-} 反应生成难溶硫化物沉淀，或者难溶的重金属氢氧化物在还原条件下转化成更难溶的硫化物；相反，在氧化条件下，铁离子和锰离子则以氧化难溶物的形式沉积，有机结合态重金属在氧化状态下易溶解释放。

4）土壤有机质

土壤有机质与金属元素的结合是作为金属元素形态存在的一种重要形式。有机质的螯合作用和自身的降解，不可避免地影响金属元素的转化和有效性。土壤有机质是土壤极为重要和必不可少的组成部分，土壤有机质含有基本生命元素，这些微量营养元素是高等植物和微生物进行生命活动所必需的。同时土壤的这一组成部分具有很高的持水能力，并对土壤溶液中阳离子和阴离子具有很强的吸收能力。因此，微量元素一方面容易被土壤有机质吸附而固定；另一方面，某些微量元素与土壤有机质形成的有机-无机化合物具有很高的活性，很容易以络合物的形式随土壤水迁移，并可能进入植物体。如 Mn、Pb、Co、Zn、Ni 和 Cu 化合物的溶解与有机质含量的函数关系研究表明，当土壤中有机质含量提高到 75%时，Cu、Ni、Zn 化合物以有机络合物态的溶解量多达 10%；当土壤中有机质含量提高到 50%时，Mn 的溶解度高达总量的 30%；很多的研究者认为 90%以上的可给态铜是以有机络合态存在。

5）胶体吸附作用

环境中的胶体都具有吸附各种金属离子的能力。自然环境风化壳、土壤中都富含胶体。胶体具有巨大的比表面、表面能及带电荷，能够强烈地吸收各种分子和离子，对化学元素在环境中的迁移有重要作用。胶体的吸附作用是使许多离子或分子从不饱和溶液中转入固相的主要途径。自然界有些稀有分散元素如 Li、Pb、Ti 不会形成饱和溶液，它们由液相转入固相主要是依靠吸附作用实现的，其次是依靠生物的吸附作用。在风化过程中，岩石中的矿物发生一系列化学作用过程，如水解、溶解、氧化等，以及生物作用使其中一部分元素被分解成离子或分子状态，它们被水、硫酸和腐殖酸溶液所溶解，形成溶液中的微溶化合物，然后进一步过饱和，分子成群聚集而形成了天然溶胶。自然环境中许多元素以胶体状态进行迁移。胶体作用既可使某些元素发生迁移，又可吸附某些元素使之沉淀浓集，还可以交换离子，这些可交换的离子可被淋滤萃取出来。因此胶体对元素的迁移沉淀具有重要意义。

6）土壤生物

土壤生物对重金属化学形态分布的影响主要发生在根际。根际是指植物根系吸收、代谢、分泌的空间，是研究土壤污染的重要微生态环境界面。它以植物的根系为中心聚集了大量的细菌、真菌等微生物和蚯蚓、线虫等土壤动物，形成了一个特殊的"生物群落"。由于根际生物作用，根际土壤环境与非根际土壤环境明显不同，所以在根际土壤环境中重金属的化学形态分布明显不同于非根际环境。

土壤受重金属污染后，植物的根系可以不同程度地从根际吸收重金属，吸收的多少与根际微生物群落组成、pH 值、氧化–还原电位、重金属种类和浓度以及土壤理化性质等因素有关。Zn、Pb 和 Cu 在根际沉积物中的含量都要大于非根际沉积物，而 Cr 和 Ni 则相反，非根际沉积物中的含量要高一些。另外，植物的根系还可以向周围土壤中分泌有机酸、糖类物质、氨基酸和维生素等有机物，包括可溶的和黏液两种。可溶的低分子量分泌物可以与土壤重金属配位结合形成交换态的重金属，大大增加了重金属在根际环境的溶解度。黏液物质可以与重金属配位结合，使重金属固定在有机物表面，降低了根际中重金属的可移动性和生物有效性。另外，根分泌物可以改变根际 pH 值和氧化–还原电位，而改变重金属的化学形态。

3. 土壤中重金属固液界面的环境行为

人们要了解重金属进入土壤的反应行为和最终归宿，需要进行长期试验；然而，足够数量的长期试验在实践中很难办到，因为具有不同矿物和化学组成的土壤及重金属的种类很多，且元素之间或元素与土壤组分之间的交互作用对重金属的行为亦有重要影响，因而掌握基本的化学原理并通过特定条件下的实际试验，将有助于了解和掌握土壤中重金属的反应行为。

1）离子交换

土壤中层状硅酸盐黏粒含有永久电荷，在适宜的 pH 条件下，进入的重金属可以离子状态存在，因而它可通过静电引力吸持金属离子。在层状硅酸盐表面，二价和三价过渡重金属离子表现出典型的离子交换特性。土壤黏粒通过静电引力吸持金属离子反应的可逆性明显受 pH 的影响。层状硅酸盐（例如蒙脱石）与 Co^{2+}、Zn^{2+} 等的离子交换反应仅在 pH<6 时才是可逆的；而在 pH 较高时，由于重金属离子的水解作用，而产生了较强烈的专性吸附，这种不可逆性是由于羟基聚合物在硅酸盐表面的强烈吸附。

离子交换吸附又称非专性吸附，指重金属离子通过与土壤表面电荷之间的静电作用而被土壤吸附。土壤表面通常带有一定数量的负电荷，所以带正电荷的金属离子可以通过这种作用被土壤吸附。一般来说，阳离子交换容量较大的土壤具有较强吸附带正电荷重金属离子的能力；而对于带负电荷的重金属含氧基团，它们在土壤表面的吸附量则较小。但是，土壤表面正负电荷的多少与溶液 pH 有关，当 pH 降低时，其吸附负电荷离子的能力将增强。通常，非专性吸附的重金属离子可以被高浓度的盐交换下来。

2）吸附反应

进入土壤中和重金属离子大部分被其组分吸持而不可逆，这是由于土壤中的金属氧化物和氢氧化物以及无定形铝硅酸盐等能提供化学吸附的表面位点。这种表现金属键形成的间接证据包括：

（1）每吸附一个 M^{2+} 离子有 2 个 H^+ 释放；

（2）某些氧化物对特定的金属离子具有高度的专性；

（3）由于吸附作用的结果改变了氧化物的表面电荷性质，这可归因于化学吸附增加了表面下电荷，例如：

$$Fe—OH+M(H_2O)_6^{2+} \longrightarrow Fe—OH+M(H_2O)_5^+ +H_3O^+$$

各种氧化物对金属离子具有不同的化学吸附能力。一些锰氧化物对 Pb^{2+}、Co^{2+}、Cu^{2+} 和 Ni^{2+} 等具有非常高的选择性，由于金属的吸附作用与 pH 有关，从而可认为金属离子是通过与表面氧原子直接配位的方式被吸持的：

$$Mn^{4+}—OH+Co^{2+} \longrightarrow Mn^{4+}—O—Co^+ +H^+$$

但对某些金属显然其作用要较上述反应更为复杂，伴随着某些金属的吸附会有 Mn^{2+} 从固相中释放：

$$Co^{2+}+MnOOH \longrightarrow Mn^{2+}+CoOOH$$

通过讨论，可以清楚地了解到化学吸附的本质不同于离子交换吸附。化学吸附又称专性吸附，指重金属离子通过与土壤中金属氧化物表面的 —OH、—OH_2 等配位基或土壤有机质配位而结合在土壤表面。这种吸附可以发生在带不同电荷的表面，也可以发生在中性表面上，其吸附量的大小不决定于土壤表面电荷的多少和强弱。专性吸附的重金属离子通常不能被中性盐所交换，只能被亲合力更强和性质相似的元素所解吸或部分解吸。

不同黏土矿物对金属离子吸附强弱不同，一般黏土矿物对金属离子吸附强弱顺序是：$Cu^{2+}>Pb^{2+}>Ni^{2+}>Co^{2+}>Zn^{2+}>Ba^{2+}>Rb^{2+}>Sr^{2+}>Ca^{2+}>Mg^{2+}>Na^+>Ci^{2+}$；其中蒙脱石对重金属吸附顺序是：$Pb^{2+}>Cu^{2+}>Ca^{2+}>Ba^{2+}>Mg^{2+}>Hg^{2+}$；高岭石是：$Hg^{2+}>Cu^{2+}>Pb^{2+}$；有机胶体对金属的吸附顺序是：$Pb^{2+}>Cu^{2+}>Cd^{2+}>Zn^{2+}>Ca^{2+}>Hg^{2+}$。以上顺序在金属离子浓度不同时，或土壤中有络合剂存在时顺序有所变化。

3）核晶过程、沉淀作用和固溶体

由于矿物可降低从溶液中形成晶核所需的能障，因而矿物表面能催化晶体的核晶过程，这种作用有利于重金属的吸附与沉淀。在吸附试验中要将化学吸附过程和沉淀作用区分开来是十分困难的。因为在土壤的吸附过程中很难辩认出有某种新固相的形成。通常认为土壤中重金属的溶解度不受其纯固相溶度积所控制（Fe 和 Mn 可能例外），因为土壤固相中大部分重金属离子浓度较低，以致不能发生沉淀作用。然而，在重金属污染严重的土壤中，有可能生成沉淀而制约重金属的溶解度。

在 Fe、Mn、Al 氧化物中作为杂质存在的金属共沉淀，会因形成化学组成不定的固溶体而混淆"溶度积"的应用。已有相当多的证据证明了在土壤溶液中可发生重金属共沉淀，例如 Zn、Fe 和 Al 的表现共沉淀作用可降低它们的溶解度，但 Zn 大部分被吸附在新鲜沉淀的氧化物表面，而不是通过共沉淀而进入氧化物固相内部。

共沉淀与离子交换作为一种金属迁移机制，在矿山环境中有重要意义。如次生铜蓝的形成可能是 Cu^{2+} 交换了硫化物中 Fe^{2+} 或 Zn^{2+} 所致。而存在于次生矿物相或集合体中，不呈独立矿物相的某些元素（如 Ni、Co）可能以共沉淀方式进入土壤中。

4）氧化还原作用

土壤中某些金属离子的溶解度在很大程度上为生物活动改变，这是由于直接或间接地改变了金属氧化还原所引起的。

（1）金属氧化物对重金属离子的氧化作用　通常是重金属的氧化态愈高，可溶性愈小，所以土壤中氧气对金属的直接氧化或氧化锰的催化氧化作用，可降低重金属的溶解度。例如被吸附的 Co^{2+} 氧化成 Co^{3+} 以及 Fe^{2+} 氧化成 Fe^{3+} 后，其溶解度大为降低。Mn^{2+} 的氧化是自动催化作用，随着 pH 增加，氧化锰对 Mn^{2+} 有很大的表现吸附容量，当没有被 Mn 所氧化的有机体存在时，氧化锰对降低土壤溶液中 Mn^{2+} 的浓度有重要作用。

土-水系统中的化学吸附、共沉淀和电子转移过程都有从溶液中有效地去除重金属离子的作用，但要区分土壤中氧化锰对金属离子的这些作用是很困难的。由电子转移而增加金属溶解度的实例是被氧化锰吸附的 Cr^{3+} 可氧化成 Cr^{6+}，由于铬酸根离子较 Cr^{3+} 溶解度大，对动物的毒性较高，因此这种氧化作用增加了该元素的环境危害性。

（2）有机物对金属的溶解作用　某些有机分子能与金属离子产生配位反应，可以增加矿物表面重金属的溶解作用，从而增加土壤溶液中金属离子的浓度。在常见的土壤 pH 范围内，有机质对金属的配位能力是它为土壤中金属氧化物所吸附和增进矿物溶解作用的一个良好指标，例如有铁氧化合物的表面可发生如下反应：

$$Fe^{3+}-有机配合物 \longrightarrow Fe^{2+}+有机质氧化产物$$

有机质的还原反应能引发或促进溶解作用，因而有机质使土壤矿物表面的金属离子减少，例如胡敏酸可还原 Hg^{2+} 为 Hg^{+}，Mo^{6+} 还原为 Mo^{5+} 和 Mo^{3+}，从而改变了它们在土壤中的溶解度。

5）有机质对金属离子的吸附与配位反应

虽然有机质对金属离子的吸附可看作有机质酸性官能团的 H^{+} 与金属间的离子交换反应，但有机质对某些金属的高度选择性充分表明，有些金属离子能与有机质中的官能团形成内配位化合物，有机质对金属离子亲合力的顺序，取决于有机质的本性、试验 pH 和测量所用的方法，特别是金属吸附选择系数在很大程度上取决于金属离子有吸附饱和度（即吸附离子量与吸附位点数的比例）及存在的竞争离子。

4. 土壤中重金属的吸附与解吸

土壤固液界面包括土壤矿物、水、汽、有机质、微生物共同组成的无机及有机复合胶体，有很大的表面积，带电荷，对重金属离子有很大的亲和力。当重金属进入土壤，在固液界面发生离子交换、吸附与解吸、沉淀和溶解、络合、螯合、絮凝等一系列环境化学行为，其中吸附-解吸是重金属进入土壤后发生的必然过程，是重金属最为重要的环境行为之一，它控制着土壤提供重金属的能力。重金属的各种环境行为彼此之间是相互影响、相互制约，且相互交叉结合的。所以，一般所说的吸附或解吸过程，其实不是严格的物化概念上的，而是包括化学沉淀-溶解、络合等作用在内的广义的吸附和解吸。

1）影响重金属吸附-解吸因素

影响重金属在土壤固液界面吸附-解吸的因素很多，如重金属元素特征、土壤温度、理化性质和溶液组成等因素，并且各个因素的影响程度也因土壤类型的不同而不同。土壤各因素之间存在多种复杂关系，综合制约或促进土壤对重金属的吸附和解吸。

目前，研究最多的是土壤矿物、pH、CEC（阳离子交换量）、有机质含量、黏粒含量、铁铝氧化物等因素对重金属吸附和解吸的影响。土壤的主要矿物组成包括黏土矿物、铁锰氧化物和氢氧化物等，不同的矿物吸附能力是不同的，即使是同一种矿物质其吸附重金属的能力也是不同的。土壤中的铁锰氧化物是影响土壤重金属专性吸附的主要基质，其中水合氧化物的专性吸附能力更强。土壤中黏粒含量的增加能提高土壤吸附量。被黏土吸附的重金属可能以交换性离子的形式存在，也可能进入晶格内部被牢固吸附而难以释放。

阳离子交换量反映了土壤胶体的负电荷量，阳离子交换量越高，负电荷量越高，通过静电吸引而吸附的重金属离子也越多。土壤中水分和空气影响着土壤的氧化还原条件。当土壤处于水分饱和状态时，土壤中的重金属以硫化物沉淀形式被吸附。当土壤的 Eh 升高时，土壤对重金属的吸附明显增高。随着土壤 pH 的升高，土壤对重金属离子的吸附力增强，而解吸量与土壤 pH 值呈负相关。

水溶性有机质(DOM)对土壤中重金属的吸附-解吸过程有重要影响。DOM 中含有大量的络合和螯合基团，可以与土壤中的重金属通过络合和螯合作用，形成有机-金属配合物。

DOM 主要成分是富里酸(FA)和胡敏酸(HA)，是土壤吸附过程中最重要的物质。FA 和 HA 本身性质的差异引起其对某些重金属吸附-解吸的不同。FA 的移动性强，酸度高，在吸附重金属离子后一般呈溶解态，而 HA 则不同，它与重金属离子结合后形成难溶的絮凝态物质，既保持了土壤有机碳和养分，又吸附了有毒的重金属离子。DOM 通过与水体、土壤和沉积物中的金属离子、氧化物、矿物和有机物之间的离子交换、吸附、络合、螯合、絮凝、氧化还原等一系列反应，改变重金属的生物毒性、迁移转化规律与最终归宿。土壤中的 DOM 可以直接与重金属发生络合作用，使重金属更多地被吸附在土壤表面或存留在土壤溶液中。DOM 对重金属污染起着迁移载体的作用，促进重金属向地表水或地下水迁移；同时改变土壤的 pH 值、Eh 值和土壤中固相物质的表面活性，从而影响重金属环境化学行为。

2) 专性吸附和非专性吸附

根据土壤对重金属吸附的机理不同，分为专性吸附和非专性吸附。非专性吸附(交换吸附)主要依靠静电引力和热运动的平衡作用，保持在扩散双电层的外层，这种反应是可逆的，且以等当量的相互置换，并且遵守质量作用定律。一般情况下，吸附在层状硅酸盐矿物表面上的重金属离子属于非专性吸附。非专性吸附速度较快，影响吸附速度的主要因素一般是指离子扩散，包括离子从溶液向土壤胶体表面的扩散和离子从胶体表面向溶液的扩散。

专性吸附又称化学吸附或强选择性吸附，是指土壤颗粒与金属离子形成螯合物，金属离子在土壤颗粒表面沉淀或与铁锰氧化物产生共沉淀，金属原子在土壤颗粒内层与氧原子或羟基结合。非静电作用包括水合作用的变化、离子和分子的相互作用及共价键和氢键等。土壤专性吸附的主要载体是有机质和氧化物以及硅氧化物、含有铝硅氧键的无定形矿物。专性吸附的离子能进入氧化物的金属原子的配位壳中，与配位壳中的—OH 或—OH$_2$配位基重新配位，并直接通过共价键或配位键结合在固体表面。一般地，土壤水合氧化物的羟基化表面、土壤腐殖质胶体的羟基、酚羟基及层状铝硅酸盐矿物边缘的铝醇(Al—OH)、硅烷醇(Si—OH)等基团都能通过络合或螯合作用对重金属离子进行专性吸附。专性吸附的速率较慢，在一定条件下可以与非专性吸附相互转化。

影响离子交换吸附和专性吸附的因素差别较大。土壤类型是影响两种吸附类型的主要因素，因为土壤类型不同其表面电荷性质也是不同的，恒电荷土壤表面带有大量的负电荷，基本不带或很少带正电荷，所以此类土壤对重金属的吸附所涉及的作用力主要是静电引力，以非专性吸附为主。可变电荷土壤表面带的负电荷较少，而带有大量的正电荷，且含有较多的氧化铁铝，所以可变电荷土壤以专性吸附为主。

3) 吸附模型

人们常常用数学模型描述土壤重金属吸附-解吸的热力学、动力学过程。常见的土壤吸附热力学模型包括 Langmuir、Freundlich、Henry、Temkin 和 BET 方程等。这些模型最初是描述气-固体系吸附规律的实验方程，后来被引用到土壤体系的吸附研究中，它们反映了在平衡浓度下，溶液中离子浓度和固相上离子吸附量之间的关系，特点是参数简单，在一定的浓度范围内能获得较满意的结果。

Langmuir 模型适用于土壤对某些低浓度重金属的吸附。为了扩大此模型的适用范围，一些研究者对此方程进行了改进，提出了双表面吸附的 Langmuir 方程和竞争吸附的 Langmuir 方程。

Freundlich 模型是由经验推导出的，适用浓度范围较宽和不均匀表面。与 Langmuir 方程相比，它不能给出最大吸附量。根据此模型，随着浓度的增加，吸附量会无限地升高，与实际结果不符。人们应用 Langmuir 和 Freundlich 两个模型具有一定的随意性，这两个模型难以相互取代。因为 Langmuir 模型在推导过程中是假设一个吸附剂分子或离子只占据一个活性中心，且能量分布是均匀的，而 Freundlich 模型在推导过程中假设吸附剂表面吸附位置上的能量呈指数分布，所以它与 Langmuir 模型之间缺乏内在联系。为了解决这个问题，研究者从表面配位反应原理出发，根据化学平衡原理和质量作用定律，将 Langmuir 和 Freundlich 模型相结合建立了一个新的能够描述重金属离子在土壤中吸附特点的模型，此模型称为质量作用模型。此模型首先假设土壤或者吸附剂是通过表面活性位点对溶质进行吸附，不管活性点在表面的分布与溶质间的作用力性质如何，其单位表面上平均活性点数目是相同的。由于采用了平均活性点的概念，所以此模型既可以处理理想吸附剂的吸附现象，也可用于非均匀的土壤表面的吸附。

Temkin 模型描述的能量关系是吸附热随吸附量线性降低，所以此模型适合低到中等浓度的吸附和不均匀表面，应用范围与简单的 Langmuir 方程相似。与其他方程不同，BET 方程没有单层吸附的假设，相应每个吸附点可以进一步吸附，在构成多层吸附中起着吸附位点的作用。与 Langmuir 方程相似，假设吸附表面均匀。Henry 模型是由 Freundlich 模型转化而来的，即当 Freundlich 模型参数 n 接近于 1 时，Freundlich 模型即变成 Henry 模型。

土壤重金属的解吸经常被看作是土壤吸附态重金属的释放过程，然而不是土壤重金属吸附的简单可逆过程。土壤重金属的解吸滞后于吸附，并且热力学性质差异很大。有些学者也将吸附的热力学模型应用到解吸的热力学过程中，发现土壤对重金属的解吸热力学过程可以用吸附热力学模型描述。具体采用哪一种模型，具体情况具体分析。最常用的描述土壤对重金属解吸热力学过程的模型是用 Temkin 方程、Langmuir 方程和 Freundlich 方程。

三、典型重金属元素在土壤中的迁移和转化

1. 重金属在土壤中的迁移转化

研究土壤中重金属的迁移机理，能够为土壤污染防治和管理提供可靠的理论依据，因此在国内外受到了普遍关注。重金属在土壤中的物理化学行为十分复杂，主要包含吸附–解吸、沉淀–溶解以及络合或螯合等作用，这些作用过程在土壤中交叉叠加，并相互制约、相互影响，最终共同决定了重金属在土壤中的迁移转化规律。而土壤的组成成分及其物理化学特性是影响土壤中这些反应过程、进而制约重金属在土壤中的行为的主要因素。

重金属在土壤剖面中的垂直分布特征是土壤自身理化性质和外界条件影响下重金属迁移和积累的综合反映。土壤重金属可借助植物根或土壤微生物，扩散至土壤溶液中去，也可随液体流动（图4-5）。在植物根系的作用下，土壤中的重金属也可能由于受到这些根系的吸收作用，从土壤下层向上层富集，特别是铜、铅、锌等重金属；与此同时，土壤中的微生物和低等动物也能够对重金属的迁移和分布起到一定的贡献作用，例如存活在土壤中的蚯蚓等低等生物也可将其周围的重金属元素吸入和排除其身体组织，进而使得土壤中的重金属元素发生迁移。

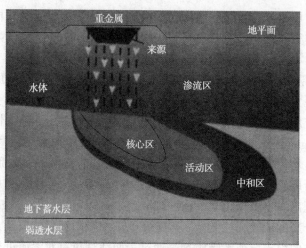

图 4-5　重金属在土壤中的迁移趋势

如图 4-5 所示,当重金属在地面堆积填埋之后,在地表水下渗过程中,会被淋溶出来穿过渗流区,进入地下蓄水层(也就是水体)。在堆积体大概垂直对应的位置,重金属在地下水蓄水层进行迁移,在重力和地下水流动推力共同作用下,重金属按照浓度大小依次经历核心区、活动区和中和区扩散迁移,最后进入地下水蓄水层的水体中。

2. 影响重金属在土壤中迁移转化的主要因素

改变重金属在土壤中的迁移转化和分布规律的影响因素,主要是土壤自身结构特征和土壤物理化学性质,如土壤质地、有机质含量、pH 值和氧化还原电位等。例如在土壤的粒度分布中所含黏粒含量较高的地区,土壤颗粒的比表面积相对较大,其对重金属的吸附能力也就明显升高,进而能够降低重金属在土壤中的迁移能力。由于土壤环境中的有机质对金属阳离子有很强的吸附和络合能力,因此土壤中的有机质含量越高,重金属被吸附的可能性就越大,从而这些重金属在该土壤中的迁移能力也就随之降低。另外土壤的酸碱性也是影响重金属迁移和分布的重要因素,当土壤环境的 pH 值降低时,能够提高重金属元素的活性,从而提高了这些重金属的迁移能力,降低了重金属在土壤中的积累。

土壤氧化还原体系的电动势 E 值是影响重金属迁移的重要原因,因为氧化还原作用改变了元素价态,其溶解性也会相应发生变化。例如,在 E 值大的土壤里,创造了氧化条件,金属如 Fe、Mn、Sn、Co、Pb、Hg 等常以高价态存在,其溶解度一般小于相应低价化合物而容易沉淀;而在 E 值较小的土壤里,如土壤被水淹的还原条件,金属如 Cu、Zn、Cd、Cr 等形成难溶化合物而固定在土壤中。

很多重金属可以与土壤中阴离子形成难溶性化学沉淀,但沉淀稳定性或生成沉淀的难易程度与土壤 pH 有很大关系,这点可根据沉淀的解离平衡理论加以讨论。

以 Zn 和 Cd 的氢氧化物和碳酸盐为例,可得出相应的离子浓度公式为:

$$Zn(OH)_2 \Longrightarrow Zn^{2+} + 2OH^- \qquad \lg c(Zn^{2+}) = 11 - 2pH$$

$$Cd(OH)_2 \Longrightarrow Cd^{2+} + 2OH^- \qquad \lg c(Cd^{2+}) = 14 - 2pH$$

$$CdCO_3 \Longrightarrow Cd^{2+} + CO_3^{2-} \qquad \lg c(Cd^{2+}) = 6.7 - \lg p_{CO_2} - 2pH$$

$$ZnCO_3 \Longrightarrow Zn^{2+} + CO_3^{2-} \qquad \lg c(Zn^{2+}) = 7.4 - \lg p_{CO_2} - 2pH$$

从上面 4 个式子可以看出,土壤 pH 值越低,重金属化合物的稳定性就越差,容易解离。使土壤中重金属离子浓度增大,对作物危害就增加。重金属化合物溶度积常数如表 4-6 所示。

172

表 4-6 重金属化合物溶度积常数

原子序数	金属元素	溶度积常数(K_{sp})					
		CO_3^{2-}	OH^-	HPO_4^{2-}	PO_4^{3-}	S^{2-}	SO_4^{2-}
24	Cr^{3+}		10^{-30}				
	Cr^{2+}		10^{-19}				
28	Ni^{2+}	10^{-9}	10^{-15}		10^{-30}	10^{-20}	
29	Cu^{2+}		10^{-19}			10^{-36}	
30	Zn^{2+}		10^{-17}			10^{-25}	
33	As^{3+}						
48	Cd^{2+}	10^{-14}	10^{-13}		10^{-32}	10^{-28}	
80	Hg^{2+}	10^{-16}	10^{-25}	10^{-13}		10^{-53}	
82	Pb^{2+}	10^{-14}	10^{-15}	10^{-9}	10^{-42}	10^{-28}	10^{-8}

3. 重金属在土壤中的分布规律

通过分析土壤中重金属迁移转化的影响因素，不难理解由于土壤的结构特征和物理化学性质不同，不同区域的土壤具有不同的性质或使用方式，导致土壤的质地、有机质、pH 值和 Eh 等存在较大的差异性，由于重金属元素在这些土壤中表现出不同的迁移转化规律，最终形成了不同的分布规律。事实上，分析重金属在土壤中的分布规律，就是分析重金属元素在土壤中迁移转化的结果，从而为土壤环境的监督、管理和污染治理工作提供数据支撑和理论依据。

4. 典型重金属在土壤中的迁移转化及其生物效应

1) 镉的迁移转化

镉是相对稀有的重金属元素，是典型的分散元素，地壳中的丰度仅为 0.2mg/kg，平均含量为 0.5mg/kg，主要以硫化物的形式存在于铜、铅、锌等有色金属矿藏中。然而，人类活动可使镉以各种途径进入土壤，而镉迁移转化的最大特点是不能或不易被生物体分解转化后排出体外，不易随水移动，只能沿食物链逐级往上传递，在生物体内浓缩放大，当累积到较高含量时就会对生物体产生毒性效应，从而危害健康，影响其正常发育和代谢平衡。镉的环境污染问题自 20 世纪 20 年代就已开始出现，随着电解工业的发展，镉产量明显增加，由镉产生的环境污染问题也随之出现。但由于其具有隐蔽性的特点，直到二战时期日本发生的"镉米事件"后，镉污染才逐渐被人们认识和重视，到 60 年代日本的富山县神通川流域出现了"骨痛病"之后，有关镉污染及其生物有效性问题才真正引起全世界的关注，有关镉污染的研究也从此逐渐深入。

土壤中镉的背景值取决于成土母质，各类岩石中镉的含量各不相同，平均值约为 0.1~0.2mg/kg。我国 41 个土类镉背景值差异较大，土壤类型不同，镉含量也不相同，其含量变化范围在 0.017~0.332mg/kg。此外，我国各区域间土壤镉的背景值也呈现出了一定的规律性：西部地区>中部地区>东部地区；北方地区>南方地区。环境中镉主要由自然形成和人为因素引入。前者主要来自大自然中的岩石和矿物，后者主要指通过工农业生产活动直接或间接地将镉排放到环境中。镉常被用于电镀、油漆着色剂、合金抗腐蚀和抗摩擦剂、塑料稳定剂、光敏元件的制备以及电池生产等行业。这些行业的发展必然导致大量的镉进入土壤、水体和大气环境。此外，在镀锌的金属、硫化的轮胎、磷肥和污泥中也夹杂着一定数量的镉。采矿业、冶金等工业废水的不合理排放、工业污泥的农田施用、污水灌溉及磷肥施用等都会造成土壤镉累积。随着我国工业的发展，由于化肥、农药和污泥的大量施用，工业废水的排放和重金属的大气沉降的日益增加，农田重金属的含量明显增加，土壤镉污染状况越来越严重。

镉在土壤中的迁移转化过程主要以土壤-植物生态系统中的迁移最为明显。外源镉进入土壤后首先被土壤所吸附，进而可转变为其他形态。通常土壤对镉的吸附能力越强，镉的迁移活性就越弱。一部分被吸附的镉也可以从土壤表面解吸下来，溶解到土壤溶液中。土壤溶液中的镉含量升高，将增加镉迁移进入食物链的风险，同时还可通过地表径流或沿土壤剖面向下迁移而污染水体。土壤中的黏土矿物、有机质、铁、锰、铝等的水合氧化物、碳酸盐、磷酸盐等对外源镉的吸附固定起着主要作用，而且各组分之间存在复杂的相互影响，使不同类型的土壤表现出不同的吸附能力。

由于土壤的强吸附作用，镉很少发生向下的再迁移而累积于土壤表层。在降水的影响下，土壤表层的镉的可溶态部分随水流动就可能发生水平迁移，进入界面土壤和附近的河流或湖泊而造成次生污染。土壤中的镉非常容易被植物所吸收。土壤中镉的含量稍有增加，就会使植物体内镉的含量相应增高。镉在植物体内可取代锌，破坏参与呼吸和其他生理过程的含锌酶的功能，从而抑制植物生长并导致其死亡。与铅、铜、锌、砷及铬等相比较，土壤中镉的环境容量要小得多，这是土壤镉污染的一个重要特点。

镉可通过土壤-植物系统等途径，经由食物链进入人体，危害人类健康。因此，环境的镉污染是人们极为关注的问题。土壤镉污染的防治对策重点在于防，而不在于治。因为土壤对镉的强吸附作用，镉常累积于土壤表层，而很少发生输出迁移，也不可能像有机污染那样可能发生降解作用。

2）汞的迁移转化

土壤中汞的自然含量差异很大，地壳中汞的平均含量为 0.08mg/kg，土壤中的背景值为 0.01~0.05mg/kg。我国土壤中汞的背景含量平均值为 0.04mg/kg，南方土壤汞含量较低，为 0.032~0.05mg/kg；北方土壤较高，为 0.17~0.24mg/kg。汞在自然界浓度不大，但分布很广。除来源于母岩以外，汞主要来自污染源，在汞的开采、冶炼及工农业生产活动中，汞可以通过大气沉降、废水排放、农药施用等过程直接或间接地进入土壤中，当达到一定含量时，便会引起土壤污染，对人类生存的环境及人体健康构成危害。煤电生产是目前最主要的汞污染源，最近的一项调查表明，在人为向大气释放的 2000 多吨汞释放量中，其中有 2/3 的比例来自于煤的燃烧。中国是世界第一煤炭消费大国，能源结构中煤的比例高达 75%，煤炭平均汞含量(约为 0.15~0.20μg/g)高于世界平均含量(0.13μg/g)，而我国燃煤技术普遍落后，由之所致的汞污染尤为严重。

土壤中存在的汞对土壤中的一些有益微生物具有很强的杀伤力和很高的毒性，研究表明，当土壤中汞含量达到 0.06~0.038μg/g 时，土壤微生物过程就因汞毒性开始受到影响，当土壤中汞含量达到 1.3μg/g 时，呼吸作用则下降 20%。通常有机汞和无机汞化合物以及蒸气汞都会引起植物中毒。土壤中含汞量如果过高，不但能在植物体内积累，还会对植物产生毒害，甚至通过食物链进入人体，产生更大危害。有机汞摄入生物体内后 98% 被吸收，不易排出，可随血液分布到各组织器官而逐渐累积(主要是脑组织和肝脏)。其中甲基汞能伤害大脑产生慢性严重的中枢神经系统损害，称为"水俣病"，毒性最大，危害最普遍。

汞主要分布在土壤表层(0~20cm)范围内。土壤胶体及有机质对汞的吸附作用相当强，使得汞在土壤中移动性较弱。土壤中的汞不易随水流失，但易挥发至大气。一般土壤中的汞按其化学形态可分为金属汞、无机汞和有机汞。无机汞化合物有 HgS、HgO、$HgCl_2$、Hg$(NO_3)_2$、$HgSO_4$、$HgCO_3$ 等，有机汞化物有甲基汞、乙基汞、苯基汞、有机络合汞等，有机汞均具有极强的毒性。除 $HgCl_2$、Hg$(NO_3)_2$ 和甲基汞等化合物外，多数汞化合物是难溶的，因而在土壤中易被吸持固定。

土壤中汞的形态直接影响汞在土壤中的转化，汞在土壤中转化模式如图 4-6 所示。

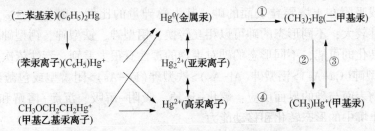

图 4-6 汞在土壤中的转化模式

①酶的酸化(厌氧)；②酸性环境；③碱性环境；④化学转化(需氧)

在一定条件下，各种形态的汞可以相互转化。进入土壤的一些无机汞可分解而生成金属汞，当土壤在还原条件下，有机汞可降解为金属汞。在通气良好的土壤中，汞可以任何形态稳定存在。

阳离子态汞易被土壤吸附，许多汞盐如磷酸汞、碳酸汞和硫化汞的溶解度亦很低。在还原条件下，Hg^{2+} 与 H_2S 生成极难溶的 HgS；金属汞也可被硫酸还原细菌变成硫化汞；所有这些都可阻止汞在土壤中的移动。当氧气充足时，硫化汞又可慢慢氧化成亚硫酸盐和硫酸盐。以阴离子形式存在的汞，如 $HgCl_3^-$、$HgCl_4^{2-}$ 也可被带正电荷的氧化铁、氢氧化铁或黏土矿物的边缘所吸附。分子态的汞，如 $HgCl_2$，也可以被吸附在 Fe 和 Mn 的氢氧化物上。Hg(OH)$_2$ 溶解度小，可以被土壤强烈的保留。由于汞化合物和土壤组分间强烈的相互作用，除了还原成金属汞以蒸气挥发外，其他形态的汞在土壤中的迁移很缓慢。在土壤中汞主要以气相在孔隙中扩散。总体而言，汞比其他有毒金属容易迁移。当汞被土壤有机质螯合时，亦会发生一定的水平和垂直移动。

对土壤进行灌溉和施肥时，要严格控制使用含汞量高的污水和污泥。对已受汞污染的土壤，可施用石灰-硫黄合剂。在施入硫以后，汞即被牢固地固定在土壤中；用石灰中和土壤的酸性，可降低作物根系对汞的吸收；施硝酸盐或磷肥，可减少汞向作物体内的迁移，降低土壤中汞化合物的毒害作用。

3) 砷的迁移转化

自然界的砷一般都在含砷硫铁矿和黄铁矿中，主要以硫化物及少量的氧化物的形式存在，平均为 1.8mg/kg。我国土壤砷的背景值平均为 9.2mg/kg，但沿海有些地方松散沉积层中的黏土层，含量高达 20mg/kg 以上。

砷是类金属元素，不是重金属。但从它的环境污染效应来看，常把它作为重金属来研究。土壤中砷的污染主要来自化工、冶金、炼焦、火力发电、造纸、玻璃、皮革及电子等工业排放的"三废"，冶金与化学工业，含砷农药的使用。我国是矿业大国，砷矿广泛分布在我国中南和西南的湖南、云南、广西、广东等省区，这些地区大面积的水稻田已遭受到不同程度的人为砷污染，土壤砷含量为 92～840mg/kg，远远超出了其背景值。土壤中的砷可被水稻根系吸收后转运至可食部位，并通过食物链的传递进入人体，从而对身体健康构成威胁。

砷在土壤中的赋存形态以无机砷为主，无机砷又以 As^{5+} 为主，As^{5+} 可以强烈地被吸附到黏粒矿物、铁锰氧化物及其水化氧化物和土壤有机质上，并且还可以和铁矿以砷酸铁的形式共沉淀。在嫌气的还原条件下，砷的主要存在形态为 As^{3+}，该形态砷不易被土壤颗粒吸附和在介质中形成沉淀，因而移动性和生物毒性较 As^{5+} 强。一般而言，非专性吸附结合态砷是土壤中可溶性砷或吸附在土壤颗粒表面的砷，其占总砷量的比例一般小于 3%，易被生物吸收，因而危害性较大；不同形态的砷可以相互转换，铝型砷、铁型砷、钙型砷都具有向交换态和水溶态砷转化的可能，不同形态的砷对生物的毒性有很大差别，毒性依次为：水溶性砷（H_2O-As）>钙型砷（$Ca-As$）>铝型砷（$Al-As$）>铁型砷（$Fe-As$）>闭蓄型或包蔽型砷（$O-As$）。总之，土壤矿物表面与砷的界面反应：氧化-还原、吸附-解吸、沉淀-溶解和有机配合-解离决定了砷在土壤中的形态转化和移动能力。

一般认为砷不是植物必需的元素。但植物对砷有强烈的吸收积累作用，其吸收作用与土壤中砷的含量、植物品种等有关。低浓度砷对许多植物生长有刺激作用，高浓度砷则有危害作用。砷中毒可阻碍作物的生长发育，不同砷化物对作物生长发育的影响是有差别的。如有机砷化物易被水稻吸收，其毒性比无机砷大得多，即使是无机砷的影响也有差别，AsO_3^{3-} 对作物的危害比 AsO_4^{3-} 大。不同植物吸收累积砷的能力有很大的差别，植物的不同部位吸收累积的砷量也是不同的。砷进入植物的途径主要是根、叶吸收。植物的根系可从土壤中吸收砷，然后在植株内迁移运转到各个部分。

实践中可以采用不同的方式方法来减少土壤中的砷含量，降低砷的污染。在土壤中施加各种铁、铝、钙、镁的化合物，可使砷生成不溶性物质而加以固定，例如，施加 $MgCl_2$ 可使土壤污染性砷形成 $Mg(NH_4)AsO_4$ 沉淀，从而降低砷的活性；土壤中施加硫粉，可提高土壤固砷的能力；降低土壤 pH 值，加强土壤排水，可降低砷的活性；加砷的吸附剂。

4）铅的迁移转化

铅是构成地壳的元素之一，在地壳中的平均含量约为 13mg/kg。世界土壤中铅的背景含量范围值为 2~200mg/kg，平均值为 15.25mg/kg。

铅污染的来源可以分为二个方面：一是工业来源，主要有冶炼、钢铁铸造、采矿、交通运输和水泥制造工业等；二是点源污染，例如建筑涂料中的铅的添加剂，杀虫剂（砷酸铅）、射击场和尾矿等，都可以使环境中的铅含量比正常含量高几个数量级。我国是世界铅生产大国和铅消费大国，铅的年产量达 $90×10^4$t，年消费超 $40×10^4$t，而且我国铅生产企业普遍存在生产工艺落后、设备现代化程度底、铅资源浪费和污染严重等问题。土地受到铅污染，不仅使得粮食产量大幅减小，其不可降解性使得铅累积引发粮食安全隐患，给人体健康带来了极大危害。

铅主要通过消化系统和呼吸道进入人体，铅进入人体后分布于肝、肾、脑、胰及主要动脉中，对人体造成危害很大。铅中毒对人体中枢神经系统，造血系统会造成很大的危害，也会引起消化系统、肾功能损伤、对儿童的不良影响尤为突出。

土壤中铅的污染主要来自大气污染中的铅沉降和铅应用工业的"三废"排放。土壤中铅的污染主要是通过空气、水等介质形成的二次污染。铅在土壤中主要以二价态的无机化合物形式存在，极少数为四价态。多以 $Pb(OH)_2$、$PbCO_3$ 或 $Pb_3(PO_4)_2$ 等难溶态形式存在，故铅的移动性和被作物吸收的作用都大大降低。在酸性土壤中可溶性铅含量一般较高，因为酸性土壤中的 H^+ 可将铅从不溶的铅化合物中溶解出来。

土壤中的可溶性铅的含量一般很低，约占土壤总铅量的1/4。土壤中的无机铅主要以二价态难溶性化合物存在，如 $PbCO_3$、$PbSO_4$、$Pb(OH)_2$ 等难溶态形式存在，使铅的移动性和生物有效性降低，这是由于土壤中的各种阴离子对铅的固定作用。铅可以与络合剂与螯合剂形成稳定的络合物和螯合物。黏土矿物对铅的吸附作用以及铁锰氧氢化物（特别是锰的氧氢化物）对 Pb^{2+} 的专性吸附作用，对铅的迁移能力、活性与毒性影响较大。

随着土壤氧化还原电位 Eh 的升高，土壤中可溶性铅和高价铁锰氧化物结合在一起，降低了铅的可溶性迁移。土壤中的铁锰氧化物，特别是锰的氢氧化物，对铅离子有较强的专性吸附，对铅在土壤中的迁移转化，以及铅的活性和毒性影响较大，它是控制土壤溶液中铅离子浓度的一个重要因素。土壤中铅还可呈离子交换吸附态的形式存在，其被吸附的程度取决于土壤胶体负电荷的总量，铅的离子势以及原来吸附在土壤胶体上的其他离子的离子势。土壤 pH 的变化对铅的存在形态有较大影响，当土壤呈酸性时，土壤中固定的铅，尤其是 $PbCO_3$ 容易释放出来，土壤中水溶性铅含量增加，生物有效性增加。土壤溶液的 pH 不仅决定了各种土壤矿物的溶解度，而且影响着土壤溶液中各种离子在固相表面的吸附程度。随土壤溶液 pH 的升高，铅在土壤固相的吸附量和吸附能力加强。

土壤环境中铅的迁移性较差，因而铅主要累积于土壤表层。对于已污染的土壤，可用客土法或种植某些非食用但可富集铅的植物例如苔藓，以消除或改善铅污染或提高土壤的 pH 值、施用钙、镁及磷肥等改良剂，以降低土壤中铅的活性，减少作物对铅的吸收。

5）锌的迁移转化

在世界范围内，土壤锌含量一般为 10~300mg/kg，全锌平均值的范围为 50~100mg/kg。"七五"科技攻关研究成果报道的我国土壤锌背景值为 68.0mg/kg，全量范围值为 28.4~161.1mg/kg。锌主要以 Zn^{2+} 形态进入土壤，也可能以配合离子 $Zn(OH)^+$、$ZnCl^+$、$Zn(NO_3)^+$ 等形态进入土壤，并被土壤表层的黏土矿物吸附，参与土壤中的代换反应而发生固定累积，有时则形成氢氧化物、碳酸盐、磷酸盐和硫化物沉淀，或与土壤中的有机质结合，而在表土层富集。

锌的迁移能力及有效性主要取决于土壤的酸碱性，其次是土壤吸附和固定锌的能力。当土壤为酸性时，被黏土矿物吸附的锌易解吸，不溶性氢氧化锌可和酸作用，转化为 Zn^{2+}。因此，酸性土壤中锌容易发生迁移。当土壤中锌以 Zn^{2+} 为主存在时，容易淋失迁移或被植物吸收。土壤黏粒，有机质和铁、铝、锰的氧化物对锌元素的吸附与解吸作用，是土体中锌元素进行水溶态、交换态锌、闭蓄态锌转化的重要机理。土壤胶体对锌的最大吸附量主要受 CEC 的影响，并且与有机质含量有较好的正相关，与游离态氧化铁含量之间存在明显的负相关。锌与有机质相互作用，可以形成可溶性的或不溶性的络合物。可见，土壤中有机质对锌的迁移会产生较大的影响。另外，由于稻田淹水，处于还原状态，硫酸盐还原菌将 SO_4^{2-} 转化为 H_2S，土壤中 Zn^{2+} 与 S^{2-} 形成溶度积小的 ZnS，土壤中锌发生累积。上述各种因素的存在，造成了锌形态在土壤中分布的多样性和复杂性，使锌的形态不断地相互转化，土壤表层的锌淋溶向下迁移和生物聚集作用使锌回归于表层。通常总锌的分布在各土层之间是相当均一的。

低浓度的 Zn 能刺激微生物的生长代谢，但过量 Zn 则会对土壤微生物产生毒害。Zn 对土壤微生物的毒害作用主要包括影响土壤微生物的区系、改变微生物群落、降低生物量、影响微生物的活性及抑制微生物的代谢生长等。

Zn 作为微量元素之一，在植物体内酶活化、蛋白质合成以及糖类、脂质和核酸代谢等过程中都起着重要作用。Zn 主要以 Zn^{2+} 被植物吸收，少量的 $Zn(OH)_2$ 形态及与某些有机物螯合态 Zn 也可为植物吸收。土壤中过量的 Zn 会对植物产生毒害作用，主要表现在以下方面：(1)种子的萌发；(2)抑制植物根系对土壤营养元素的吸收(由于 Zn 对其他养分离子的拮抗作用，导致植物对大量营养元素，如对 Ca、P、K、Fe 等养分离子的吸收降低)；(3)引起植物超微结构的改变，包括影响细胞膜的通透性、细胞的结构和功能、植物光合作用、呼吸作用及代谢作用，从而毒害植物。

6）铜的迁移转化

世界上土壤中铜的平均含量为 2~100mg/kg，平均值为 20mg/kg。我国土壤中的铜含量略高于世界平均水平，为 3~300mg/kg，平均值为 22mg/kg。土壤铜污染主要来源是铜矿山和冶炼厂排出的废水。

土壤中铜的存在形态可分为：①可溶性铜，约占土壤总铜量的 1%，主要是可溶性铜盐，如 $Cu(NO_3)_2 \cdot 3H_2O$、$CuCl_2 \cdot 2H_2O$、$CuSO_4 \cdot 5H_2O$ 等；②代换性铜，被土壤有机、无机胶体所吸附，可被其他阳离子代换出来；③非代换性铜，指被有机质紧密吸附的铜和原生矿物、次生矿物中的铜，不能被中性盐所代换；④难溶性铜，大多是不溶于水而溶于酸的盐类，如 CuO、Cu_2O、$Cu(OH)_2$、$Cu(OH)^+$、$CuCO_3$、Cu_2S、$Cu_3(PO_4)_2 \cdot 3H_2O$ 等。而在污染土壤中，Cu 引入到土壤体系中的速率远比正常农业措施引入的速率快，使引入土壤中的 Cu 主要处于有效态，它们向无效态的转化远未达到平衡。对污染土壤中 Cu 的形态分级结果表明，随着 Cu 负荷水平的提高，碳酸盐结合态和交换态 Cu 含量明显增加，铁锰氧化物结合态和残渣态 Cu 含量的增加速率低于外源 Cu 的投入速率，土壤有效态 Cu(水溶态铜加交换态铜)所占比例明显提高，无效态 Cu 所占比例降低。土壤中铜的各种形态相互转化，维持一个动态的平衡。

土壤铜的有效性决定于铜的形态。进入土壤中的外源铜并非都能被植物吸收利用。土壤中有效态铜对农作物产生影响，一般认为水溶态和交换态铜较易被植物所吸收利用，对植物的危害最大。根据土壤铜形态的分级，残渣态铜被视作无效态铜，其他形态铜都可能是土壤生物有效态铜的源(来路)和汇(去路)。而铜的形态和有效性又依土壤有机质含量、铁锰氧化物含量、黏粒矿物的种类和数量、土壤酸度、土壤氧化还原电位、土壤渍地等而有很大的不同。土壤中腐殖质能与铜形成螯合物。土壤有机质及黏土矿物对铜离子有很强的吸附作用，吸附强弱与其含量及组成有关。土壤溶液中铜浓度很大程度上受土壤有机质和氧化物含量的调控，有机质丰富的土壤，有机结合态铜含量可以达到 40%~50%，即使低浓度的氧化物也可有效降低土壤溶液中铜浓度，减轻对土壤生物活性的影响。土壤氧化-还原条件的改变显著改变铜的有效性。淹水条件下(还原条件)因形成 CuS 和 Cu_2S 沉淀，铜的生物有效性和移动性大大降低。当土壤溶液中存在有磷酸根阴离子时，即使重金属离子浓度很低，也有可能形成沉淀。化学吸收或以难溶化合物的形态(碳酸盐、磷酸盐、氢氧化物、硫化物)沉淀，对铜毒性的减低极为重要。由于进入土壤的铜被表层土壤的黏土矿物持留，污染土壤中的铜主要在表层积累，并沿土壤纵深垂直递减；同时，表层土壤的有机质能与铜结合，使铜不易向下层移动。但是在酸性土壤中，由于土壤对铜的吸附能力减弱，被土壤固定的铜易被解吸出来，易于淋溶迁移。

生长在铜污染土壤中的植物，其体内会发生铜的累积。植物中铜的累积与土壤中的总铜量无明显的相关性，而与有效态铜的含量密切相关。有效态铜包括可溶性铜和土壤胶体吸附的代换性铜，土壤中有效态铜量受土壤 pH、有机质含量等的直接影响。不同植物对铜的吸收累积是有差异的，铜在同种植物不同部位的分布也是不一样的。植物受 Cu 毒害的最初部位是根，过量的 Cu 积累于根部导致根的伤害，从而影响整个植株的生长。

7）铬的迁移转化

铬是地球上的第七大元素，其含量占地壳总量的 0.02%，通常，地壳中铬含量范围为 100~300mg/kg。自然环境中，土壤铬含量主要来源于成土母岩，其范围为 22~500mg/kg。

铬在自然界中属于多价态金属元素，价态从−2 价到+6 价，但不存在游离价态，一般以 Cr^{3+} 和 Cr^{6+} 形式存在于土壤中，有时也出现极不稳定的 Cr^{4+} 和 Cr^{5+} 两种中间价态。铬是人类和动物的必需元素，但其浓度较高时对生物有害。Cr^{6+} 化合物在体内有致癌作用，铬化合物可以通过消化道、呼吸道、皮肤和黏膜侵入人体，主要积聚在肝、肾、内分泌系统和肺部。短时间接触，会使人得各种过敏症。长期接触，亦可引起全身性的中毒甚至死亡。

土壤中铬的污染主要来源于铁、铬、电镀、金属酸洗、皮革鞣制、耐火材料、铬酸盐和三氧化铬工业的"三废"排放及燃煤、污水灌溉或污泥施用等。随着铬化合物在工业生产上的广泛应用，随之产生的三价和六价铬化合物经由废水、粉尘等大量排放到自然环境，使土壤、水体和大气受到严重的铬污染。另外，农业上的污水灌溉、污泥使用以及含铬农药与化肥的不合理使用也导致土壤和水体的铬污染。

土壤中铬的生物有效性主要取决于其在土壤中的存在状态。土壤中的铬主要以四种离子形态存在——两种 Cr^{3+} 形态即 Cr^{3+} 和 CrO_2^-，两种 Cr^{6+} 的阴离子形态即 $Cr_2O_7^{2-}$ 和 CrO_4^{2-}。在土壤中 Cr^{3+} 是主要形态，研究表明，Cr^{3+} 化合物进入土壤后 90% 以上迅速被土壤吸附固定，以铬和铁的氢氧化物的混合物存在，提高其稳定性和不溶性，在土壤中难再迁移。Cr^{6+} 进入土壤后大部分游离于土壤溶液中，仅有少量被土壤吸附固定。土壤吸附 Cr^{6+} 的能力受黏土矿物的类型的影响，不同类型的土壤和黏土矿物对 Cr^{6+} 的吸附能力有明显的差异。土壤中铬迁移转化规律如图 4-7 所示。

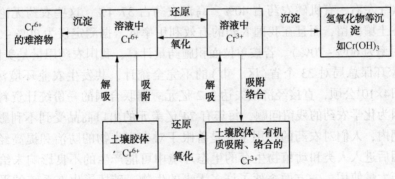

图 4-7　土壤中的铬迁移转化规律

铬在土壤中主要以 Cr^{3+}、CrO_2^-、CrO_4^{2-} 和 CrO_4^{2-} 四种离子形态存在，其在土壤中迁移转化状况主要受土壤 pH 值和氧还化原电位（Eh）的制约。同时研究还发现氧化还原电位和 pH 值上升时有利于铁锰氧化物结合态形成，而氧化还原电位降低或缺氧环境时，铁锰氧化物结合态中的重金属键可被还原而转化成其他形态。在有氧环境下，当土壤中含有足够发生还原反应的碳源时，Cr^{6+} 在弱碱性条件下都能被还原成 Cr^{3+}，且当表层土壤中有机质含量较高时，铬酸盐在土壤中的迁移较强。并且黏土矿物主要吸附以 $HCrO_4^-$ 形态存在的 Cr^{6+}，吸附量随 pH 升高而减小。当土壤黏粒和粉粒含量较高时，铬被铁锰氧化物吸附在土壤颗粒表面而难以提取出来，降低铬在土壤中的迁移性。

微量元素铬是植物所必需的，植物缺少铬就会影响作物的正常发育，但是植物体内累积过量会引起毒害作用，而直接或间接的给人类健康带来危害。高浓度的铬不仅本身对植物构成危害，而且还影响植物生长过程中对其他营养元素的吸收，总的说来，铬对植物生长的抑制作用较弱，其原因是铬在植物体内迁移性很低。

第五节　土壤中农药污染处理

农药，是指用于防治危害农作物即农副产品的病虫害、杂草以及其他有害生物的药物的总称。用农药防除病虫杂草对农作物的危害，是在耕地面积受限的条件下减少经济损失的一项重要举措。农药大多是人工合成的分子量较大的有机化合物(有机氯、有机磷、有机汞、有机砷等)。目前全世界有机农药约 1000 余种，常用的约 200 种，其中杀虫剂 100 种、杀菌和除草剂各 50 余种。到 2015 年止，中国农药登记数量总计 33029 个。施于土壤的化学农药，有的化学性质稳定，存留时间长，大量而持续使用农药，使其不断在土壤中累积，到一定程度便会影响作物的产量和质量，而成为污染物质。农药还可以通过各种途径，挥发、扩散、移动而转入大气、水体和生物体中，造成其他环境要素的污染，通过食物链对人体产生危害。因此，了解农药在土壤中的迁移转化规律以及土壤对有毒化学农药的净化作用，对于预测其变化趋势及控制土壤的农药污染都具有重大意义。

一、土壤农药污染现状、来源及危害

1. 土壤农药污染现状

我国是农业大国，每年平均发生病虫害约 27 亿~28 亿亩次，农药，尤其是化学农药的使用，依然是保证粮食作物增产、稳产的重要和有效手段。目前，全国农业使用化学农药为 $(80 \sim 100) \times 10^4 t$ 左右，有机磷农药占 40%，高毒农药占 37.4%，这些农药无论以何种方式施用，均会在土壤残留，而且在我国农药的有效利用率低，据测定仅为 20%~30%(发达国家的有效利用率为 60%~70%)。若按单位面积施药量计算，我国农药用量是美国的 2 倍多。2015 年，国家环保总局对 23 个省(区、市)的不完全统计，共发生农业环境污染事故 891 起，污染农田 4×10^4 公顷，直接经济损失达 2.2 亿元。据联合国的一份统计资料表明，我国的农副产品因为化学农药的残留问题，每年有 74 亿美元的出口商品受到不利影响。在相当长的一个时期内，人们对农药的使用主要是着眼于对有害生物的防治和提高经济效益，然而，对于施用后进入人类和动植物生存的生态环境中可能产生的不良影响未给予足够的重视。化学农药大量使用，一方面杀死了许多无辜的生物，破坏了生态系统的平衡；另一方面，又通过食物链的富集和放大作用，给人类和高等动物造成严重的危害。

2. 土壤农药污染的来源

土壤是农药最为重要的滞留场所。土壤中农药主要来源于以下 4 个方面：

(1) 农药直接进入土壤，包括土壤施用的除草剂、防治地下害虫的杀虫剂和拌种剂，后者为防治线虫和苗期病害与种子一起施入土壤，按此途径，这些农药基本全部进入土壤。

(2) 为防治病虫草害喷撒于农田的各类农药，直接目标是虫、草和保护作物，但有相当部分农药落于土壤表面，或落于稻田水面而间接进入土壤。

(3) 随大气沉降、灌溉水和动植物残体而进入土壤，除大气沉降起一定作用外，对于低残留农药因灌溉水和动植物残体而进入土壤的农药量是微不足道的。

（4）农药生产、加工企业废气排放和废水、废渣向土壤的直接排放，农药在运输过程中的事故泄漏等。

3. 土壤农药污染的危害

1）对人类健康的危害

土壤污染会使污染物在植（作）物体中积累，并通过食物链富集到人体和动物体中，危害人畜健康，引发癌症和其他疾病等。目前，我国对这方面仍缺乏全面的调查和研究，对土壤污染导致污染疾病的总体情况并不清楚。但从个别城市的重点调查结果看，情况并不乐观。

农药对人体的危害分为急性危害和慢性危害两种，其中急性危害从引起中毒的不同农药可以分为：

（1）有机磷农药。因呼吸、误服或经皮肤接触进入人体，使人体神经末梢的乙酰胆碱酶磷酸化，使酶失活。

（2）有机氯农药。从皮肤、呼吸道进入人体，其较强的脂溶性使它在人体脂肪中容易积累，对神经末梢的作用较强。

（3）含砷农药。一般分为无机砷农药和有机砷农药，无机砷农药一旦被吸收，对神经系统、血管、肝、肾和其他组织产生毒性，出现蛋白尿、血尿、肾小管坏死等状态；有机砷农药中毒严重时，可引起肾衰竭或中毒致死。

（4）有机锡农药。有机锡农药主要对皮肤、眼睛、呼吸道有刺激作用。其毒性作用主要表现在抑制大脑细胞的氧化磷酸化作用，造成脑和脊髓白质水肿，肝脏和造血细胞受损，导致头痛、眼花、肌肉抽搐、精神错乱、脚水肿等。

农药对人体的急性伤害因症状明显，易引起注意，而慢性伤害容易被人们所忽视，因为农药通过各种渠道进入人体，逐渐形成积累，产生慢性的、长期的生理变化（甚至非常细微的变化），一般无明显症状，所以几乎不引起人们的重视。尽管迄今为止没有观察到慢性中毒死亡的事例，但是农药慢性中毒的伤害更常见，而且引起的后果更长远，我们有必要对农药的慢性中毒的危害进行研究，目前已见报道的农药慢性中毒危害有以下几点：

（1）造成体内农药的蓄积。农药理化性质的不同，造成体内蓄积程度也不相同，最易蓄积的是有机氯农药，这类农药含有化学性质稳定的氯苯结构，很难被体内的酶系统分解，从而造成体内蓄积。由于有机氯农药脂溶性大，因而易造成脂肪内的蓄积。此外，有机氯农药在母乳中的浓度也较高，因而通过婴儿吸食母乳，使农药在后代体内增多，尽管目前还不完全清楚有机氯农药蓄积的后果，但大量人工合成化学品的存在，毕竟对人体健康是一种巨大的潜在威胁。

（2）对人体酶系统的伤害。有机磷农药能与体内乙酰胆碱酶结合，使人体胆碱酶失去活性而丧失对乙酰胆碱的分解能力，导致体内乙酸胆碱醋的蓄积，使神经传导功能紊乱。另外，农药积累达到一定程度，还会伤害人体的肝微粒体，如"涕灭威"、"对硫磷"、"有机氯农药"、"DDT"等在体内积累，对肝微粒体的多功能氧化酶具有诱导作用，从而引起肝脏病变；"DDT"作用于肾上腺皮质，可减少血浆胆红素的量，提高胆红素葡萄糖酸转移酶的活性，干扰内分泌，从而影响神经系统内氨基酸的分泌，导致人体免疫力下降，易疲劳，精神抑郁，记忆力衰退等症状。

（3）对生殖和生育的影响。残留农药具有诱发突变的物质，即其有遗传毒性，导致畸胎，影响后代健康，缩短寿命等危害。如"土壤熏蒸剂"、"二溴氯丙烷"可引起男性不孕症。

"杀虫双"与自然流产和早产有关。DDV、马拉硫磷等还能损害精子，使受孕能力降低。"杀虫脒"在孕妇体内积聚，引起婴儿出生体重不足，死亡率增加等。此外，还有报道认为农药污染对月经期、孕期、哺乳期的妇女危害性更大。

（4）"三致"作用。农药进入人体，对体内的 DNA 能产生损害作用，干扰信息的传递，引起细胞的突变。当有害物质作用于生殖细胞，刺激生殖细胞发生突变，就会使婴儿产生畸形。若引起体细胞基因突变，则会导致体细胞组织病变，癌症的产生。这些作用含氯农药表现得特别明显，因而自 1983 年开始世界各国禁止使用，但目前仍有部分地区在用。当然"三致"作用大多是在动物小白鼠身上实验的结果，不能简单地推广于人体上，但是美国在越南战争期间使用的化学落叶剂，造成化学污染，使战后多年都有许多畸形婴儿的出生就是典型的一例。

2）对土壤生态系统的危害

美国国家野生生物联合会对土壤、空气、水、生活空间、矿藏、野生生物和森林的权重值分别为 0.3、0.2、0.2、0.125、0.075、0.05、0.05，由此可见，土壤在环境影响评价中所处的地位是比较重要的。因此，研究农药对土壤生态系统的危害是非常必要的。

农药，尤其是杀菌剂，进入土壤后，还会破坏土壤微生物的繁殖，使敏感性的菌种受到抑制，土壤微生物的种群趋于单一化，引起原有的平衡紊乱、功能失调，从而影响土壤物质和能量的循环，影响土壤微生物的氨化、硝化和呼吸作用等，由此破坏了土壤结构和理化性质，影响作物生长，造成土壤污染。农药还对土壤中的环节动物造成危害，如虹蝴、蚂蚁、虎甲、蜘蛛等。

3）对农业生产和进出口贸易的危害

除草剂药害是农业生产上较为常见的影响农作物生长的因素之一，使用长残效除草剂：甲黄隆、绿黄隆、普特丹、广灭灵、豆黄隆、胺苯黄隆、阿特拉津等，会给耕地留下隐患，对后茬敏感作物易造成药害。据资料介绍，仅黑龙江省就有 1/6 面积的"癌症田"。我国因农药使用不当而致粮食每年减产 $1300 \times 10^4 t$，直接损失 2.2 亿元，因农药污染而导致间接经济损失为 147 亿元。

此外，由于土壤农药残留超标而造成农产品和食品的农药残留直接影响对外贸易，导致外贸经济造成巨大损失。我国出口的农副产品中由于农药残留量超标，屡屡发生被拒收、扣留、退货、索赔、撤消合同等事件。世界各国，特别是发达国家对农药残留问题高度重视，对各种农副产品中农药残留都规定了越来越严格的限量标准。许多国家以农药残留限量为技术壁垒，限制农副产品进口，保护农业生产。随着 30 年来的改革开放，21 世纪初加入WTO，全球一体化、经济全球化进程的加快，我国又成为农产品出口大国，在国际农产品贸易中备受关注。农药残留已经成为农产品国际贸易的技术性"绿色"壁垒，常常引起经济贸易纠纷和摩擦。出口的农产品和食品被进口国以农药残留超标为借口挡在国门外，不能通关，不仅造成经济损失，而且影响国家形象和民族尊严，还导致农产品出口竞争力减弱或下降，乃至国家间外交关系不和谐、不协调，甚至造成恶交。因此一个技术性的农药残留问题不仅仅是一个经济问题，也是一个外交问题和政治问题，它的危害往往会导致多米诺骨牌连锁效应。

二、农药在土壤中的迁移扩散

农药一旦进入土壤，就相当于进了一个动态的生态系统，它将在土壤中进行迁移转化等一系列活动。土壤—农药—作物之间的转化关系相当复杂(图4-8),直接进入土壤的农药,大部分可被吸附,残留于土壤中的农药,由于生物的作用,经历着转化和降解过程,形成具有不同稳定性的中间产物,或最终成为无机物。

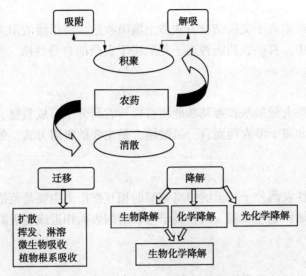

图4-8 农药在土壤中的动态图解

1. 土壤对化学农药的吸附和影响

1) 土壤吸附化学农药的机理

农药进入土壤后,首先与土壤接触发生吸附-解吸作用。吸着(sorption)是化学物质在自然界的一种普遍现象,其涵义是在两相中(主要指固液相)某种化学物质在液相中浓度降低,而在固相中浓度升高的现象,这是一种表观吸附现象。它可以包括使液相中溶质转入固相的所有反应,例如:物理吸附和化学吸附、分配、沉淀、络合、水解以及共沉淀等诸种化学反应。

农药在土壤中主要被土壤胶体吸附,胶体是土壤中含有的无机与有机微细颗粒,它们具有极大的表面积,农药与土壤接触后,会与土壤胶体间发生一系列的作用力而产生吸附作用。一般来说农药在土壤中的吸附主要有两种理论:传统吸附(adsorption),固体颗粒物表面存在大量的吸附位点,农药分子可以通过范德华力、色散力、诱导力和氢键等分子间作用力与吸附位点相互作用从而吸附于土壤颗粒表面;分配(partition),农药在水溶液和土壤有机质之间根据浓度差进行分配。目前人们所说的"吸附"一般是包含分配过程在内的传统吸附。

农药在土壤中的吸附-解吸被认为是农药在土壤中归宿的主要因素。该行为对农药在土壤中的化学降解、微生物降解、挥发及淋溶等行为有着重要的影响,从而进一步影响到农药在土壤环境中的最终归宿。因此,研究农药在土壤中的吸附-解吸特性及其影响因素,对预测农药在土壤中的环境行为及对环境风险的评估具有十分重要的意义。

农药在土壤中的吸附动力学研究发现,农药被土壤或底泥吸附后再进行脱吸附时部分农药分子不能随脱吸附过程离开土壤(吸附剂)进入液相中,而滞留在吸附剂中,这表明农药的吸附过程存在一定的可逆性,但并不是完全可逆的,农药在土壤中的不可逆吸附使农药在土壤中滞留,它通常会随施用次数和浓度的增加而逐渐累积,一旦受到某种外力作用便会释放出来,或会对环境产生危害等。

农药在土壤中的吸附是农药与土壤其他相互作用的基础，吸附过程因农药和土壤的不同而有所差异，农药在土壤中的吸附往往是多种机理共同作用的结果。归纳起来农药与土壤间的作用机理主要有如下几种：

（1）离子键结合

农药通过离子键或阳离子交换结合方式被土壤吸收后，将以溶液阳离子或质子化形成的阳离子形态存于土壤中。有些农药能否离子化取决于农药的自身性质、土壤 pH 和腐殖质中酸性基团的离子强度。

（2）氢键结合

土壤腐殖酸中存在大量氧基和羟基功能团可以与农药分子形成氢键。农药与水分子竞争土壤中结合位点。对非离子型农药而言，氢键结合是主要的吸附方式，如取代脲和氨基甲酸苯酯。

（3）范德华力

非离子型和非极性农药分子与土壤中腐殖酸的相互作用力主要是范德华力。由于范德华力随分子间距离的增加而迅速减弱，故在离子与吸附剂表面相近或与吸附离子近距离接触时对吸附作用贡献最大。

（4）配位体交换

通过配位体交换进行的吸附指置换土壤有机质中多价阳离子周围结合力相对弱的配位体（如 H_2O），从而使农药分子中的强配位体（羟基、胺基等）被土壤阳离子络合。如果外源分子置换出多个水分子将伴随产生多个络合金属离子，熵的变化在某种程度上可能促进农药的配位体交换吸附。农药分子越小，配位性越强；阳离子价态越高，配位性也越强。

（5）电荷转移

腐殖质包含缺电子中心和富电子中心。腐殖质可根据农药特性选择性成为电子受体或供体与农药形成电子受体-供体电荷转移复合物。电荷转移复合物通常发生在腐殖质的电子受体中心，腐殖质与农药间的电荷转移可增加未参与反应的腐殖质的自由基浓度。

（6）疏水作用

疏水作用是溶剂与非特异性表面间的相互作用，即将土壤有机质看成不溶于水的液相，也就意味着将腐殖质看成溶解和不溶解两相混合的无水溶剂，可以把有机农药从水中分离出来并与之结合等。溶解度低或疏水性强的非极性农药与土壤溶液不混溶，但可与土壤有机质表面的一些疏水性基团（如脂肪、树脂和腐殖酸的脂肪族边链、高含碳量木质素衍生物等）结合。

（7）共价结合

外源化学物质与土壤腐殖质的共价结合主要是通过化学、光化学、酶催化等作用被稳定的吸附在土壤中，这种作用大多数是不可逆的。被共价结合的农药大都与腐殖质组分具有相近的功能，如酚、苯胺、氯基酸类等化合物通过酶或化学氧化后可以与腐殖质发生聚合反应，经共价键结合形成聚合物。由于土壤有机质的不均一性，很难由单一机理解释农药如何被共价吸附到腐殖质中去。

（8）螯合作用

随着持留或老化时间的延长，非极性和疏水性农药会与土壤发生螯合作用，这也是土壤与农药相互作用的一个重要途径。在土壤酶或微生物作用下，腐殖质或某些外源化学品可聚合成一种类似于分子筛的多孔状结构，农药残留物可进入孔隙中从而被固定在土壤中。螯合作用也是农药与土壤相互作用不可忽略的一种方式。

2）农药土壤吸附的影响因素

农药在土壤中的吸附受多方面因素的影响，主要与土壤类型，土壤性质，农药自身的性质以及介质条件有关。

（1）农药自身性质

农药本身的结构和物理化学性质能够决定其在土壤上的吸附性能。研究发现，若农药结构中含有几何尺寸大、伸展平直又有柔性的分子，则可与土壤胶粒表面以较大面积接触，吸附力也大。凡农药结构中具有—NHR、—OCOR、—NH$_3$、—NHCOR、—OH、—CONH$_2$官能团的分子都有较强的被吸附能力，且能力按以上次序递增。

农药可分为极性的或非极性的两类，也可以分为离子或非离子农药。相对说来，极性分子电性较弱，被吸附能力也相应减弱；非离子型或中性分子可在电场作用下暂时极化，就此被吸附在带电荷的土壤胶粒上，但这种吸附力较弱。其中大部分农药都是弱酸性的，在土壤和沉积物中可能以阴离子形式存在。辛醇-水分配系数(K_{OW})可定义为：有机化合物在辛醇和水两相中的平衡浓度之比，它反映了有机物的疏水性或脂溶性的大小。通常水溶解度越小的有机农药，其疏水性越强，K_{OW}值越大，因此越容易被土壤有机质吸附。

（2）有机质

土壤是一个矿物质、有机物、水和无机盐等组成的多相混合体系。土壤有机质对农药，尤其是非离子型农药有强吸附作用。土壤有机质中腐殖质(包括富里酸、腐殖酸和胡敏素等)约占有机质总量的85%～90%。土壤有机质中存在可与农药结合的特殊位点，增加农药在土壤中的溶解性和表面吸附性，当土壤中有机质含量高时，土壤中与农药结合的吸附位点也相对高，可以增加对农药的吸附。土壤对农药的吸附量与土壤有机质含量成正比，这是主要因为有机质含量的增加可提供更多地农药吸附位点，从而增加了土壤对农药的吸附量。研究发现不同土壤对同一种有机物吸附特性的不同，不仅仅是因为土壤和沉积物中有机质的含量不同，还与有机质所含有机物的种类和相对含量有关。

（3）黏土矿物

土壤黏土矿物的主要成分是铝硅酸盐及其氧化物，在土壤中以各种晶体或无定形的形式存在。当土壤中的有机质含量较低时，土壤对农药的吸附以黏土矿物的吸附为主。由于黏土矿物一般分布在土壤表层，故其对农药的吸附会影响农药在环境中的迁移和降解等行为。黏土矿物对农药的吸附可以促进农药的降解，究其原因主要是黏土矿物的金属氧化物和羟基氧化物可以与农药分子发生反应。无机矿物由于自身的强极性，与水分子作用，使极性小的有机物分子很难与其发生作用，因此其对农药的吸附作用较小。

（4）pH 值

土壤 pH 值随土壤类型、组成的不同而不同，对农药在土壤中的吸附也有显著影响。对离子型农药而言，通常土壤对农药的吸附量随 pH 降低而增加，当接近农药 pK_a 时，达到最大吸附量。而对于非离子型农药，其氢键吸附机理使其与 pH 值亦有联系。pH<5 时，通过腐殖质上羧基和羟基的氢键作用，小分子腐殖质结合成大的腐殖质聚合体结构，这种结构具有水保护的"内部"疏水位，对疏水性有机物有很强的亲合力，但由于极性外壳的排斥作用，吸附质很难接近"内部"疏水位。随着 pH 值的增大，腐殖质聚合体被破坏，裸露的"表面"疏水位对无极性有机物的亲合力小于水保护的"内部"疏水位，但更易被吸附质接近。另外，pH 值还会影响离子型吸附质在水中的形态，从而影响吸附容量。

（5）离子强度

离子强度也对农药在土壤中的吸附有一定的影响。土壤中的离子强度能够造成沉积物竞争吸附，而且可以通过破坏腐殖质类胶束体系产生絮凝现象，改变溶解腐殖质含量，使吸附容量下降，或者通过影响吸附质的溶解度，改变农药在土壤有机质上的分配系数。研究表明，Ca^{2+}能够与溶解腐殖质和矿物质表面的羧基或羟基结合，从而降低腐殖质分子间及其与矿物质表面的静电斥力，因此改变溶液中阳离子的浓度，将导致腐殖质的吸附或解吸，进而影响有机污染物在天然颗粒物上的吸附。

（6）温度和湿度

大多情况下农药从溶液中被吸附到土壤上是一个放热的过程，在放热过程中放出的热量需足够用来补偿反应中所引起的熵变，要比从溶液中缩合所需要的热量大才能完成吸附，因而农药在土壤中的吸附与温度有很大的关系。此外，温度还可以改变农药的水溶性和表面吸附活性，影响农药吸附。

土壤湿度是影响大多数土壤处理剂药效的重要因素，且是有些种类如酰胺类、磺酰脲类除草剂药效好坏的主要决定因素。因为土壤含水量密切关系到土壤微粒的空隙被农药溶液占据、吸附以及药剂分子（特别是除草剂分子）能否下渗到植物发生部位并直接影响农药的淋溶性，土壤含水量还间接影响土壤微生物的活动从而影响土壤中农药的滞留与降解。良好的土壤湿度条件有利于农药特别是除草剂发挥最佳除草效果，对减少农药用量及提高对作物的安全性、减少对环境的污染都具有重要意义。

（7）表面活性剂

土壤中表面活性剂对农药的吸附是个复杂的过程。有研究表明表面活性剂可以通过增加农药在水相中的溶解性，从而降低憎水化合物在土壤中的吸附；另一方面表面活性剂与农药竞争吸附于土壤表层的吸附位点，土壤对表面活性剂的吸附势必会影响对农药的吸附，如十二烷基苯磺酸钠（DDBS）能够促进农药在土壤中的迁移，而十六烷基三甲基溴化胺（HDTMA）能够促进农药在土壤中的吸附，从而阻止农药在土壤中的迁移。此外，适当地表面活性剂可以改变土壤水的表面张力、持水量、渗透力、pH、阳离子交换量等，从而影响农药在土壤中的吸附。这种影响是非常复杂的，即可以是正向的，也可以是反向的，这主要取决于土壤和除草剂的性质。对于相同的农药和表面活性剂，土壤的有机碳含量不同，其影响也不一样。

2. 土壤中化学农药的迁移

农药在土壤中的迁移是农药消散的一种途径，可分为五种形式：扩散、挥发、淋溶、微生物吸收以及植物根系吸收。

1）扩散

农药在土壤中的扩散主要有两种形式，一种是农药迁移的过程，主要是由于农药分子的不规则运动；另一种则是在流动水或在重力作用下土壤中的农药向下淋溶渗滤，并且在土壤中逐层分布。后面一种的方式为化学农药在土壤层中的扩散。而这个过程主要与农药在土壤中的吸附反应、降解形式和挥发性等一系列过程密切相关。影响农药在土壤中扩散的主要因素有农药的扩散系数、溶解度、蒸气压，尤其是土壤的温度、湿度、孔径以及吸附程度等。当土壤中含水量减少时，土壤中的水由毛细水转为结合水，受到颗粒表面的束缚能作用，土壤中水的运动会逐渐增大，土壤的扩散系数则会下降。土壤中有机质的含量、黏粒含量以及孔隙的多少与土壤中农药的迁移和水的扩散的程度有关。例如，杀虫双在施用之后70天，在距离田间 80cm 的深处有 60% 以上的残留被测出。

2）挥发

农药从地表的挥发是其进入大气的重要过程，仅次于农药施用时的喷洒过程。对于易挥发的有机农药，在进入土壤后的三天内，因挥发造成的损失可达 90%。农药不仅可以在大气中大量存在，而且可以通过大气在全球范围散布。因此农药从地表包括从陆地（作物和土壤表面）和从水体表面的挥发使一些持久性农药能在远至极地的环境和生物体中被检出的重要原因之一。国外从 20 世纪 70 年代以来对此已多有研究，特别是对农药从土壤表面挥发的研究更为全面和系统。通过在对实验室控制条件下影响农药挥发的各种因素研究的基础上建立相应的多种数学模型，可以定性和定量的对农药从土壤到达大气中的过程进行描述。研究表明，农药本身的蒸气压、溶解度和接近地表空气层的扩散速度以及土壤的温度、湿度和质地等都与农药在土壤中的挥发有着紧密的联系。

3）淋溶

残留在土壤中的农药对地下水及地表水造成的污染已经引起了人们的普遍关注。土壤中的农药可随雨水或地下水的淋溶作用在土壤中进行扩散，但这也和农药自身的溶解度有紧密联系。农药自身的溶解度影响了农药在土壤中的移动性，那些溶解性比较大的农药，如除草剂 2,4-D 等，易溶于水，所以通常随土壤中的水分直接流入到江水和湖泊中；溶解性比较少的农药，如 DDT 等，就不易被水所淋溶，容易吸附在土壤表面上，如果有降雨的话，会随着沙子一起进入到河水当中去。

4）微生物吸收

农业土壤中生物体种类繁多，随着它们生命的循环发育，降解或是吸收一定的农药，使得它们所含农药的浓度远远高于环境中农药的浓度。要确定农药被特定或被非特定的植物吸收是非常困难的，它与物种的特征、环境条件以及农药、土壤的物理化学性质有紧密的联系。要确定农药被给定的生物体吸收或是分散，了解其辛醇-水（K_{ow}）分配系数是非常有帮助的，给定农药的 K_{ow} 在特定的温度下为某个定值。K_{ow} 越大，表明化合物越容易溶于非极性介质中，也就越容易被生物体所吸收，相反地，随着 K_{ow} 的减小，农药在生物体中的累积也就随着减小。

5）植物根系吸收

作物对农药的吸收与一系列因素有关，如作物种类、农药的理化性质、气候条件、土壤类型、农药种类、污染程度等。农药一旦被作物吸收，它们将完好的或是分解成另外一种毒性更高或更低的物质而存在在植物体内。

农药在土壤中的移动性是一种综合性特性，它在土壤中迁移的速度和深度直接与农药和土壤的性质有关。农药在土壤中的移动性与其水溶性有关，水溶性越大，农药吸附系数越小，农药越易在土壤中移动。农药在土壤中的移动性还与土壤的性质有关，特别是与土壤有机质含量有关，土壤吸附性能越强，越不易移动。有机质含量和黏粒含量高的土壤对离子型农药吸附很强，移动相对较慢；而有机质含量和黏粒含量低的土壤，尤其是沙壤对离子型农药吸附作用很弱，因而移动相对较快。影响农药在土壤中移动的因素除了环境因子如土壤温度、pH 值、含水率等之外，与农药的物理性质密切相关。

三、农药在土壤中的降解转化途径

降解是农药在土壤环境中最主要的转化途径。农药在土壤中降解速度越快，其残留期越短，生态毒理风险越小；反之，其残留期长，生态毒理风险大。农药在土壤中的降解主要包括以下两种：土壤中农药的生物降解和非生物降解，其中非生物降解又可分为光化学降解和化学降解。

1. 光化学降解

由于农药一般含有 C—C、C—H、C—O、C—N 等键，而这些键的解离正好在太阳光的波长范围内，因此农药分子在吸收光子之后，进入激发态后发生化学反应，消耗能量发生裂解，其降解过程见表 4-7。土壤表层的农药可接受光子发生直接光解，土壤内部的农药可在 TiO_2、FeO、Fe^{2+} 等物质的作用下，发生间接光解。农药的光化学降解既可以转化为无毒或毒性更小的物质，也可以转化为毒性更大的有机物。光化学降解的能量来自于体系中的光量子，因此光解速率几乎不受温度的影响。

农药在土壤表面可进行一系列光化学反应，如：光还原（photo-reduction）、光氧化（photo-roxidation）、光水解（photo-hydrolysis）和分子重排和光异构化（rearrangement and photo-isomerization）等反应。有研究表明，一些有机物类的农药从土壤中消失，其中光诱导起了主要作用。

表 4-7 光化学降解过程

引发	
$A—B \xrightarrow[热]{光} A \cdot + B \cdot$	(1)
$A \cdot + RH \xrightarrow{快} R \cdot + AH$	(2)
$RH + O_2 \xrightarrow{慢} R \cdot + HOO \cdot$	(3)
增长	
$R \cdot + O_2 \xrightarrow{K_1} ROO \cdot$	(4)
$ROO \cdot + RH \xrightarrow{K_2} ROOH + R \cdot$	(5)
终止	
$2ROO \cdot \xrightarrow{K_t} 产物$	(6)
$2ROO \cdot + R \cdot \longrightarrow 产物$	(7)
$2R \cdot \longrightarrow 产物$	(8)

不同农药对光的敏感程度存在很大差异。通常有机磷农药对光的敏感性高于其他类型农药，更易发生光解，这主要是由于有机磷农药中的 P—O 键和 P—S 键的键能较低，易吸收光能变成激发态分子使 P—O 键和 P—S 键断裂发生光解。

农药在光照下可吸收光辐射进行衰变、降解。光解仅对少数稳定性较差的农药起明显的作用。例如，西维因光解生成 1-萘酚和异氰酸甲酯，反应为：

2. 化学降解

农药的化学降解可分为催化反应和非催化反应。非催化反应包括水解、氧化、异构化、离子化等作用，其中水解和氧化反应最重要。

1）水解反应

农药的水解是农药分子与水分子相互作用的过程。有机物的水解可以用通式：

$$RX + H_2O \Longrightarrow ROH + HX$$

水解反应是评价有机物在环境中行为的重要标志之一。以下两种类型为农药在土壤中的水解反应：一是在土壤孔隙水中所能发生的一些反应（即酸催化或碱催化的水解）；二是发生在黏土矿物质表面中的反应（即非均相的表面催化作用）。

农药的水解反应实质上是一种亲核取代反应，即由亲核基团（H_2O 或 OH^-）或进攻反应物分子中的亲电基团（C、S、P 等）原子，使与之相连的带负电趋势的强吸电子基团（F^-、Cl^-、I^- 等）离去而发生的反应。从结构上来看，磷酸酯农药、氨基甲酸酯类农药、苯氧羧酸类农药、酰胺类农药、醚类农药和酚类农药等大部分农药都可以发生水解反应。对于农药的水解反应，由于各种农药的化学结构不同，它们水解时既可以发生单分子亲核取代反应（SN1），也可以发生双分子亲核取代反应（SN2）和分子内亲核取代反应。

如有机磷酯杀虫剂在土壤中发生水解反应：

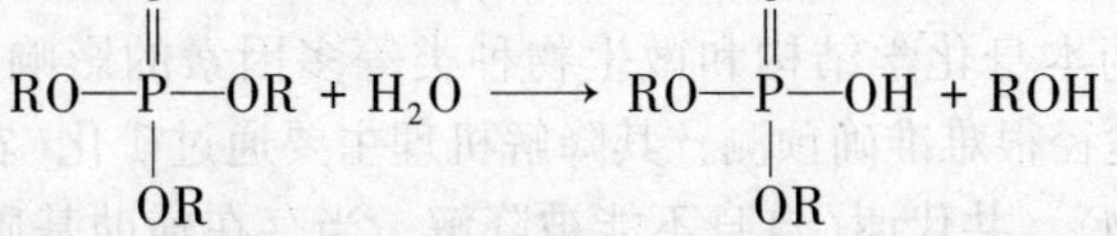

有机磷酸叔酯的水解反应可表示如图 4-9 所示：

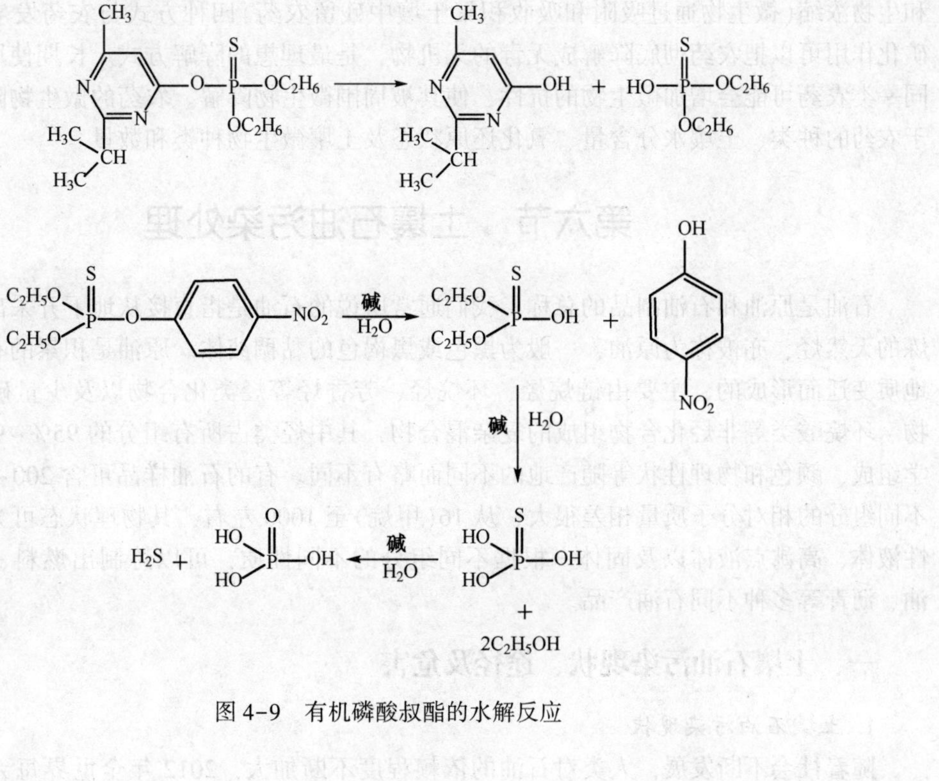

图 4-9　有机磷酸叔酯的水解反应

2）氧化–还原作用

进入土壤后的农药，不管在有氧和无氧的情况下都会发生氧化还原反应。氧气含量的多少在土壤中的影响是不一样的。土壤如果具有较好的透气性或者说是氧气比较充足的情况下，就会有利于氧化反应，从而有利于它的降解反应，反之如果透气性较差的话，氧气浓度较低，则不利于氧化反应，有利于还原反应。有研究发现土壤中的含水量决定了土壤中的透气性能，进而影响到化学农药的降解情况。在含水量比较高的情况下，农药 DDT 能够很快地通过脱去氯原子转变为 DDD 这种化学物质，土壤有机质的含量越高则反应速率越快。对农药的化学降解也有很大影响的是土壤 pH 值。在偏碱性的土壤中，克百威这种农药降解的非常快，降解产物羟基克百威在土壤中累积的量很少。克百威在有机质含量少、碱性强、砂粒含量高的海涂土中易丢失；而在旱地条件下，克百威消失的速率与土壤的 pH 值呈正相关。

有人曾经用氯代烃农药进行氧化试验，指出林丹、艾氏剂和狄氏剂在臭氧氧化或曝气作用下都能够被去除。实验证明，土壤无机组分作催化剂能使艾氏剂氧化成为狄氏剂；铁、钴、锰的碳酸盐及硫化物也能起催化氧化及还原反应。

3）生物降解

生物降解是指通过生物作用将大分子转化成小分子的过程。农药的生物降解主要是通过微生物、降解酶、工程菌来实现的。农药的生物降解受环境条件（如土壤温度、水分状况、有机质、pH 等）、农药本身化学结构和微生物种类等多因素的影响，是一个复杂的过程。目前农药的生物代谢途径很难准确预测，其降解机理主要通过矿化（农药被微生物作为营养源利用，分解为无机物）、共代谢（自身不能被降解，当存在辅助基质时可以被部分降解）、间接（通过微生物活动使土壤环境 pH 值、氧化还原电位等发生变化，进而发生生化学降解）和生物浓缩（微生物通过吸附和吸收积聚土壤中残留农药）四种方式与农药发生作用。其中矿化作用可以把农药彻底降解成无毒的无机物，是最理想的降解方式。长期使用单一品种或同一类农药可能会增加微生物的抗性，使其被周围微生物降解。农药的微生物降解速度取决于农药的种类、土壤水分含量、氧化还原状态及土壤微生物种类和数量。

第六节　土壤石油污染处理

石油是原油和石油制品的总称。我们通常所说的石油是指直接从地下开采出来未经过提炼的天然烃，亦被称为原油，一般为黑色或黑褐色的黏稠液体。原油是积累的有机物质经过地质变迁而形成的，主要由链烷烃、环烷烃、芳香烃等烃类化合物以及少量硫化物、氮化物、环烷酸类等非烃化合物组成的复杂混合物，其中烃类占所有组分的 95%~99.5%，其化学组成、颜色和物理性状等随产地的不同而略有不同。有的石油样品可含 200~300 种烃类，不同组分的相对分子质量相差很大，从 16（甲烷）至 1000 左右，其物理状态可为气体、挥发性液体、高沸点液体以及固体。根据不同组分的不同性质，可以炼制出燃料、溶剂、润滑油、沥青等多种不同石油产品。

一、土壤石油污染现状、途径及危害

1. 土壤石油污染现状

随着社会不断发展，人类对石油的依赖程度不断加大，2012 年全世界每天原油产量已

经高达 $9×10^7$ 加仑，预计在 2020~2050 年之间达到顶峰。石油在开采、运输、储存、加工和生产过程中，由于泄漏等原因对环境的污染越来越严重。

美国在 20 世纪 80 年代就出现了严重的石油烃土壤污染问题，在 20 世纪 90 年代已有 10 万个地下油罐存在不同程度的泄漏。20 世纪 80 年代末，美国一艘满载石油的轮船在白令海峡靠近阿拉斯加州一侧触礁，导致大量原油泄漏，其中有超过 $4.0×10^4$ t 的原油泄漏到了 William Sound 王子岛。1994 年加拿大有约 20000 个地下储油库，大约有 25% 的油库有不同程度的泄漏。从 1984 年开始，美国执行国家地下储罐(UST)计划，1986 年设立地下储罐泄漏(LUST)信托基金，到 2008 年为止，累积清理泄漏事故近 40 万起，但每年仍有近万起石油泄漏事故，累计积压有 10 万多起。尤其在 2010 年美国在墨西哥湾深水地平线事件中泄漏的原油更是创造了污染记录，泄漏量达约 $7.79×10^5$ m^3，污染面积达 $6.5×10^3$ ~ $1.8×10^5$ km^2。俄罗斯的油气管道超过 $1.5×10^6$ m^3，每年大型泄漏事故 700 起(每起不低于 $3.5×10^3$ t)，小型泄漏 6 万多起，仅东西伯利亚地区每年泄漏 $3.0×10^6$ ~ $1.0×10^7$ t，12.5% 的草原受到污染和破坏。

中国作为世界最大的发展中国家及石油生产和消费大国，由于生产条件、环保技术等方面相对落后，石油污染问题相当突出，尤其是土壤的石油污染问题日益严重。2005 年 4 月至 2013 年 12 月，环境保护部与国土资源部开展首次全国土壤污染状况调查。调查结果显示，多环芳烃点位超标率已经达到 1.4%，在超标有机污染物中仅次于农药 DDT。目前，我国已在近 30 个省市、自治区找到大约 500 多个油气田和油气藏(油气在单一圈闭中的聚集，具有统一的压力系统和油水界面，是油气在地壳中聚集的基本单位)。油田的主要工作范围近 $2.0×10^5$ km^2，覆盖地区面积达 $3.2×10^5$ km^2。其中，约 $4.8×10^4$ km^2 土壤的石油含量可能超过安全值。据统计，中国石油企业每年产生落地油约 $7.0×10^6$ t，油井每作业一次遗留于井场的落地油为几十到几百公斤(单井年产落地原油据测算可达 2t)。一般油田井口周围 5m 范围为最严重的污染区，地面呈黑色；30~50m 范围为严重污染区，有原油、油泥散落。就油气田勘探开发而言，地面溢油再加上遗留井场的钻井泥浆池和作业泥浆池，一般井场周围污染范围约为 100~2000m。

目前中国石油年产量已超过 $1.8×10^{11}$ kg，每年新增加污染土壤 $1.0×10^8$ kg。在干旱与半干旱地区油田区石油污染对该区的生态环境的影响较大。中原地区由于石油资源的长期大量开采利用，产生了一些环境问题。尤其是落地原油的污染已影响土壤的质量安全，特别是开采早期行成的石油污染，在土壤中经长期的自然降解许多易挥发和易降解的组分均已降解，土壤中残留的难降解石油组分仍大量存在。

2. 土壤石油污染途径

1) 原油泄漏和溢油事故

在我国的矿业生产过程中，还存在一些不合理的作业方式，在采油井洗井和检修时，都会有大量的原油洒落在油井周围，造成了严重的环境污染和生态破坏。此外，石油及其产品在运输、使用、贮存过程中的渗漏和溢油现象时有发生，甚至在原油开采过程中发生井喷事故，造成大量石油烃类物质直接进入土壤，由此引起的突发性泄漏往往造成数量多、浓度高、危害大的局部污染，石油浓度大大超过土壤颗粒能够吸附的量，过多的石油存于土壤空隙中，使小范围内的生态系统完全毁灭。

2) 含油矿渣、污泥、垃圾的堆置

石油在开采、冶炼时产生大量的含油废弃物，这类物质主要包括含油岩屑、含油泥浆等。这些含油废弃物往往堆积在厂矿周围，在堆放的过程中，经过雨水的冲刷、淋洗便向周围土壤中浸入相当数量的油，致使土壤中石油烃类含量比非堆放区高出数倍。广东茂名市就曾因大量堆积含油矿渣使大片的农田污染，成为寸草不生的荒地。

3）污水灌溉

使用含油污水灌溉农田是土壤受石油污染的主要原因之一。许多工业废水和生活污水都含有石油烃类物质，另外石油开采、冶炼、加工和以石油为原料的化工部门排放的废水也都含有大量的石油烃类物质，长期使用这类污水灌溉农田必然导致土壤石油污染。

4）大气污染及汽车尾气的排放

石油炼化企业和工厂在生产过程中，都有部分石油中可挥发成分进入大气，这些成分可与大气中颗粒物结合成降尘进入土壤。有研究表明，大气降尘污染区的土壤矿物油含量比对照区高出 1~2 倍。此外，各种使用汽油、柴油的车辆在行进中排出的尾气中也含有大量未燃烧的石油成分，这些成分也会以沉降物的形式进入土壤。因此，公路两侧土壤中往往含有较多的石油污染物。

5）药剂污染

一些石油产品经常用来作为各种杀虫剂、除草剂及防腐剂等农药的溶剂或乳化剂，当这些农药在农业生产中使用时，石油类物质也会随之进入土壤，从而增加了土壤中的石油浓度，造成土壤的石油污染。

3. 土壤石油污染的危害

石油物质进入土壤后，会引起土壤理化特性的变化，如堵塞了土壤的孔隙结构，破坏土壤结构，使土壤的透水性降低；其富含的反应基能够与土壤中的无机氮、磷结合并限制硝化作用和脱磷酸作用，从而使土壤的有效磷、氮含量减少，导致土壤有机质的碳氮比(C/N)和碳磷比(C/P)的变化，由于这些变化，一方面恶化了土壤微生物的生存环境，另一方面石油自身对土壤中微生物也具有一定的负面影响，进而导致反映土壤活性的微生物数量减少，微生物群落和微生物区系发生变化，使得未污染的土壤环境中微生物的功能明显降低，土壤的活性降低甚至没有活性，对作物生长发育产生不利的影响。石油类在作物及果实部分主要残留的毒害成分是多环芳烃，它对于人和动物的毒害最大，尤其是双环和三环为代表的多环芳烃毒性更大。多环芳烃类物质可通过呼吸、皮肤接触、饮食摄入等方式进入人和动物的体内，影响其肝、肾等器官的正常功能，甚至导致癌变。另外，石油类物质还通过地下水的污染以及污染物的转移构成对人类生存环境多个层面上的不良威胁。因此，石油污染问题已经成为世界各国普遍关注的问题，也成为科学家和技术人员攻关研究的热点课题。

二、石油污染物在土壤中的迁移转化

1. 石油污染物的存在状态

从化学形态上来说，石油污染物在土壤中有四种存在状态，分别为：自由态、溶解态、挥发态、残留态。

1）自由态

是指污染物在重力作用下能够自由移动，并且能够通过溶解与挥发逐渐向土壤及地下水下渗。

2）溶解态

指石油污染物经由溶解作用进入地下水，进而污染地下水。

3）挥发态

是指石油污染物通过挥发作用进入气相中，能在浓度梯度下不断扩散。

4）残留态

指石油污染物因毛细作用或吸附作用而残留于土壤多孔隙介质中，并以固相或液相的形态存在，且不因重力作用而自由移动。

污染物的不同存在状态，其危害程度也不一样。自由态是长期污染源，很难控制，难以消失；残留态最难治理，残留量越高其治理费用越高，治理时间越长；溶解态可能会造成水体污染；挥发态难以控制。

另外从溶解性来说，当石油类污染物进入到油井区附近的土壤中时，因为石油具有强烈的疏水性，所以绝大部分的石油都被吸附在土壤颗粒的表面上而呈现出一种干态或者亚干态。有一部分相对分子质量较小的烷烃则可通过挥发作用进入到土壤空隙的气相环境中。也有一部分石油污染物可以进入液相中，进入液相的部分石油污染物也分为两种形态，一种是直接融入水中从而形成可溶性油，但是一般水可以溶解的石油污染量很少。另一种则是以乳化状态分布在水中，这种分布方式可以在水中聚集大量的石油污染物。而石油污染物在土壤中的扩散则基本都是通过融入液相之中在毛细力以及重力的作用下向四周扩散的。

2. **石油类污染物的扩散特征**

当石油污染物进入土壤时，由于其强烈的疏水性一大部分都被土壤颗粒所吸附，如果附近存在地表径流，一部分的石油污染物还会扩散入地表径流之中，随着水流移动从而污染地表水。而大部分的石油则首先吸附在土壤中，当有灌溉用水或者降水的时候，石油会随着水流在重力的作用下做垂直运动。石油污染物向下运动的过程中主要经过三个阶段：第一个阶段是石油污染物通过包气带的渗漏。第二个阶段是通过包气带进一步向下方的饱水带进行移动。第三个阶段是石油污染物到达饱水带并进入其中从而污染该地区的地下水。在石油污染物垂直向下运动的过程中，由于土壤的吸附作用，污染物流经区域的土壤多数会被石油所污染。在向下渗透的过程中，如果该地区土壤的渗透性比较差，则污染物会发生侧向的扩散。当该地区土壤的渗透性较好时，石油污染物则会在重力的作用下垂直运动到毛细带顶部。当到达毛细带顶部的时候，石油污染物会在重力和毛细力的作用下做垂直运动和侧向运动，从而使该毛细带区成为一个污染物浓度相对较高的区域。随着时间的推进，一部分垂直运动的石油污染物进入饱水带进而污染该地区的地下水系统。另一部分则在毛细带区域聚集形成污染区。当遇到降水或者大量水源进入污染土壤时，水携带石油污染物在重力的作用下进一步运动，使污染区域进一步扩大。

石油类污染物进入土壤后，绝大部分被吸附在固体颗粒表面，且土壤湿度越大，石油类物质越倾向于有机质上吸附。因此，土壤湿度较大时，土壤有机质含量是影响平衡吸附量的一个重要因素。除吸附态外，土壤中石油类物质还存在于水相中和逸散于气态环境中。溶解态的石油类物质随水流可相对自由地向土层深处迁移或平面扩散，逸散在大气中的部分石油类物质可吸附于大气粉尘上，随粉尘飘逸、降落而进入远离污染源的地表土壤。而吸附于土壤颗粒物上的部分在土层未被破坏的情况下，基本不会发生明显迁移。因此，有人把水和空气中的部分石油类物质称为"迁移部分"，把颗粒物上的部分称为"滞留部分"。

3. **石油类污染物的降解转化行为**

当石油污染物进入土壤之后，在外界条件下会发生一系列自发的反应，其中包括物理反应、化学反应以及生物反应，在这些反应中，石油污染物作为底物参与了各种反应过程，与此同时石油污染物也得到了降解从而降低了污染物浓度，这种现象被称为土壤油污的自净现象，这一类现象都可以称之为石油污染物的降解反应。

1）挥发

当石油污染物进入土壤的时候，挥发效应即从土壤表层和亚表层开始，石油中的烃类物质在此过程中化为气体扩散到周围环境中，但石油污染物的挥发量较少，并不能有效降低污染物的浓度。挥发过程中的挥发速度和许多因素有关，如石油污染物的污染面积、组成、起始浓度、厚度以及该地区土壤的透气性、气候条件都有直接的关系。一般来讲在挥发过程中，碳原子数小于 15 个的烃类比较容易挥发，15~25 个碳原子的烃类挥发量就相对较少了，而 25 个碳原子以上的烃类则很难挥发。

2）吸附与解吸

由于石油的疏水性，进入土壤的石油会吸附在土壤粒子的表面，石油污染物在土壤中的吸附/解吸是物理吸附和化学吸附的共同作用过程。在不同条件下，占优势的过程也不同。当土壤中有机质含量较高时，由于石油类污染物和土壤中有机物之间有共价键和氧键的作用，化学吸附占优势。在土壤有机质含量相对较低时，影响吸附过程的主要为土壤粒度、孔隙率等因素，优势过程为物理吸附。土壤理化性质的不同，导致石油烃吸附能力的差异。土壤对石油烃的吸附量，随土壤有机质含量和物理性黏粒含量的增加而增加，土壤有机质对石油烃吸附的影响作用大于物理性黏粒。影响吸附和解吸过程的主要因素有土壤中黏土矿物含量、有机质的含量及性质、温度以及 pH 值等环境因素。由于吸附解吸作用的存在，被污染土壤中的石油类污染物的释放是一个缓慢的过程。

3）光解

在石油污染物受到阳光直射时，一些石油烃类物质在吸收光能后处于激发态，在激发态向稳定态转化的过程中，石油烃类往往有很强的分解成小分子有机物的趋势，这个反应便被称作光解反应。石油污染物光解反应的速度与其自身的构成有很大的关系，如果在其组分中有很多可以吸收光能并发生降解反应的有机成分，那么它的光解反应速度就会相对较快，反之则相对较慢。土壤中可以发生光解反应的往往是表层挥发的一些石油烃类物质，而大多数因深入土壤之后很难发生光解反应，所以光解反应在石油类污染物的自然降解过程中并不能起到决定性的作用。

4）化学氧化反应

土壤中因为含有大量的化学物质，当石油污染物进入其中时便有可能与这些物质发生氧化还原反应。但是实际上存在于自然界中的常见氧化物质很难氧化石油污染物中的烃类物质，所以为了利用氧化反应将有害的烃类物质氧化成无害的有机物，人们往往向土壤中添加高锰酸钾、过氧化氢、臭氧等强氧化剂促使其发生氧化还原反应，同时氧化剂对微生物的降解效应也有不小的影响，是石油污染土壤治理的一个重要环节。

5）微生物降解反应

土壤中含有大量的微生物，经研究表明，土壤中的微生物可以有效降解石油污染物中的烃类物质。微生物在适宜的环境条件下，可以通过自身的代谢反应将石油烃类分解成碳源、能量以及自身生长繁殖需要的物质，与此同时石油污染物得到了有效地降解。微生物降解反

194

应主要分为两类，一类是有氧降解，即在有氧的条件下微生物通过代谢反应将石油烃类分解成二氧化碳和水。另一类无氧降解，即在无氧的条件下将大分子石油烃类降解成小分子烃类。微生物降解反应是降解石油污染最有效的途径，也是研究的重点。

第七节 土壤污染修复技术研究现状

一、土壤污染修复技术

鉴于土壤污染产生的严重危害，世界发达国家纷纷制定了土壤修复计划。如荷兰在20世纪80年代就已花费了约15亿美元进行土壤的修复工作，德国在1995年约投资60亿美元净化土壤，美国20世纪90年代用于土壤修复方面的投资达数百亿甚至上千亿美元。近年来，土壤污染的修复技术已经成为当前环境保护工程科学和技术研究的一个新热点。针对不同的污染状况，已经形成了一系列的土壤污染修复技术，按照处理过程中起主导修复作用的处理技术所采用的方法，可以将现有土壤污染的修复技术简单地分为三大类，即物理修复方法、化学修复方法和生物修复方法。其已经形成的各类处理技术均可以归入上述的三大类中，分类结构见图4-10。

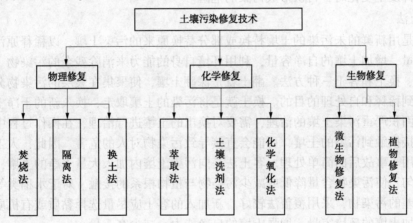

图4-10 土壤石油污染修复技术分类示意图

在土壤污染修复技术方面，20世纪80年代以前，还仅限于物理和化学方法。物理方法包括挖掘填埋法、气提吹脱法、电解法、洗涤法和隔离控制法等，主要为热处理法，即是通过焚烧或锻烧，可净化土壤中大部分有机污染物，但同时亦破坏土壤结构和组分，且所用的燃料和设备价格昂贵因此很难实施。化学方法包括氧化剂氧化法、光化学氧化法、热分解法、萃取法和化学栅法等，主要为化学浸出和水洗，这两种方法也可以获得较好的除油效果，但所用的化学试剂的二次污染问题限制了其应用。20世纪80年代以来，环境以及人类社会的可持续发展越来越受到人们的重视，因此土壤污染的生物修复技术越来越引起人们的关注。事实上，由于污染的条件不同，造成土壤污染的污染程度、污染物的性质差异较大，同时，由于各种环境条件和技术成熟程度的限制，使各种处理技术的实用性也受到了一定的限制。在某种条件下比较有效的处理技术可能在另外一种条件下不适用，在具体的应用过程中，单纯依靠一种方法或技术是难以实现土壤污染的清洁和修复的。使土壤恢复自然属性，通常需要采取物理、化学和生物及工程方法进行综合治理。通过各种处理技术的协同作用可以达到降低处理费用、缩短处理周期和提高处理效果的作用。

1. 物理法

1) 焚烧法

利用土壤中有机物容易燃烧的特点，在温度为850~1200℃的条件下焚烧污染的土壤，使有机污染物质通过燃烧的方式变为气体而脱离土壤本体，进而达到去除污染物，修复土壤的目的。该方法适用于石油烃类严重污染土壤的治理，进入焚烧炉的污染土壤需要进行干化处理，并将其粉粹成直径不大于25mm的土壤颗粒，同时应考虑对焚烧过程中产生的有毒气体进行收集处理，该方法处理费用高，一般不适宜于大面积污染土壤的治理。

2) 隔离法

采用黏土或其他人工合成的惰性材料，将污染的土壤与周围环境隔离开来，该方法并没有破坏污染物，只是起到了防止污染物向周围环境（地下水、土壤）的迁移。考虑到实际工程要求污染物质对隔离系统不会产生影响，所以该方法适合于有机物污染土壤的控制。对于渗透性差的地带，尤其比较适用。此法与其他方法相比，运行费用较低，但对于毒性期长的有机物，只是暂时地防止了该类物质的迁移，不能作为永久的治理方法，并且存在着土壤周围的环境条件发生变化时，再次形成污染的危险。

3) 换土法

该方法是用新鲜的未污染的土壤替换或部分替换原来的污染土壤，以稀释原污染土壤中污染物的含量，增加土壤的自净容量，利用环境自身的能力来消除残余的污染物。换土法又可分为翻土、换土和客土三种方法。翻土就是深翻土壤，使聚集在表层的污染物分散在土壤的深层，达到稀释和自处理的目的。换土就是将污染的土壤取走，换入新的干净土壤。该方法适用于小面积严重污染土壤的治理，需要对换出的土壤进行治理，在操作过程中，操作人员将可能直接接触到污染的土壤，可能会直接导致污染物对人的危害。因此，人工费用比较高，一般适用于事故后的简单处理。客土法是向污染土壤内加入大量干净的土壤，覆盖在表层或混合均匀，使污染物含量降低或减少污染物与植物根系的接触。对于水稻类等浅根作物和移动性较差的污染物，采用覆盖法较好。新加入的客土应尽量选择黏质或有机质含量高的土壤，以增加土壤的环境容量，增强土壤的自净能力，减少客土量。

4) 电动力学修复

电动力学修复是近十几年出现的新技术，该技术通过施加于污染土壤两端的低压直流电场，达到强化处理污染物的目的。在电动修复过程中，利用电场的作用力，使污染物发生往电极方向的集中迁移，导致在土壤中分散的污染物可以在局部区域集中，方便其他处理手段的使用。因此，充分利用这个优势，结合其他修复方法，将使修复效果事半功倍。例如，污染物在电场力作用下发生迁移的前提条件就是要溶解在溶液中，因此对于吸附在土壤表面较强的石油烃来说，增溶物质的使用就显得非常必要，只有在溶液中有较好的溶解性，才能在电场力作用下发生有效迁移。另外，高效降解菌的添加结合，才会取得理想的修复效果。

5) 微波修复法

对土壤有机污染使用热处理方法已经由来已久，但使用微波进行加热，则可以加速这个过程，达到快速修复的目的。如在使用微波加热修复原油污染土壤过程中，使用冷凝装置回收石油污染物，少量碳素纤维的添加就能使800W的微波辐射在4min内将土壤加热到大约700℃，在修复过程中能有效回收石油污染物，而且没有造成明显的二次污染。

6）超声振动法

一种基于超声波的空化作用，使液体中压力发生变化而迅速形成无数微小的真空泡并迅速内爆，同时在瞬间产生强大的冲激能，进而破坏污染物和土壤的结合，使之容易从土壤颗粒上脱附的方法。

7）气提法

这是一种利用真空泵产生的负压驱使空气流经土壤孔隙，解吸并驱使挥发性和半挥发性有机物流向抽取井并收集于地上处理的一种修复方法。

2. 化学法

化学处理法原理是利用化学反应改变污染物原来的有毒有害化学性质，让其变成无毒无害的物质。化学处理法通常包括：化学浸出法、土壤洗涤法及化学氧化法等。

1）化学浸出法

化学浸出法是将被污染的固体废弃物浸在某种具有特殊性质的化学溶剂中，通过固体废弃物中的污染物与溶剂二者之间发生化学反应，污染物会发生选择性溶解，下一步再进行再次回收。该方法适用于石油污染含量较高的土壤，处理后的石油污染物含量可低于5%。

2）土壤洗涤法

将污染土壤粉碎，混入足够的水和洗涤剂，得到土壤、水和洗涤剂相互作用的浆液，静止，使污染物与洗涤剂一起上升，从水相中将部分污染物从土壤中分离出来。重复上述操作步骤，使土壤与水混合并加入微生物活性剂和 H_2O_2，使污染物降解。将分离出来，洗涤后的土壤归入环境。过滤含有机物的污水，将水排出或将污染土壤放入容器内，将表面活性剂和水混合形成洗涤水，表面活性剂为 8~15 个 C 的直链醇与 2~8 个环氧乙烷单元的加成物。洗涤水加入容器后，用于洗涤污染土壤，去除土壤中的污染物。为了防止污染物和洗涤水形成乳化液，通常限制表面活性剂的加入量应小于 0.5%（体积分数）。

3）化学氧化法

该方法是向污染的土壤中喷洒或注入化学氧化剂，使其与污染物质发生化学反应来实现净化的目的。常用的化学氧化剂有臭氧、过氧化氢、高锰酸钾、二氧化氯等。其中二氧化氯对石油烃类物质有较高的清除效率，氧化反应可以在瞬间完成，且二氧化氯的造价比较低，处理成本低。化学氧化法适合于土壤和地下水同时被污染的治理，可以配合曝气装置，抽出的地下水经过曝气后，大部分挥发性物质被清除，然后向经过曝气处理后的水中投加氧化剂，重新回灌到土壤中，使氧化剂充分与水和土壤接触。在治理过程中，需要预先确定地下水污染带的位置，再决定抽水井的位置和注水井的位置，抽水井应设立在地下水污染带上，注水井应设立在土壤污染较强的位置。化学法一般不会对环境造成二次污染，但操作比较复杂。

3. 生物法

20 世纪 70 年代以后，鉴于物理法和化学法拥有各自的优缺点，但不论哪种方法在大规模应用以及特种环境下都不能较好的治理石油污染。如 1989 年 3 月，Exxon 公司的油轮在阿拉斯加 Prince William 海湾发生溢油事故，2100km 的海岸线遭受污染，在采用热水清洗等方法无法奏效的情况下，Exxon 公司和美国环境保护协会（EPA）的科学家们联合尝试采用原位生物降解法，从 1989 年到 1990 年，就有 160km 海滩上的石油得到了有效的治理，初步显示了生物修复技术的实用性。生物修复法的出现由于其经济效益与环境效益并存的同时，还能够解决一些复杂环境下的石油污染问题，由于能够治理大面积污染而成为一种新的可靠的环保技术，已得到世界环保部门的认可，并引起了工业界的关注，预计生物修复服务和产品平均每年增长 15%，生物修复在治理土壤污染方面的作用已越来越突出。

土壤污染的生物修复，是指利用微生物及其他生物，将存在于土壤中的有毒有害的污染物现场降解成二氧化碳和水或转化成为无害物质的工程技术系统，它是传统的生物处理方法的延伸。生物修复技术作为一种新兴的处理技术，目前还没有统一的分类方法，不同的学者有不同的看法，总体看来分为以下几种：第一种分类方法是将其分成微生物修复技术和植物修复技术。微生物修复技术是利用土壤中的土著微生物或向污染土壤中补充经过驯化的高效微生物，在优化的环境下，加速分解污染物，修复被污染的土壤；植物修复技术（Phytoremediation）即植物对环境的修复，它是利用植物及其微生物与环境之间的相互作用，对污染物进行清除、分解、吸收或吸附，使土壤环境得到重新恢复。有些学者提出将生物修复技术分为三种类型，除了微生物修复法和植物修复法以外，又提出了一种动物修复技术，该技术研究包括两个方面：（1）将生长在污染土壤上的植物体和粮食等作物用来饲养动物，通过研究动物的生化变异来研究土壤污染状况；（2）直接将土壤动物，如：蚯蚓、线虫类饲养在污染土壤中进行有关研究。第二种分类方法是根据土壤污染的深度不同，分为表层污染土壤（土壤深度为 20~30cm）的生物修复技术和深层污染土壤（土壤深度为大于 30cm）的生物修复技术。第三种分类方法是污染的土壤在生物处理过程中是否发生迁移或者是否破坏土壤的基本结构，将其分为原位生物修复技术（In-situ Bioremediation）、异位生物修复技术（On-situ Bioremediation）和原位异位修复技术。原位修复技术也称为原地修复技术，它是一种在不破坏土壤的基本结构的情况下的微生物修复技术。主要通过在污染地点进行微生物的接种，依靠自然环境条件，利用微生物和空气中的氧或其他电子受体实现污染物质分解氧化处理；异位修复技术是一种需要对土壤进行大规模扰动的技术。通过将污染土壤转移到一个固定的地点，人为地创造有利于微生物生长的环境条件（如温度、湿度、水分、氧气及适宜的培养基等），最终实现污染物质的分解氧化处理。随着生物修复技术的不断发展以及新的生物修复方式的不断涌现，终将会形成统一的分类方法。

1）植物修复

当植物生长在被污染的土壤中时，在生长过程中植物会与环境发生很多的反应，植物可以吸收、降解、清除、吸附土壤中的污染物质，使土壤环境得到修复，而污染物则被积累在植物体内并通过植物的日常代谢进行消除。同时，植物的根际可以与土壤中的微生物产生联合作用，植物根际可以分泌一些有机物质从而促进土壤中微生物的生长并提高微生物降解污染物质的活性，使污染物质的降解更高效的进行。

一般来讲，植物修复土壤污染的方式主要有 3 点：（1）植物提取。通过植物根部的吸收作用，植物将污染物吸收并集中于体内，使土壤污染物浓度大幅降低，同时，植物的日常生命活动可以有效的代谢分解污染物质，使该过程成为一个长久有效的修复手段。（2）植物降解。污染的土壤中含有大量的土著微生物，在植物生长的土壤中，因为植物可以分泌很多促进微生物生长繁殖及降解的有机物，所以该片土壤中的微生物数量会急剧增多同时微生物降解污染物的能力也会得到加强。（3）植物稳定化。土壤中的污染物往往是不稳定的，经常会发生横向与纵向的扩散，使污染扩大化，造成更大的区域受到污染。植物通过根部的吸附作用，可以稳定土壤中的污染物使其不能任由扩散。根部的其他生理活动也可以改变土壤的通透性及稳定性，因此植物的生长使污染土壤得到有效地稳定。

2）动物修复

动物修复土壤污染的效果并不像植物及微生物修复那样明显，应用范围也比较窄，但是作为一种生物修复手段，动物修复也有其自己的功效。动物修复土壤污染一般通过直接作用和间接作用两种方式来进行。直接作用就是将动物(如蚯蚓,线虫等)放入土壤中,因为动物的活动以及分泌的一些物质来吸收并降解污染物。间接作用则是通过动物在土壤中的活动,增加土壤肥力,改变透气性、含氧量等外界条件来促进污染的土壤中生长的植物以及微生物的活性,间接对污染物的吸收、降解产生积极作用。

动物修复的应用主要有两个方面,一方面,在植物治理土壤污染后,将吸收有害物质的植物喂食动物,通过观察动物的反应及检查测试来了解污染治理情况和污染程度。另一方面则是直接将动物引入污染的环境中,通过动物的直接作用与间接作用辅助土壤污染的生物修复。

3) 微生物修复

利用微生物治理土壤污染是目前最广泛使用的生物修复手段,因为微生物的生长适宜条件相对容易满足,同时可以进行大规模的治理,工程成本相对较低,治理效果相对较好。微生物修复根据治理时是否在原地进行可以大致分为两类,一种是原位生物修复,另一种则是异位生物修复。

(1) 原位生物修复。所谓原位生物修复,就是在污染地区不挪移土壤的情况下就地进行生物修复,在原位修复的过程中,土壤并不会被搅动,而是选择污染严重的区域进行就地治理。原位生物修复方法因需要大量的氧气来培植土著微生物,所以该方法适用于质地疏松,透气性好的污染土壤中。然而,原位修复并不能绝对高效的降解污染物中的多环芳烃类有机物,土壤要求的限制也局限了它的应用,但是原位生物修复也具有操作方便,成本低等优点,目前,在生物修复过程中该方法的使用率还是相对较高的。

具体来说,原位生物修复方法主要分为3种:向污染土壤中投放工程菌的投菌法;通过添加营养物质,改变 pH 等来改变土壤环境,使污染土壤中本源微生物大量繁殖并降解污染物的生物培养法;通过打井,将污染的土壤中的有害物质排出,并强制通入有利于微生物繁殖气体促其生长的生物通气法。

① 投菌法(Bioangmentation)。投菌法就是向受污染的土壤中直接加入培养的可以高效降解污染物的工程菌,在投入微生物的同时,也要加入相对应的合适比例的营养物质,以促进投入微生物的生长繁殖,常用的营养元素为碳、氮、磷、硫、钾、钙、镁,这些物质处于最佳比例时,微生物可以达到最佳的生长状态。这一过程中,关于菌种的选择可以是经过实验验证具有较高降解污染物活性的自然菌种也可以是通过转基因技术培育的具有高效降解能力的基因工程菌种,不论哪种方法都可以大幅度增快污染地区污染物的降解速度。

治理具体方法可以是打几口横贯整个污染区域的井,向井中添加营养溶液或工程菌,以此来使污染土壤获取各种必需物质,改变土壤环境,促进微生物的生长发展。另一种方法是将土壤下方的浅层地下水引上来并同时添加工程菌和营养物质,之后再使其回流至污染土壤中,使土壤吸收,达到治理目的。

② 生物培养法(Bioculture)。它是一种直接利用土壤中的土著微生物实现生物修复的处理技术,通过定期向污染土壤中投加营养物质和氧或 H_2O_2 作为电子受体,以满足环境中已经存在的降解菌生长繁殖的需要,进而提高土著微生物的活性,将污染物降解成 CO_2 和 H_2O。

本源微生物相比外源微生物有其巨大的优势,土著微生物因为是在污染土壤中一直存在的,所以其稳定性及环境适应性要大大的高于外来菌种。同时本源微生物具有很大的降解污染物的潜力,基因工程菌等外来菌种也有其本身的弱点,如适应性差,降解效果不明显等。

最主要的一点是当把外源微生物加入污染土壤时，外源微生物会与土壤中的土著微生物产生竞争，大量消耗营养物质的同时，降解能力反而下降。所以在原位生物修复的过程中，多使用培植土著微生物的生物培养法而少用投菌法，只有当本源微生物不能有效降解该污染地区的污染物时，一般才考虑外源微生物的使用。

③ 生物通气法（Bioventing）。该方法是一种原位生物修复技术，它是从土壤气相抽提技术（图4-11）（Soil Vapor Extraction，SVE）中衍生出来的，它结合了原位气相抽提与原位生物降解的特点，是一种强迫氧化的微生物降解技术。在待治理的土壤中打至少两口井，安装鼓风机和抽真空机，将空气（空气中加入氮、磷等营养元素，为土壤降解菌提供营养物质）强行注入土壤中，然后抽出，土壤中挥发性的毒物也随之去除。大部分低沸点、易挥发的有机物直接随空气一起抽出，而高沸点重组分的有机物主要是在微生物的作用下，被彻底矿化为CO_2 和 H_2O。在抽提过程中不断加入新鲜氧，有助于降解残余的有机物，如石油中沸点高、相对分子质量大的物质。然而这种方法也有其局限性，因为对土层的结构要求比较高，必须是疏松通气好的土壤才适合使用这种方法。在密实通气性差的土壤中，鼓入的气体很快就消散并且难以改善微生物的生长环境，营养物质的消耗也会大幅加快。这也是制约生物通气法大规模使用的主要因素。

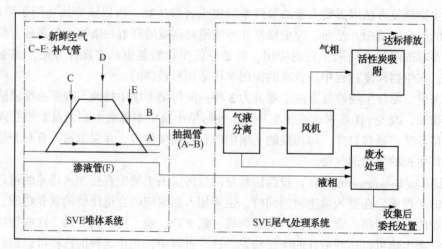

图 4-11　土壤气相抽提技术原理

（2）异位修复

异位修复法，顾名思义，就是将污染地区的土壤挖出并转移到另外一个地方进行生物修复处理的方法。异位修复的方法包括很多，其中有预制床法，土壤堆肥法及生物反应器法。异位修复法具有效率高，降解能力强的优势，但是因为工程量巨大，治理时间长，消耗也比较高，这也是在使用异位修复法治理土壤污染的时候不得不考虑的一个问题。

① 土壤耕作法（Land Farming）。它是一种广泛应用于土壤污染处理的技术方法，需要检测土壤水分和补充物及营养物（N、P、K），耕作机械定期使废物和营养物、细菌和空气充分接触，使上部处理带始终保持良好的耗氧状态。这是一种节约成本的方法，适宜于处理工业有机废物和污泥。

土壤耕作法的优点是方法简单、费用低廉（一般在15~50美元/m³）、人力需求低、环境影响小，效果显著；但土壤耕作法也存在工程强化措施少，处理时间长，挥发性有机物会造成空气污染，难降解物质的缓慢积累会增加土壤的毒性等缺点。而且其后的处理区的建设、承载污染物土壤的铺展、定期的旋耕、土壤偶尔的翻耕以及取样都是必需的。

② 预制床法(Prepared Bed)。将砂石整理后平铺在一个确保不会发生渗漏的平台上，将需要治理的污染土壤转移到预制床上，保持土壤的厚度在15~30cm这个范围之内。当土壤被顺利转移到预制床上之后，向预制床中添加事先配置好的有利于土壤中微生物繁殖、发育的营养液，同时利用翻动、鼓风等方法，提高土壤的透气性并保证微生物的正常有氧代谢。在这个过程中，当有渗滤液渗出后，应及时收集并回灌到污染土壤之中。经过一段时间的培养，微生物的数量会发生明显的变化，数量飞速的增加，同时微生物的降解能力也比之前强很多。通过预制床法，可以轻松地对治理土壤污染时的外界环境进行控制，确保最佳的治理效果，同时也使污染物无法继续向其他未污染地区扩散，因此，预制床法也被视为一个拥有巨大潜力的生物修复处理技术。但该方法存在着污染土壤的集中运输、操作复杂且成本较高的缺点，不适于污染土壤面积较大的工况条件下的处理。

③ 土壤堆腐法(Composting Piles)。它是一种与土壤耕作法相似的生物修复过程，但它加入了土壤调理剂以提供微生物生长所需要的能量。这个过程对于去除高浓度不稳定固体的有机复合物是最有效的，加入的物质或调理剂可以是干草、树叶、木屑、麦秆、锯屑或肥料。加入土壤调理剂是为了提高土壤的渗透性，增加氧的传输量，以及为快速建立一个大的微生物种群提供能源，微生物既消耗土壤调理剂又消耗石油产品。通常的反应时间为1~4个月。与土壤耕作法相比土壤堆腐法可以加快生物修复反应速度，降低土壤污染生物修复处理的时间；同时具备操作简洁，易管理易修复的特点，在许多生物修复工程中得到了应用。

④ 生物反应器法(Bioreactor)或泥浆生物反应器法(Slurry Bioreactor)。在应用时，用水将污染的土壤调成泥浆，装入生物反应器中，控制一些重要的生物反应条件，提高处理效果。有时还可以利用上批处理下来的泥浆接种下一批新泥浆。泥浆生物反应器的典型流程是：土壤挖出后进行预筛，筛去大块部分，然后将土壤分散于水中形成泥浆，一般形成20%~50%(质量分数)的泥浆浓度，将该泥浆送入生物反应器，加入接种的微生物和营养物质，并在好氧条件下运转。当需要氧时，经过喷嘴导入氧气或空气，或通过加入H_2O_2产生氧气，达到处理目标后，将土壤排出进行脱水处理。该方法的一个主要特征是以水相为处理介质，污染物、微生物、溶解氧和营养物质的交融速度快，而且避免了复杂、不利的自然环境变化，可以人为地控制如pH值、温度、氧化还原电位、溶解氧的量、营养物质、矿化度等因素处于最佳状态，因此该方法是最灵活的处理方法，处理效果好、反应时间短，但需要固定的处理设施、工艺和操作比较复杂、运行成本高，不适于大量土壤污染的治理，而且要把有机物污染土壤分散形成泥浆还需要加温等一系列措施，同时在处理难以降解的物质时，还要防止其转入水相中而造成新的环境污染。

生物泥浆反应器的运行方式通常有两种：连续流搅拌反应器(Continuous Stirred Reactor，CSTR)和土壤泥浆序批反应器(Soil Slurry-Sequencing Batch Reactor，SS-SBR)。CSTR反应器，污染物在入口处被稀释，因此，对高污染物具有较好的缓冲能力，具有耐冲击负荷的能力。操作简单，只需要一个反应器就可以完成处理过程。SS-SBR反应器，采用进泥-反应-排泥的方式处理泥浆，经过反应后，部分处理后的泥浆可以从反应器中排出，替代同体积的未处理的泥浆完成一次循环。这种方式容许间歇进泥，在操作上比CSTR具有更大的灵活性，且调节每次循环进入反应器的泥浆量，可使污染物浓度和微生物处于最佳处理条件，由于每批处理的泥浆均可达标，因此，SS-SBR在危险废物处理中具有明显的优势。

4) 土壤污染生物修复手段的特点及存在的问题

（1）生物修复法的优势

① 成本要低于物理修复方法以及化学修复方法。

② 污染修复治理效果好，在生物修复的同时明显的改善了土壤环境，并使污染物的残留量降低到了一个非常低的水平。

③ 环境亲和力好，因为使用的是生物手段，所以并没有对环境的平衡稳态造成冲击，相对的反而明显改善了治理区域的环境。

④ 生物治理法不同于物理、化学方法，在治理过程中，其并不会对环境造成二次污染，也基本没有因操作问题而使污染问题更加严重的风险。

⑤ 生物修复方法可以在污染地区进行就地处理，大幅度降低工程量及成本，且具有操作简便，过程监测轻松的特点。

（2）生物修复法存在的问题

① 微生物修复法是应用最广的生物修复技术。但是微生物有时并不能完全降解所有土壤中的污染物质，特别是有些污染物质紧密的与泥土结合在一起，微生物很难接触并且通过生理活动对其进行降解。

② 生物修复方法在运用之前，必须对污染地区进行治理前勘测，这时会消耗不少成本而且结果出来后并不能保证选定的方法适用于该污染地区。

二、土壤污染修复技术筛选方法

进入 21 世纪以来，欧美各国的土壤修复技术方式多为物理、化学和生物修复以及各种修复方式的联合使用，并已经开始重点研究高效低耗的修复方法。我国的土壤修复方式主要采用固化稳定化、土壤气提、热脱附、淋洗等，并且致力于寻求更加快速、高效的修复方法。

1982~2005 年间，美国环保局统计的 977 项场地修复工程项目中，有 462 项修复项目使用原位修复技术，占总项目数的 48%，有 515 项修复项目使用异位修复技术，占 52%。在所有土壤修复技术中，采用原位土壤蒸汽气提技术的占 26%，采用异位固化稳定化技术的占 18%，采用挖掘后焚烧技术的占 11%。相比于异位修复技术，原位修复技术因其不需要建设昂贵的地面修复设施而更为经济，操作维护起来相对比较简单，并且原位修复技术不需对污染土壤进行远程运输，这样就减少了污染土壤转移带来的风险。可是原位修复的周期相对较长，修复效果很难达到理想状态；而异位修复的修复周期相对较短，修复效率普遍较高。

与欧美等发达国家相比，我国在污染场地修复技术与工程发展领域，特别是在设备开发和工程实施方面起步相对比较晚，近几年随着我国社会经济的发展，我国在污染场地修复技术方面的研究已经开展了大量工作，有了较大的进步。但与国外的修复技术发展水平相比，我国在具有自主知识产权的修复技术和修复设备的研发和应用方面还有很大差距，大多数研究还属于实验室阶段，在工程实际应用方面经验较少，已开展的修复项目和示范场地相对较少，大部分的修复工作主要是由国内外科研机构、环保公司等合作完成。从修复技术来看，我国目前主要以植物修复为主，已建立一些示范区和示范基地。此外，异位修复技术中的挖掘填埋也是我国应用较为成熟的修复技术之一，如对放射性污染物质和非放射性污染物质混合污染场地的修复。

污染场地土壤修复的关键就是在可行性研究阶段对污染场地土壤修复技术进行选择。首先是开展污染场地现场调查，确定污染物的种类、污染物浓度以及污染范围和程度，根据污染场地的再利用类型确立污染场地修复目标，最终筛选出合适的修复技术，进行技术可行性评估。在美国超级基金制度中，列出了土壤修复技术筛选的最终目标：筛选出对人体健康与环境没有威胁和破坏的修复技术，使待处理的污染物量减少到最低。在超级基金场地修复技术中有9项基本原则：短期效果，长期效果，对污染物毒性、迁移性和数量减少的程度，可操作性，成本，符合相关应用与其他要求，全面保护人体健康与环境，政府接受程度和公众接受程度。基于以上9项基本原则，目前已开发出利用计算机程序进行修复技术的筛选。

超级基金制度中，主要有两个步骤来进行污染场地修复技术的筛选：一是先确定可能的场地修复方案；二是经过可行性分析，从可能的修复方案中选择出最佳方案。图4-12就是在超级基金的制度下，一个场地修复技术的选择过程。在确定了最佳修复方案后还需对土壤固有特性与方案参数进行更加详细的研究与分析，在超级基金基本原则基础上，确定最佳的修复工艺与设备。如今，各国在进行土壤修复技术筛选的时候，考虑最多的是现实层面的因素，如用于场地修复经费的来源、场地修复后的土地利用方式等，这使得在进行土壤修复技术筛选时更加灵活。表4-8是几种常见的污染场地土壤修复技术对比分析。

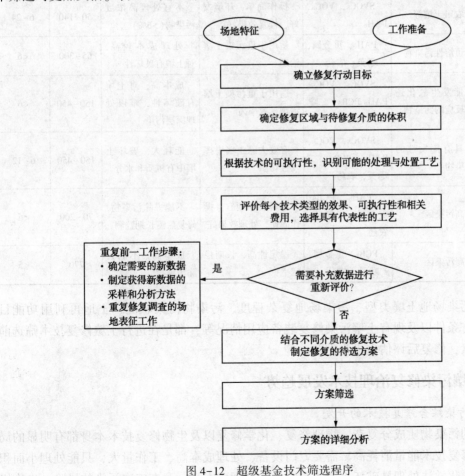

图4-12　超级基金技术筛选程序

表 4-8　常用污染修复技术对比分析

方法	适用范围	适用对象	优点	缺点	投资／ （美元/吨）	修复周期／ 月
挖掘填埋	高污染区	所有污染场地	对设备和操作要求较低	不能去除污染物	250	<3
客土法	大部分污染	所有污染场地	修复方法简单且速率快	不能去除污染物	20~50	<3
土壤气提	可溶性的污染物	SVOCs，VOCs，PAHs	针对挥发性有机物效果好，可与生物降解方法联合使用	要求污染土层渗透性强，地下水位影响修复	80~230	6~24
淋洗法	可溶性的污染物	PAHs，PCBs，重金属、二噁英	适于污染严重的土壤	土壤具有高渗透性，会带来二次污染，影响土壤肥力	55~165	<12
植物修复	矿区、农田土壤等	无机化合物，PAHs，PCBs，重金属，	费用低，易操作，二次风险低，易大范围应用，修复植物可资源化利用	修复速率慢，修复周期较长，难以处理深层污染	<20	>12
微生物修复	农田土壤等	SVOCs，VOCs，PAHs	操作简单，环境友好，修复效果好	不宜处理高浓度污染物（>5%）	50~140	6~24
化学萃取	可溶性污染物	PAHs，重金属，二噁英，农药	适用于重污染土壤治理	处理成本较高，对土壤有破坏性	65~300	<6
化学氧化还原	能发生氧化还原反应的污染物	SVOCs，VOCs，PAHs PCBs，二噁英，农药	适用于重污染土壤治理，效率高	成本高，对土壤有破坏性，难以处理深层污染	150~450	<6
热脱附	具有挥发性的污染物	SVOCs，VOCs，PAHs，PCBs，二噁英，农药	有效去除土壤中挥发性物质	能耗大，破坏土壤中有机质和水分	150~450	6~12
固化/稳定化	高污染区	PAHs，PCBs，重金属，二噁英，农药	物料价格便宜，操作简便，处理效果好	不能去除污染物，修复后需长期监测	70~200	<6
玻璃固化	高污染区	PCBs，重金属，二噁英，农药	稳定性高，长期稳定	成本高，不能去除污染物	770	<5

此外，污染场地土壤类型、污染场地复杂程度、污染物污染状况、土地再利用功能目标、经济允许条件以及现有土壤污染修复装备应用情况等，都是在进行土壤修复技术筛选前要考虑的因素，修复后评估也极为重要。

三、土壤污染修复治理技术发展趋势

1. 土壤污染综合修复技术的开发

土壤中的污染物质成分复杂，物理修复、化学修复以及生物修复技术本身都有明显的局限性。物理修复技术能量消耗高、需要专门设备、处理成本高、工作量大，只能处理小面积的污染土壤；化学法处理易破坏土壤团粒结构、处理成本高、存在二次污染的风险；生物修复存在过程缓慢、污染物降解的有些中间产物毒性甚至超过其自身，场地条件和环境因素对修复效率的影响大，修复效果不稳定。有机污染物的难降解性、不溶性以及与土壤腐殖质或泥土结合在一起，常常使某些修复方式不能进行，并且任何单一方法都不可能清除有机污染物的所有成分和将污染物完全分解。为克服单一方法的缺点，发挥不同修复技术的长处，研究开发土壤污染综合修复技术尤显重要。重点在不同生物技术的综合利用和开发物理、化学和生物联合修复工艺。

2. 完善土壤污染修复的工程设计

我国在技术集成装备和工程化应用方面的技术研发；在适合现场大规模操作、强化修复过程的同时又能降低成本的工程设计；针对污染场地原位的或异位的，物理的、化学的及其联合修复工程技术等方面的研究还比较缺乏；在开发具有自主知识产权的土壤-地下水一体化修复技术与设备，形成系统的场地土壤修复技术规范等方面还有待加强。

3. 土壤污染的应用性生物修复技术的研究与存在问题的有效解决

生物修复技术的研究，虽然取得一定进展，但还存在许多需深入研究的问题。例如：(1)根据污染地带污染物的成分，迅速确定最适宜于生物种群的使用方法；(2)从众多的微生物菌群中迅速筛选出最适宜生物种群的方法；(3)根据土壤污染的环境条件驯化降解菌并保证驯化菌种进入污染土壤能迅速适应土壤环境并维持长期的降解活性的措施；(4)引进微生物同土著微生物的竞争机制和引进微生物退化原因的研究；(5)筛选出超积累植物、耐受和高效降解污染物的植物；(6)植物与根际微生物共存体系的研究；(7)菌根根际微生物种群、密度、生理活性与稳定性研究；宿主植物-菌根根际微生物对污染物的协同作用机理的研究；(8)对污染条件下植物-微生物体联合修复过程、机制及控制因素的研究等仍将是今后土壤生态恢复的重要研究方向。

4. 修复土壤污染的新型功能材料的开发与利用

土壤中的污染物，其存在形式、迁移方式与潜在危害，受多种因素的影响。研究表明控制污染物的毒性，可以通过往土壤中添加少量的环境功能材料等方式实现：(1)生物表面活性剂。开发、利用生物表面活性剂在生物修复石油污染土壤中具有较大的应用前景。(2)环境友好型功能材料，如纳米材料、天然材料(腐植酸、木质素等)等名副其实的环境友好型功能材料，实现在土壤污染修复过程中的开发与利用。

5. 加大分子生态学技术在石油污染土壤修复中的应用

现代分子生物学技术的引入为土壤生物修复的基础创新和工程应用提供了有力工具。但分子生物学技术在土壤污染修复过程中的应用还处于摸索阶段，还应在以下方面加强研究：利用分子生物学技术优化生物修复过程中微生物群落结构；筛选高效降解菌株、协调微生物群落功能；揭示修复过程中微生物群落演变；投加菌株的定植情况；利用分子生物学技术解析特定环境中的微生物群落结构，给出微生物的遗传信息；通过基因工程的手段培育高效降解菌属，以加速污染物的转化；生物修复过程中的基因调控机制等。对土壤污染进行修复，使其在较短的时间内达到重复利用的标准，是土壤污染治理过程中亟待解决的问题。无论是从投资成本还是商业管理等多方面考虑，走一条比较适合我国国情的土壤污染治理途径显得非常迫切。因而，当前的土壤污染已不能用单一的方法去处理，需要各种技术之间的联合才能更成功、有效地处理我国的土壤污染，才能在治理污染的同时获得巨大的社会效益、经济效益和环境效益。

习题

1. 为什么土壤母质不能称为土壤?

2. 土壤中的空气组成具有哪些特点？

3. 简述土壤胶体的主要性质及对土壤质量的影响？

4. 土壤都有哪些缓冲作用？举例说明其作用原理？

5. 土壤酸化过程是如何形成的？

6. 土壤氧化还原作用有哪些特点？影响因素有哪些？

7. 简述土壤污染物的来源及种类。

8. 重金属在土壤固–液界面的化学行为有哪些？

9. 重金属在土壤中的主要迁移途径是什么？

10. 土壤中重金属的主要化学形态有哪些？其影响因素是什么？

11. 简述土壤石油污染修复技术的主要特点。

12. 简述农药在土壤中光化学降解的主要过程。

13. 农药在土壤中的迁移途径都有哪些？

14. 简述土壤对化学农药的吸附作用和影响因素。

参 考 文 献

[1] 朱鹤健，陈健飞，陈松林，等. 土壤地理学(第2版)[M]. 北京：高等教育出版社，2010.

[2] 陈怀满. 环境土壤学(第2版)[M]. 北京：科学出版社，2010.

[3] 马纳汉著. 环境化学(第9版)[M]. 孙红文主译. 北京：高等教育出版社，2013.

[4] 陈景文，全燮. 环境化学[M]. 大连：大连理工大学出版社，2013.

[5] 周际海，黄荣霞，樊后保，等. 污染土壤修复技术研究进展[J]. 水土保持研究，2016(03)：366~372.

[6] 林先贵. 土壤微生物研究原理与方法[M]. 北京：高等教育出版社，2010.

[7] 孔德洋，许静，韩志华，等. 七种农药在3种不同类型土壤中的吸附及淋溶特性[J]. 农药学学报，2012(05)：545~550.

[8] 祝威. 石油污染土壤和油泥生物处理技术[M]. 北京：中国石化出版社，2010.

[9] 中国科学院南京土壤研究所. 重金属污染土壤修复技术[C]. 长沙：重金属污染综合防治技术研讨会，2010.

[10] 王连生. 有机污染化学[M]. 北京：高等教育出版社，2004.

[11] 庄国泰. 我国土壤污染现状与防控策略[J]. 中国科学院院刊，2015(04)：477~483.

[12] 宋伟，陈百明，刘琳. 中国耕地土壤重金属污染概况[J]. 水土保持研究，2013(02)：293~298.

[13] 孙晓楠，等. 不同石油烃污染组分在土壤中的迁移研究(英文)[A]. 重庆：重庆市环境科学学会，2011.

第五章 环境生物化学

早在 40 年前，Alexander 等就曾提出人造的化学品或某些自然条件下产生的化学物质只能在适当的条件下才能被自然降解，这个观点逐渐被广泛接受。许多化学品已经超出了环境系统自然净化的能力，从而在环境中累积，造成污染。而自然界中的微生物能够针对变化的目标污染物，发掘出新的催化路径，以获得碳源、能源以及营养元素或只是为了解除污染物的毒性。然而，揭示污染物的降解过程非常困难，因为污染物的数量众多，在环境中多数浓度较低，而且微生物在对其降解和转化中产生许多未知的化学物质。我们通过对生物转化与生物降解机理进行解析，从各种生物酶的作用出发，不断揭示新的生物降解路径，分析物化条件与微生物自身的生理条件对生物转化降解能力的进化和影响，从而促进生物修复在实际中的应用。

第一节 污染物在生物体内的迁移

大气、水环境以及土壤环境中各种各样的污染物质，包括施入土壤中的农药等，可以通过表面附着、根部的吸收、叶片气孔的吸收，以及表皮的渗透等进入生产者有机体内，并通过食物链最终影响人体健康。

20 世纪 60 年代到 70 年代初期，环境生物学为了阐述农药、重金属等化学污染物在生物机体内的浓度高于周围环境中的浓度的现象，开始使用"生物放大"（biomagnification）、"生物积累"（bioaccumulation）、"生物富集"（又称"生物浓缩"）（bioconcentration）三个相关术语。此后，又设计了多种模式生态系统等实验系统，对化学污染物在生态系统中的迁移转化机制和规律开展研究，三个相关术语也随之得到日益广泛的应用。但是，人们对于这三个术语的概念和应用范围却始终存在不同的认识。

一、生物富集

生物富集（bioconcentration）作用又叫生物浓缩，是指生物体通过对环境中某些元素或难以分解的化合物的积累，使这些物质在生物体内的浓度超过环境中浓度的现象。

生物富集的程度可用生物浓缩系数（Bioconcentration factor，BCF）来表示。生物浓缩测定的主要依据是生物能直接吸收累积化学物质，这一过程是可逆的，也可以是不可逆的，或者可能受到化学物质在生物体内代谢的影响。尽管吸收累积受到多种因素的影响，但当化学物质的浓度保持一定时，就存在着理论上的一个平衡值，即进入机体内的化学物质等于它"损失"的量。事实上，一些化学物质被吸收后"损失"是相当缓慢的，而且净吸收率往往与生物生长速率相平衡，从而在一定时间内机体所含化学物质的量可以保持在一稳定的水平。在吸收达到平衡时，生物体内化学物质的浓度与其周围环境中该物质浓度之比定义为生物浓缩系数，即

$$BCF = \frac{c_b}{c_w}$$

式中 c_b——平衡状态时化学污染物质在生物体内的浓度，μg/kg；

c_w——平衡状态时化学污染物质在水中的浓度，μg/L。

BCF 是估算生物富集化学物质能力的一个量度，是描述化学物质在生物体内累积趋势的重要指标。污染物性质、生物特征（生物种类、大小、性别、器官、生物发育阶段）和环境条件（温度、盐度、水硬度、氧含量和光照情况）等都会影响 BCF 值大小。一般，降解性小、脂溶性高、水溶性低的物质，BCF 值就高；反之，则低。

二、生物积累

生物积累（bioaccmuulation）是指生物通过吸收、吸附、摄食等途径，从周围环境吸收并逐渐积蓄了某种元素或难降解的化学品，而且这种能力贯穿于整个生活周期，这些物质在生物体内的蓄积随该生物体的生长发育而不断增多，导致该化学品在机体内浓度超过周围环境的浓度的现象。

生物积累也可以用生物浓缩系数表示，生物放大和生物富集都属于生物积累。以水生生物为例，其对某化学污染物质的生物积累可用如下微分方程表示：

$$\frac{dc_i}{dt} = k_{a_i}c_w + a_{i,\,i-1}W_{i,\,i-1}c_{i-1} - (k_{e_i} + k_{g_i})c_i$$

式中 c_w——生物生存水环境中某化学物质的浓度，μg/L；

c_i，c_{i-1}——食物链 i 级和 $i-1$ 级生物中该物质浓度，μg/L；

$a_{i,i-1}$——i 级生物对 $i-1$ 级生物中该物质的同化率；

$W_{i,i-1}$——i 级生物对 $i-1$ 级生物的摄食率；

k_{a_i}，k_{e_i} 和 k_{g_i}——i 级生物对该化学物质的吸收速率常数，消除速率常数和生长速率常数。

三、生物放大

生物放大（biomagnification）是指在同一食物链上的高营养级生物，通过吞食低营养级生物蓄积某种元素或难降解物质，使其在机体内的浓度随营养级数提高而增大的现象。

生物放大的程度也用生物浓缩系数表示。生物放大的结果，可使食物链上高营养级生物体内这种元素或物质的浓度超过周围环境中的浓度。如美国图尔湖和格拉斯南部自然保护区水鸟体内的 DDT 浓度比其生活水环境中的浓度高出约 100000~120000 倍。但生物放大并不是在所有条件下都能发生。据文献报道，有些物质只能沿食物链传递，不能沿食物链放大；有些物质既不能沿食物链传递也不能沿食物链放大。生物富集与生物放大示意图如图 5-1 所示。

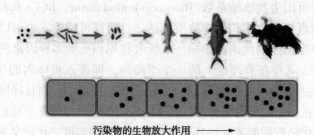

污染物的生物放大作用 ⟶

图 5-1 生物富集与生物放大示意图

生物放大一词是专指具有食物链关系的生物说的，如果生物之间不存在食物链关系，则

208

用生物富集或生物积累来解释。生物放大则将生物富集作用与生物积累区分开来。

显而易见，这三个术语都用于阐明和评价化学污染物进入生态系统的迁移、转化、富集和归宿状况，但其含义却有明显的区别。生物放大是同一食物链上不同营养级生物体内某种污染物的浓度之比；生物积累是同一生物个体在不同代谢活跃阶段内某种污染物的浓度之比；生物浓缩或生物富集是生物机体内某种污染物浓度与周围环境中的浓度之比。三个术语可以说是从不同层次、不同角度上分别阐明了生物体内化学污染物的浓度同其生存环境中该化学污染物浓度的比值关系，有特定的语义范围，在整个概念体系中也各具特定的含义，具有单义性。

第二节　污染物在生物体内的转运

在一般情况下，化学污染物经由受污染的大气、水体或土壤迁移进入生物圈。此后即开始在生物圈内的迁移转化过程。污染物在生物体内可能逐渐发生积累、浓缩作用，并在生态系统的食物链传递过程中发生生物放大作用。主要的生物转化过程有生物氧化还原、生物甲基化及生物降解等。

污染物在生物机体内的运动过程包括吸收、分布、排泄和生物转化。前三者统称转运，而排泄和生物转化又称为消除。下面以人体为例，介绍污染物在生物体内的转运过程。

一、吸收

吸收是污染物从机体外通过各种途径穿透体膜进入血液的过程。吸收途径主要是机体的消化管、呼吸道和皮肤。消化道是吸收污染物最主要的途径，从口腔摄入的食物和饮水中的污染物，主要通过被动扩散被消化道吸收，主动转运较少。消化道的主要吸收部位在小肠，其次是胃。进入小肠内的污染物大多以被动扩散通过肠黏膜再转入血液，因此污染物的脂溶性越强，在小肠内的浓度越高，被小肠吸收也越快。此外血液流速也是影响机体对污染物吸收的因素之一，血液流速越快，则膜两侧污染物的浓度梯度越大，机体对污染物的吸收速率也越大。

脂溶性污染物经膜穿透性好，因此它被小肠吸收的速率受到血流速度的限制。相反一些极性污染物质，因其脂溶性小，在被小肠吸收时经膜扩散成了限速因素，而对血流影响不敏感。由于小肠液的酸性明显低于胃液，有机弱碱在小肠和胃分别以未离子化和离子化占优势，因此有机碱在小肠中比在胃中吸收快；反之，有机弱酸在小肠中主要呈离解型，不利于吸收，但由于小肠总面积和血流速度比胃大得多，所以小肠对有机弱酸的吸收还是比胃快。

呼吸道是吸收大气污染物的主要途径。其主要吸收部位是肺泡，肺泡的膜很薄，数量众多，四周布满壁膜极薄、结构疏松的毛细血管。因此吸收的气态和液态气溶胶污染物质，能够以被动扩散和滤过方式迅速通过肺泡和毛细血管进入血液。固态气溶胶和粉尘污染物质吸进呼吸道后，可在气管、支气管及肺泡表面沉积。达到肺泡的固态颗粒很小，粒径小于5μm。其中，易溶微粒在溶于肺泡表面体液后，按上述程序被吸收，而难溶微粒往往在吞噬作用下被吸收。

皮肤吸收是不少污染物质进入机体的途径。皮肤接触的污染物质常以被动扩散相继通过皮肤的表皮及真皮，再滤过真皮中毛细血管壁膜进入血液。一般相对分子质量小于300，处于液态或溶解态、呈非极性的脂溶性污染物质，最容易被皮肤吸收，例如酚、尼古丁、马钱子散等。

二、分布

分布是指污染物质被吸收后或其代谢转化物质形成后，由血液转送至机体各组织，与组织成分结合，并从组织返回溶液及其往复进行的过程。在污染物质的分布过程中，污染物质的转运以被动扩散为主。脂溶性污染物质易于通过生物膜，经膜通透性对其分布影响不大，组织血流速度是分布的限速因素。因此他们在血流丰富的组织(如肾、肝、肺)的分布，远比血流少的组织(如皮肤、肌肉、脂肪)中迅速。

与一般器官组织的多孔性毛细血管壁不同，中枢神经系统的毛细血管壁内皮细胞相互紧密相连，几乎无间隙。当血液内污染物质进入脑部时，必须穿过毛细血管壁内皮细胞的血脑屏障，此时污染物质的经膜通透性成为其转运的限速因素。高脂溶性低解离度的污染物质(如甲基汞等化合物)经膜通透性好，容易通过血脑屏障，由血液进入脑部。非脂溶性污染物质很难进入脑部，如无机汞化合物。污染物质由母体转运到胎儿体内，必须经过由数层生物膜组成的胎盘，称为胎盘屏障，也同样受到经膜通透性的控制。

污染物质常与血液中的血浆蛋白质结合，这种结合呈可逆性，结合与解离处于动态平衡。只有未与蛋白结合的污染物质才能在体内组织进行分布。因此与蛋白结合率高的污染物质，在低浓度下几乎全部与蛋白结合，存留在血浆内；当其浓度达到一定的水平时，未被结合的污染物质剧增，快速向机体组织转运，组织中该污染物质的分布显著增加。而与蛋白结合率低的污染物质，随其浓度的增加，血液中未被蛋白结合的污染物质浓度也逐渐增加，故对污染物质在体内分布的影响不大。由于亲和力的不同，污染物质与血浆蛋白的结合受到其他污染物质及机体内源性代谢物质的置换竞争影响，该影响显著时，会使污染物质在机体内的分布有较大的改变。

有些污染物质可与血液的红细胞或血管外组织蛋白相结合，也会明显影响它们在机体内的分布。如肝、肾细胞内有一类含巯基氨基酸的蛋白，易与锌、镉、汞、铅等重金属结合成复合物，称为金属硫蛋白。因此在肝、肾中这些污染物质的浓度，可以远远超出其血液浓度的数百倍。在肝细胞内还有一种 Y 蛋白，易与很多有机阴离子结合，这对于有机阴离子转运进入肝细胞起着重要的作用。

三、排泄

排泄是污染物质及其代谢产物向机体外的运转过程。排泄器官有肾、肝胆、肠、肺、外分泌腺等，而以肾和肝胆为主。

肾排泄是污染物质通过肾随尿排出的过程。一般来说，肾排泄是污染物质的一个主要的排泄途径。肾小球毛细血管壁有许多较大的膜孔，大部分污染物质都能从肾小球滤过；但是相对分子质量过大的或与血浆蛋白结合的污染物质不能滤过，仍留在血液中。肾的近曲小管具有有机酸及有机碱的主动转运系统，能分别分泌有机酸(如羧酸、碳酸、尿酸、磺酰胺)和有机碱(如胺、季胺)。通过这两种转运，使污染物质进入肾管腔，从尿道排出。与之相反，肾的远曲小管滤过肾小球溶液中的污染物质，可以被动扩散进行重吸收，使之在不同程度上又返回血液。肾小管膜的类脂特性与机体的其他部位的生物膜相同，因此脂溶性污染物质容易被重吸收。另外肾小管液的 pH 值对重吸收也有影响：肾小管液呈酸性时，有机弱酸离解少易被重吸收；而有机弱碱解离多难被重吸收；肾小管液呈碱性时，正好相反。总之，

210

肾排泄污染物质的效率是肾小球滤过、近曲小管主动分泌和远曲小管被动重吸收的综合结果。

污染物质的另一个重要排泄途径，是肝胆系统的胆汁排泄。胆汁排泄是指主要内消化管及其他途径吸收的污染物质，经血液到达肝脏后，以原物或其代谢物与胆汁一起分泌到十二指肠，经小肠至大肠内，再排出体外的过程。污染物质在肝脏的分泌主要是主动转运，被动扩散较少，其中少数是原形物质，多数是其在肝脏经代谢转化而形成的产物。所以胆汁排泄是原型污染物质排出体外的次要途径，但为污染物质代谢物的主要排泄途径。一般相对分子质量在 300 以上、分子中具有强极性基团的化合物，即水溶性大、脂溶性小的化合物，胆汁排泄良好。值得注意的是，有些物质由胆汁排泄，在肠道运行中又重新被吸收，该现象称为肠肝循环，这些物质呈高脂溶性，包括胆汁中的原型污染物或污染物代谢结合物在肠道经代谢转化而复得的原型污染物。能进行肠肝循环的污染物质通常在体内停留时间较长，如高脂溶性甲基汞化合物主要通过胆汁从肠道排出，由于肠肝循环，使其生物半衰期平均达 70 天，排除周期甚长。

四、蓄积

机体长期接触某污染物质，若吸收的量超过排泄及其代谢转化的量，则会出现该污染物质在体内逐渐增加的现象，称为生物蓄积。蓄积量是吸收、分布、代谢转化和排泄量的代数和。蓄积时，污染物质的体内分布，通常主要集中在机体的某些部位。

机体的主要蓄积部位是血浆蛋白、脂肪组织和骨骼。污染物质常与血浆蛋白结合而积蓄。许多有机污染物及其代谢脂溶性产物，通过分配作用，溶解集中于脂肪组织中，如苯、多氯联苯等。氟、钡、锶、铍及镭等金属，经离子交换吸附，进入骨骼组织的无机羟基磷灰盐中而蓄积。

某一污染物在机体或机体某个部位的蓄积能力可用生物半衰期值大小来衡量。一定量的污染物一次性进入机体后，由于生物代谢和排泄等作用，引起污染物在生物体内的贮留量减半所需的时间就称生物的半衰期，符号 $t_{1/2}$。例如镉在人体的肾部位和全身的 $t_{1/2}$ 分别为 18 年和 13 年。如果认为污染物在机体内的衰减过程是一级反应，则其在机体内或体内某部位的浓度随时间而变化的关系符合下式：

$$-\frac{dc}{dt} = kc$$

式中 k 为衰减常数，c 为污染物的浓度。根据上式和 $t_{1/2}$ 的定义，可推导得

$$t_{1/2} = \frac{0.693}{k}$$

有些污染物的蓄积部位与毒性作用部位相同。如农药百草枯在肺部，一氧化碳在红细胞血红蛋白中的集中就是这样。有些污染物的蓄积部位与毒性作用部位不一致，如 DDT 在脂肪组织中蓄积，而毒性作用部位却是神经系统及其他脏器；铅集中于骨骼，而毒性作用部位在造血系统、神经系统和胃肠道等。

蓄积部位中的污染物质，常同血浆中游离型污染物质保持相对稳定的平衡。当污染物质从体内排出或机体不与之接触时，血浆中污染物质即减少，蓄积部位就会释放该物质以维持平衡。因此，在污染物质蓄积和毒性作用部位不一致时，首积部位可成为污染物内在的第二接触源，有可能引起机体慢性中毒。

第三节　生物膜基本理论

微生物是自然界产生地球化学变化的主要因素之一。微生物的个体小，分布普遍，表面面积大，代谢活动速率极高，并且具有灵敏的生理反应性，遗传的易适应性，潜在的快速生长速率，以及专属的酶和营养物的多样性，使微生物成为生物圈循环的动力因子。微生物的生长和生存是地球上元素进行生物地球化学循环的动力之一，它提供了基本的营养物质，维持着生物圈的其他寄居者生存所需的条件。在土壤、沉积物、海洋、河流、湖泊、地下水中微生物进行的活动对环境质量、农业和全球气候变化有重要的影响。

自然界中普遍存在的生物转化带动了元素的全球循环，图 5-2 给出了由微生物催化的碳、氧、硫、氮的生物循环。由于微生物的繁殖速度和多样性进化比一般的生物要快得多，细胞在不断地分裂过程中需要不断地从环境中摄取食物和能源进行代谢，保证了微生物可以利用其生存环境中的多种污染物质的可能。明尼苏达大学的生物催化-生物降解数据库（UM-BBD）的微生物索引列举了每种微生物能够降解的污染物种类等相关信息。

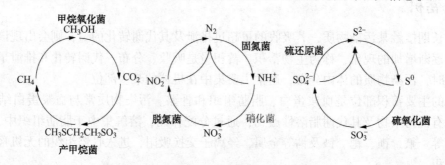

图 5-2　微生物转化促使元素的全球循环

污染物质进行生物转化的每一个过程，都与透过生物膜有关，可以说生物转化就是污染物质反复多次透过生物膜的过程。进入体内的各种化学物质所表现的毒性作用，与体内各组织的细胞膜对污染物的通遗性有关。为此，必须先了解一下生物膜的结构与污染物通过生物膜的方式。

一、生物膜的组成、结构、功能及性质

生物膜是细胞膜和细胞内膜的统称。其中细胞膜是围绕在细胞最外层的一层极薄的膜。细胞内膜则是细胞内构成各种细胞器的膜。生物膜均由脂类、蛋白质和糖类组成。生物膜中的脂类统称为膜脂，膜脂是生物膜的基本组成部分。在生命体中膜脂分子呈连续的双层排列结构形成了生物膜的基本骨架。膜蛋白是生物膜行使其功能的重要组分，生物膜几乎所有的功能基本上都是由生物膜上的蛋白所参与完成的。生物膜上的糖通常以寡糖链的形式存在，与膜蛋白或者是膜脂分子共价结合形成糖蛋白或糖脂来作为表面抗体或受体。生物膜结构示意图如图 5-3 所示。

对于生物膜结构的研究从 19 世纪就已经开始，科学家们先后提出了众多细胞膜结构模型。1925 年 E. Gorter 和 F. Grendel 提出双层脂叶片模型，首次提出生物膜的脂双分子层结构；1935 年 H. Davson 和 J. Danielli 提出生物膜的蛋白质-磷脂-蛋白质"三明治"结构来解释生物膜选择特性；1959 年 J. D. Robertson 提出"单位膜"概念来解释细胞膜的电镜结构。但是

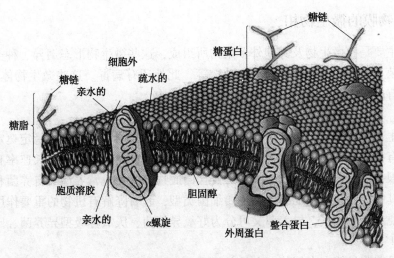

图 5-3　生物膜结构示意图

这些结构模型均有明显的不足，经过不懈的研究，1972 年 S. Singer 和 G. Nicolson 提出了"流体镶嵌模型"（图 5-4）这一里程碑式的概念，它强调了生物膜的动力学结构和脂、蛋白的相互作用。直到现在这种模型仍被广泛的认可与使用。

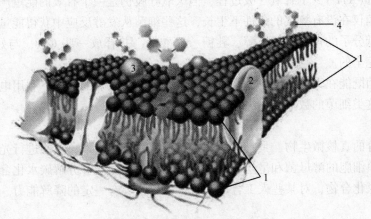

图 5-4　生物膜的流体镶嵌模型
1—磷脂双分子层；2—蛋白质分子；3—糖蛋白；4—糖脂（类）

　　正是由于膜脂、糖蛋白以及糖类的排列组合使得生物膜表现出诸多特性，其最基本的特性是生物膜的流动性。生物膜的流动性主要是由于磷脂和蛋白质的流动而产生的。膜脂的流动性是由于膜脂分子的侧向运动所引起的，因为磷脂分子本身会不停的快速旋转，同时同一层内的磷脂分子还会不断的交换位置。其次磷脂分子还会进行翻转，从磷脂双分子层的一层翻转到另一层。膜脂的流动性主要是由膜脂分子本身决定，膜脂分子脂肪酸链不饱和性越大，膜脂流动性越强。对于膜蛋白来说，由于膜蛋白的相对分子质量大，使得膜蛋白无法像膜脂那样流动。生物膜上的膜蛋白会采取随机运动、定向运动和局部运动三种方式引起生物膜的流动。生物膜的流动有极其重要的意义，物质的运输、酶的活性、信息传递以及激素作用都是以生物膜的流动性为前提。由于组成生物膜的脂、蛋白质及糖类分布的不均匀导致了生物膜的不对称性。这种生物膜的不对称性保证了信号传递、物质运输、酶促反应的方向性。

二、生物膜的微生物相

生物膜主要是由微生物及其胞外多聚物所组成，这些微生物形态迥异、种类繁多，主要有细菌、真菌、藻类、原生动物和后生动物等，此外还有病毒。这些微生物体的细胞结构，有的简单，有的较复杂，而病毒是非细胞的组织结构。

1. 细菌

细菌是生物膜的主体，其产生的胞外多聚物为生物膜结构的形成及稳定奠定了基础。生物处理中，有机物的降解作用主要由细菌组成。细菌的种类取决于其生长速率和微生物膜所处的环境。根据所需营养的不同，细菌可按代谢底物分为无机营养型的自养菌和有机营养型的异养菌，其中异养菌是生物膜中的主要细菌类型，起着降解有机物的重要作用。按照呼吸作用是否需要和有无氧气，异养菌又可分为好氧异养菌、厌氧呼吸型异养菌、厌氧异养菌和兼性厌氧菌4类。

好氧型异养菌只能在有氧气存在的条件下生长，它们在呼吸过程中分解复杂的有机分子并从中获得能量，并将电子通过一系列电子受体最终传给氧气而形成水。

厌氧呼吸型异养菌是在厌氧条件下用氧以外的物质作为电子受体，如硝酸盐等，电子通过电子传递系统转移给硝酸盐并使硝酸盐还原成氮气。尽管每克葡萄糖在厌氧呼吸过程中产生的三磷酸腺苷（ATP）少于有氧呼吸过程，但厌氧呼吸仍是一个有效的能量产生过程。

厌氧异养菌仅在没有氧气的条件下生长，这些细菌从发酵反应中获得能量，使有机化合物部分分解成低分子的化合物如乙醇、乳糖、乙酸等，并释放一些 CO_2，与好氧呼吸相比，发酵反应是不完全的。

兼性厌氧菌既能在无氧条件下进行发酵反应，也能在有氧的条件下利用电子传递链将电子传递给氧，这类细菌的数量也相当大。

2. 真菌

真菌是低等的真核微生物，具有明显的细胞核，没有叶绿素，不能进行光合作用，腐生或寄生，包括单细胞的酵母菌和呈丝状的多细胞霉菌。真菌能够分解碳水化合物、脂肪、蛋白质及其他含氮化合物，对某些人工合成的有机物如腈等有一定的降解能力。

3. 藻类

藻类是一种低等植物，一般能进行光能无机营养。由于藻类中含有叶绿素，故藻类能够进行光合作用，亦即将光能转化成化学能。一些藻类如海藻是肉眼可见的，但绝大多数却只有在显微镜下才能观察到，有的只是单细胞，而有的则是多细胞结构。尽管藻类不是生物膜主要的微生物类群，但藻类却可以作为水生环境中的生产者，是受阳光照射下水体中的生物膜微生物的主要构成部分。

4. 原生动物

原生动物属真核生物，单细胞结构，个体都很小，长度一般为 $100 \sim 300 \mu m$。原生动物具有高度分化的细胞器，能和多细胞动物一样行使营养、呼吸、生殖、排泄等功能。在成熟的生物膜内，原生动物不断捕食组成生物膜的细菌，保持生物膜细菌处于高活性。原生动物主要以两种形式捕食细菌：一是以胞饮方式摄取有机物质，细胞壁凹入摄取外部环境中大分子并加紧形成其体内液泡；二是以噬菌的方式吞噬细菌、藻类和其他粒子并消化作为它们的营养物质。通过在生物膜内的运动产生紊动，浮游的原生动物可以加强生物膜内部的传质情况，减低厌氧层的厚度。从微观角度上讲，浮游的原生动物甚至通过在生物膜内运动产生紊动而影响到生物膜深处的传质情况。原生动物主要包括鞭毛类、肉足类和纤毛类。

5. 后生动物

后生动物是由多个细胞组成的多细胞动物，属无脊椎动物。生物膜中经常出现的有轮虫类、线虫类、寡毛类、昆虫及其幼虫类等。

三、物质通过生物膜方式

细胞膜是一种高选择透过性的薄膜，它是细胞与外环境之间的有效屏障。细胞膜通过选择和调节物质进出细胞，保证了细胞可以将营养物质吸收并将代谢废物排出并能调节细胞内外的离子浓度从而为细胞提供一个较为稳定的内环境。由以上原因可以得到物质的跨膜运输，它对细胞生存、生长、分裂以及分化起着十分重要的作用。物质的跨膜运输方式主要有三种形式：被动运输、主动运输和膜泡运输。

被动运输是指物质通过简单扩散或者是协助扩散来完成进出细胞膜的过程，这种过程是由于细胞膜两侧的浓度梯度或电化学势梯度所引起的，因此物质在跨膜过程中不需要提供额外的能量。简单扩散一般指不带电的极性分子和疏水小分子的跨膜运输，在跨膜运输的过程中不需要能量和膜蛋白的协助（自由扩散）。如 O_2、N_2、甘油、乙醇和苯等均以被动运输的形式进出细胞。协助扩散则是极性分子和无机离子在细胞膜两侧通过膜蛋白的介导，顺着浓度梯度或者电化学势能减小的方向完成跨膜运输过程。大部分的离子、H_2O 分子均是通过协助扩散进入细胞的。这个过程依旧不需要多余的能量，只是需要特异性蛋白协助物质顺利穿过细胞膜。通常把参与这一过程的蛋白称作通道蛋白和载体蛋白。通道蛋白有很强的特异性，通常一种通道蛋白形成的通道只能允许一种或是一类物质通过。对于载体蛋白它可以与特定的溶质分子结合，结合后它们会作为一个整体改变膜蛋白的构象从而使物质能顺利的通过细胞膜。图 5-5 为被动运输示意图。

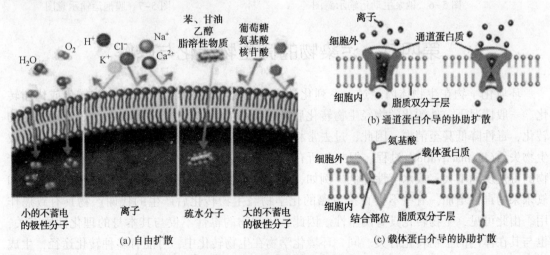

图 5-5　被动运输示意图

被动运输是顺着浓度梯度或电化学势梯度运输的，主动运输恰恰与其相反，它是逆着浓度梯度来传递物质的。因此很明显这一过程需要提供能量保证物质能够"逆流而上"（图 5-6）。通过能量的来源可以将主动运输分为三大类：由 ATP 直接提供能量、由 ATP 间接提供能量和光能驱动。由 ATP 直接提供能量的主动运输也称作 ATP 驱动泵。这类泵实际上是载体蛋白，它通过水解 ATP 产生的能量主动运输 H⁺、Na⁺、K⁺、Ca²⁺等，根据运输的不同物质可将其命名为质子泵、钠钾泵、钙泵等。这些泵可以有效调节细胞内外离子浓度，维持离子梯度、膜电位、信号传递和细胞的兴奋，因此具有极其重要的生理意义。ATP 间接提供能量的系统转运是由泵和载体蛋白共同作用的。物质跨膜运输的直接动力是细胞膜两侧的浓度梯度，而维持这一梯度是由泵消耗 ATP 实现的。肾脏和小肠吸收葡萄糖、生物体调节 pH 都属于这一范畴。

在生物体内产生的大量蛋白质、多糖等大分子和颗粒物质需要送抵至细胞外和各个细胞器内。但无论是被动运输还是主动运输都只能运输离子和小分子物质，对于像蛋白质这样的大分子则无能为力。这些大分子与颗粒物质出入细胞是通过胞吞胞吐作用来实现的。这个过程涉及囊泡的形成，因此又称膜泡运输。细胞膜通过出芽的形式包裹大分子颗粒物形成包裹物质的小囊泡，或是细胞膜通过凹陷包裹大分子形成小囊泡，通过转运到达需要输送的细胞器，之后小囊泡会与细胞膜融合将物质释放从而完成膜泡运输过程（图 5-7）。内吞作用有两种，分别是批量内吞和受体介导的内吞。批量内吞无特异性，受体介导的内吞有选择性，可以吞入大约 50 种蛋白质，这种过程可以快速传递物质。

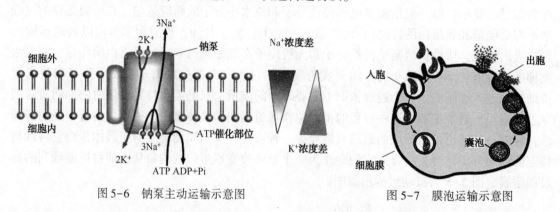

图 5-6　钠泵主动运输示意图　　　　　图 5-7　膜泡运输示意图

第四节　污染物的微生物转化与降解

环境化学物在生物体内经过一系列化学或生物化学的变化过程称为生物转化或代谢转化。一般情况下，外源化学物经生物转化后极性及水溶性增强，容易排出体外，或通过生物转化，毒性降低甚至消失。因此，过去常将生物转化过程称为生物解毒（biodetoxification）或生物失活（bioinactivation）过程。但并非所有的外源化学物都如此，有些外源化学物的代谢产物的毒性反而增大，或水溶性降低。例如，农药对硫磷和乐果等生物转化后形成的对氧磷和氧乐果的毒性增加，有些不会直接致癌的化学物经生物转化后产生的代谢产物具有致癌作用。由此可见，生物转化具有两重性。因此，化学物的毒性不仅与其本身的理化性质有关，也与其在体内的生物转化有关。同一环境化学物在生物转化中，可能有多种转化途径，生成多种代谢产物，具有生物转化的复杂性和多样性，同一环境化学物的生物转化过程常常是多个反应连续进行，具有生物转化的连续性。

进入机体内的有毒有机活性物质，一般在细胞或体液内进行酶促转化生成代谢产物，但其在机体内的转化部位不同。在人及动物中的主要转化部位是肝脏，很多有机污染物是肝细胞中一组专一性较低酶的底物。此外，肾、肺、肠黏膜、血浆、神经组织、皮肤、胎盘等也含有相当量的酶，对有机污染物也具有不同程度的转化功能。有机污染物的生物转化途径多种多样，但其反应类型主要是氧化、还原、水解和结合反应四种。通过前三种反应将活泼的极性基团引入亲脂的有机污染物分子内，从而生成含有—OH、—NH$_2$、—SH、—COOH等基团的代谢物，使之不仅具有比原污染物更高的水溶性和极性，而且还能与机体内某些内源性物质进行结合反应，形成水活性更高的结合物，为进一步反应做准备。因此，把氧化、还原和水解反应称为有机污染物生物转化的第一阶段反应（I相反应），而将第一阶段反应产物或具有适宜功能基团的原污染物所进行的结合反应称为第二阶段反应（Ⅱ相反应），是污染物的去毒化过程。生物转化过程如图5-8所示。

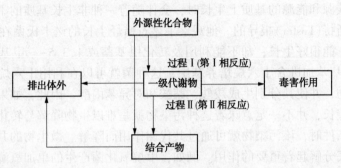

图5-8　生物转化过程示意图

一、微生物对物质降解与转化的特点

由于微生物群体的众多优点，如种类繁多、生长条件简单、酶系丰富等，因而成为生物转化体系中最常使用的反应载体。微生物转化主要有以下特点：

1. 微生物个体微小，比表面积大，代谢速率快

微生物个体微小，以细菌为例，3000个杆状细菌头尾衔接的全长仅为一粒籼米的长度，而60~80个杆菌"肩并肩"排列的总宽度，只相当于一根人头发的直径，$2×10^{12}$细菌平均重仅1g。物体的体积越小，其比表面积（单位体积的表面积）就越大。显然，微生物的比表面积比其他任何生物都大。如此巨大的表面积与环境接触，成为巨大的营养物质吸收面、代谢废物排泄面和环境信息接受面，故而使微生物具有惊人的代谢活性。

2. 微生物种类繁多、分布广泛、代谢类型多样

微生物的营养类型、理化性状和生态习性多种多样，凡有生物的各种环境，乃至其他生物无法生存的极端环境中，都有微生物存在，它们的代谢活动，对环境中形形色色的物质的降解转化，起着至关重要的作用。

3. 微生物具有多种降解酶

微生物能合成各种降解酶，酶具有专一性，又有诱导性。微生物可灵活地改变其代谢与调控途径，同时产生不同类型的酶，以适应不同的环境，将环境中的污染物降解转化。

4. 微生物繁殖快、易变异、适应性强

巨大的比表面积，使微生物对生存条件的变化具有极强的敏感性，又由于微生物繁殖快、数量多，在短时间内会产生大量变异的后代。对进入环境的"新"污染物，微生物可通过基因突变，改变原来的代谢类型而适应，并对其进行降解。

5. 微生物具有巨大的降解能力

微生物体内还有另一种物质——质粒（plasmid）。质粒是菌体内一种环状的分子，是染

217

色体以外的遗传物质。在一般情况下，质粒的有无，对宿主细胞的生死存亡和生长繁殖并无影响。但在有污染物质的情况下，质粒能使宿主细胞抵抗多种抗生素和有毒化学品，如农药和重金属等，因而具有极其重要的意义。现代微生物学研究发现，许多有毒化合物，尤其是复杂芳烃类化合物的生物降解，往往有降解性质粒参与。将各种供体细胞的不同降解性质粒转移到同一个受体细胞中，可构建多质粒菌株，同时处理含多种成分的废水，这在复杂废水的降解过程中尤其重要。

6. 共代谢（co-metabolism）作用

微生物共代谢是指在只有初级能源物质存在时才能进行的有机化合物的生物降解过程。微生物在可用作碳源和能源的基质上生长时，会伴随着一种非生长基质的不完全转化，这种现象最早是由福斯特（Foster）报导的。他观察了靠石蜡烃生长的诺卡氏菌在以十六烷作为唯一碳源和能源时，能很好生长，却不能利用及转化甲基萘或 1,3,5-三甲基苯，但当把甲基萘或 1,3,5-三甲基苯加进含十六烷培养基中，这种菌就可以在利用十六烷的同时，氧化这两种芳香族化合物，并使其分别生成羧酸、萘酸和对异苯丙酸。因此，如果微生物不能依靠某种有机污染物生长，并不一定意味着这种污染物就是难以生物降解与转化的。因为在有合适的底物和环境条件时，该污染物就可通过共代谢作用而降解。微生物的共代谢作用对于难降解污染物的彻底分解起着重要的作用。例如，甲烷氧化菌产生的单加氧酶是一种非特异性酶，可以通过共代谢降解多种污染物，包括对人体健康有严重威胁的三氯乙烯（TCE）和多氯联苯等（PCBs）。

二、影响微生物对物质降解转化作用的因素

1. 微生物的代谢活性

微生物本身的代谢活性是其对物质降解与转化的最主要因素，包括生物的种类和生长状况等方面。微生物在生长速度最快的对数期，代谢最旺盛，活性最强，在此时期添加有毒金属，微生物受抑制的时间比在迟缓期添加要短得多。有机污染物的生物降解速率是衡量有机污染物生物降解的一个重要参数，也是衡量有机污染物生物降解快慢的一个重要依据。

图 5-9　微生物活性与有机物
降解速率的关系

以污染物为唯一碳源或主要碳源作降解试验，以时间为横坐标，微生物量和污染物量为纵坐标作图，可得两条基本对应的双曲线见图 5-9，显示微生物经迟缓期进入对数生长期，污染物相应由迟缓期进入迅速降解期。同样的道理，在微生物稀少的自然环境中可存留几天或几周的有机物，在微生物众多的环境中几个小时就会被降解。微生物的种类组成可以决定化合物降解的方向和程度。另一方面，微生物的种类组成又与环境中化学物质有关，主要是因为环境中存在能被该种微生物代谢的化学物质。微生物的种类组成除与底物有关外，也随温度、湿度、酸碱度、氧气和营养供应以及种间竞争等的改变而改变。

2. 微生物的适应性

微生物具有较强的适应和被驯化的能力，通过适应过程，能诱导野生微生物合成必需的

降解酶，对难以降解的新合成化合物进行降解转化，或由微生物的自发突变而建立新的酶系，或虽不改变基因型但显著改变其表现型，进行自我代谢调节，来降解转化污染物。因此，对污染物的降解转化，微生物的适应性是另一个重要因子。

驯化（domestication）是一种定向选育微生物的方法与过程，它通过人工措施使微生物逐步适应某特定条件，最后获得具有较高耐受力和代谢活性的菌株。在环境生物学中常通过驯化获取对污染物具有较高降解效能的菌株，用于废水、废物的净化处理等有关科学实验中。

驯化方法有多种，最常用的途径是以目标化合物为唯一的或主要的碳源培养微生物，在逐步提高该化合物浓度的条件下，经多代传种而获得高效降解菌。如果仍不成功，可在驯化初期配加若干营养基质作为易降解类似目标物，而后逐步剔除，直到仅剩目标化合物。因此经过驯化敏感菌株可变为抗性菌株。例如，某些对汞敏感的微生物菌株经驯化，可耐受相当高浓度的汞。经特定有机化合物驯化的活性污泥（由多种微生物生长繁殖所形成的表面积很大的菌胶团），可共代谢多种结构近似的化合物。例如用苯胺驯化的活性污泥，除可降解各种取代基的苯胺外，还可降解苯、酚及多种含氮有机物。

以不同目标化合物为生长基质的各个菌株，在长期共同培养过程中，遗传信息发生交换，同时发生一个或多个突变事件，从而逐步产生新的代谢活性，最终可获得兼具各原有菌株降解转化能力的新菌株。

3. 化合物结构

所有化合物质，可根据微生物对它们的降解性分为：（1）易生物降解（readily biodegradable），是指有机污染物能在比较短时间内达到较高的生物降解；（2）可生物降解（partially biodegradable），是指有机污染物能被微生物降解到一定的程度，但是所需的时间较长；（3）难生物降解（poorly biodegradable）是指有机污染物不能被微生物降解，或者降解时间较长，甚至对所降解的微生物有抑制作用。

实际上，同一化合物在不同种属微生物作用下其降解情况会有所不同。有机化合物降解曲线见图5-10。

第一类化合物包括一些简单的糖、氨基酸、脂肪酸和涉及典型代谢途经的化合物。

第二类化合物降解需要一段驯化时间，在此期间很少或根本不发生降解作用。滞后期通常由下列过程引起：

（1）在滞后期间，混合菌体中能够以化合物为基质的微生物菌种逐渐增长并富集。滞后期的长短取决于上述菌种的生长指数。

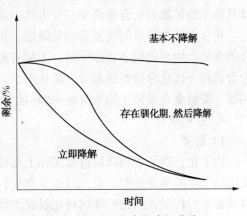

图5-10　有机化合物降解曲线

（2）诱导降解该化合物的酶，形成完整健全的降解酶体系。一旦驯化完成，生物降解反应立即开始。

第三类化合物包括一部分天然物质（如腐殖酸、木质素等）以及合成物质，这些物质很难或根本不降解，其原因除了化学结构因素外，还有物理因素及环境因素等。

某种有机物是否能被微生物降解，取决于许多因素，其中该物质的化学结构是重要因素之一。

（1）在烃类化合物中，一般是链烃比环烃易分解，链烃比支链烃易分解，不饱和烃比饱和烃易分解。支链烷基愈多愈难降解。碳原子上的氢都被烷基或芳基取代时，会形成生物阻抗物质。

（2）主要分子链上的碳被其他元素取代时，对生物氧化的阻抗就会增强。也就是说，主链上的其他原子常比碳原子的生物利用度低，其中氧的影响最显著。例如，醚类化合物较难生物降解，其次是硫和氮。

（3）每个碳原子上至少保持一个碳氢键的有机化合物，对生物氧化的阻抗较小。而当碳原子上的氢都被烷基或芳基所取代时，就会形成生物氧化的阻抗物质。

（4）官能团的性质及数量，对有机物的可生化性影响很大。例如，苯环上的氢被羟基或氨基取代，形成苯酚或苯胺时，与原来的苯相比较，将更易被生物降解。相反，卤代作用却使生物降解性降低，卤素取代基愈多，抗性愈强。官能团的位置也影响化合物的降解性，如有两个取代基的苯化物，间位异构体往往最能抵抗微生物的攻击，降解最慢。尤其是间位取代的苯环，抗生物降解更明显。一级醇、二级醇易被生物降解，三级醇却能抵抗生物降解。表 5-1 列出了土壤中的微生物对若干单个取代基苯化合物的分解能力。

表 5-1　土壤微生物对单个取代基苯化合物的分解

化合物	取代基	降解时间/d
苯酸盐	—COOH	1
酚	—OH	1
硝基苯	—NO$_2$	64
苯胺	—NH$_2$	4
苯甲醚	—OCH$_3$	8
苯磺酸盐	—SO$_3$H	16

（5）化合物的相对分子质量大小对生物降解性的影响很大。高分子化合物，由于微生物及其酶不能扩散到化合物内部，袭击其中最敏感的反应键，因此，其生物可降解性降低。

化合物结构简单的比复杂的易降解，相对分子质量小的比相对分子质量大的易降解，聚合物和复合物更能抗生物的降解。了解有机物的化学结构与微生物降解能力之间的关系，可为合成新一代化合物提供参考，防止由于合成的化合物难于被微生物降解而造成潜在的环境问题，提倡生产易被生物所降解的"环境友好材料"。

4. 环境因素

1）温度

由于化合物的生物降解过程实际上是微生物所产生的酶催化的生化反应。而温度正是酶反应动力学的重要支配因素，且微生物生长速度以及化合物的溶解度等也受温度直接影响，因而温度对控制污染物的降解转化起着关键作用。例如在温度为 30℃ 时，对苯二甲酸(TA)降解速度最快，降解最大速度随温度的变化值与温度对酶活力影响相符。在自然环境中，地理和季节的变化对微生物降解转化污染物的速度起着决定性作用。

2）酸碱度

对于不同微生物，其生长和繁殖的最佳 pH 范围不同，因此环境的酸碱度对生物降解有着很大的影响。一般来说，强酸强碱会抑制大多数微生物的活性，通常在 pH＝4~9 范围内微生物生长最佳。细菌和放线菌更喜欢中性至微碱性的环境，酸性条件有利于酵母菌和霉菌生长。氧化亚铁硫杆菌等嗜酸细菌在强酸条件下代谢活性更高。芽胞杆菌属等细菌可在强碱环境中发挥其降解转化作用。pH 可能影响污染物的降解转化产物，例如在 pH＝4~5 时，容易发生甲基化作用。

3）营养

微生物生长除碳源外，还需要氮、磷、硫、镁等无机元素。因此，有些微生物没有能力合成足够数量的氨基酸、嘌呤、嘧啶和维生素等特殊有机物以满足其自身生长的需求。如果环境中这些营养成分中的某一种或几种供应不够，则污染物的降解转化就会受到极大限制。

水作为微生物生活所必需的营养成分，也是影响降解转化的重要因素。没有水分，微生物不能存活，也就无法降解有机物或转化金属。在土壤环境中，水分还与氧化还原电位、化合物的溶解、金属的状态等密切相关，故对降解转化的影响更大。例如，在渍水状态下，可加强水解脱氮、还原脱氯和硝基还原等反应。许多有机氯杀虫剂可在渍水的厌气条件下降解，而在非渍水土壤中长期滞留。

4）氧

微生物降解转化污染物的过程可能是好氧的，也可能是厌氧的。好氧过程需要游离氧而在氧浓度低的自然环境中，如湖泊淤泥、沼泽、水淹的土壤中，厌氧过程总是占优势。

5）底物浓度

由于生物化学的反应速度与底物浓度密切相关。因此，有机底物或金属本身的浓度对其降解速度会有明显的影响。某些化合物在高浓度时，由于微生物量迅速增加而导致快速降解。另一方面，某些化合物在低浓度时易被生物降解的，高浓度时却会抑制微生物的活性。

5. 微生物营养物质

大多数土壤类型的氮、磷储量都较低，当产生石油污染而导致土壤中的碳源大量增加时，氮、磷含量，特别是可给性的氮、磷就成为生物降解的限制因子。为达到良好的效果，必须添加一定量的营养盐，以确保生物修复过程中微生物生长的需要。目前已经使用的营养盐类型很多，如铵盐、正磷酸盐或聚磷酸盐，酿造废液和尿素等，尽管很少有人比较过各种类型盐的具体使用效果，但已有的研究表明其效果因地而异。投加营养物质是否能够促进有机物的生物降解作用，既取决于投加营养物质的速度和程度，也与土壤原有的投加营养物质含量（即肥力）有关。一般投加营养物质能促进土壤中石油的生物降解，但有时加入氮、磷等营养并不能促进有机污染物的生物降解。

6. 电子受体

生物修复处理技术一般都采用好氧过程，一方面由于好氧系统对降解有机物物质是非常有效的，降解速度也比厌氧快，而厌氧系统需要隔离空气，实现该条件比较困难。另一方面是好氧系统最终产物是 CO_2 和 H_2O，对人类无害，而厌氧系统的产物为 CH_4 和 H_2S 等物质会对环境造成二次污染。因此，通常采用的生物修复技术均以好氧微生物为主体，在这种生物修复过程中，污染物氧化分解的最终电子受体的种类和浓度也极大地影响着污染物生物降解的速度和程度。微生物氧化还原反应的最终电子受体主要分为三类，它包括溶解氧、有机物分解的中间产物和无机酸根（如 NO_3^- 和 SO_4^{2-}），其中主要为溶解氧。

三、耗氧有机污染物的微生物降解

有机物质通过生物氧化以及其他的生物转化，可以变成更小更简单的分子。这一过程称为有机物质的生物降解。按降解程度的不同，生物降解可分为以下三类：（1）初级生物降解（primary biodegradable）是指有机污染物的母体在结构上部分发生了变化，原来分子完整性已经改变。对环境的危害和污染还没消除，其降解产物对环境质量或生物体还会有不良的影响。（2）可接受的生物降解（acceptable biodegradable）是指有机污染物的母体虽然没有彻底降解，但是已降解到对环境无害的程度，从环境的角度来说，这种程度的降解是可以接受的。（3）完全生物降解（completely biodegradable）是指有机污染物的母体已经被完全无机化，即有机污染物完全被微生物降解成无机的小分子，如 H_2O、CO_2、NH_3 等。

进入自然环境中的有机污染物在发生生物降解过程中需要消耗氧（需将氧分子作为有机物脱氢氧化过程的受氢体），故又将这类有机物称为耗氧有机污染物。耗氧有机污染物是生物残体、排放废水和废气物中的糖类、脂肪和蛋白质等较易生物降解的有机物质，耗氧有机污染物的微生物降解，广泛地发生于土壤和水体之中。

1. 糖类的微生物降解

糖类的通式为 $C_x(H_2O)_y$，分为单糖、二糖和多糖三类。单糖中以戊糖和己糖最重要，通式分别为 $C_5H_{10}O_5$ 和 $C_6H_{12}O_6$；戊糖主要是木糖及阿拉伯糖，己糖主要是葡萄糖、半乳糖、甘露糖及果糖。二糖由两个己糖缩合而成，通式 $C_{12}H_{22}O_{12}$，主要有蔗糖、乳糖和麦芽糖。多糖是己糖自身或其与另一单糖的高度缩合产物，葡萄糖和木糖是最常见的缩合单体。多糖中以淀粉、纤维素和半纤维素最受关注。细胞中的糖类如图 5-11 所示。

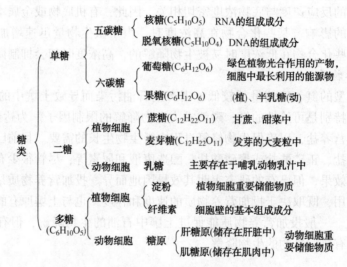

图 5-11　细胞中的糖类

微生物降解糖类的基本途径如下：

（1）多糖水解成单糖

多糖在胞外水解酶催化下水解成二糖和单糖，而后才能被微生物摄取进入细胞内。二糖在细胞内经胞内水解酶催化，继续水解成为单糖。

（2）单糖酵解成丙酮酸

细胞内单糖无论是有氧氧化或是无氧氧化条件都可经过相应的一系列酶促反应生成丙酮酸。这一过程称为单糖水解。葡萄糖酵解的总反应如下：

$$C_6H_{12}O_6 + 2NAD^+ \longrightarrow 2CH_3COCOOH + 2NADH + 2H^+$$

（3）丙酮酸的转化

在有氧氧化条件下，丙酮酸通过酶促反应转化成乙酰辅酶 A，乙酰辅酶 A 与草酰乙酸经酶促反应转成柠檬酸。

柠檬酸经过酶促反应最后形成草酰乙酸，其又与上述丙酮酸持续转变成的乙酰辅酶 A

生成柠檬酸，再进行新的一轮转化。这种生物转化的循环途径称为三羧酸循环或柠檬酸循环，简称 TCA 循环。

从以上反应分析可知，丙酮酸完全氧化的总反应为：

$$CH_3COCOOH + \frac{5}{2}O_2 \longrightarrow 3CO_2 + 2H_2O$$

在无氧氧化条件下丙酮酸通过酶促反应，往往以自身作为受氢体而被还原为乳酸：

$$CH_3COCOOH + 2[H] \xrightarrow[\text{乳酸菌}]{\text{厌氧}} CH_3CH(OH)COOH$$

或以其转化的中间产物作为受氢体，发生不完全氧化生成低级的有机酸、醇及 CO_2 等：

$$CH_3COCOOH + 2[H] \xrightarrow[\text{酵母菌}]{\text{厌氧}} CO_2 + CH_3CH_2OH$$

综上所述，糖类通过微生物作用，在有氧氧化条件下能被完全氧化为 CO_2 和 H_2O，降解彻底；在无氧氧化条件下通常氧化不完全，生成简单有机酸、醇及 CO_2 等，降解不彻底。后者因有大量简单有机酸生成，使体系 pH 值下降，所以归属于酸性发酵。发酵的具体产物决定于酸菌种类和外界条件。

2. 脂肪的微生物降解

脂肪是由脂肪酸和甘油形成的酯，常温下呈固态的是脂，多来自动物，而呈液态的是油，多来自植物。微生物降解脂肪的基本途径如下：

（1）脂肪水解成脂肪酸和甘油

脂肪在胞外水解酶催化下水解为脂肪酸和甘油，基本反应见下式：

$$
\begin{array}{ccccc}
CH_2OOCR_1 & & CH_2OH & & R_1COOH \\
| & & | & & \\
CHOOCR_2 & + 3H_2O \longrightarrow & CHOH & + & R_2COOH \\
| & & | & & \\
CH_2OOCR_3 & & CH_2OH & & R_3COOH
\end{array}
$$

生成的脂肪酸链长大多为 12~20 个碳原子，其中以偶碳原子数的饱和酸为主。另外，还有含双键的不饱和酸。脂肪酸和甘油能被微生物摄入细胞内继续转化。

（2）甘油的转化

甘油在有氧和无氧氧化条件下，均能被相应的一系列酶促反应转变成丙酮酸，丙酮酸的进一步转化前面已叙述。

（3）脂肪酸的转化

在有氧氧化条件下，饱和脂肪酸通常经过酶促 β-氧化途径(图 5-12)变成脂酰辅酶 A 和乙酰辅酶 A。乙酰辅酶 A 进入三羧酸循环，使其中的乙酰基氧化成 CO_2 和 H_2O，并将辅酶 A 还原。而脂酰辅酶 A 又经 β-氧化途径进行转化。如果原酸的碳原子数为偶数，则脂酰辅酶 A 陆续转变为乙酰辅酶 A，然后按上述过程转化。如果原酸碳原子数为奇数，则在脂酰辅酶 A 最后一轮 β-氧化途径所得产物中，除乙酰辅酶 A 外，还有甲酰辅酶 A。甲酰辅酶 A 通过相应转化，所含的甲酰基经甲酸而氧化成 CO_2 和 H_2O，并使辅酶 A 还原。

总之，饱和脂肪酸一般通过 β-氧化途径进入三羧酸循环，最后完全氧化生成 CO_2 和 H_2O，至于含双键的不饱和脂肪酸也经过类似的 β-氧化途径进入三羧酸循环，最终产物与饱和脂肪酸相同。在无氧氧化条件下，脂肪酸通过酶促反应，往往以其转化的中间产物作为受氢体而被不完全氧化，形成低级的有机酸、醇和 CO_2 等。

综上所述，脂肪通过微生物作用，在有氧氧化下能被完全氧化成 CO_2 和 H_2O，降解

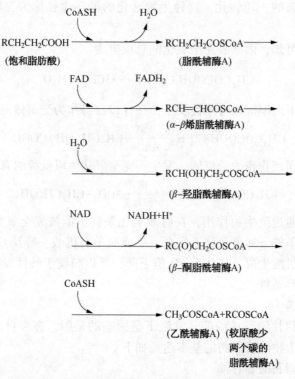

图 5-12　饱和脂肪酸 β-氧化途径简要图

彻底；而在无氧氧化条件下常进行酸性发酵，形成简单的有机酸、醇和 CO_2 等，降解不彻底。

3. 蛋白质的微生物降解

蛋白质的主要元素组成是碳、氢、氧和氮，有些还含有硫、磷等元素。它是一类由 α-氨基酸通过肽键连接成的大分子化合物，在蛋白质中有 20 多种 α-氨基酸。通过肽键，由两个、三个或三个以上的氨基酸结合形成的化合物分别称为二肽、三肽和多肽。多肽分子中氨基酸首尾相连形成的大分子长链，称为肽链。蛋白质与多肽的主要区别在于多肽中肽链没有一定的空间结构，蛋白质分子的长链却卷曲折叠成各种特有的空间结构。

微生物降解蛋白质的基本途径如下：

（1）蛋白质水解成氨基酸

蛋白质由胞外水解酶催化分解，经多肽至二肽或氨基酸而被微生物摄入细胞内。二肽在细胞内可继续水解，形成氨基酸。

（2）氨基酸脱氨脱羧成脂肪酸

氨基酸在细胞内的转化由于不同酶的作用而有多种途径，其中以脱氨脱羧形成脂肪酸为主。

总之，蛋白质通过微生物作用，在有氧氧化下可被彻底降解为 CO_2、H_2O 和 NH_3（或 NH_4^+）；而在无氧氧化下通常是酸性发酵，生成简单有机酸、醇和 CO_2 等，降解不彻底。应当指出，蛋白质含有硫的氨基酸在有氧氧化时可形成硫酸，在无氧氧化下可能有硫化氢产生。

4. 甲烷发酵

在无氧氧化条件下，糖类、脂肪和蛋白质都可借助产酸菌的作用降解成简单的有机酸、醇等化合物。如果条件允许，这些有机化合物在产酸菌和产乙酸菌作用下，可被转化为乙酸、甲酸、氢气和二氧化碳，进而经产甲烷菌作用产生甲烷。复杂有机物质降解的这一总过程，称为甲烷发酵或沼气发酵。在甲烷发酵中，一般以糖类降解率和降解速率最高，脂肪次之，蛋白质最低。

产甲烷菌产生甲烷的主要途径如下：

$$CH_3COOH \longrightarrow CH_4 + CO_2$$

$$CO_2 + 4H_2 \longrightarrow CH_4 + 2H_2O$$

甲烷发酵需要满足产酸菌、产氢菌、产乙酸菌和产甲烷菌等各种菌种所需要的生活条件，只能在适宜环境条件下进行。产甲烷菌是专一性厌氧菌，因此甲烷发酵必须处于无氧条件下。产甲烷菌生长还要求弱碱性条件，故须控制发酵的适宜 pH 范围。一般 pH 为 7~8。

四、有毒有机污染物质的微生物降解机理

从物质的生物转化反应类型、机体内酶的种类、分布和外界影响条件等方面考虑，可以对有机毒物的生物降解途径作出估计。然而，每种物质的生物转化途径都包含一系列连续的反应，转化途径也复杂多样，要作出确切的判断，只能通过实验确定。现就常见有机毒石油烃类和农药的微生物降解途径作简要介绍。

1. 石油烃类

石油中所含的各种烃类，从最简单的 C_1 化合物至复杂的几十个碳原子的固体残渣，只要条件合适，大多数都能被微生物代谢降解，但难易程度和降解速度不同。一般的石油化学物质按照下列方式被降解：

石油产品+微生物+O_2+营养元素 $\longrightarrow CO_2 + H_2O$+副产品+微生物细胞生物量

一般来说，$C_8 \sim C_{18}$ 范围的直链化合物较易分解，烯烃最易分解，烷烃次之，芳烃较难，多环芳烃更难，脂环烃类对微生物作用最不敏感，至今只发现个别菌株能利用它。在烷烃中，$C_1 \sim C_3$ 化合物，如甲烷、乙烷和丙烷只能被少数具有专性的微生物所利用。石蜡可被微生物降解，但其碳原子数超过 30 个的组分较难降解，部分原因是因其溶解度小，表面积小的缘故。正构烷烃比异构烷烃易降解，直链烃比支链烃易降解。在芳香烃中，苯的降解极难，比烷基苯和其他多环芳烃化合物要慢的多。石油污染物的主要成分见表 5-2。

表 5-2　石油污染物的主要成分

烷烃	环烷烃	芳香烃	含硫化合物	含氧化合物	含氮化合物
支链烷烃	烷基环戊烷	烷基苯	硫醇	环烷酸	吡啶
支链烷烃	烷基环己烷	单环芳烃	硫醚	脂肪酸	吡咯
		多环芳烃	二硫化物	酚	喹啉
		稠环芳烃	噻吩	芳香羧酸	胺

1) 直链烷烃的微生物降解

链烷烃是石油烃中最易降解的，细菌和真菌都能利用。微生物对链烷烃的利用又因烷烃的大小而不同。碳链长度适中（$C_{10} \sim C_{24}$）的正（n）烷烃分解最快。短链的烷烃对许多微生物有毒，而碳链很长时，微生物难于利用，烃的相对分子质量超过 500~600 后，微生物不能利用。直链烷烃存在 4 种不同的生物降解途径：

（1）微生物攻击链烷烃末端甲基，由混合功能氧化酶催化氧化成伯醇，再依次进一步被氧化成醛和脂肪酸，脂肪酸再按 β-氧化进一步分解。

（2）直链烷烃直接脱氢形成烯烃，烯烃再通过酶的催化作用，进一步氧化成醇、醛。最后成为脂肪酸，脂肪酸再按 β-氧化进一步分解。

（3）微生物攻击链烷的次末端，在链内的碳原子上插入氧。这样，首先生成仲醇，再进一步氧化，生成酮，酮再代谢为酯，酯键裂解生成伯醇和脂肪酸。醇接着继续氧化成醛、羧酸，羧酸则通过 β-氧化进一步代谢。

（4）直链烷烃氧化成为一种烷基过氧化氢，然后直接转化成脂肪酸。

2）支链烷烃的生物降解

微生物对支链烷烃的降解机理基本上与直链烷烃一致。主要氧化分解的部位是在直链烷烃上发生的，而且靠近侧链的一端较难发生氧化反应，侧链更难氧化，其氧化能力要差得多，总的说来，含有支链结构的烃类的降解速度慢于相同个数碳的直链烃类，烷烃的支链降低了分解速率。

3）环烷烃的生物降解

环烷烃在石油馏分中占有较大比例，在环烷烃中又以环己烷和环戊烷为主，没有末端烷基环烷烃，它的生物降解原理和链烷烃的次末端氧化相似。首先混合功能氧化酶（羟化酶）氧化产生环烷醇，然后脱氢得酮，进一步氧化得内酯，或直接开环，生成脂肪酸。以环己烷为例，其生物降解的机制为：混合功能氧化酶的羟化作用生成环己醇，后者脱氢生成酮，再进一步氧化，一个氧插入环而生成内酯，内酯开环，一端的羟基被氧化成醛基，再氧化成羧基，生成的二羧酸通过 β-氧化进一步代谢。其反应式如下：

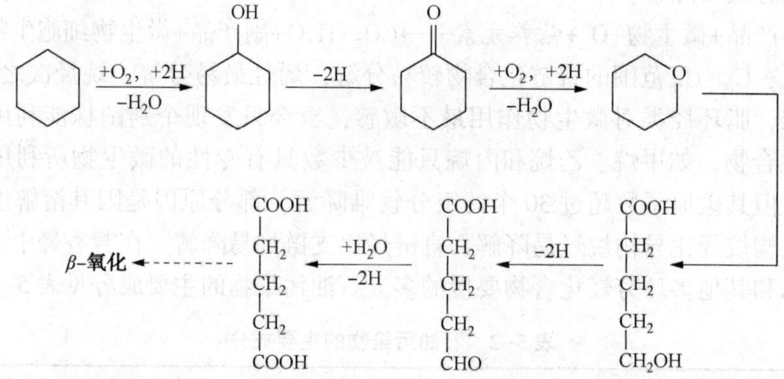

研究表明，能够氧化环烷烃的微生物，并不能在环烷烃上生长，常见的是能转化环己烷为环己酮的微生物不能内酯化和开环，而能将环己酮内酯化和开环的微生物却不能转化环己烷为环己酮。要使环己烷彻底矿化，还需要多个微生物和多个酶系统参与。

对于存在烷基取代环烷烃的微生物降解，其生物降解的途径与无取代基的环烷烃相同，当环被打开后，再以支链脂肪酸方式进行分解。

上述几种降解途径都是在有氧条件环境中进行，通过微生物的代谢活动，使烷烃物质被氧化。然而，在缺氧的环境中，烷烃类物质也可以被降解，降解过程则是从脱氢过程开始。烷烃脱氢变成烯烃，烯烃再羟基化形成伯醇，而后形成酸。

$$RCH_2\!-\!CH_3 \longrightarrow RCH_2 \cdots\cdots CH_3 \xrightarrow{\text{羟基化}} RCH_2\!-\!CH_2OH \longrightarrow RCH_2\!-\!COOH$$

这时的脂肪酸如果继续处于缺氧环境，则发生还原脱羧作用，如果进入有氧环境则发生 β-氧化。

4）烯烃的生物降解

烯烃的微生物降解途径主要是烯的饱和末端氧化，再经与正烷烃（碳数>1）相同的途径成为不饱和脂肪酸。或者是烯的不饱和末端双键环氧化成为环氧化合物，再经开环所成的二醇至饱和脂肪酸。然后，脂肪酸通过 β-氧化进入三羧酸循环，降解为 CO_2 和 H_2O。烯烃微生物降解途径如图 5-13 所示。

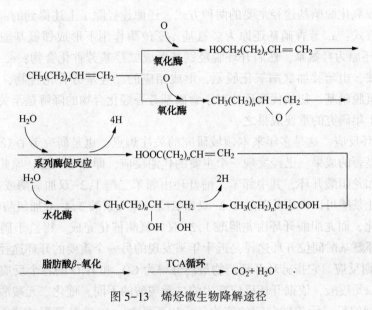

图 5-13　烯烃微生物降解途径

5）芳香烃的生物降解

（1）结构简单的芳烃化合物的降解

这里结构简单的芳香烃类化合物主要指苯、甲苯、苯酚、甲酚等非卤代化合物。在这类化合物降解时，一般是在微生物的加单氧酶或者羟化酶作用下，在苯环上引入一个羟基，形成邻苯二酚或者取代邻苯二酚，然后在邻苯二酚 2,3-双加氧酶或者邻苯二酚 1,2-双加氧酶作用下通过间裂或者邻裂途径裂解开环产生粘糠酸或粘糠酸半醛，形成直链羧酸类化合物，然后逐步氧化并最终进入物质代谢的三羧酸循环途径氧化成 CO_2 和 H_2O。

（2）硝基取代芳烃

自然环境中硝基芳香烃化合物广泛存在，如硝基苯、硝基苯酚、硝基甲苯和硝基苯甲酸等是现代化学工业品中复杂含氮工业品合成的起始原料，也是重要的环境污染物和危险的代谢中间物或终产物。因为此类化合物具有较高的水溶性和异型生物质特性，它们在环境中的命运和影响备受关注。因为对生物和人类环境的危害性，它们多数已列入美国环境保护署 EPA 的优先污染物名单，在 EPA 网站列出的优先控制的水体污染物清单上的 126 种化合物中，硝基和亚硝基化合物占 8%，其中硝基芳香烃类化合物占 10 种硝基化合物中的 7 种，这说明硝基芳香烃有机物在污染物中的重要性。

根据目前研究结果，微生物（细菌）在好氧条件下降解含硝基芳香烃化合物的途径可以概括为以下几个部分：

① 初始代谢反应。它是指取代基（如硝基、氯、氨基等）的消除与转化和芳香环打开前

的羟基化，产生二羟基中间产物如邻苯二酚、原儿茶酸(3,4-二羟基苯甲酸)、龙胆酸(2,5-二羟基苯甲酸)类化合物或邻氨基酚化合物，作为芳环裂解的底物。脱硝基的作用方式一般分为氧化和还原途径。芳香化合物的电子的亲核机制和硝基的排斥电子作用使芳香烃硝基不利于被氧攻击而更利于 H^+ 的还原攻击。芳环上的硝基首先被还原为亚硝基，进一步还原为氨基或羟氨基。研究发现硝基苯在有氧条件下的生物降解中部分还原途经占明显优势。硝基被还原为羟氨基团后，没有进一步还原，而是通过变位酶或开环酶作用形成邻氨基酚或二羟基化合物，然后进一步开环。虽然如此，在硝基苯和2-硝基苯甲酸降解中已经发现了完全还原途径。比较氧化脱硝基途径主要的两种方式，还原途径除了上述提到的部分还原方式外还有其他多种方式：a. 芳香硝基还原为羟氨基，变位酶作用下形成邻氨基酚，进一步间位开环；b. 硝基还原为羟氨基，然后开环脱羟氨基形成二羟基芳香化合物；c. 硝基还原为氨基，形成芳香胺，由苯胺加氧酶氧化脱氨，形成相应的二羟基芳香化合物，开环降解；d. 苯环上直接加氢脱硝基。初始代谢反应对于含硝基芳香烃化合物的降解是至关重要的代谢步骤，是过去几十年研究的重要成果之一。

② 芳环开环反应。这是多年来本领域研究的关注焦点，也是研究芳香烃化合物生物降解获得的最为显著的成果。已经发现三个主要的代谢反应，即邻苯二酚、原儿茶酸的邻位开环、间位开环和龙胆酸开环，其中邻苯二酚开环由邻苯二酚 1,2-双加氧酶或 2,3-双加氧酶催化完成，原儿茶酸可以由原儿茶酸 2,3-双加氧酶、原儿茶酸 3,4-双加氧酶和原儿茶酸 4,5-双加氧酶催化，而龙胆酸开环由龙胆酸 1,2-双加氧酶催化完成。得益于硝基苯部分还原途径的阐明，邻氨基酚间位开环途径是近十年来发现的另一个重要的开环途径。

③ 末端代谢反应。它指芳环开环产物最终分解为 CO_2 和 H_2O 的各个反应步骤。芳环开环后的产物是二元羧酸，依据开环反应产生的二元羧酸的不同，催化二元羧酸分解的酶也有所不同，但共同的是二元羧酸分解的产物最后以丙酮酸、琥珀酸等形式进入三羧酸循环，彻底分解为 CO_2 和 H_2O。由于芳环裂解的核心位置和重要性，芳香烃化合物分解的代谢途径又常常依据芳环开环反应而被分为邻位开环途径、间位开环途径和龙胆酸降解途径等。

a. 单硝基取代芳烃化合物

研究表明，硝基苯能被不同的菌系以氧化途径或还原途径分解(图 5-14)。在氧化途径中，分离的 *comamonas* sp. JS765 产生的硝基苯 1,2-双加氧酶使硝基苯氧化成中间产物取代邻苯二酚(儿茶酚)，然后在儿茶酚 2,3-双加氧酶作用下开环。在还原途径中 *pseudomonas pseudoalcaligenes* JS45 可产生硝基苯还原酶，将硝基苯上的硝基还原为氨基，然后异构为 2-氨基苯酚，然后在双加氧酶作用下开环。

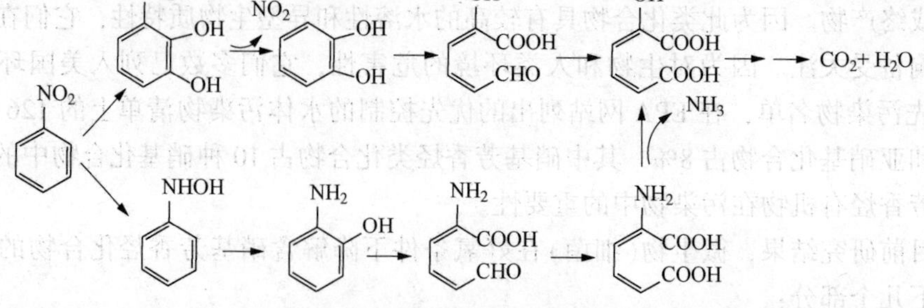

图 5-14 硝基苯化合物的两种降解途径

228

另外，苯环上除硝基外还含有其他取代基(如甲基)的硝基甲苯，硝基酚也多是以这种先将硝基取代基氧化或者还原的模式进行降解。4-硝基甲苯的降解途径如图5-15所示。

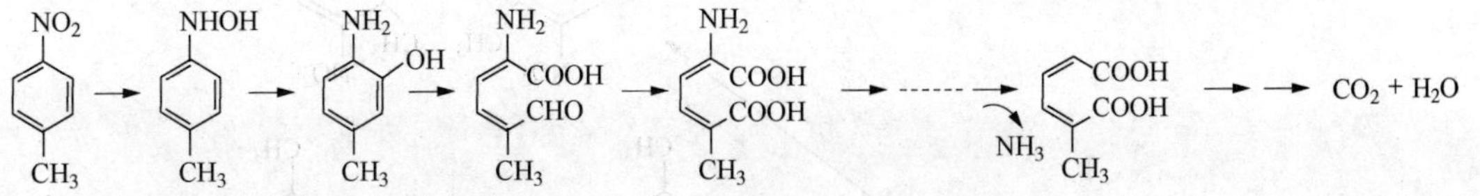

图5-15　4-硝基甲苯的生物降解途径

硝基苯的氧化降解途径多在好氧条件下进行，而还原降解途径多在厌氧或缺氧条件下进行。值得注意的是，在还原途径中，硝基苯的中间代谢产物苯胺是一类毒性更大的化合物，可以导致癌症以及婴幼儿的高铁血红蛋白血症。

b. 多硝基取代芳烃化合物

相对于单硝基取代芳烃来说，多硝基取代的芳烃化合物由于硝基的吸电子特性，使得苯环上的电子云密度更低，更不易被生物降解。2,4-二硝基甲苯(2,4-DNT)的初始反应如图5-16所示。

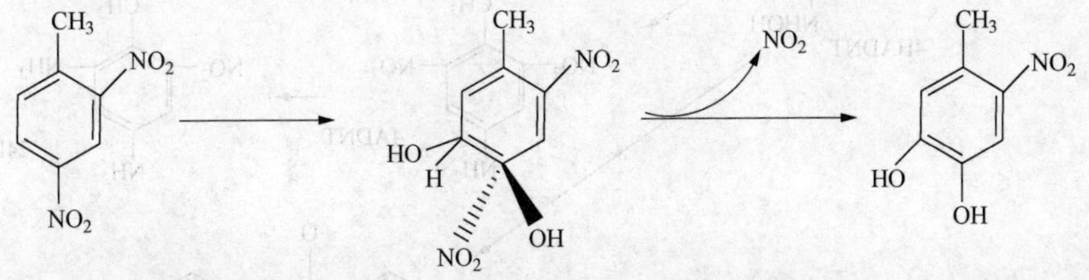

图5-16　2,4-二硝基甲苯初始降解路径

TNT(2,4,6-三硝基甲苯)的芳香环结构上的3个硝基使TNT难以被好氧微生物氧化，已经报道的矿化和部分降解途径都通过加氢还原作用。有氧(图5-17)及无氧(图5-18)条件下TNT多数被部分降解为更复杂的物质，有研究表明TNT可被矿化，但是速率很低。

总的来说，多硝基取代芳香化合物的微生物降解都不彻底，有些中间降解产物仍有毒性，因此，一方面要发掘自然界的微生物资源，研究其对硝基取代芳烃的降解途径，另一方面，有必要开展基因工程菌的构建，将不同细菌中的降解途径组合，以构建出新的降解途径。

(3) 氯代芳香烃化合物

① 氯代苯类芳香烃化合物

氯代苯类化合物是化学性质较为稳定的一类化合物，主要是因为氯原子有较高的电负性，强烈吸引苯环上的电子，使苯环成为一个疏电子环，因而氯苯类化合物很难发生亲电反应。随着氯取代基的增多，氯苯类化合物的活性逐次下降。与碳氢化合物相比，由于氯原子的引入，其生物降解性大大降低，因此生物处理很难降解氯苯类化合物。而在污水的处理过程中除部分低氯挥发进入大气外，大量的氯苯类化合物仍将存留于污水和污泥中。

氯苯类化合物通常被认为是环境外来化合物，由于自然界中的微生物缺乏相应的降解酶，所以难以被微生物利用。但是经过长期的接触驯化，有些微生物通过自然变种，或通过形成诱导酶，而逐步改变自身以适应环境，能够将氯苯类化合物降解或部分转化。迄今为止，许多学者已从土壤或水体中分离出这些微生物。氯苯类化合物降解的关键在于脱氯。根

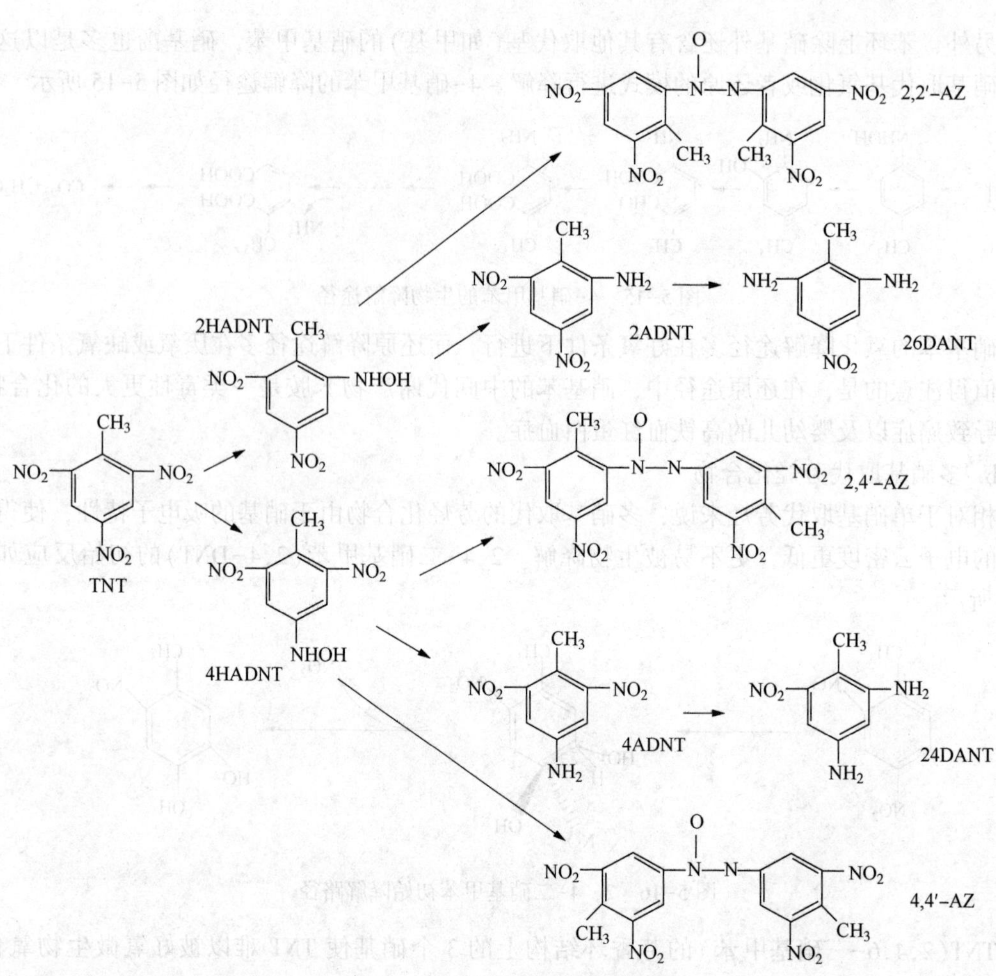

图 5-17 TNT 的好氧生化转移途径

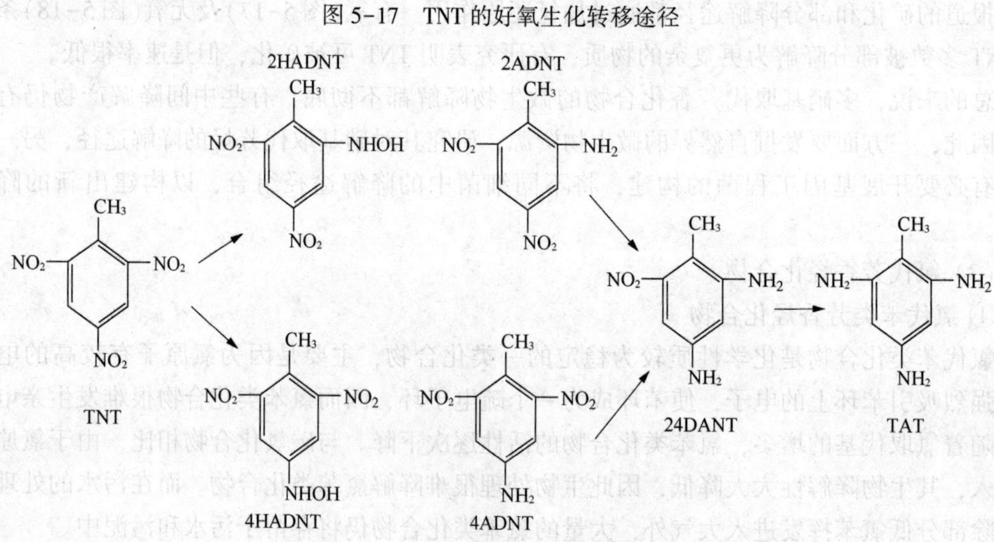

图 5-18 TNT 的厌氧生化转移途径

据脱氯过程中电子得失，将氯苯类化合物生物降解分为氧化脱氯和还原脱氯。

a. 氧化脱氯机制

在好氧条件下，氯苯类化合物的降解反应基本上遵循一种相似的先开环再脱氯的机制。

230

首先在加羟基双加氧酶作用下，在芳环中插入氧原子，形成相应的环状氯代二醇，再经脱氢酶作用，脱除两个氢原子转化为相应的氯代邻苯二酚。研究表明，好氧生物体中不仅含有双加氧酶，而且还含有可使苯环发生邻位裂解的开环双加氧酶。该酶可催化氯代邻二酚邻位开环，生成相应的氯代粘糠酸，在内酯化过程中脱除氯原子并被氧化成氯代马来酰基乙酸，最终进入三羧酸循环。

氯苯类化合物的氧化脱氯还存在一种较少见的先脱氯后开环再脱氯的催化反应体系，即在单加氧酶作用下，由羟基取代氯原子，再经过单加氧酶的进一步作用，形成开环裂解的中间体氯代邻二酚，才能进一步降解，如对氯苯甲酸的降解途径，见图 5-19。

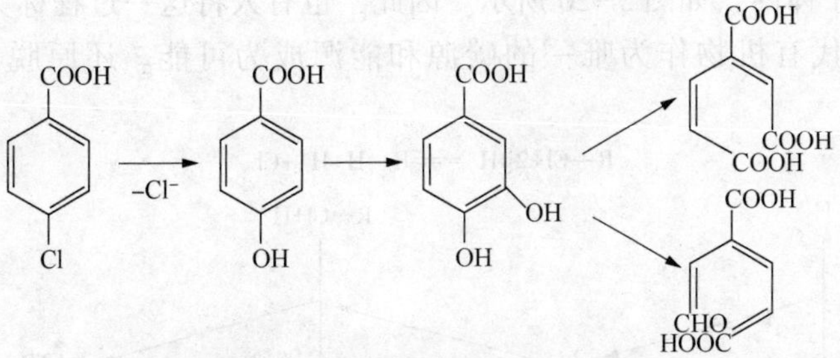

图 5-19　对氯苯甲酸的降解途径

b. 还原脱氯机制

还原脱氯是指氯苯类化合物在得到电子的同时去掉一个氯取代基，并释放出一个氯阴离子的过程。还原脱氯主要发生在厌氧条件下，但在多氯化合物的好氧降解中有时也可能发生。由于氯原子强烈吸引电子云，使苯环上电子云密度降低，在好氧条件下，氧化酶很难从苯环上获取电子而发生氧化反应。氯原子数越多，苯环上电子云密度越低，氧化越困难，因而迄今为止没有五氯苯和六氯苯好氧脱氯的报道。而在厌氧条件下，环境的氧化还原电位较低，氯苯类化合物显示出较好的厌氧生物降解性。许多在好氧条件下难于降解的有机物在厌氧下变得能够甚至容易降解。还原脱氯使氯原子数减少，降低这些难降解有机物毒性，易于被别的微生物同化。

② 氯代酚类化合物

氯代酚类化合物与苯酚或烷基酚相比更难以被微生物降解，主要原因在于高负电性的氯原子使苯环成为一个难以被氧化的疏电子环。氯代酚类化合物降解的关键在于脱氯。根据脱氯过程中电子的得失，可将氯代酚类化合物生物降解分为氧化脱氯和还原脱氯。

a. 氧化脱氯机制

在好氧条件下，氯代酚类化合物的降解是在一系列酶的作用下通过进入电子呼吸链来进行的，它的开环裂解需要通过氧从苯环分子中获得电子来完成。由于氯原子对苯环上的电子产生强烈吸引，使苯环上电子云密度大大降低而成为一个疏电子环，因而氯代酚类化合物较难发生亲电反应，氧化过程难度增加，取代氯原子越多，环上的电子云密度就越低，越难以被氧化降解。氯代酚类化合物好氧生物降解中的脱氯作用可分为先开环再脱氯和先脱氯再开环两种情况。

b. 还原脱氯机制

氯代芳香化合物的还原脱氯作用直到 20 世纪 80 年代才为人们所认识，根据对氯代芳香化合物还原脱氯机制近 20 年的研究，可归纳如下：氯代酚类化合物是在得到电子的同时去掉一个氯取代基并且释放出一个氯离子的过程。还原脱氯主要发生在厌氧条件或缺氧条件。由于氯原子强烈的吸电子性，使苯环上电子云密度降低，在好氧条件下，氧化酶很难从苯环上获取电子而发生氧化反应，而且氯原子取代个数越多，苯环上的电子云密度就越低，氧化就越困难。相反，在厌氧或缺氧条件下，环境的氧化还原点较低，电子云密度较低的苯环在酶作用下很容易受到还原剂的亲核攻击，氯原子就很容易被亲核取代，显示出较好的厌氧生物降解性，许多在好氧条件下难于降解的化合物在厌氧条件下变得容易降解，在好氧条件下不能降解的化合物变得能够降解。

还原脱氯过程通常是放热反应，微生物可利用还原脱氯反应放出的热能，通过底物水平磷酸化合成并储存于体内，如图 5-20 所示。因此，也有人将这一过程称为"脱氯呼吸"，这使得微生物利用氯代有机物作为唯一的碳源和能源成为可能。还原脱氯原理如图 5-20 所示。

$$R—Cl+2[H] === R—H+H^+ +Cl^-$$

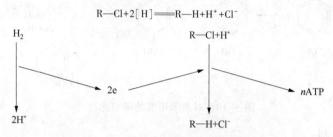

图 5-20　还原脱氯原理图

总结而言，芳香烃好氧代谢机理为：芳香烃由加氧酶氧化为儿茶酚，二羟基化的芳香环再氧化，邻位或间位开环。邻位开环生成己二烯二酸，再氧化 β-酮己二酸，后者再氧化为三羧酸循环的中间产物琥珀酸和乙酰辅酶 A。间位开环生成 2-羟己二烯半醛酸，进一步代谢生成甲酸、乙醛和丙酮酸，如图 5-21 所示。

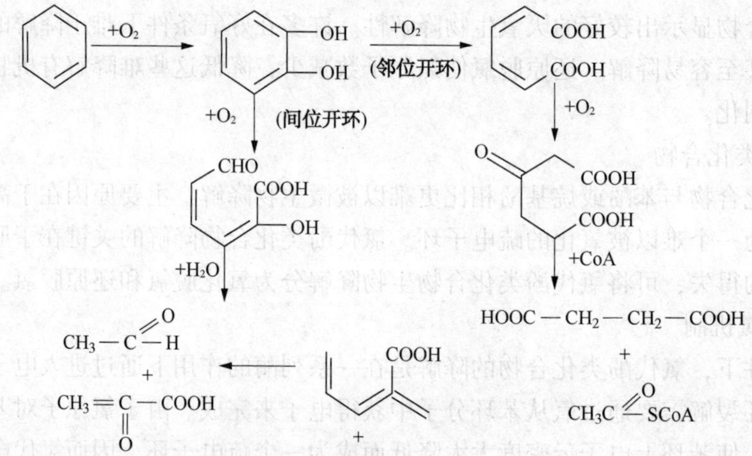

图 5-21　芳香烃好氧代谢机理

芳香烃物质在厌氧或缺氧的环境下可发生厌氧降解，其代谢途径大致为，芳香烃化合物在厌氧的条件下将苯环还原，然后水解开环生成羧酸，再通过末端氧化、β-氧化等使之矿化为甲烷和二氧化碳。

通过对细菌内芳香烃类化合物主要降解途径的研究表明，这些污染物的初始转化过程是由不同的酶催化进行的，然而这些过程却只生成几种有限的中间代谢产物，如原儿茶酸以及（取代）儿茶酚，这些带有两个取代羟基的中间代谢产物通过以下两种途径之一进一步转化：邻裂或间裂。两种代谢途径最终生成中心代谢途径如三羧酸循环中的中间代谢产物。这种芳香污染物代谢途径的普遍模式说明，通过对能将起始污染物降解成中心代谢途径中的代谢产物之一的外酶的降解功能进行扩展，可以拓展细菌的污染物降解范围。

6) 多环芳烃（PAHs）的生物降解

PAHs 是指具有 3 个或 3 个以上苯环结构的芳香族化合物，在环境中的消存一方面取决于其相对分子质量的大小即环的多少，另一方面取决于其拓扑结构及环的连接方式。由于 PAHs 含有多个苯环，结构极为稳定，难于降解，但是一些环境中的微生物经过诱导和驯化后能够对难降解的 PAHs 代谢分解。通常，微生物代谢 PAHs 有两种方式：

（1）把 PAHs 作为唯一的碳源和能源。氧在单加氧酶或双加氧酶的催化作用下加到苯环上，然后再经还原、脱水等作用使苯环断裂，从而发生降解。不同的降解途径有不一样的中间产物，邻苯二酚是常见的中间产物，它有邻位和间位两种代谢途径，降解过程会产生：酮己二酸、顺,顺-己二烯二酸、2-羟基己二烯酸半醛、丙酮酸与乙醛等，最后产物是 CO_2 和 H_2O。

（2）微生物与其他有机质共代谢。在 PAHs 的诱导下，微生物可分泌出单加氧酶和双加氧酶，在这些酶的作用下，把氧加到苯环上，形成 C—O 键，再经过加氢、脱水等作用而使 C—C 键断裂，使苯环减少。其中真菌产生单加氧酶，加一个氧原子到苯环上，形成环氧化合物，加入 H_2O 产生反式二醇和酚；细菌产生双加氧酶，加双氧原子到苯环上，形成过氧化物，然后氧化成为顺式二醇，脱氢后产生酚。环的氧化是微生物降解多环芳烃的限制步骤，以后降解较快，很少积累中间代谢物，不同的途径有不同的代谢物，但普遍的中间代谢物是邻苯二酚、2,5-二羟基苯甲酸、3,4-二羟基苯甲酸。最终产物是 CO_2 和 H_2O。

PAHs 降解的程度受加氧酶的活性影响，可选择添加基质类似物的方法来提高酶的活性，提高降解能力。基质类似物的选择需要考虑各方面的因素（如毒性要较低，价格低廉，容易获得又不被其他非 PAHs 降解菌利用，能提高微生物内加氧酶的含量和活性）。在这两种方法中，共代谢的作用效果比较明显，它能够彻底分解或矿化 PAHs，对环境中 PAHs 的去除起主导作用。

总而言之，从一到数十个碳的烃类化合物，只要条件合适，均可被微生物代谢降解。其中烯烃最容易降解，烷烃次之，芳烃较难，多环芳烃更难，脂环烃最难。在烷烃中，正构烷烃比异构烷烃易降解，直链烷烃比含侧链烷烃易降解。在芳香烃中，苯的降解要比烷基苯类及多环化合物困难。

2. 农药

1) 有机氯农药

有机氯农药是 20 世纪 80 年代前应用的最主要和最有效的农药品种之一，用于控制农业害虫及消灭滋扰人们生活的虱子、蚊子、跳蚤等害虫，由于价格低廉，高效广谱等特点，在世界范围内得到了广泛应用。由于有机氯农药可以通过食物链富集，逐级上升，最终在哺乳动物，特别是人体的脂肪组织中蓄积，对人类的健康构成威胁，所以自 20 世纪 70 年代末世界范围内就陆续禁止生产和使用。有机氯农药残留组分在环境中十分稳定，目前在许多国家和地区的土壤、水体和动植物体中仍能检测到有机氯农药的主要种类 HCH、DDT 的残留，随着全球范围内对环境保护和食品安全的日益重视，如何安全、有效地去除环境中的有机氯农药残留已成为环境学研究热点之一。

微生物降解持久性、高残留有机氯农药的环境污染已引起世界各国的普遍关注。许多国家都先后开展有机氯农药残留去除的生态修复研究，已经初步探明对有机氯农药具有降解作用的微生物，并分离出多种有机氯农药降解菌株。其中，细菌由于在生化上适应能力强及易诱发突变等特性，是研究的主要对象，而假单胞菌属(pseudomonas)是最活跃、农药适应能力最强的菌株。表5-3给出部分降解有机氯农药的微生物。

表5-3 部分有机氯农药降解微生物

农药	降解菌	降解酶
HCH(六六六)	s. pacucimobilis UT26 pseudomonas spp. sphingomonas sp. BHC-A s. pacucimobilis s. pacucimobilis SS86 r. lindamiclasticus p. vesicularisutus trametes hirs	HCH脱氧化氢酶、氯化物水解酶、氰化物还原酶、双加氧酶
DDT(滴滴涕)	synechococcus sp klebesiella pneumoniae p. acidovorans M3GY ralstonia eutropha A5 alcaligenes eutropha A5 hydrogenomonas	双加氧酶

(1) 卤代芳香烃类农药(DDTs)

DDT(二氯二苯基三氯乙烷)是环境中的持久性杀虫剂，容易积累于鱼、动物组织，持留于食物链之中，已被禁用。DDT是目前研究最为广泛的一种卤代芳香烃类农药，其主要代谢机制是厌氧条件下还原脱氯转化为DDD，好氧条件下脱氯化氢转化为DDE。

在微生物作用下，DDT会生成毒性、残留性比DDT更高的初级产物DDD和致死性产物DDE，降解的主要机制是还原性脱氯作用，DDD降解主要是乙烷基团上的脱氯作用和水解作用，产物为二氯二苯甲酮。DDT共代谢的机制为还原性脱氯，在还原酶的作用下使DDT烷基上的氯以氯化氢的形式脱去，导致溶液酸化。该反应的第一产物为DDD，DDD在无氧条件下，进一步降解依次产生DDMS、DDMU、DDMS、DDOH、DDA、DDM、DBH及终产物DBP。在有氧条件下的降解过程较复杂，降解的第一步反应产物为DDT的羟基化合物DDD和DDE，DDD可进一步降解为DDE。好氧条件下的降解与还原性脱氯不同的是反应过程中涉及到DBP苯环的裂解。DDT分子的生物降解途径如图5-22所示。(DDT分子简化式中的R代表对氯苯基)

(2) 氯代环烷烃类农药

这类杀虫剂的代表是六六六，化学名称为1,2,3,4,5,6-六氯环己烷，分子式为$C_6H_6C_{16}$。英文文献上用BHC(benzene hexachloride)或HCH(hexachlorocyclohexane)。

HCHs的降解菌具有相似性，大都可以降解α、γ和δ-HCH，降解过程中苯环在氧的参与下裂解，有氯离子和氯化氢产生。HCHs的降解过程可以分为上游途径(upstream pathway)和下游途径(downstream pathway)。上游途径是指在脱氯化氢酶和氯化物水解酶的作用下由

234

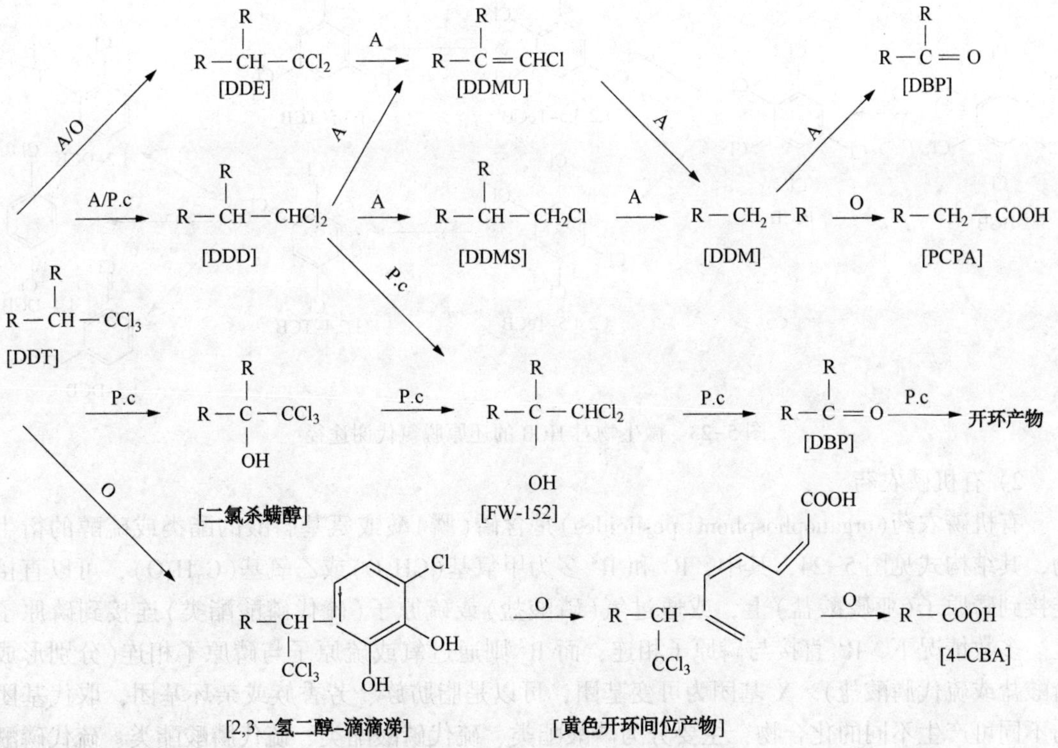
[DDE]
[DDMU]
[DBP]
[DDD]
[DDMS]
[DDM]
[PCPA]
[DDT]
[二氯杀螨醇]
[FW-152]
开环产物
[2,3二氢二醇-滴滴涕]
[黄色开环间位产物]
[4-CBA]
A/O
A/P.c
A
O
P.c
A：厌氧细菌；O：好氧细菌；P. c：白腐真菌

图 5-22　DDT 生物降解的可能途径

HCHs 产生对氯对羟基己二烯，该过程中脱去四分子的氯化氢、加入的两个羟基来自水分子，使溶液酸化，继而对氯对羟基己二烯被还原产生对氯对苯二酚，进入下游途径。下游途径是指在对氯对苯二酚还原酶和加双氧酶的催化下产生 2-酮己二酸，最终产生 CO_2 和 H_2O，该过程中首先以氯化氢的形式脱去两个氯分子，产生对苯二酚，然后在氧的参与下由加双氧酶打开苯环产生带羟基的己二烯二酸，还原产生 3-酮己二酸。

（3）六氯苯(Hexachlorobenzene，HCB)

HCB 及其他多氯代苯同系物通常在好氧条件下很难被微生物降解，而随着氯取代数目的逐渐减少，其生物可降解性也逐渐提高。目前对 HCB 微生物降解的研究主要集中于厌氧条件下的还原脱氯反应，在一些厌氧环境中(如富含有机质的土壤和沉积物中)均发现了多氯代苯的还原脱氯现象以及低氯代苯同系物的大量累积，这些低氯代苯在好氧条件下能够被继续降解。

目前得到普遍性公认的 HCB 还原脱氯途径如下：HCB→PeCB→1,2,3,5-TeCB→1,3,5-TCB。其中 1,3,5-TCB 通常会大量累积。但也有报道发现 1,3,5-TCB 可继续被微生物还原脱氯为 1,3-DCB，并进一步转化为单氯代苯甚至苯，这一过程进行的十分缓慢，仅能检测到极为少量的代谢产物。其他的代谢产物如四氯苯(1,2,4,5-TeCB)，三氯苯(1,2,4-TCB)和二氯苯(1,4-DCB 和 1,2-DCB)等在 HCB 的代谢过程中也被检测到，但这些代谢产物的检出量要明显少于上述公认的代谢途径中的代谢物量。微生物对 HCB 的还原脱氯代谢途径如图 5-23 所示。

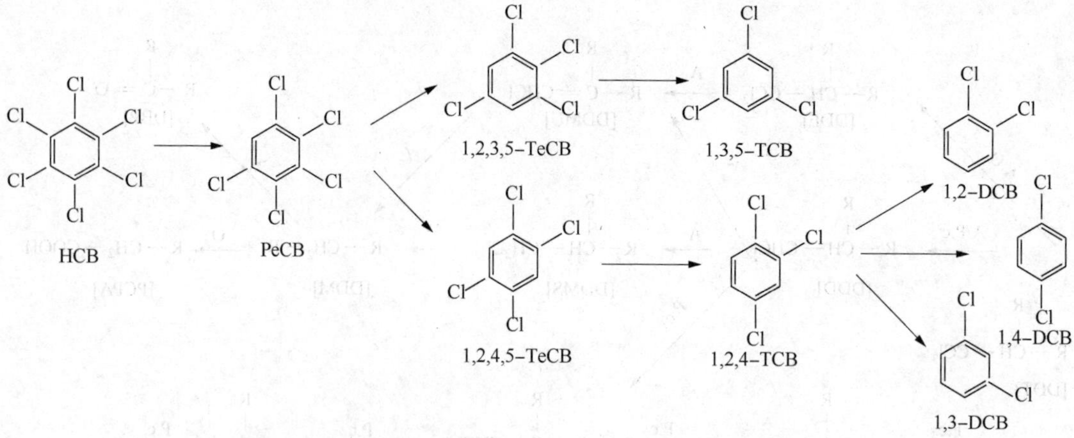

图 5-23　微生物对 HCB 的还原脱氯代谢途径

2）有机磷农药

有机磷农药（organophosphoms pesticides）是含磷（膦）酸或氨基膦酸的酯类或硫醇的衍生物，其结构式见图5-24，其中，R^1 和 R^2 多为甲氧基（CH_3O）或乙氧基（C_2H_5O），可以直接连接到磷原子（亚磷酸盐）上，或通过氧（磷酸盐）或硫原子（硫代磷酸酯类）连接到磷原子上。多数情况下，R^1 直接与磷原子相连，而 R^2 则通过氧或硫原子与磷原子相连（分别形成膦酸盐或硫代膦酸盐）。X 基团为可变基团，可以是脂肪族、芳香族或杂环基团，取代基团的不同可产生不同的化合物，主要分为磷酸酯类、硫代磷酸酯类、硫代膦酸酯类、硫代磷酰胺类。大部分有机磷农药不溶于水，易溶于有机溶剂，碱性条件下可水解失效，中性和酸性条件下稳定。

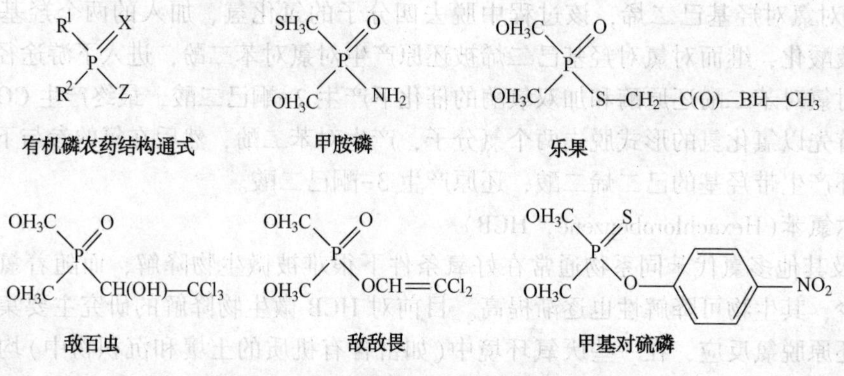

图 5-24　几种典型有机磷农药化学结构式

生物降解有机磷农药的主要方式是酶促反应，有机磷农药通常含有 P—S 键和 P—O 键，有些有机磷农药（如甲胺磷）还含有 P—N 键。当有机磷农药进入土壤环境，土壤中的微生物产生相应的酶，在这些酶的作用下，上述键被打断，使有机磷农药被降解。因而，有机磷的降解与微生物的生长密切相关。大部分具有降解能力的微生物能利用有机磷作为唯一磷源进行生长，有少量的微生物利用有机磷农药作为唯一的碳、氮、磷源进行生长，有些微生物降解有机磷农药则通过共代谢作用实现有毒物质的转化和降解。自然环境中存在着对有机磷农药有一定降解作用的细菌、真菌、藻类等微生物，国内外学者也已从不同的环境中分离筛选出可降解有机磷农药的微生物（见表5-4）。

236

表 5-4　降解有机磷农药的部分微生物

	微生物种类
细菌	假单胞菌属（*pseudomonas*）、芽孢杆菌属（*baccillus*）、节杆菌属（*arthrobacter*）、棒状杆菌属（*corynobac-terium*）、黄杆菌属（*flavobacterium*）、黄单胞杆菌属（*xanthamonus*）、固瘤细菌属（*azotomonus*）、硫杆菌属（*thiobacillus*）等
真菌	曲霉属（*aspergillus*）、青霉属（*pinicielium*）、木霉属（*trichoderma*）、酵母菌等
藻类	小球绿藻属（*chorolla*）

微生物对有机磷农药的降解作用是由其细胞内的酶引起时，微生物降解的整个过程可以分为三个步骤：首先是有机磷在微生物细胞膜表面的吸附，这是一个动态平衡；其次是吸附在细胞膜表面的有机磷农药进入细胞膜内；最后是有机磷进入微生物细胞膜内与降解酶结合发生酶促反应，这是一个快速的过程，一般认为该过程不会成为限速步骤。微生物降解有机磷农药的酶促生化反应类型主要有：

（1）氧化反应　包括醇、醛氧化成酸，甲基氧化成羧基，氨氧化成亚硝酸、硝酸基，硫、铁的氧化，脂、酯类的 β-氧化，氧化去烷基化，硫醚氧化与过氧化，苯环羟基化、苯环裂解、杂环裂解、环氧化等。

（2）还原作用　包括乙烯基还原，醌类还原，双键和三键还原等。

（3）基团转移　包括脱羧作用、脱氨基作用、脱卤作用、脱烃作用、脱氢卤作用、脱水作用等。

（4）水解作用　包括酯类水解、胺类水解、酸酯水解、腈水解、卤代烃水解去卤等。

（5）酯化作用　缩合反应、氨化反应、乙酰化反应等。

微生物对有机磷农药的降解一般是通过水解酶、裂解酶和转移酶的作用进行。由于水解作用是有机磷农药微生物降解最主要的途径，所以水解酶的作用有着重要而广泛的意义。有机磷降解酶（organophosphorus hydrolase，简称 OPH），又称磷酸三酯酶，可降解有机磷分子，破坏有机磷化合物分子的磷酸酯键而使其脱毒。有机磷农药的化学结构特性决定了有机磷降解酶对此类化合物的降解具有广谱性，也即一种有机磷降解酶往往可以降解多种有机磷农药。有机磷降解酶的研究主要集中在对硫磷水解酶上，如表 5-5 所示。

表 5-5　有机磷农药的主要作用点和酶的种类

作用位点	P—O—烷基	P—O—芳基	O=P—NH	—烷基	—NO₂	C—P	苯环
酶的种类	水解酶	水解酶	水解酶	氧化酶	还原酶	裂解酶	氧化酶
酶的催化作用	亲核进攻脱烷氧基、对硫磷、甲胺磷等有机磷农药降解途径	对硫磷的降解途径	甲胺磷水解的主要途径	包括甲氧基、乙氧基等，有机磷农药降解去毒的主要途径	将硝基还原成氨基	碳磷键破裂、有机物矿化的必要途径	苯环开环

目前，微生物对有机磷农药的代谢途径研究比较清楚的是甲基对硫磷，其代谢途径如图 5-25 所示。微生物代谢甲基对硫磷，初始反应一般为水解反应，产物为二甲基硫代磷酸（dimethylthio-phosphoric acid，DMTP）和对硝基苯酚（p-nitrophenol，PNP），DMTP 为无毒化合物，PNP 的毒性与其母体甲基对硫磷相比下降了 100 倍，但由于其含有苯环结构，残留期很长，对环境和人类的健康毒性也很大，因而对 PNP 的微生物降解引起了广泛重视。

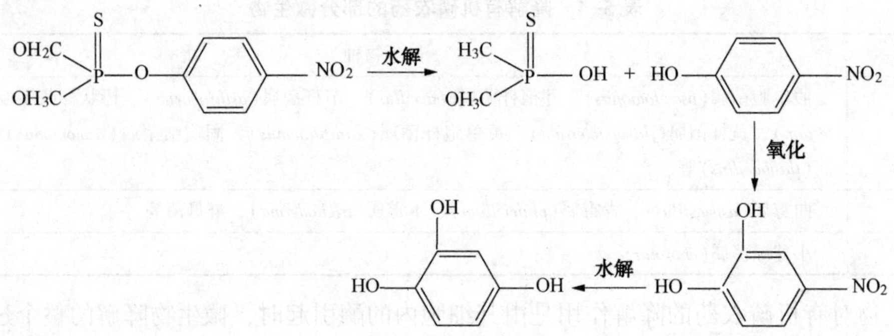

图 5-25 甲基对硫磷的代谢途径

3）氨基甲酸酯类农药

氨基甲酸酯类农药（carbarmate pesticide）的结构特性是分子中含有一个 N—甲基基团。这类农药可分为五大类：①萘基氨基甲酸酯类，如西维因（甲萘威）；②苯基氨基甲酸酯类，如异丙威、速灭威、残杀威；③氨基甲酸转酯类，如灭多威、涕灭威（铁灭克）；④杂环甲基氨基甲酸酯类，如呋喃丹（克百威）；⑤杂环二甲基氨基甲酸酯类，如抗蚜威、异索威。除少数品种如呋喃丹等毒性较高外，大多数属中低毒性。结构式见图 5-26。

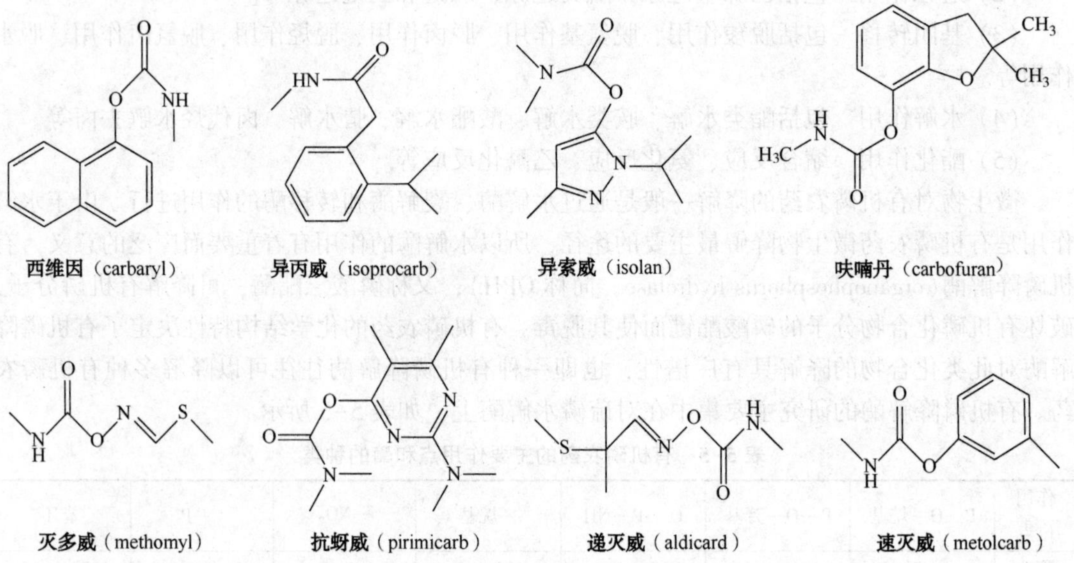

| 西维因（carbaryl） | 异丙威（isoprocarb） | 异索威（isolan） | 呋喃丹（carbofuran） |

| 灭多威（methomyl） | 抗蚜威（pirimicarb） | 涕灭威（aldicard） | 速灭威（metolcarb） |

图 5-26 氨基甲酸酯类农药结构式

氨基甲酸酯杀虫剂的酯结构，相对有机磷杀虫剂而言较为稳定，难以受到酯酶的攻击。氨基甲酸酯农药在生物体内主要进行氧化或水解反应。氨基甲酸酯杀虫剂易于被生物体内中的酯酶所水解，酯键断裂，产生酚（或肟、烯醇）以及胺和 CO_2。以西维因为例，生物降解途径如图 5-27 所示。

对于氨基甲酸酯除草剂，同样可以被生物体内中的酯酶所水解，产生脂肪醇、苯胺（或氯代苯胺）和 CO_2。以氯苯胺为例，如图 5-28 所示。

对于氨基甲酸酯除菌剂，该类化合物在土壤和植物体内先降解生成多菌灵，多菌灵在酯酶作用下水解生成 2-氨基苯并咪唑，并经过一系列途径生成苯胺。典型氨基甲酸酯除菌剂苯来特的生物降解途径如图 5-29 所示。

238

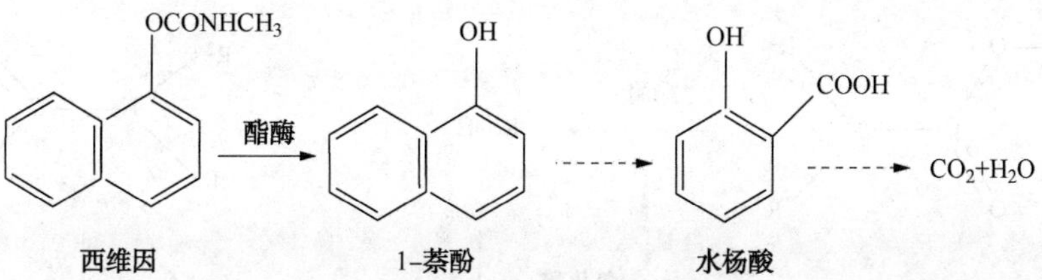

图 5-27 西维因的生物降解途径

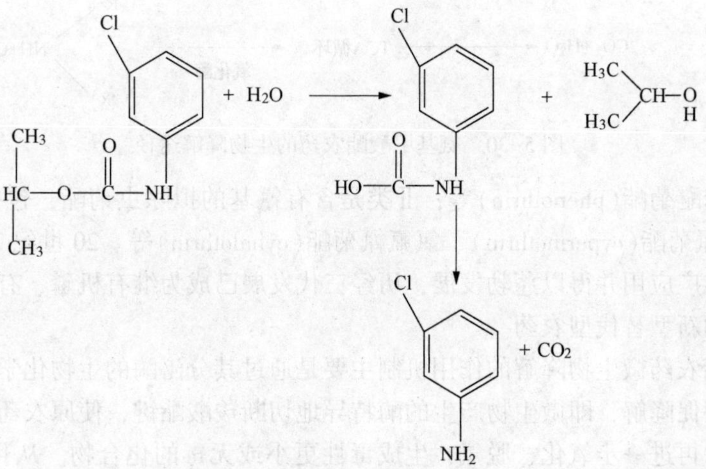

图 5-28 氯苯胺灵的生物降解途径

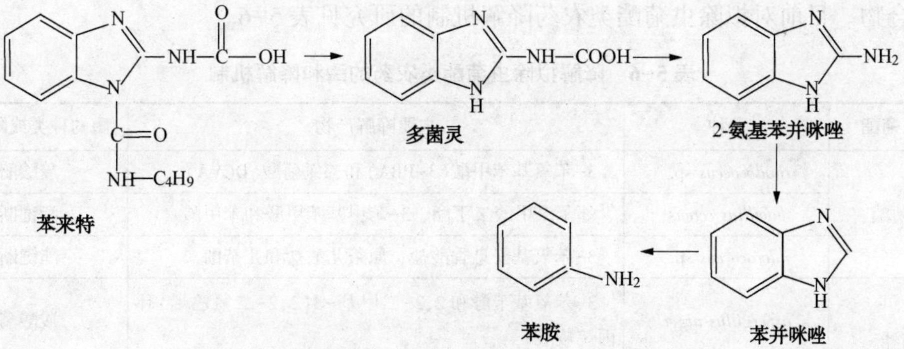

图 5-29 苯来特的生物降解途径

综上所述，氨基甲酸酯农药的典型降解途径如图 5-30 所示。它们在酯酶作用下酯键断裂生成酚（或醇和肟）和胺，然后在氧化酶（单加氧酶和双加氧酶）作用下，形成三羧酸循环的中间氧化物，最后代谢为 CO_2 和 H_2O。

4) 拟除虫菊酯

拟除虫菊酯（pyrethroids）是一类在天然除虫菊酯化学结构基础上发展而来的仿生药物，也是一类具有广谱、高效、低毒和生物降解等性质的合成杀虫剂。农用拟除虫菊酯类杀虫剂开始于 20 世纪 70 年代中期，英国 Elliott. M 博士首先将环丙烷羧酸的乙烯侧链上两个甲基以卤素取代，解决了菊酯类化合物光不稳定的缺点，合成了一系列农用菊酯类农药，并把拟除虫菊酯分为两类，Ⅰ 类是不含有氰基的拟除虫菊酯，包括氯菊酯（permethrin）、联苯菊酯

239

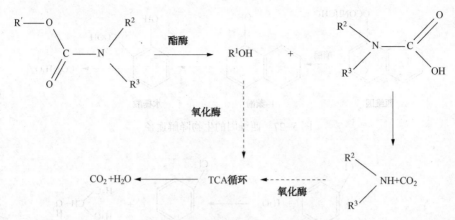

图 5-30　氨基甲酸酯农药的生物降解途径

（bifenthrin）、苯醚菊酯（phenothrin）等；Ⅱ类是含有氰基的拟除虫菊酯，包括溴氰菊酯（deltamethrin）、氯氰菊酯（cypermethrin）、氯氟氰菊酯（cyhalothrin）等。20 世纪 70 年代，拟除虫菊酯在农业上推广应用并得以蓬勃发展，历经三代发展已成为继有机磷、有机氯和氨基甲酸酯类农药之后的新型替代型农药。

拟除虫菊酯农药微生物降解的作用机制主要是通过其分泌酶的生物化学过程来完成，从本质上讲就是酶促降解，即微生物产生的酶特异地切断羧酸酯键，使原农药分子生成 2 个较小的羧酸和醇，再进一步氧化、脱氢，生成毒性更小或无毒的化合物。从目前的研究来看，拟除虫菊酯酶促降解的最重要一步反应是羧酸酯酶特异性地水解拟除虫菊酯的羧酸酯键，使拟除虫菊酯分子分解生成羧酸和醇两部分，然后再进一步降解，生成毒性更小或者无毒的小分子化合物。目前对拟除虫菊酯类农药降解机制的研究见表 5-6。

表 5-6　降解拟除虫菊酯类农药的酶和降解机制

拟除虫菊酯	菌种	主要降解产物	酶的种类或降解方式
氯氰菊酯	*rhodococcus* sp.	3-苯氧基苯甲酸（3-PBA）和二氯菊酸（DCVA）	羧酸酶酯
	bacillius cereus	邻苯二甲酸二丁酯、3-苯甲基苯甲醛和苯甲酸	酯键断裂
	micrococcus sp.	3-苯氧基安息香酸盐、原茶儿酸盐和儿茶酚	酯键断裂
氯菊酯	*aspergillus niger*	3-苯氧基苄醇和 2,2-二甲基-3（2,2-二氯乙烯）环丙烷羧酸	羧酸酶酯
	bacillus cereus	3-PBA、反式 DCVA	羧酸酶酯
氯氟氰菊酯	*enterobactercloacap*	α-氰基-3-苯氧基苄醇和 2,2-二甲基-3（2-氯-3, 3,3-三氟-1-丙烯基）环丙烷羧酸	酯键断裂
高效氯氟氰菊酯	*pseudomonsstuoeri*	α-氰基-4-氟-3-苯氧基苄基-3（2,2-二氯乙烯）-2,2,-二甲基环丙烷羧酸酯、4-氟-3-苯氧基苄醇和 2,2-二甲基-3-（2,2-二氯乙烯）环丙烷羧酸	酯键断裂、醚键断裂
甲氰菊酯	*sphingobium* sp.	3-苯氧基苯甲醛和 2,2,3,3-四甲基环丙烷羧酸	羧酸酶酯
丙烯菊酯	*acidomonas* sp.	环丙烷羧酸、2,2-二甲基-3-（2-甲基-1-丙烯）、2-乙基-1,3-二甲基戊-2-烯羧酸、菊酸和丙醇酮	氧化和脱氢作用水解
氰戊菊酯	*bacilliuslicheniformis*	（1,1-二甲基乙基）氯苯、2-丁烯基-3-氯苯、2-丙基-1-氯苯、3-苯甲基苯甲醛	羧酸酯键断裂

氯菊酯与丙烯菊酯的微生物降解途径分别见图 5-31、图 5-32。

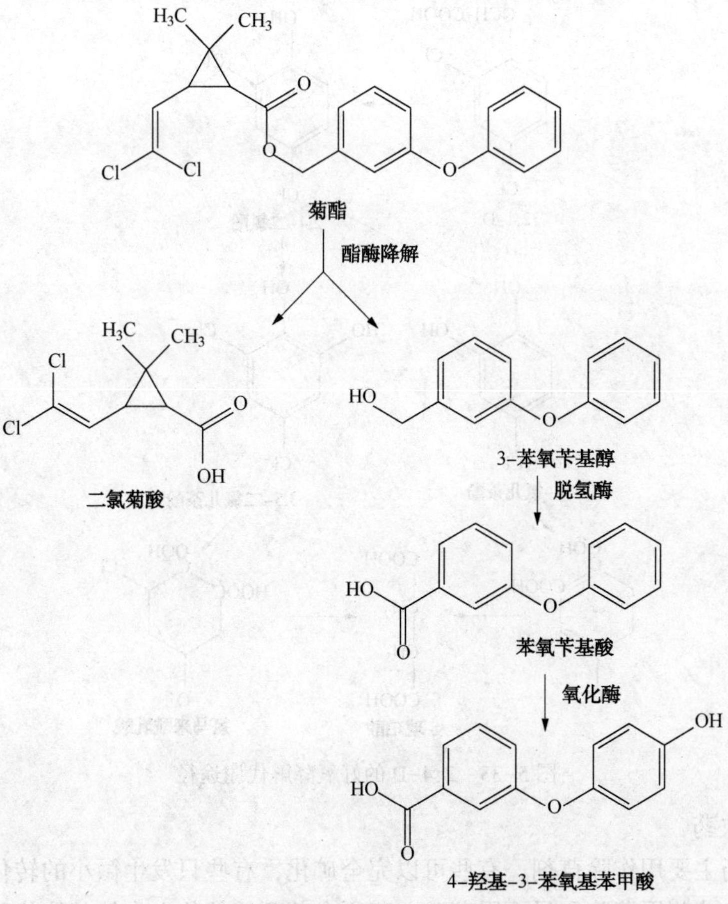

图 5-31　氯菊酯的微生物降解途径

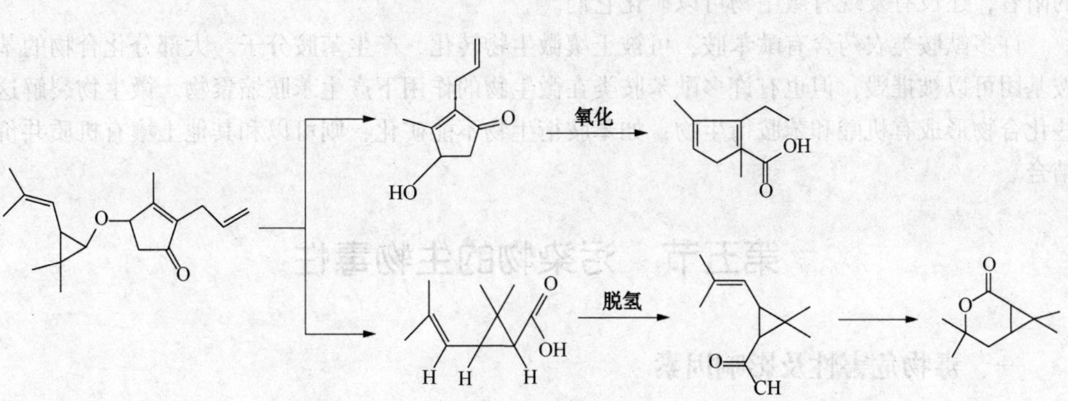

图 5-32　丙烯菊酯的微生物降解途径

5）氯代苯氧羧酸类农药

这类除草剂有 2,4-D、2,4,5-T 等。2,4-D 是最早开发的苯氧羧酸类除草剂，其杀草活性高、选择性强。2,4,5-T 效果更佳，但是由于合成过程中有二噁英产生，有高度致畸作用，已被很多国家禁用。

大多数苯氧羧酸类可被微生物降解，微生物转化的主要方式有苯环羟化、长链脂肪酸的

β-氧化以及苯环或醚键的裂解。其中一种好氧生物降解 2,4-D 的途径见图 5-33。

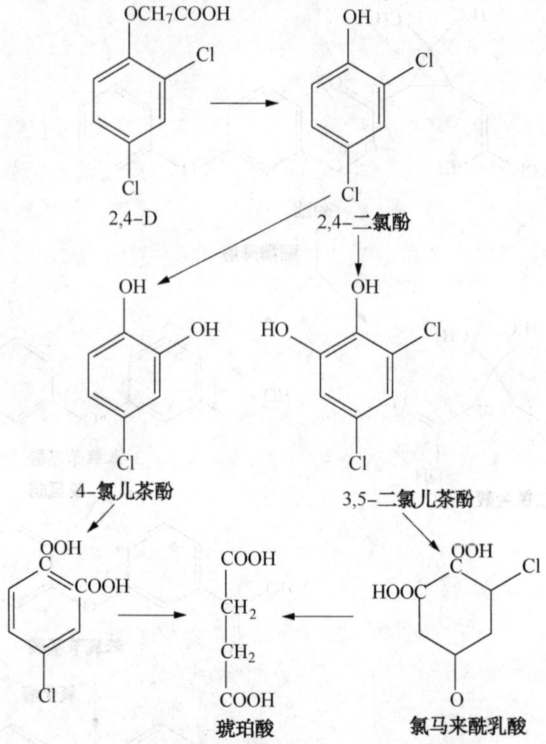

图 5-33 2,4-D 的好氧降解代谢途径

6) 酰胺类农药

酰胺类农药主要用作除草剂，有些可以完全矿化，有些只发生微小的转化。据报道，两种广泛使用的除草剂甲草胺和异丙甲草胺，其所含苯环的邻位上有烷基取代基，可以阻止酶的附着，还没有发现有微生物可以矿化它们。

许多酰胺类农药含有酰苯胺，可被土壤微生物转化，产生苯胺分子。大部分化合物的苯胺基团可以被摧毁，但也有许多酰苯胺类在微生物的作用下产生苯胺缩聚物。微生物裂解这些化合物形成有机酸和苯胺衍生物；如苯胺衍生物不能矿化，则可以和其他土壤有机质共价结合。

第五节　污染物的生物毒性

一、毒物危害性及影响因素

1. 毒物与毒性

有毒物质(简称毒物)，凡少量物质进入机体后，能与机体组织发生化学或物理化学作用，破坏正常生理功能，引起机体暂时的或长期病理状态，甚至危及生命的物质称为毒物。

毒性是指外援化学物质与生物体接触或者进入机体的易感部位后，能够引起损害作用的相对能力。毒物与生物体中的化学成分相互作用，干扰生物体正常的代谢及自稳机制，而引发生物体的生理、生化以及病理的变化。环境中的污染物不仅可对生态系统中的生物产生毒

242

害作用，并通过各种直接或者间接的方式与人体接触，导致人体正常代谢的紊乱甚至组织和器官细胞的损害。生物毒性是指生物体由于毒物的作用在毒理学上产生不良症状的程度和状况。生物毒性的大小与剂量、暴露途径、暴露时间等有密切联系。直接采用人体进行毒性试验研究是行不通的，但是可以采用其他生物对污染环境的反应来指示污染程度的大小。

毒物与非毒物之间并无截然分明的界限，从广义上讲，世界上没有绝对有毒和绝对无毒的物质。即使是人们赖以生存的氧和水，如果超过正常需要进入体内，如纯氧输入过多或输液过量过快时，即会发生氧中毒或水中毒。食盐是人类不可缺少的物质，如果一次摄入 60g 左右也会导致体内电解质紊乱而发病；如一次摄入 200g 以上，即可因电解质严重紊乱而死亡。反之，一般认为毒性很强的毒物，如砒霜、汞化物、蛇毒、乌头、雷公藤等也是临床上常用的药物。

2. 毒物侵入机体的途径

毒物主要经呼吸道，其次经皮肤侵入机体，经消化道进入实际意义较小，也存在发生意外事故时毒物有可能直接冲入口腔的情形。

1）呼吸道

呼吸道是主要而且最常见的进入途径。凡是气体、蒸气和气溶胶形态的毒物，都可经呼吸道进入人体。从鼻腔至肺泡整个呼吸道都能吸收毒物，但以肺泡吸收能力最强。肺泡表面积约 $50\sim150m^2$，而且肺泡壁很薄又有丰富的毛细血管，所以吸收毒物十分迅速。经呼吸道吸收的毒物不经肝脏解毒而直接通过血液循环分布于全身。空气中毒物浓度愈高，毒物在体液中溶解度愈大，气溶胶状态毒物的粒子愈小，毒物的吸收量也愈大。此外，肺通气量、肺血流量的大小亦影响毒物的吸收量，两者又与人的活动强度、环境温度、湿度有关。

2）皮肤

皮肤具有屏障作用，即便如此许多毒物也能通过皮肤吸收。经皮肤吸收的毒物也不经肝脏解毒直接进入血循环向全身分布。毒物经皮肤吸收主要通过表皮到达真皮进入血循环，小部分通过汗腺、皮脂腺、毛囊到达真皮进入血循环。一般来说，脂溶性毒物能透过表皮较易经皮肤吸收，脂、水都可溶的毒物更易经皮肤吸收。苯的氨基硝基化合物、金属的有机化合物（如四乙铅）、有机磷农药等主要经皮肤吸收引起中毒。有机溶剂、氰化氢、氯乙烯、汞等也可经皮肤微量吸收。皮肤有病损时，不能经完整皮肤吸收的毒物也能大量吸收。除毒物本身的理化特性影响经皮肤吸收外，毒物的浓度、黏稠度、接触皮肤的部位、面积、溶剂种类及外界气温、气湿等也影响毒物的经皮吸收。

3）消化道

消化道进入多由于个人卫生习惯不良、发生意外或滞留于上呼吸道的难溶性气溶胶被咽下所引起，但进入量通常较少。进入消化道的毒物主要在小肠吸收，经门静脉进入肝脏，经解毒后随血液循环分布到全身。有的毒物如氰化物，在口腔内即可经黏膜吸收。

毒物侵入机体后，一般要经历生物转运（吸收、分布、排泄）和生物转化（代谢）等过程，直至最后从体内排出，这是机体对毒物进行处理，促使其从体内消除的过程。在这个过程中，由于毒物本身的理化特性及机体组织的生化、生理特点，过量毒物吸收进入人体后，通过血液循环分布到全身各组织或器官，进而破坏人体的正常生理机能，导致中毒危害。

3. 影响毒物危害性的因素

机体接触毒物后产生的毒作用表现的性质及程度，即毒物的危害性，不仅取决于毒物的毒性，还受生产条件、劳动者个人等许多因素影响。因此，毒性大的物质不一定危害性大，毒性与危害性不能划等号。

1）毒物的浓度和作用时间

有毒化学物质进入体内，只有达到一定剂量时才能引起中毒。空气中毒物的浓度越高，接触时间越长，则毒物进入体内的剂量越大。从事接触毒物作业的工人中，发生中毒的机会、机体受损程度与进入体内毒物剂量、空气中毒物浓度和接触时间有直接关系。降低空气中毒物浓度，减少进入体内的毒物量是预防职业中毒的重要环节。

2）毒物的联合作用

生产环境中常常有数种毒物同时存在而共同作用于人体，产生联合作用。例如，大多数刺激性气体和麻醉性气体共存时呈相加作用，窒息性气体一氧化碳、硫化氢两者共存时产生增强作用。此外，还要注意生产性毒物与生活性毒物的联合作用，例如饮酒能增强苯胺、硝基苯、四氯化碳等的毒作用。

3）个体感受性

人体对毒物的反应差别很大，此即个体感受性不同。引起这种差别的个体因素很多，年龄、性别、生理变动期（孕期、月经期、哺乳期）、健康状态、遗传、营养、行为与生活方式等都可以产生影响。一般来说，儿童、老年人对毒物较敏感，妇女在生理变动期（经期、孕期、哺乳期）对某些毒物敏感性增高，肝、肾功能减退时更容易发生中毒。烟酒嗜好往往增加毒物的毒性作用。

4）环境因素

生产环境的温度、湿度、气压、气流等能影响毒物的毒性作用。高温可促进毒物挥发，增加人体吸收毒物的速度；湿度可促使某些毒物如氯化氢、氟化氢的毒性增加；高气压可使毒物在体液中的溶解度增加；劳动强度增大时人体对毒物更敏感，毒物吸收得多，耗氧量大，使机体对能引起缺氧的毒物更为敏感。

二、单一毒性作用分类及评价指标

1. 单一毒性作用分类

单一毒物的毒作用机理本质是毒物分子与生物大分子的相互反应，导致生物体内分子结构和功能的改变，进而产生有害效应的生物化学与生物物理学过程。

1）根据污染物接触机体后引起中毒的速度划分

（1）急性中毒（acute toxicity）

指污染物一次或24h内多次作用于生物机体所引起的损伤能力。

（2）亚急性中毒（subacute toxicity）

指污染物在生物寿命的1/10左右的时间内，每日或反复多次作用于生物机体所引起的损伤能力。

（3）慢性中毒（chromic toxicity）

指污染物在生物生命的大部分时间内或整个生命周期内持续作用于生物机体所引起的损伤能力。

2）从分子水平的毒作用机理划分

（1）毒物的不可逆作用（irreversible effect）

毒物的不可逆作用是环境化学污染物对生物体的主要作用方式，该作用是指外来化合物或其活性代谢物与核酸、蛋白质等生物大分子的共价键结合、致死性合成或致死性渗入、生物酶的不可逆抑制以及对生物膜产生脂质过氧化的毒害作用。致突变、致癌作用等是明显的不可逆作用。

（2）毒物的可逆性作用（immediate effect）

可逆性作用是指停止接触毒物后，机体所受损害可逐渐恢复的毒性作用。酶和受体与毒物分子可能发生结构上的非持久性改变，毒物对生物体靶分子不产生化学损伤。外来物与机体内蛋白质的结合是可逆毒性的核心。

（3）蓄积毒性作用（accumulation effect）

亲脂性物质所具有的麻醉作用，就是物理性蓄积引起的毒作用。麻醉作用是非特异性毒性机制（即非反应型）的表现，通常叫做基本毒性（baseline toxicity）。该作用通常是对细胞或者动物的中枢神经产生抑制，一般是由化合物跨越细脑膜的传质过程，或者是由其脂溶性所决定的。

特异性毒性机理也称反应型，就是指环境化学污染物具有特异性化学基团与生物体内的蛋白质、酶、DNA 受体上的—SH、—OH 等部位发生生物化学反应，影响体内大分子结构和功能。其他机理包括碳氧键加成和碳碳双键加成等反应。具体的毒性机理随着污染物质分子、生物物种、具体的反应部位的变化而变化。具有—CH_3、—NO_2、—NH_2 的硝基芳烃化合物的毒性高于基本毒性。

3）从生物体毒性作用显现时间角度划分

（1）速发性毒作用（immediate toxic effect）

是指某些外源化学物在一次暴露后的短时间内所引起的即刻毒作用。

（2）迟发性毒作用（delayed toxic effect）

是指在一次或多次接触某种外源化学物后，经一定时间间隔才出现的毒性作用。

4）从毒物作用于生物体部位

（1）局部毒性作用（local toxic effect）

是指某些外源化学物在机体暴露部位直接造成的损害作用。

（2）全身毒性作用（systemic toxic effect）

是指外源化学物被机体吸收并分布至靶器官或全身后所产生的损害作用。

2. 单一毒性评价的常用指标

绝对致死剂量（absolute lethel dose，LD_{100}）化学毒物引起受试对象全部死亡所需要的最低剂量。如再降低剂量，即有存活者。但由于个体差异的存在，受试群体中总是有少数高耐受性或高敏感性的个体，作为评价化学毒物毒性大小常有很大的波动性。

（1）最小致死剂量（minimal lethel dose，LD_{01}）指化学毒物引起受试对象中的个别成员出现死亡的剂量。从理论上讲，低于此剂量即不能引起死亡。

（2）最大耐受剂量（maximal tolerance dose，LD_0）指化学毒物不引起受试对象出现死亡的最高剂量。若高于该剂量即可出现死亡。与上述 LD_{100} 的情况相似也受个体差异的影响，存在很大的波动性。故 LD_0 和 LD_{100} 常作为急性毒性试验中选择剂量范围的依据。

（3）半数致死剂量（median lethel dose，LD_{50}）指化学毒物引起一半受试对象出现死亡所需要的剂量，又称致死中量。LD_{50} 的是评价化学毒物急性毒性大小最重要的参数，也是对不同化学毒物进行急性毒性分级的基础标准。化学毒物的急性毒性与 LD_{50} 的数值呈反比，即急性毒性越大，LD_{50} 的数值越小。

（4）安全浓度（safe concentration，SC），或最大容许浓度（maximum permissible limit concentration，*MPC*），是指通过整个生活周期甚至持续数个世代的慢性实验，对受试生物确无影响的毒物浓度。安全浓度可以从慢性实验结果直接求得，也可通过急性实验估计求得。

三、联合毒性作用的分类和评价方法体系

1. 联合毒性作用

在现实环境中，往往会同时存在多种化学污染物，它们会对暴露于其中的生物机体产生生物学效应，且该效应完全不同于任一个化学污染物所单独产生的。因此，人们把两种或两种以上的化学污染物共同作用所产生的综合毒性作用，称为化学污染物的联合毒性作用（joint toxic effect）。从20世纪70年代末期，人们就意识到了混合物的联合污染问题。联合毒性是一类综合性的生态学效应，在作用机制上包括协同、拮抗、竞争、保护、加和、抑制、独立作用以及其他交互作用。影响化合物联合毒性作用的因素较多：环境介质的种类和pH值、受试物浓度和浓度配比、染毒时间长短、受试组分间接触程度和加入的先后顺序、指示生物的类别及其年龄、性别、大小等，在水体中还要考虑盐度、温度和硬度等。

长期以来的毒理学研究多数基于单一物质，因为单一物质的毒性研究易于操作，耗资小，而且实验方法和原理相对简单。所以大量的单一有机污染物或重金属的物理化学性质和环境毒性效应被揭示出来，但是在实际环境中通常有多种污染物共存，不能只用化学品的单一毒性效应去评价其对环境的影响，因为在有两种或多种化学物质同时作用于生物的情况下，有可能会引起与各物质单独作用时不同的毒性反应。因此对两种或多种化学品的联合毒性效应研究更具实际意义，可以为环境标准的制定和生态风险评价提供更可靠的依据。

2. 联合毒性作用方式的分类

Bliss在1939年研究两种毒物联合作用时首次提出联合作用理论，他把联合作用分成三种类型，即相似联合作用（又称相加联合作用）、独立联合作用与协同和拮抗联合作用。假定两种化学物质作用于机体的同一受体，其效果为两者分别作用时的总和为相似联合作用；多种化学物作用于机体的不同靶位，产生互不相同的效应，则为独立联合作用；协同和拮抗联合作用是指两种化学物的效应分别大于或小于相加作用。

此后，不同的学者提出了不同的联合作用的划分，有的学者采用相加（addition）、超相加（super-addition）和亚相加（infra-addition）的分类方法；也有学者提出，按照联合作用的性质和程度，可以对每种作用类型再分类，如加强和拮抗作用都可再分为单向、双向和反应三种类型，单向是指一种无活性的化学物质影响另一种活性化学物质的效应，双向则是指两种活性化学物质之间互相影响对方的效应。

1981年，世界卫生组织专家委员会把联合作用划分三类：（1）独立作用是指各化学物以不同的作用方式产生效应；（2）拮抗作用是指总效应小于各化学物单独作用时产生的效应的总和；（3）协同作用又分为相加作用和加强作用：相加作用是指总效应为各化学物单独作用时的总和；加强作用是指总效应大于各化学物单独作用时的总和。

根据化学物的最初作用方式与作用部位是否影响另一种化学物的生物作用，确定其反应性，这种划分是目前较为公认和普遍采用的分类方法。

1）简单相加作用（simple addition）

指几种毒物联合作用的毒性等于其中各毒物成分单独作用毒性的总和，该联合作用成为相加作用。即混合物中一种毒物被同等比例另一毒物成分所取代。化学结构比较相近、同系物、毒作用靶器官相同或作用机理类似的化学物同时存在时，由于它们对于机体的同一部位

或组织的毒性作用近似，作用机理也类似，多易发生相加作用。

2）协同作用，亦称增强作用（synergism or potentiation），即大于相加（more than additive）

指联合作用总效应大于各毒物单独作用的毒性总和。这可以理解为一种物质的毒性被另一种物质增强。协同作用的靶器官可以不一致，但最终的生物学效应是一致的。协同作用对环境安全具有很大的威胁性，一些无毒或毒性很小的物质，由于与环境中的其他物质同时存在，可能产生较大的毒性，严重影响环境质量。协同作用的产生和强度与各组分加入的顺序和比例有关。

3）拮抗作用（antagonistic effect），即小于相加（less than additive）

指联合作用的总效应小于各有害化学物质单独作用时的毒性总和。可理解为一种化合物抑制了另一种化合物的毒性，所以也称为抑制作用（inhibition）。

4）独立作用（independence），即无相互作用（noninteractive）

指各毒物对机体的侵入途径、作用部位、作用机理等均不相同，毒物对机体产生的生物学效应彼此无关、互不影响，只有在剂量很大时，有一个致死的共同结局，这种联合作用称为独立作用。独立作用的毒性低于相加作用，但高于其中单项毒物的毒性。联合效应由最大毒性成分引起。

3. 联合毒性作用的常用评价方法

对于水中多化学物质联合毒性的评价起始于20世纪70年代，由于不同混合物的作用机理和类型不同，而且混合物所含组分越多，其相互作用越复杂，所以对于联合毒性作用的评价方法也比较多。每种方法都有各自的特点，对于同一种联合作用，采用不同的评价方法，得出的结论也可能有一定区别。

1）毒性单位法（M）

毒性单位（TU）这一概念最早是由 Sprague 和 Ramsay 提出的，他们在研究 Cu-Zn 之间交互作用对大西洋大马哈鱼幼体生长发育时，首次用毒性单位来表示化学物的浓度。1975年，Marking 和 Dawson 将这一概念推广到混合物的相加作用。毒性单位中规定混合物中第 i 组分的毒性单位为：

$$TU_i = \frac{c_i}{LC_{50,i}}$$

$$M = \sum_{i=1}^{n} TU_i$$

$$M_0 = \frac{M}{TU_{i,max}}$$

式中　c_i——i 组分在混合物中的浓度；

$LC_{50,i}$——i 组分的单一 LC_{50} 值；

$TU_{i,max}$——混合物中毒性单位最大值。

根据 M 值和 M_0 值可以评价混合物的作用类型，具体评价标：当 $M=1$ 时，为简单相加作用；当 $M>M_0$ 时，为拮抗作用；当 $M<1$ 时，为协同作用；当 $M=M_0$ 时，为无相加或独立作用；当 $M_0>M>1$ 时，为部分相加作用。

2）相加指数法（AI）

指数相加法是在毒性单位概念基础上发展起来的。其基本原理是，化合物对生物的作用性质或方式相似，因而一种产生的毒性可被一定量的另一种毒物所代替，当毒物的有效浓度以相同的单位表示时，混合物的有效浓度为各毒物有效浓度之和。1977 年，Marking 系统地阐述了这一概念。Marking 将 *AI* 定义为：若当 *M* = 1 时，*AI* = *M* − 1；当 *M* < 1 时，*AI* = 1/*M* − 1；当 *M* > 1 时，*AI* = 1 − *M*。*AI* 的评价标准是：当 *AI* = 0 时，为简单的相加作用；当 *AI* < 0 时，为拮抗作用；当 *AI* > 0 时，为协同作用。

3）混合毒性指数 *MTI*（mixture toxic index）法

1981 年，Konemann 首次使用混合毒性指数（*MTI*）评价了多元混合物对鱼的联合毒作用。Konemann 将 *MTI* 定义为：

$$MTI = 1 - \log M / \log M_0$$

其中 *M* 和 M_0 的意义同前，*MTI* 的评价标准为：当 *MTI* = 1 时，为简单相加作用；当 *MTI* < 0 时，为拮抗作用；当 *MTI* > 1 时，为协同作用；当 *MTI* = 0 时，为独立作用；当 0 < *MTI* < 1 时，为部分相加作用。

其中 *N* 表示混合物中化合物的数目。

4）相似性参数（λ）法

1989 年，Christen 和 Chen 在分析二元和多元混合物的联合效应时提出了相似性参数的评价方法。对于 *n* 组分的混合物来说，有如下方程：

$$\sum_{i=1}^{n} (TU_i)^{1/\lambda} = 1$$

式中，λ 是相似性参数，可通过尝试法求得。相似性参数的评价标准为：当 λ = 1 时，为简单相加作用，当 λ > 1 时，为协同作用；当 0 < λ < 1 时，为拮抗或小于相加作用；当 λ = 0 时，为独立作用。

5）等效线图模型

Fraster 于 1870 年提出等效应线图模型理论，用以确定双因子相互作用时观测值与预测值之间的偏差。等效应线图模型是用含两个变量的二维坐标系来表征含三个变量的三维坐标系，即用直角坐标系表示两种化合物联合作用等效时的剂量。在同样的实验条件下，分别求出化合物 A 和 B 的 EC_{50} 值及 95% 置信限，画出等效应线；同样条件下再求出混合物的 EC_{50} 值，以混合物中 A/B 的实际剂量向横轴和纵轴做垂线，根据交点的位置评价联合作用效应类型。直角坐标系中，以纵轴表示浓度，横轴表示混合物的比例，把不同混合比例所对应的半数致死浓度点（isobole）在图中描出，即得到等效线图。下面是等效线图的两种常见表示方式，如图 5-34 所示。

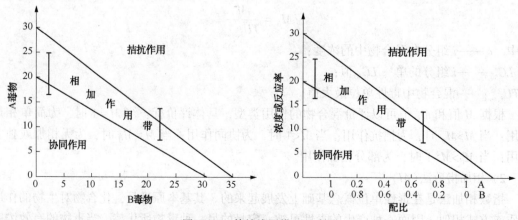

图 5-34　等效线图模型示意图

248

当交点落在95%置信限连线以内，化合物之间为相加作用；当交点落在95%置信限连线以上，化合物之间为拮抗作用；当交点落在95%置信限连线以下，化合物之间为协同作用。形象直观是等效应线图模型的优点，但该方法需要大量详细的实验资料，如一系列混合物的准确剂量以及引起特定反应的数据资料。

四、毒物作用的生物化学机理

联合毒性作用机理研究是进行化合物联合毒性作用研究的重点和难点，经过环境工作者多年的研究，主要有以下几种作用机理：

1）竞争活性部位

根据"受体"学说，化学物质在生物体内都有特异性的活性反应靶位。物理化学性质相近的污染物在细胞表面及代谢系统的活性部位存在着竞争作用，从而影响污染物的相互作用。对吸附位点的竞争会导致一种污染物从结合位点上取代另一种处于竞争弱势的污染物，这种竞争的结果在很大程度上取决于参与竞争的各污染物的种类、浓度比和各自的吸附特性。对吸附位点的竞争的相互作用，导致了生物相和水相间的分配，这一过程使其生物可利用性与联合毒性紧密相连。此外，混合物在生物体吸收和生物体靶位点上也存在着相互作用。当两种或多种化合物同时作用时，通过竞争结合位改变了实际可生物利用的化合物浓度，由此会以一种与暴露于单一污染物下完全不同的方式影响微生物。

2）改变生物细胞的结构和功能

两种或两种以上化学污染物作用于受体细胞时，有可能会与细胞蛋白等细胞成分发生作用，改变了生物体的细胞结构，当生物细胞的膜结构发生改变，细胞膜的通透性就遭到了破坏，同时细胞膜对化合物的运输能力也会降低，从而环境中的物质向生物体内运输的通道可能受阻，就会影响污染物之间的相互作用。许多污染物如重金属、有机氯杀虫剂、酚氧乙酸、除草剂、抗生素、脂肪酸、生物毒素等均可对生物膜的酶系统产生影响，从而对机体造成损害。

污染物进入机体后，将导致机体一系列的生物化学变化，这些变化广义上说可以分为两种：一种是用来保护生物体，抵抗污染物的伤害，称之为防护性生化反应；另一种不起保护作用，称之为非防护性生化反应。防护性生化反应的机理是通过降低细胞中游离污染物的浓度，从而防止或限制细胞组成成分发生可能的有害反应，消除对机体的影响。非防护性生化反应有多种多样，其作用机理也多样化，其作用结果之一就是产生对生物体有害的影响。

3）干扰生物正常的生理过程

环境中的化学污染物通过各种途径进入生物体内后，会在生物体内发生化学反应或者与生物体的组成成分发生反应，从而使生物体正常的生理活动遭到破坏，干扰特定化合物在生物体内的生理过程，如转移、代谢等。多种研究结果表明，污染物质对受体生物的毒性还会受到生物体的可利用性的制约，不同金属化合物的阴离子，其生物可利用性也存在着差异。

4）影响酶的活性

化学污染物的联合毒性作用会改变代谢酶在生物体内的活性，从而影响污染物质在生命体内的毒性作用方式，最终产生了不同的毒性作用，有些化学物质会因此毒性增强，有的会抑制生命体内自由基的产生而毒性降低。

生命过程是与机体内的生化过程分不开的，即生化过程是构成整个生命活动的基础。酶在生化过程中起着重要作用，几乎所有的生化过程都要有酶的参与。

体内各种酶及与之相关的一些微量元素、维生素、激素等辅酶都是维持正常代谢所必需的调节物质。为了促进体内各种氧化、还原、水解、结合等一系列复杂的物质和能量代谢转化，需要有上百万种酶参与。因此，污染物引起的机体中毒反应都必然涉及正常酶活性的变化，包括对酶的数量和活性的影响。

（1）诱导作用

酶的诱导作用是一种常见的中毒机理。酶活性的诱导增强具有双重意义：一方面由于增强代谢酶的活力，加速另一种化学物的代谢、排泄和解毒；另一方面有些化学物经代谢转化后，其代谢物毒性反而较原来化学物毒性高，无论是一般有毒物质还是致癌物质都有此现象。

（2）抑制作用

污染物对酶活性的抑制方式有多种。有的是一般性抑制，不具有特异性。因为生物转化酶系统不具有高度专一性，许多化学物可受到同工酶系统的催化，即许多化学物都是同一酶系统的底物。因此，一种化学物的出现或增多，可影响到对另一种化学物的作用。另外，对某些需要特殊金属作为活化剂的酶，则任何能置换该金属或使金属失活的物质，都可使该酶失去活性。另一种使酶丧失活性的机理是污染物与酶蛋白活性中心的功能基因，如巯基、羟基、羧基等相结合。如铅、砷、汞等能与巯基相结合。臭氧、二氧化氮、碘、氟等的作用机理是其能够氧化酶的某些功能基因。酶的一些特异功能基团如"—SH"和"—S—S—"都由于氧化而转变为非功能基因。

酶活性受到破坏的另一重要机理是污染物与酶活性所必需的辅助因子竞争酶的作用部位。污染物的结构和酶所需要的成分越相似，竞争越有效。当污染物取代了酶的活性部位时，就阻断了酶的正常功能，使大量正常物质代谢受阻。

总之，污染物可通过竞争性抑制和非竞争性抑制作用于酶的辅助因子，取代酶的活动中心，或作用于酶的激活物等多种方式，使酶的活性受到破坏或抑制，从而发挥其毒作用。

5）对生物大分子的干扰

污染物可通过抑制生物大分子的合成与代谢，干扰基因的扩散和正常表达，对 DNA 造成损伤或使之断裂并影响其修复。联合作用可使这种干扰增加或减小，从而产生协同或拮抗的联合效应。

（1）对蛋白质影响

蛋白质中许多氨基酸带有活性基团，如—OH、胍基、—NH_2、巯基等，这些氨基酸活性基团在维持蛋白质的构型和酶的催化活性中起重要作用。然而，这些基团易与污染物及其活性代谢产物发生反应，导致蛋白质化学损伤。

近年来研究发现，污染物除导致蛋白质化学损伤作用外，亦可诱导生物机体内一些功能蛋白产生，如应激蛋白（stress proteins）和金属硫蛋白（metallothionein，简称 MT）。

（2）对脱氧核糖核酸（DNA）影响

脱氧核糖核酸（DNA）是生物体内重要的大分子，也是生物体内重要的遗传物质。大量的研究表明，外源性化合物及其活性代谢产物能引起 DNA 损伤，外源化合物及其活性代谢产物与 DNA 相互作用及产生突变有一定的顺序，可分为四个阶段：第一个阶段，形成 DNA 加合物（DNA adducts）；第二个阶段，可能会发生 DNA 的第二次修饰，如链断裂或 DNA 修复率提高；第三个阶段，DNA 结构的破坏被固定，在此阶段，受影响的细胞常表现出功能的改变，最常见的染色体异常是姊妹染色体交换；第四个阶段，当细胞分裂时，外源性化合物造成的危害可导致 DNA 突变及其基因功能的改变。由此可见，外源性化合物及其活性代谢产物与 DNA 相互作用形成 DNA 加合物是产生 DNA 损伤最早期的作用，随后产生的最重要的影响是 DNA 结构改变，包括碱基置换、碱基丢失、链断裂等。

（3）脂质的过氧化

细胞和亚细胞膜系统的磷脂富含多烯脂肪酸侧链，这些多烯脂肪酸侧链可使脂蛋白膜对亲水性物质具有一定的通透性。但多烯脂肪酸很容易发生过氧化降解。某些污染物在细胞内代谢形成自由基，攻击多烯脂肪酸，引起脂质过氧化。脂质过氧化是一个链索的系列反应，多烯脂肪酸上不形成双链的亚甲基碳，易受到自由氧基的攻击，生成脂质自由基。在脂蛋白膜的碳氢中心，脂肪酸侧链是交错对插的，故在一个磷脂脂肪酸侧链上的脂质过氧自由基，经夺氢反应攻击相邻的饱和脂肪酸的亚甲基碳上的氢，生成一个脂质过氧氢和一个新的脂质过氧自由基，脂质过氧氢经分子内环化和酯解生成丙二酯、其他脂类和酮类，导致多烯脂肪酸的迅速降解。

知识链接：氧化应激与人体健康

一般而言，人体的抗氧化防御系统处于平衡状态，即体内自由基的产生和清除处于动态平衡的状态。然而一旦机体内自由基产生过多或抗氧化防御体系出现故障，体内自由基代谢就会失衡，导致机体内活性氧自由基(reactive oxygen species, ROS)和活性氮自由基(reactive nitrogen species, RNS)的产生和清除处于失衡的状态，致使细胞内的 ROS 和 RNS 水平过高，对组织造成损伤，使机体处于氧化应激状态(oxidative stress, OS)

Harman 博士于 1954 年提出了著名的"自由基理论"，认为由自由基引起的氧化应激以及氧化损伤是许多重大疾病的根源。自由基，即单独存在的、具有一个或者更多未配对价电子的离子、原子、分子或原子团，通常具有很高的反应活性。自由基(free radicals)是许多生理化学反应不可避免的副产物，如活化的中性粒细胞主要代谢产物即为自由基。此外，机体有可能因受到环境中电磁辐射刺激产生自由基，也有可能通过直接接触类似臭氧和二氧化氮等氧化污染物而产生自由基。ROS 主要由超氧阴离子(O_2^-)、羟自由基($\cdot OH$)、脂自由基($ROO \cdot$)和过氧化氢(H_2O_2)等组成；RNS 主要由一氧化氮($\cdot NO$)、二氧化氮($\cdot NO_2$)和过氧化亚硝酸盐($\cdot ONOO^-$)等组成。其中，羟自由基($\cdot OH$)是对人体细胞危害性最大的一种自由基，可对细胞内的 DNA、RNA、蛋白质、脂质、核膜和线粒体膜造成损伤，并且化学性质非常不稳定，平均寿命只有几毫秒，因此很难在机体中检测到。细胞内过高的 ROS 和 RNS 水平会引起细胞信号传导途径发生改变，从而导致脂质和蛋白质氧化损伤、DNA 断裂等，并且可以对细胞膜中高度不饱和脂肪酸进行攻击，导致细胞膜的脂质过氧化损伤(LPO)，造成细胞氧化损伤以及凋亡。

生物体内的自由基的清除体系，称为抗氧化机制(antioxidant system)。抗氧化机制为细胞提供了一种保护作用，使之免遭自由基的进攻，主要是通过有关的酶和一些能与自由基反应产生稳定产物的有机分子来完成的。体内的抗氧化机制由酶性和非酶性成分组成，前者包括酶促防御系统的重要保护酶——超氧化物歧化酶(superoxide dismutase, SOD)、过氧化氢酶(catalase, CAT)、过氧化物酶(peroxidase, POD)、谷胱苷肽还原酶(GR)以及抗坏血酸过氧化酶(ASP)等。其抗氧化机制是在酶的作用下，将自由基转化为毒性较小的产物，或能够被体内的其他机制进一步清除的产物。后者包括维生素 E、维生素 C、β-胡萝卜素、还原型谷胱苷肽(GSH)及辅酶 Q10 等，这类物质可直接与自由基结合而清除自由基。污染物进入生物体内后在体内进行生物转化，会产生氧化还原循环生成的大量活性氧，这些活性氧又可使 DNA 断裂、脂质过氧化、酶蛋白失活等，从而引起机体氧化应激反应，进而产生毒性效应。

SOD 是一组金属酶，生物细胞中最重要的清除自由基的酶，在生物活性氧代谢中处于重要地位，主要分布于胞浆和线粒体基质中，能通过歧化反应清除生物细胞中的超氧阴离子自由基($O_2 \cdot^-$)，生成 H_2O_2 和 O_2，保持体内自由基的代谢平衡，从而保持细胞正常代谢不受破坏。

$$2O_2 \cdot^- + 2H^+ \xrightarrow{\text{SOD}} H_2O_2 + O_2$$

CAT 是一种含巯基(—SH)的抗氧化酶，广泛存在于动物、植物和微生物细胞内，可与谷胱甘肽过氧化酶一起，清除 SOD 歧化超氧阴离子自由基而产生的过氧化氢(H_2O_2)，进而阻断可产生活性极高的羟自由基，在调节细胞免于死亡的过程中起着重要的作用。包括 SOD 和 CAT 在内的抗氧化防御系统的一个重要特征就是其活性成分或含量可由于污染的胁迫而发生改变，从而间接反映环境中氧化胁迫的存在，可作为环境污染胁迫的重要指标。

$$2H_2O_2 \xrightarrow{\text{CAT}} 2H_2O + O_2$$

除了上述抗氧化酶外，乙酰胆碱脂酶(AChE)也是一个很经典的毒理指标，它是生物神经传导中的一种关键性酶，在胆碱能突触间，降解乙酰胆碱，终止神经递质对突触后膜的兴奋作用，保证神经信号在生物体内的正常传递。胆碱酯酶依照其催化底物的特异性分为乙酰胆碱脂酶和丁酰胆碱酯酶(BuChE)。其中 AChE 被称为真性或特异性胆碱酯酶，是维持体内胆碱能神经冲动非常重要的水解酶。20 世纪 50 年代以来，Weiss 就提出对自然水环境中极低浓度的有机磷杀虫剂可用鱼脑或无脊椎动物的 AChE 活力抑制程度来监测。现在一般认为，20%以上的 AChE 抑制证明暴露作用的存在，50%以上的抑制表明对生物生存有危害，对于检测非急性毒性极为有用。多年来，这项指标一直作为神经传导抑制剂的特异性生物标志物为生态毒理学研究所采用，可以认为这是最早的分子生态毒理学指标。

氧化还原反应是人体中最基本的生理化学反应，机体细胞在代谢过程中会产生大量具有高活性的自由基，同时又具有完善的氧化防御系统来清除体内自由基。机体在氧化和抗氧化之间维持着一种平衡状态，为机体创造稳定的内部环境。一旦这种状态被打破，机体会出现氧化应激，影响到细胞信号的传导和基因的转录，破坏酶和生物大分子的生理活性，干扰细胞的正常增殖、分化和凋亡，最终导致人体细胞和器官功能的紊乱，诱导多种疾病的发生。氧化应激对人体健康会产生诸多负面影响，会对人体细胞和各个器官造成氧化损伤，尤其是对人体代谢最为旺盛的器官——大脑。大脑是人体需氧量最大的器官，同时，大脑脂质含量和神经系统中的脂质含量都比较高(50%左右)，因此当机体处于氧化应激状态时，大脑会变得更加敏感和脆弱。有研究表明，机体的氧化应激状态与一系列神经退行性疾病的发生有密切关系，比如脑中风、阿尔茨海默病(AD)和帕金森症等。此外，癌症、糖尿病、骨质疏松和心血管疾病等也与机体的氧化应激状态密切相关。为了避免氧化应激给人体带来的不良影响，可以从以下两个方面来预防和缓解：一是避免有害刺激。避免食用酸败油脂、远离紫外线辐射、烟熏油炸食品和空气污染物等。二是增加自由基清除剂的摄入，增强自身的抗氧化防御系统。通过摄入外源性抗氧化物质来清除体内过量的自由基，主要有酶类物质超氧化物歧化酶(SOD)，以及非酶类物质酚类物质、维生素 C、维生素 E、白藜芦醇、硫辛酸和胡萝卜素等。

习题

1. 叙述影响微生物降解有机物的主要影响因素。
2. 描述污染物在生物体内的迁移过程都有哪些术语？区别在哪里？
3. 污染物在生物体内是如何进行转化的？
4. 污染物在生物转化过程中都利用哪些作用通过生物膜的？
5. 简述芳香烃的一般代谢途径。
6. 生物降解有机磷农药的主要方式是什么？
7. 毒物侵入生物体的途径主要有哪些？影响毒物毒性的主要影响因素是什么？
8. 单一毒性的主要评价指标是什么？
9. 联合毒性的常用评价指标是什么？
10. 毒物影响生物体内酶活性的主要作用是什么？

参 考 文 献

[1] 孔志明. 环境毒理学(第5版)[M]. 南京：南京大学出版社，2012.
[2] 孟紫强. 现代环境毒理学[M]. 北京：中国环境出版社，2015.
[3] 郭雅妮，同帜. 环境生物化学[M]. 西安：西北工业大学出版社，2010.
[4] 陈钧辉，张冬梅. 普通生物化学(第5版)[M]. 北京：高等教育出版社，2015.
[5] 任南琪. 污染控制微生物学(第4版)[M]. 哈尔滨：哈尔滨工业大学出版社，2011.
[6] 夏世钧. 现代毒理学丛书农药毒理学[M]. 北京：化学工业出版社，2008.
[7] 戚韩英，汪文斌，郑昱，等. 生物膜形成机理及影响因素探究[J]. 微生物学通报，2013，(04)：677~685.
[8] 周律，李智，SHIN Hangsik，等. 污水生物处理中生物膜传质特性的研究进展[J]. 环境科学学报，2011(08)：1580~1586.
[9] 伯纳德，等. 石油微生物学[M]. 张煜，张辉，郭省学译. 北京：中国石化出版社，2011.
[10] 崔中利，崔利霞，黄彦，等. 农药污染微生物降解研究及应用进展[J]. 南京农业大学学报，2012(05)：93~102.
[11] 杨丽芹，蒋继辉. 微生物对石油烃类的降解机理[J]. 油气田环境保护，2011(02)：24~26、61.
[12] 张云. 土壤中有机污染物的微生物降解研究进展[A]. 中国可持续发展研究会，2012.

附表　25℃条件下的碳酸平衡系数

碳酸平衡系数(25℃)

pH	α_0	α_1	α_2	α
4.5	0.9861	0.01388	2.053×10^{-8}	72.062
4.6	0.9826	0.01741	3.25×10^{-8}	57.447
4.7	0.9728	0.02182	5.128×10^{-8}	45.837
4.8	0.9727	0.02731	8.082×10^{-8}	36.615
4.9	0.9659	0.03414	1.272×10^{-7}	29.29
5	0.9574	0.0426	1.998×10^{-7}	23.472
5.1	0.9469	0.06588	3.132×10^{-7}	18.85
5.2	0.9341	0.08155	4.897×10^{-7}	15.179
5.3	0.9185	0.1234	7.631×10^{-7}	12.262
5.4	0.8995	0.1505	1.184×10^{-6}	9.946
5.5	0.8766	0.1234	2.810×10^{-6}	8.106
5.6	0.8495	0.1505	4.286×10^{-6}	6.644
5.7	0.8176	0.1824	6.487×10^{-6}	5.484
5.8	0.7808	0.2192	6.487×10^{-6}	4.561
5.9	0.7388	0.2612	9.729×10^{-6}	3.823
6	0.692	0.308	1.444×10^{-5}	3.247
6.1	0.6409	0.3591	2.120×10^{-5}	2.785
6.2	0.5864	0.4136	3.074×10^{-5}	2.418
6.3	0.5297	0.4703	4.41×10^{-5}	2.126
6.4	0.4722	0.5278	6.281×10^{-5}	1.894
6.5	0.4154	0.5845	8.669×10^{-5}	1.710
6.6	0.3608	0.6391	1.193×10^{-4}	1.564
6.7	0.3095	0.6903	1.623×10^{-4}	1.448
6.8	0.2626	0.7372	2.182×10^{-4}	1.356
6.9	0.2205	0.7793	2.903×10^{-4}	1.282
7	0.1834	0.8162	3.828×10^{-4}	1.224
7.1	0.1514	0.8481	5.008×10^{-4}	1.178
7.2	0.1241	0.8752	6.506×10^{-4}	1.141
7.3	0.1011	0.898	8.403×10^{-4}	1.111
7.4	0.08203	0.9169	1.080×10^{-3}	1.088

pH	α_0	α_1	α_2	α
7.5	0.06626	0.9324	1.383×10^{-3}	1.069
7.6	0.05334	0.9449	1.764×10^{-3}	1.054
7.7	0.04282	0.9549	2.245×10^{-3}	1.042
7.8	0.03429	0.9629	2.849×10^{-3}	1.032
7.9	0.02741	0.969	3.610×10^{-3}	1.024
8	0.01744	0.9736	4.566×10^{-3}	1.018
8.1	0.01388	0.9768	5.767×10^{-3}	1.012
8.2	0.01388	0.9788	7.276×10^{-3}	1.007
8.3	0.01104	0.9798	9.169×10^{-3}	1.002
8.4	0.8746×10^{-2}	0.9797	1.154×10^{-2}	0.9972
8.5	0.6954×10^{-2}	0.9785	1.823×10^{-2}	0.9925
8.6	0.5511×10^{-2}	0.9763	1.823×10^{-2}	0.9874
8.7	0.4361×10^{-2}	0.9727	2.287×10^{-2}	0.9818
8.8	0.3447×10^{-2}	0.9679	2.864×10^{-2}	0.9754
8.9	0.272×10^{-2}	0.9615	3.582×10^{-2}	0.968
9	0.2142×10^{-2}	0.9532	4.470×10^{-2}	0.9592
9.1	0.1683×10^{-2}	0.9427	5.566×10^{-2}	0.9488
9.2	0.1318×10^{-2}	0.9295	6.910×10^{-2}	0.9365
9.3	0.1029×10^{-2}	0.9135	8.548×10^{-2}	0.9221
9.4	0.7997×10^{-3}	0.8939	0.1053	0.9054
9.5	0.6185×10^{-3}	0.8703	0.1291	0.8862
9.6	0.4754×10^{-3}	0.8423	0.1573	0.8645
9.7	0.3629×10^{-3}	0.8094	0.1903	0.8404
9.8	0.2748×10^{-3}	0.7714	0.2283	0.8143
9.9	0.2061×10^{-3}	0.7284	0.2714	0.7867
10	0.1530×10^{-3}	0.6806	0.3192	0.7581
10.1	0.1122×10^{-3}	0.6286	0.3712	0.7293
10.2	0.8133×10^{-3}	0.5735	0.4236	0.7011
10.3	0.5818×10^{-4}	0.5166	0.4834	0.6742
10.4	0.4107×10^{-4}	0.4591	0.5409	0.649
10.5	0.2861×10^{-4}	0.4027	0.5973	0.6261
10.6	0.1969×10^{-4}	0.3488	0.6512	0.6056
10.7	0.1338×10^{-4}	0.2985	0.7015	0.5877
10.8	0.8996×10^{-5}	0.2526	0.7474	0.5723
10.9	0.5986×10^{-5}	0.2116	0.7884	0.5592
11	0.3949×10^{-5}	0.1715	0.8242	0.5428